高速切削与五轴联动加工技术

主　编　陆启建　褚辉生
副主编　刘　岩　祁　欣　关小梅
参　编　卢文澈　何晓凤　任新梅　张　敏
马雪峰　周云曦　易　军　张　涛
欧阳陵江　王乐文　石　磊
主　审　杨庆东

机 械 工 业 出 版 社

本书从高速与五轴联动加工技术应用的角度全面系统地介绍了与先进的高速与五轴联动加工技术相关的理论基础、关键技术、数控系统、数控机床、CAM 编程技术，主要内容包括高速加工技术及应用、五轴联动加工技术与应用、高速切削与五轴联动加工编程软件及编程基础、多轴数控编程软件的后置处理、高速切削加工实例、四轴联动加工实例、五轴联动加工实例以及综合加工实例。本书内容安排上先理论，后实例，先简单、后复杂，尤其是从第七章开始的实例讲解，循序渐进，过程完整，读者按照书中的步骤就能轻松完成实例的编程和操作，轻松掌握高速加工与五轴联动加工技术。

本书可作为各类大学和高职高专院校机械类专业学生的教材和教师的参考书，也可以作为企业工程技术人员的参考书。

图书在版编目（CIP）数据

高速切削与五轴联动加工技术/陆启建，褚辉生主编．—北京：机械工业出版社，2010.11（2023.8 重印）

ISBN 978-7-111-32324-2

Ⅰ.①高…　Ⅱ.①陆…②褚…　Ⅲ.①高速切削②数控机床
Ⅳ.①TG506.1②TG659

中国版本图书馆 CIP 数据核字（2010）第 208054 号

机械工业出版社（北京市百万庄大街 22 号　邮政编码 100037）
策划编辑：王英杰　责任编辑：王英杰　武　晋
版式设计：霍永明　责任校对：李秋荣
封面设计：赵颖喆　责任印制：单爱军
北京虎彩文化传播有限公司印刷
2023 年 8 月第 1 版第 7 次印刷
184mm×260mm · 21 印张 · 518 千字
标准书号：ISBN 978-7-111-32324-2
　　　　　ISBN 978-7-89451-739-5（光盘）
定价：54.00 元（含 1CD）

凡购本书，如有缺页、倒页、脱页，由本社发行部调换

电话服务
服务咨询热线：（010）88379833
读者购书热线：（010）88379649

网络服务
机工官网：www.cmpbook.com
机工官博：weibo.com/cmp1952
教育服务网：www.cmpedu.com
金书网：www.golden-book.com

封面无防伪标均为盗版

前　言

高速切削与五轴联动加工技术在发达国家已经广泛应用，而该技术在我国的研究与应用还处在起步阶段，与发达国家还存在很大的差距，但该技术的引进和应用正在迅速发展。首先，我国航空航天等领域大量采用了这种技术；其次，随着高速加工机床及五轴联动加工机床的大量引进以及国内机床厂家相继推出自己的高速切削与五轴联动加工机床，高速切削与五轴联动加工技术的应用正在向其他领域迅速扩展。由于高速切削与五轴联动加工技术的复杂性，高速切削与五轴联动机床的操作及加工程序的自动编程、后处理等工作要具备一定的条件才能顺利完成；同时，由于目前国内还没有比较系统的高速切削与五轴联动加工编程的书籍和资料，所有这些因素严重地影响了高速切削与五轴联动加工技术的应用，因此急需要一本从应用的角度系统介绍高速切削与五轴联动加工技术的实用教程，使我们的工程技术人员和学生能完整地掌握该技术，让高速切削与五轴联动技术发挥更大的作用。本书正是在这样的背景下由机械职业教育实验实训建设指导委员会策划组织，多个学校和单位参与讨论和编写的实用教材。

本书从应用的角度系统介绍了高速切削和五轴联动加工用到的理论基础和操作实例。全书共十章，第一到第六章为理论基础，包括概论、高速加工技术及应用、五轴联动加工技术与应用、高速切削与五轴联动加工编程基础、高速及多轴数控编程软件、多轴数控编程软件的后置处理，全面而简练地阐述了高速切削与五轴联动加工技术的理论和自动编程基础，内容的编排和取舍是以能系统掌握高速切削和五轴加工操作及编程需要为要求的，着眼点不是从研究的角度而是从应用的角度来介绍这些内容的；第七到第十章为实例篇，由四部分组成，分别是高速切削加工实例、四轴联动加工实例、五轴联动加工实例和综合加工实例，由浅入深、循序渐进地介绍了高速切削与多轴加工零件的工艺分析、数控自动编程和实际的加工操作过程。

本书由陆启建、褚辉生任主编，刘岩、祁欣、关小梅任副主编，参编人员有卢文澈、何晓凤、任新梅、张敏、马雪峰、周云曦、易军、张涛、欧阳陵江、王乐文、石磊等，杨庆东任主审。在本书的编写过程中，南京四开电子企业有限公司提供了大力支持，书中的案例全部来源于生产一线，有很好的应用价值。

限于编者水平，书中难免有不足之处，望读者批评指正，提出宝贵意见和建议，以利再版时修改完善。

本书的配套光盘里有本书用到的全部实例的素材和实例完成后的结果文件。

编　者

目　录

第一章 概 述

数控技术随着计算机技术、CAD/CAM 技术的不断发展而得到了迅猛的发展，高速加工、五轴联动加工、车铣复合加工、精密加工技术等都得到了快速发展和应用，本章简要介绍数控技术的发展和应用。

第一节 数控技术的现状及发展趋势

一、数控技术的基本概念和特点

数控技术是指用数字或数字代码的形式来实现控制的一门技术，简称 NC（Numerical Control）。它所控制的大多是位移、角度、速度等与机械有关的量，也控制温度、压力、流量、颜色等物理量。如果一种设备的控制过程是以数字形式来描述的，其工作过程在数控程序的控制下自动地进行，那么这种设备就称为数控设备。随着数控技术的发展，其在各行业的应用越来越广，如宇航、造船、军工、汽车等；数控设备的种类和自动化程度也越来越高，如数控机床、数控激光切割机、数控火焰切割机、数控弯管机、数控压力机、数控冲剪机、数控测量机、数控绘图机、数控雕刻机、电脑绣花机、衣料开片机、工业机器人等，其中数控机床是数控设备的典型代表。

相对于传统的加工技术，数控加工技术有以下特点：

1. 加工精度高

由于数控设备是按照预定程序自动加工，不受人工影响，消除了人为误差，使同一批工件的一致性提高，质量稳定。此外，由于数控设备采用了许多提高精度的措施，如高刚度的结构、高的热稳定性、滚珠丝杠、消除间隙机构、误差自动补偿等，因此数控设备能达到较高的精度。

2. 生产效率高

数控设备能有效地减少加工所需要的机动时间和辅助时间。由于数控设备的刚性好，精度高，可采用较大的切削用量，再加上自动换刀、自动变速以及无需工序间的检验与测量等，因此使生产效率大大提高。

3. 适应范围广

由于数控设备是通过程序来完成各种动作的，因此当工件改变时，只需改变程序就可以实现新的加工，而无需改变硬件，生产准备周期短，有利于产品的更新换代。因此，数控设备特别适合单件、小批量生产以及新产品的试制。

4. 劳动强度低

由于数控设备是按预先编制好的程序自动加工的，无需操作者进行繁重的重复作业，所以大大减轻了劳动者的工作强度，改善了操作者劳动条件。

5. 有利于生产管理

采用数控设备能准确地计算产品生产的工时，并有效地简化了产品检验及工具、夹具、量具的管理和半成品的管理。通过数控设备之间的通信，为实现生产自动化和生产管理自动化创造了条件。

二、数控技术的发展

从1952年美国麻省理工学院研制出第一台试验性数控系统开始，数控技术已走过了五十多年历程。数控系统由当初的电子管起步，经历了晶体管、小规模集成电路、大规模集成电路、小型计算机、超大规模集成电路、微机式的数控系统。从体系结构的发展，数控系统可分为由硬件及连线组成的硬数控系统、计算机硬件及软件组成的CNC数控系统，后者也称为软数控系统；从伺服及控制的方式可分为步进电动机驱动的开环系统和伺服电动机驱动的闭环系统。数控系统装备的机床大大提高了加工精度、速度和效率。到1990年，全世界数控系统专业生产厂家年产数控系统约为13万台（套）。

20世纪90年代以来，世界上许多数控系统生产厂家利用PC机丰富的软硬件资源，开发开放式体系结构的新一代数控系统。开放式体系结构使数控系统有更好的通用性、柔性、适应性、扩展性，并向智能化、网络化方向发展。近几年许多国家纷纷研究开发这种系统，如原欧洲共同体的“自动化系统中开放式体系结构”OSACA，日本的OSEC计划等，并且开发研究成果已得到应用。开放式体系结构可以大量采用通用微机的先进技术，如多媒体技术，实现声控自动编程，图形扫描自动编程等；利用多CPU的优势，实现故障自动排除；增强通信功能，提高联网能力。这种数控系统可随CPU升级而升级，结构上则不必变动。

数控系统在控制性能上向智能化发展。随着人工智能在计算机领域的渗透和发展，数控系统引入了自适应控制、模糊系统和神经网络的控制机理，不但具有自动编程、模糊控制、学习控制、自适应控制、工艺参数自动生成、三维刀具补偿、运动参数动态补偿等功能，而且人机界面极为友好，并具有故障诊断专家系统，使自诊断和故障监控功能更趋完善。伺服系统智能化的主轴交流驱动和智能化进给伺服装置，能自动识别负载并自动优化调整参数。此外，直线电动机驱动系统已实用化。新一代数控系统技术水平大大提高，促进了数控机床性能向高精度、高速度、高柔性化方向发展，使柔性自动化加工技术水平不断提高。

三、数控设备的发展

1. 数控机床的产生

随着科学技术和生产力的发展，机械产品日趋精密、复杂，而且改型频繁。长期以来，这类产品都在通用机床上加工，基本上是由人工操作，工人劳动强度大，而且难以提高生产效率和保证产品质量。对一些复杂的曲线、曲面所构成的零件，手工操作甚至根本无法加工。数控机床就是为了解决单件、小批量、高精度、复杂型面零件加工的自动化要求而产生的。

1948年，美国Parsons公司承担了设计、研究和加工直升机螺旋桨叶片轮廓用检验样板的任务，该公司经理John T Parsons根据自己的设想，提出了革新这种样板加工机床的新方案，由此产生了研制数控机床的最初萌芽。1949年，作为这一方案主要承包者的Parsons公司正式接受委托，在麻省理工学院伺服机构实验室的协助下开始从事数控机床的研制工作。1952年试制成功世界第一台数控机床试验样机。它是一台采用脉冲乘法器原理的直线插补三坐标连续控制数控铣床，其数控装置体积比机床本体还要大，电路采用的是电子管元件。该铣床的研制成功是机械制造行业中的一次技术革命，使机械制造业的发展进入了一个新的阶段。

2. 数控设备的发展

在数控系统不断更新换代的同时，数控设备中的典型代表——数控机床的品种得以不断发展，几乎所有品种的机床都实现了数控化。1956 年日本富士通公司研制成功数控转塔式冲床，美国帕克工具公司研制成功数控转塔钻床，1959 年美国 Keaney&Trecker 公司研制出带自动刀具交换装置的加工中心 MC（Machining Center）。CNC 技术、信息技术、网络技术以及系统工程学的发展，为单机数控向计算机控制的多机制造系统自动化发展创造了必要的条件，在 20 世纪 60 年代出现了由一台计算机直接管理和控制一群数控机床的计算机群控系统，即直接数控系统 DNC（Direct NC）。1967 年出现了由多台数控机床联接成的可调加工系统，这就是最初的柔性制造系统 FMS（Flexible Manufacturing System）。1978 年以后加工中心迅速发展，各种加工中心相继问世。20 世纪 80 年代初又出现以 1 ~ 3 台加工中心或车削中心为主体，再配上工件自动装卸的可交换工作台及检验装置的柔性制造单元 FMC（Flexible Manufacturing Cell）。后来，MC、FMC、FMS 发展迅速，在 1989 年第 8 届欧洲国际机床展览会上，展出的 FMS 超过 200 台。目前，已经出现了包括生产决策、产品设计及制造和管理等全过程均由计算机集成管理和控制的计算机集成制造系统 CIMS（Computer Integrated Manufacturing System），以谋求实现整个企业生产管理的现代化，实现工厂自动化。近年来，从世界上数控技术及其装备发展来看，数控设备在以下几个方面又有了长足的发展：

1）高速化。由于高速加工技术普及，数控机床普遍提高各方面速度，数控车床主轴转速由 3000 ~ 4000r/min 提高到 8000 ~ 10000r/min，数控铣床和加工中心主轴转速由 4000 ~ 8000r/min 提高到 12000 ~ 50000r/min，快速移动速度由过去的 10 ~ 20m/min 提高到 48m/min、60m/min、80m/min、120m/min；在提高速度的同时要求提高运动部件起动的加速度，其已由过去一般机床的 $0.5g$（$g=9.8\mathrm{m/s^2}$，为重力加速度）提高到 $1.5g \sim 2g$，最高可达 $15g$；直线电动机在机床上广泛使用，主轴上大量采用内装式主轴电动机。

2）高精度化。数控机床的定位精度已由一般的 0.01 ~ 0.02mm 提高到 0.008mm 左右，亚微米级机床达到 0.0005mm 左右，纳米级机床达到 0.005 ~ 0.01μm，最小分辨力为 1nm（0.000001mm）的数控系统和机床已有产品。数控系统中两轴以上插补技术大大提高，纳米级插补使两轴联动出的圆弧都可以达到 1μm 的圆度，而且插补前多程序段预读，大大提高插补质量，并可进行自动拐角处理等。

3）复合加工、新结构机床大量出现，如五轴五面体复合加工机床，五轴五联动加工各类异形零件。此外，也派生出各种新颖的机床结构，包括六轴虚拟轴机床、串并联铰链机床等，采用特殊机械结构、数控的特殊运算方式、特殊编程要求。

4）使用各种高效特殊功能的刀具使数控机床“如虎添翼”。如内冷钻头由于使用高压切削液直接冷却钻头切削刃和排除切屑，在钻深孔时效率大大提高，加工钢件时切削速度能达 1000m/min，加工铝件时能达 5000m/min。

5）数控机床的开放性和联网管理已是使用数控机床的基本要求，它不仅是提高数控机床开动率、生产率的必要手段，而且是企业合理化、最佳化利用这些制造手段的方法。因此，计算机集成制造、网络制造、异地诊断、虚拟制造、异行工程等各种新技术都在数控机床基础上发展起来，这必然成为 21 世纪制造业发展的一个主要潮流。

采用五轴联动对三维曲面零件的加工，可用刀具最佳几何形状进行切削，不仅表面粗糙度低，而且效率也大幅度提高。特别是使用立方氮化硼等超硬材料铣刀进行高速铣削淬硬钢零件时，五轴联动加工可比三轴联动加工发挥更高的效益。但五轴联动数控系统过去因主机结构复杂等原因，其价格要比三轴联动数控机床高出数倍，加之编程技术难度较大，制约了五轴联动机床的发展。

当前，电主轴的出现使得实现五轴联动加工的复合主轴头结构大为简化，其制造难度和成本大大降低，数控系统的价格差距缩小，因此促进了复合主轴头类型五轴联动机床和复合加工机床（含五面加工机床）的发展。

我国数控机床的研制始于 1958 年，到 1985 年，我国的数控机床的品种累计达八十多种，包括加工中心、数控车床、数控铣床、数控磨床等，数控机床进入了实用阶段。

目前我国已有二百多个厂家在从事不同层次的数控机床的生产和开发，形成了具有小批量生产能力的生产基地。数控机床的品种已超过 500 种，品种的满足率达 80%，并在一些企业实施了 FMS 和 CIMS 工程。

在数控机床全面发展的同时，数控技术在其他机械行业中得以迅速发展，数控激光切割机、数控火焰切割机、数控弯管机、数控压力机、数控冲剪机、数控测量机、数控绘图机、数控雕刻机等数控设备得到广泛的应用。

四、数控技术的现状

1. 开放式系统结构

人类发明了机器，延长和扩展人的手脚功能；当出现数控系统以后，制造厂家逐渐希望数控系统能部分代替机床设计师和操作者的大脑，具有一定的智能，能把特殊的加工工艺、管理经验和操作技能放进数控系统，同时也希望系统具有图形交互、诊断功能等。这首先就要求数控系统具有友好的人机界面和开发平台，通过这个界面和平台开放而自由地执行和表达自己的思路，于是产生了开放结构的数控系统。机床制造商可以在该开放系统的平台上增加一定的硬件和软件构成自己的系统。

目前，开放系统有两种基本结构：

（1）CNC + PC 主板　把一块 PC 主板插入传统的 CNC 机器中，PC 主板主要运行程序实时控制，CNC 主要运行以坐标轴运动为主的实时控制。

（2）PC + 运动控制板　把运动控制板插入 PC 机的标准插槽中作实时控制用，而 PC 机主要作非实时控制。

开放结构在 20 世纪 90 年代初形成，当时对于许多熟悉计算机应用的系统厂家，往往采用（2）方案。但目前主流数控系统生产厂家认为数控系统最主要的性能是可靠性，像 PC 机存在的死机现象是不允许的；而且系统功能首先追求的仍然是高精高速的加工；加上这些厂家长期已经生产大量的数控系统，产品体系结构的变化会对他们原系统的维修服务和可靠性产生不良的影响，因此不把开放结构作为主要的产品，仍然大量生产原结构的数控系统。为了增加开放性，主流数控系统生产厂家往往采用（1）方案，即在不变化原系统基本结构的基础上增加一块 PC 板，提供键盘，使用户能把 PC 和 CNC 联系在一起，大大提高了人机界面的功能，比较典型的如 FANUC 的 150/160/180/210 系统。有些厂家也把这种装置称为融合系统（Fusion System）。由于它工作可靠，界面开放，越来越受到机床制造商的欢迎。

2. 软件伺服驱动技术

伺服技术是数控系统的重要组成部分。广义上说，采用计算机控制，控制算法采用软件的伺服装置称为“软件伺服”。它有以下优点：

1）无温漂，稳定性好。

2）基于数值计算，精度高。

3）通过参数设定，调整减少。

4）容易做成 ASIC 电路。

20 世纪 70 年代，美国 GATTYS 公司发明了直流力矩伺服电动机，从此开始大量采用直流电动机驱动，开环的系统逐渐由闭环的系统取代。但是，直流电动机存在以下缺点：

1）电动机容量、最高转速、环境条件受到限制。

2）换向器、电刷维护不方便。

交流异步电动机虽然价格便宜、结构简单，但早期由于控制性能差，所以很长时间没有在数控系统上得到应用。随着电力电子技术的发展，1971 年，德国西门子的 Blaschke 发明了交流异步电动机的矢量控制法；1980 年，以德国人 Leonhard 为首的研究小组在应用微处理器的矢量控制研究中取得进展，使矢量控制实用化。从 20 世纪 70 年代末，数控机床逐渐采用以异步电动机为主轴的驱动电动机。如果把直流电动机进行“里翻外”的处理，即把电枢线圈装在定子上，转子为永磁部分，由转子轴上的编码器测出磁极位置，这就构成了永磁无刷电动机。这种电动机具有良好的伺服性能，从 20 世纪 80 年代开始逐渐应用在数控系统的进给驱动装置上。为了实现更高的加工精度和速度，20 世纪 90 年代，许多公司又研制了直线电动机。它由两个非接触元件组成，即磁板和线卷滑座，电磁力直接作用于移动的元件而无需机械联接，没有机械滞后或螺距周期误差，精度完全依赖于直线反馈系统和分级的支承，由全数字伺服驱动，刚性高，频响好，因而可获得高速度；但由于它的推力还不够大，发热、漏磁及造价也影响了它的广泛应用。对现代数控系统，伺服技术取得的最大突破可以归结为：交流驱动取代直流驱动、数字控制取代模拟控制或软件控制取代硬件控制。这两种突破性技术的结果是产生了交流数字驱动系统，应用在数控机床的伺服进给和主轴装置。由于电力电子技术及控制理论、微处理器等微电子技术的快速发展，软件运算及处理能力的提高，特别是 DSP 的应用，系统的计算速度大大提高，采样时间大大减少。这些技术的突破，使伺服系统性能改善、可靠性提高、调试方便、柔性增强，大大推动了高精高速加工技术的发展。

3. CNC 系统的联网

数控系统从控制单台机床到控制多台机床的分级式控制需要网络进行通信；网络的主要任务是进行通信，共享信息。这种通信通常分三级：

（1）工厂管理级　一般由 Internet 网组成。

（2）车间单元控制级　一般由 DNC 功能进行控制。通过 DNC 功能形成网络可以实现对零件程序的上传、读、写 CNC 的数据，PLC 数据的传送，存储器操作控制，系统状态采集和远程控制等。更高档次的 DNC 还可以对 CAD/CAM/CAPP 以及 CNC 的程序进行传送和分级管理。CNC 与通信网络联系在一起还可以传递维修数据，使用户与 NC 生产厂直接通信，进而把制造厂家联系在一起，构成虚拟制造网络。

（3）现场设备级　现场设备级与车间单元控制级及信息集成系统主要完成底层设备的运行控制、I/O 控制、连线控制、通信联网、在线设备状态监测及现场设备生产、运行数据的采集、存储、统计等功能，保证现场设备高质量完成生产任务，并将现场设备生产运行数据信息传送到工厂管理层，向工厂管理层提供数据；同时，也可接受工厂管理层下达的生产管理及调度命令并执行之。因此，现场设备级与车间单元控制级是实现工厂自动化及CIMS系统的基础。

传统的现场设备级大多是基于PLC的分布式系统，其主要特点是现场层设备与控制器之间的连接是一对一，即一个I/O点对设备的一个测控点。这种系统的缺点是：信息集成能力不强、系统不开放、可集成性差、专业性不强、可靠性不易保证、可维护性不高。

现场总线系统是以单个分散的、数字化、智能化的测量和控制设备作为网络节点，用总线相连接，实现相互交换信息，共同完成自动控制功能的网络系统与控制系统。因此，现场总线技术是面向工厂底层自动化及信息集成的数字网络技术。

现场总线控制系统（FCS）用数字信号取代模拟信号，以提高系统的可靠性、精确度和抗干扰能力，并延长信息传输的距离。它既是一个开放的通信网络，又是一种全分布的控制系统，是一种新型的网络集成自动化系统。它以现场总线为纽带，把挂接在总线上相关的网络节点组成自动化系统，实现基本控制、补偿计算、参数修改、报警、显示、综合自动化等多项功能。由于现场总线系统具有开放性、互操作性、互换性、可集成性，因此是实现数控系统设备层信息集成的关键技术，它对提高生产效率、降低生产成本非常重要。目前在工业上采用的现场总线有Profibus-DP，SERCOS，JPCN-1，Deviconet，CAN，hterbus-S，Marco等。有的公司还有自己的总线，如FANUC的FSSB，I/O LINK（相当于JPCN-1），YASKA的MOTION LINK等。目前比较活跃的是Profibus-DP，为了允许更快的数据传送速度，它由OSI的7层结构省去第3~7层构成。西门子最新推出802D的伺服控制就是由Profibus-DP控制的。

4. 功能不断发展和扩大

数控技术经过50年的发展，已经成为制造技术发展的基础。如FANUC最先进的CNC控制系统15i/150i，这是一个具有开放性、4通道、最多控制轴数为24轴、最多联动轴数为24轴、最多可控制4个主轴的CNC系统。

数控技术功能发展和扩大体现在以下几个方面。

（1）开放性　系统可通过光纤与PC机连接，采用Window兼容软件和开发环境。功能以高速、超精为核心，并可实现智能控制，特别适合于加工航空机械零件，汽车及家电的高精零件，各种模具和复杂的需五轴加工的零件。15i/150i系统具有高精纳米插补功能，即使系统的设定编程单位为1μm，通过纳米插补也可提供给数字伺服机构以1nm为单位的指令，平滑了机床的移动量，降低了加工表面粗糙度值，大大减小了加工表面的误差。

（2）高速高精加工的智能控制功能　系统可预算出多程序段刀具轨迹，并进行预处理。通过智能控制，计算机床的机械性能，可按最佳的允许进给率和最大的允许加速度工作，使机床的功能得到最大的发挥，以便减少加工时间，提高效率，同时提高加工精度。系统可在分辨力为1nm时工作，适用于控制超精机械。

（3）高级复杂的功能　15i/150i系统既可进行各种数学的插补，如直线、圆弧、螺旋线、渐开线、螺旋渐开线、样条等插补，也可以进行NURBS插补。采用NURBS插补可以大大减少NC程序的数据输入量，减少加工时间，特别适于模具加工，而且NURBS插补不需任何硬件。

（4）强大的联网通信功能　适应工厂自动化需要，系统支持标准FA网络及DNC的连接，体现在以下几方面：

1）工厂干线或控制层通信网络。由 PC 机通过以太网控制多台 15i/150i 组成的加工单元，可以传送数据、参数等。

2）设备层通信网络。15i/150i 采用 I/O LINK。

3）通过 RS-485 接口传送 I/O 信号。也可采用 Prefibus-DP，以 12Mbit/s 进行高速通信。

（5）高速的内装 PMC（有的厂商称为 PLC） 可以减少加工的循环的时间，其特点如下：

1）梯形图和顺序程序由专用的 PMC 处理器控制，这种结构可进行快速大规模顺序控制。

2）基本 PMC 指令执行时间为 0.085ps，最大步数为 32000 步。

3）可以用 C 语言编程。32 位的 C 语言处理器可实现实时多任务运行，它与梯形图计算的 PMC 处理器并行工作。

4）可在 PC 机上进行程序开发。

（6）先进的操作性和维修性

1）具有触摸面板，容易操作。

2）可采用存储卡改变输入输出。

五、数控技术的发展趋势

1. 高精度

经过几十年的发展，数控机床的加工精度已显著提高，特别是滚珠丝杠工艺的成熟和“零传动”机床的出现，减少了中间环节的误差。目前，普通级数控机床的加工精度已由 10μm 提高到 5μm；精密级加工中心的加工精度则从（3～5）μm 提高到（1～1.5）μm，甚至更高；超精密加工精度进入纳米级（0.001μm），主轴回转精度要求达到 0.01～0.05μm，加工圆度误差小于 0.1μm，加工表面粗糙度值为 *Ra*0.003μm 等。这些机床一般都采用矢量控制的变频驱动电主轴（电动机与主轴一体化），主轴径向圆跳动误差小于 2μm，轴向窜动小于 1μm，轴系不平衡度达到 G0.4 级

2. 高速度

提高机床的切削速度，不但可以提高加工效率，降低加工成本，而且还可提高工件的表面质量和加工精度。在超高速加工中，车削和铣削的切削速度已达到 5000～8000m/min 甚至以上；主轴转速达到 50000r/min；工作台的移动速度达到 240m/min；自动换刀时间普遍已在 1s 以内，快的已达 0.5s。

3. 柔性化

柔性是指机床适应加工对象变化的能力。数控技术的柔性化和自动化，使数控机床对加工对象的变化有很强的适应能力，并且在提高单机柔性化的同时，正努力向单元柔性化和系统柔性化发展。如在数控机床的软、硬件的基础上，增加不同容量的刀库和自动换刀机械手，增加第二主轴，增加交换工作台装置，或配以工业机器人和自动运输小车，以组成新的加工中心、柔性加工单元 FMC 或柔性制造系统 FMS。

数控机床向柔性自动化系统发展的趋势是：从点（数控单机、加工中心和数控复合加工机床）、线（柔性加工单元 FMC、柔性制造系统 FMS、FTL、FML）向面（工段车间独立制造岛、自动化工厂 FA）、体（计算机集成制造系统 CIMS、分布式网络集成制造系统）的方向发展，并且越来越注重应用性和经济性，逐步实现“无人工厂”。

4. 智能化

为适应制造自动化的发展，向 FMC、FMS 和 CIMS 提供基础设备，要求数字控制制造系统不仅能完成通常的加工功能，而且还要具备自动测量、自动上下料、自动换刀、自动更换主轴头（有时带坐标变换）、自动误差补偿、自动诊断、进线和联网等功能，广泛地应用机器人、物流系统；FMC，FMS Web-based 制造及无图样制造技术；围绕数控技术、制造过程技术在快速成形、并联机构机床、机器人化机床、多功能机床等整机方面和高速电主轴、直线电动机、软件补偿精度等单元技术方面都有较大发展。

5. 网络化

多机床联网要求数控系统有更高的网络通信能力。计算机直接数控系统（Direct Numerical Control，DNC）是基于数控机床通信技术而发展的自动控制系统。目前正在研究的网络制造、远程制造等先进制造方法就是自动控制系统最新的发展动态。

在数控系统中，由于计算机的应用使数据处理的速度比机械加工的速度快很多，因而有可能用一台计算机来控制多台数控设备，构成群控系统，简称为 DNC 系统，也称为计算机直接数控系统。在 DNC 系统中，各台数控机床的零件加工程序由计算机统一储存与管理，根据加工的要求，适时地把加工程序分配给各机床，并对机床群中的加工情况进行管理与统计（如打印报表等），同时还适时地处理操作者的指令以及对零件加工程序进行编辑、修改。目前，计算机群控的发展趋势是由多台 CNC 或 NC 机床各守其职，与 DNC 计算机组成网络，实现分级控制，而不再考虑让一台计算机去分时完成各台数控机床的常规工作。总之，DNC 系统实现了机床群加工过程中信息传递的自动化。DNC 系统是对 CNC 系统的改进，它突破了单机自动化的概念，为以后的 FMC、FMS 乃至 CIMS 的发展奠定了基础。

第二节 高速加工技术的现状及发展趋势

一、高速加工的基本概念

根据 1992 年国际生产工程研究会（CIRP）年会主题报告的定义，高速切削通常指切削速度超过传统切削速度 5 ~ 10 倍的切削加工。因此，根据加工材料的不同和加工方式的不同，高速切削的切削速度范围也不同。高速切削包括高速铣削、高速车削、高速钻孔与高速车铣等，但绝大部分应用的是高速铣削。目前，加工铝合金的切削速度已达到 2000 ~ 7500m/min；加工铸铁的切削速度为 900 ~ 5000m/min；加工钢的切削速度为 600 ~ 3000m/min；加工耐热镍基合金的切削速度达 500m/min；加工钛合金的达 150 ~ 1000m/min；加工纤维增强塑料的为 2000 ~ 9000m/min。

高速切削技术是以比常规高 10 倍左右的切削速度对零件进行切削加工的一项先进制造技术，又称超高速切削。实践证明，当切削速度提高 10 倍，进给速度提高 20 倍，远远超越传统的切削“禁区”后，切削机理发生了根本的变化。其结果是：单位功率的金属切除率提高了 30% ~ 40%，切削力降低了 30%，刀具寿命提高了 70%，传入工件的切削热大幅度降低，切削振动几乎消失，切削加工发生了本质性的飞跃。在常规切削加工中备受困惑的一系列问题亦得到了解决，高速切削技术可谓是集高效、优质、低耗于一身的先进制造技术，是切削加工新的里程碑。

高速切削是一项系统技术，如图 1-1 所示为高速机床 CNC 控制技术，显示了影响高速切削技术的各方面因素。企业必须根据产品的材料和结构特点，购置合适的高速切削机床，选择合适的切削刀具，采用最佳的切削工艺，以达到理想的高速加工效果。

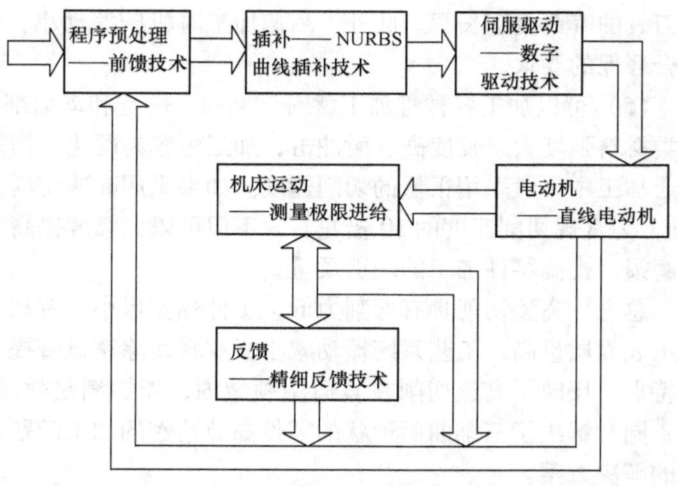

图 1-1 高速机床 CNC 控制技术

高速加工对系统的要求有如下几点：

1）速度快、稳定性高的控制系统。

2）精确的刀具路径编程。

3）高速、高刚性、同轴度高的刀具系统。

4）快速、精准的装夹系统。

高速切削技术的特点有如下几点：

（1）加工效率高 采用高速切削技术能使整体加工效率提高几倍乃至几十倍，这将使加工成本相应降低。在现代制造过程中，随着自动化程度的提高，辅助时间、空行程时间已大大减少，有效切削时间成为工件制造时间的主要部分。而切削时间的多少取决于进给速度或进给量的大小。很显然，若保持进给速度与切削速度的比值不变，则随着切削速度的提高切削时间将迅速减少。虽然高速加工时切削深度小，但由于主轴转速高，进给速度快，因此单位时间内金属的切除量反而增加了，效率也提高了。

（2）加工精度高 高速切削具有较高的材料去除率并能相应减小切削力。对同样的切削层参数，高速切削的单位切削力明显减小。若在保持高效率的同时适当降低进给量，则切削力的减幅还将进一步加大。在加工过程中，切削力的降低对减小振动和误差非常重要。切削力减小，工件在加工过程中受力变形显著减小，有利于提高加工精度。另外，高速切削加工时将粗加工、半精加工和精加工合为一体，全部在一台机床上完成，避免了由于多次装夹带来的定位误差。特别对于大型框架件、薄板件、薄壁槽型件的高精度高效加工，高速铣削是非常有效的加工手段。

（3）表面质量好 高速切削时的切削力变化幅度小，与主轴转速有关的激振频率也远远高于切削工艺系统的高阶固有频率，因此切削振动对加工质量的影响很小。同时，高速切削使传入工件的切削热的比例大幅度减小，加工表面受热时间短，切削温度低，因此热影响区和热影响程度都较小，有利于获得低损伤的表面结构和保持良好的表面物理性能及力学性能。例如在加工模具型腔时，电火花加工后型腔内表面处于拉应力状态，而应用高速铣加工后相应表面是处于压应力状态。

（4）加工能耗低且节省制造资源 高速切削时，单位功率所切削的材料体积显著增加。国外有资料表明，高速铣削时，当主轴转速从4000r/min 提高到20000r/min 时，切削力降低了 30%，而材料切除率却增加了 3 倍。切除率高、能耗低、工件在制的时间短，提高了能源和设备的利用率，降低了切削加工在制造系统资源总量中的比例。高速切削时采用较小的背吃刀量，刀具每刃的切削量很小，机床主轴、导轨的受力小，机床的精度保持时间长，同时刀具的寿命也延长了。此外，高速加工时机床振动小，噪声低，可以少用或不用切削液，符合环保的要求。

（5）可以加工各种难加工材料　例如，航空和动力部门大量采用的镍基合金和钛合金，这类材料强度大、硬度高、耐冲击，加工中容易硬化，切削温度高，刀具磨损严重，因此在普通加工中一般采用很低的切削速度。如果采用高速切削，切削速度可提高到100～1000m/min，为常规切削速度的10倍左右，不但可以大幅度提高生产效率，而且可以有效地减少刀具磨损，提高零件加工的表面质量。

总之，高速切削具有切削力低，工件热变形小，有利于保证零件的尺寸、形位精度，已加工表面质量高，工艺系统振动减小，材料切除率显著提高，加工成本降低等加工特点。这些特点，反映了高速切削在其适用领域内，能够满足效率、质量和成本方面越来越高的要求，同时解决了三维曲面形状的零件高效精密的加工问题，并为硬材料和薄壁件加工提供了新的解决方案。

高速切削在航空航天业、模具工业、电子行业、汽车工业等领域得到越来越广泛的应用。其中，在航空航天业主要是解决零件大余量材料去除、薄壁件加工、高精度、难加工材料和加工效率等问题，特别是整体结构件高速切削，既保证了零件质量，又省去了许多装配工作；模具业中大部分模具均适用高速铣削技术，高速硬切削可加工硬度达50～60HRC的淬硬材料，因而取代了部分电火花加工，并减少了钳工修磨工序，缩短了模具加工周期；高速铣削石墨可获得高质量的电火花加工电极。此外，高速切削的高效率使其在印刷电路板打孔和汽车大规模生产中得到广泛应用。目前，适合高速切削的工件材料有铝合金、钛合金、铜合金、不锈钢、淬硬钢、石墨和石英玻璃等。

二、高速加工技术的发展过程

1931年德国工程师卡尔·萨洛蒙（Carl Salomon）博士首次提出了有关高速切削的概念。高速切削（High Speed Cutting，HSC或High Speed Machining，HSM），是指在比常规切削速度高出很多倍的速度下进行的切削加工，因此，也称为超高速切削（Ultra－High Speed Machining）。

萨洛蒙博士的研究突破了传统切削理论中对切削热的认识，认为切削热只是在传统切削速度范围内与切削速度成单调增函数关系。而当切削速度增加到某一数值后，切削温度不再随切削速度的增加而增加，反而会随切削速度的增加而降低，即与切削速度在较高速度的范围内成单调减函数，

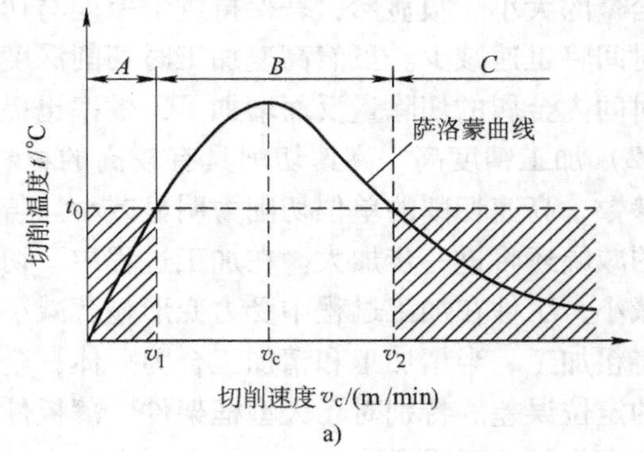

a)

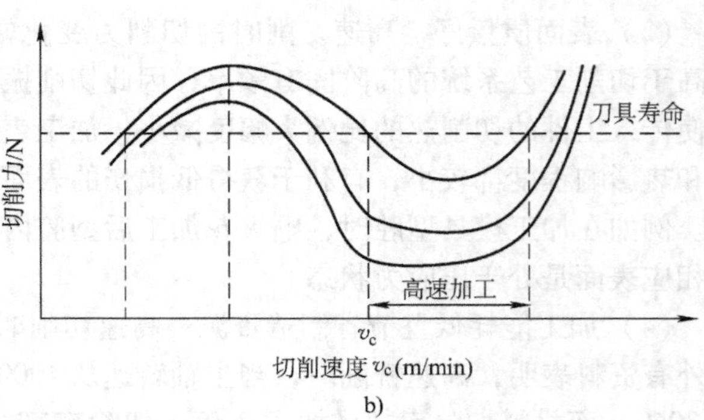

b)

图1-2　萨洛蒙（Salomon）曲线

a）切削温度与切削速度的关系　b）切削力与切削速度的关系

如图 1-2a 所示；切削力也会在某一范围内随着切削速度的提高而减小，如图 1-2b 所示。现代研究证明这个理论并不完全正确，对于不同的材料，从某一切削速度开始切削刃上的温度有相对降低现象。对钢和铸铁来说，这种温度降低相对不大，但对铝合金和某些非金属材料则是明显的。

萨洛蒙博士对不同的材料做了很多的高速切削实验。但遗憾的是，在二战中这些资料和数据都遗失了，参加这项研究的人也没有一个能活到战后，所以无法证实他的研究成果。现在使用的萨洛蒙假设曲线大多是根据推论做出的，如图 1-3 所示。萨洛蒙对铝和铸铜等非铁金属进行了高速和超高速实验，而其他几种材料切削温度与切削速度的关系曲线，是萨洛蒙根据前面的实验推算出来的，并没有经过实验验证。

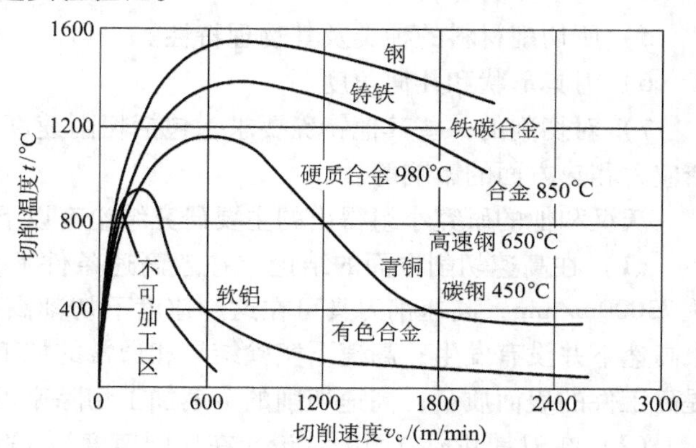

图 1-3　萨洛蒙对各种金属“切削速度与切削温度关系”的实验曲线和推论曲线

萨洛蒙博士的研究因第二次世界大战而中断。从 20 世纪 50 年代后期开始，又进入高速切削的各种试验研究，高速切削的机理开始被科学家们所认识。1979 年由德国政府研究技术部资助，Darmstadt 工业大学生产工程与机床研究所（PTW）牵头，由大学研究机构、机床制造商、刀具制造商、用户等多方面共同组成的研究团队，对各种金属和非金属材料进行高速切削试验。除了高速切削机理外，研究团队同步研究高速铣削中机床、刀具、工艺参数等多方面的应用解决方案，使高速铣削在加工机理尚未得到完全共识的情况下首先在铝合金加工和硬材料加工等领域得到应用，解决了模具、汽车、航空等领域的加工需求，从而取得了巨大的经济效益。自 20 世纪 80 年代中后期以来，商品化的超高速切削机床不断出现，超高速机床从单一的超高速铣床发展成为超高速车铣床、钻铣床乃至各种高速加工中心等。

美国于 1960 年前后开始进行超高速切削试验。美国工程师沃汉（R. L. Vaughan）和他的研究小组在其所进行的高速切削理论研究中，一方面得到了美国空军支持的研究计划的一些成果；另一方面，他得到了萨洛蒙的一些研究结果和数据。

试验时，将刀具装在加农炮里从滑台上射向工件；或将工件当做子弹射向固定的刀具。试验指出，在超高速切削的条件下，切屑的形成过程和在普通切削条件下不同：随着切削速度的提高，塑性材料的切屑形态将从带状、片状到碎屑不断演变；单位切削力初期呈上升趋势，尔后急剧下降。这些现象说明，在超高速切削条件下，材料的切削机理将发生变化，切削过程变得比常规切速下容易和轻松。

虽然他们的实验设备是枪和大炮，实验方法完全不能应用于实际工业生产，但是他们的研究却取得了很多非常有价值的高速切削的理论成果。

沃汉在对各种切削方式，包括传统的和高速的切削进行了一系列实验研究后指出，影响金属切除率的因素有：

1）机床的大小和类型。

2）可提供的切削动力。

3）使用的切削刀具。

4）被切削的材料。

5）切削速度、进给速度和切削深度。

这五方面的因素还可以分解为：

1）机床、刀具和工件的刚度。

2）机床所能够变化的速度范围。

3）可变化的切削条件，如切削深度、冷却方式等。

4）切削刀具材料。

5）所切削材料的种类及其物理特性。

6）刀具形状和几何角度。

7）对切削的一些其他特殊要求，包括切削速度、刀具寿命、表面粗糙度、切削功在残余应力和热方面的影响等。

沃汉和他的研究小组得出的主要研究结论有以下三个方面：

（1）在高速切削方面的结论　在超高速条件下，高强度材料可以切削，切削速度可高达73000m/min；高速钢刀具可在这一速度下切削高强度材料；加工合金材料的脆性失效现象高速下并没有发生；高速下实验结果和通常的加工曲线计算的结果不一样；超高速切削可提高工件的表面质量；高速切削的金属加工切除率可高达普通切削的240倍。

（2）在刀具磨损方面的结论　在切削速度为500m/min的条件下切削经过热处理的材料时，刀具的磨损最小；切削速度的变化对退火钢的加工影响不大；切削速度从9144m/min增加到45700m/min时，每切除单位金属，刀具磨损量会下降75%～95%；切削铝合金的速度达到35500m/min时，没有测量到刀具磨损；刀具的磨损形式和加工的材料以及材料的热处理方法有关。

（3）在切削力方面的结论　水平力和垂直力虽然比理论值大，但是仍在可控制的范围内；在大多数情况下，垂直力比水平力大，这和理论分析的结果相反；峰值切削力只增加了33%～70%，而不是预计的500%，而且使用的平均力还会减小；在高速切削下，剪切角增加而导致剪切力减小。

由于他们没有高速机床，实验用的是枪和大炮，因此得出的结果都是超高速切削的结果。他们的研究结果提出了一个理论上提高生产率的极限，对于不同材料提高的范围为50～1000倍。

1977年美国在一台带有高频电主轴的加工中心上进行超高速切削试验，其主轴可实现在1800～18000r/min范围内无级变速，工作台的最大进给速度为7.6m/min。试验结果表明，与传统的铣削相比，其材料切除率增加了2～3倍，切削力减小了70%，而加工的表面质量明显提高。刀具磨损主要取决于刀具材料的导热性，并确定铝合金的最佳切削速度是1500～4500m/min。

日本于20世纪60年代开始进行超高速切削机理的研究。日本学者发现，在超高速切削时，切削热的绝大部分被切屑迅速带走，工件基本保持冷态，其切屑要比常规切屑热得多。日本工业界善于吸取各国的研究成果并及时应用到新产品开发中去，尤其在超高速切削机床的研究和开发方面后来居上，现已跃居世界领先地位。进入20世纪90年代以来，以松浦、牧野、马扎克和新泻铁工等公司为代表的一批机床制造厂，陆续向市场推出不少超高速加工中心和数控铣床，日本厂商现已成为世界上超高速机床的主要提供者。日本日立精机的HG400III型加工中心主轴最高转速达36000～40000r/min，工作台快速移动速度为36～40m/min。

三、高速加工技术的研究现状

由于高强度、高熔点刀具材料和超高速主轴的研制成功，直线电动机伺服驱动系统的应用以及高速机床其他配套技术的日益完善，为高速切削技术的普及应用创造了良好的条件。现在高速切削技术已经进入工业应用阶段。

1994年，汉诺威欧洲机床博览会（EMO）开始展出为数不多的高速数控机床，但却引起了国际机床界的广泛关注，世界各大机床厂纷纷把开发高速数控机床作为其主要方向。时隔3年，1997年的汉诺威机床博览会上，展出高速、超高速电主轴功能部件的厂商就有36家，展出滚珠丝杠副的有23家，展出直线导轨副的有33家。高速数控机床逐渐成为主流产品，大有独领机床市场风骚之势。

美国肯纳金属公司（Kennametal）考察和统计了1990～1997年国际机床展览会的情况，包括两年一度在芝加哥举行的国际制造技术博览会（IMTS）和欧洲国际机床博览会（EMO），分析了七次展览会上高速机床的展出情况。1990年以前，还很少看到高速机床；1990年和1991年是高速机床的起点；1992年大幅度增长；1993年和1994年连续增长并逐渐形成趋势；1995年的增长速度变缓；到了1996年，增长又出现加速上升势头；在1997年，主轴转速在8000r/min以上的机床数量比1996年增加了近一倍。

高速机床的单元技术和整机水平正在逐步提高。技术基础雄厚的机床厂推出了多种高速、高精度的机床产品，并且在航空航天制造、汽车工业和模具制造、轻工产品制造等重要工业领域创造了惊人的效益。高速切削技术和高速加工机床越来越多地受到制造部门的青睐，在购买机床时，高速性能已成为机床的一个重要指标。几种典型的高速加工中心主要参数见表1-1。

表1-1 几种典型的高速加工中心主要参数

制造厂家（国别）	机床名称和型号	主轴最高转速/（r/min）	最大进给速度/（m/min）	主轴驱动功率/（kW）
Cincinnati Milacron（美）	HyperMach 5轴加工中心	60000	60～100	80
INGERSOLL（美）	HVM800型卧式加工中心	20000	76.2	45
Mikron（瑞士）	VCP710型加工中心	42000	30	14
EX-CELL-O公司（德）	XHC241型卧式加工中心	24000	120	40
Roders（德）	RFM 1000型加工中心	42000	30	30
Mazak（日）	SMM-2500UHS型加工中心	50000	50	45
Nigata（日）	VZ40型加工中心	50000	20	18.5
Makino（日）	A55-A128型加工中心	40000	50	22

我国于20世纪90年代初开始进行高速切削技术的研究。1994年，中国机床工具工业协会组织考察工作组，赴美国、日本考察高速切削机床的发展和应用情况。考察组回国后发表了考察报告，对高速切削的基本理论、适用领域以及实现高速切削的关键技术，包括高速

电主轴、高速直线电动机进给系统、刀具材料和系统，以及高速机床的其他技术作了比较详细的介绍，系统地向国内机床界介绍了国外高速切削技术和高速机床的发展情况，引起了国内业内人士的重视。

广东工业大学超高速加工与机床研究室对高速切削技术的各个方面以及高速加工机床的主要部件进行了深入的研究，包括提供高主轴转速的电主轴技术、直线电动机进给系统等；同时，对高速机床的加工工艺技术和高速切削刀具的研究也取得了一定的成果，对我国高速切削技术的应用和发展起到很大的推动作用。

在 1999 年北京国际机床展览会（CIMT）上，国产的高速机床产品也开始登台亮相。由洛阳轴承研究所开发的高速电主轴也已商品化。在 2001 年中国国际机床展览会上，高速机床进一步显示了持续增长的势头，展出的高速加工中心和铣床又有了大幅度提高，而且技术更加成熟。会上还展出了技术性能稳定、主轴最高转速超过 10000r/min 的国产高速机床二十余台。其中，中捷友谊厂的机床最高转速达到 40000r/min；大连机床公司生产的高速加工中心，快速进给速度达到 62m/min，加速度为 1g，同时他们还展出了一台并联机床，主轴转速达 20000r/min，快速进给速度达 80m/min，工作进给速度达 60m/min，加速度为 1.5g。

四、高速加工技术的发展趋势

对于高速切削技术的未来发展，高速加工领域非常著名的美国肯纳金属公司（Kennametal）在对过去 10 年的发展总结的基础上，对未来的技术发展作了以下预测：

1. 机床结构的变化

机床结构将会具有更高的刚度和抗振性，使在高转速和高进给情况下刀具具有更长的寿命；将会用完全考虑高速要求的新设计观念来设计机床，并联（虚拟轴）机床就是一个例子。

2. 提高机床进给速度的同时保持机床精度

目前铣削轮廓的进给速度是 12.7 ~ 15.2m/min（500 ~ 600in/min），随着 NC 技术的发展，这个速度还会提高 1 倍，因为更大的效益来自于更高的速度。现在，铝材的切削速度可达到 7000m/min，直线进给速度可达到 61m/min（2400in/min），甚至更高。

3. 快换主轴

美国明尼苏达州的 Remmele Engineering 公司先进制造工程部主任 Richard Heitkamp 先生是高速主轴的创始人之一。他在高速主轴技术攻关中所做的报告指出，快换主轴的设计方法已经找到，改进主轴的设计可以使主轴的寿命提高 4 倍。其方法是把主轴看作刀具，有极快的速度交换，这样可以延长主轴的寿命。他们有一个由 6 台机床组成的生产单元，主轴转速为 40000r/min，每天主轴交换 3 次。

4. 高、低速度的主轴共存

在同一台机床上，高速主轴和普通主轴同时存在，可以扩大机床的使用范围，以适应不同材料和尺寸工件的加工。在 1995 年欧洲机床博览会上，Droop&Rein 公司展出了一台大型三坐标数控机床，机床带有快换主轴，同时有 2 个换刀装置，分别是 HSK63 和 HSK100 的刀柄。在 1996 年国际机床展览会上，意大利展出了一台机床，同时有用于大转矩切削的齿轮传动主轴（5000r/min）和高速电主轴（30000r/min），后者使用 ISO 标准 30 号刀具，用于高速切削，2 个主轴放在滑枕两边，根据需要选用。当时，美国的 Boston-Digital 公司也展出了一台双主轴机床，2 个主轴并排放置，一个转速为 40000r/min，使用 20 号刀具，用于高速切削；另一个主轴转速为10000r/min，使用40号刀具，提供大转矩，用于中、低速粗加工。上述3种尝试为把高速和低速很好地结合起来提供了一个新的思路。

5. 改善轴承技术

改善轴承技术包括轴承的润滑、在轴承滚道上用铬钛铝镍镀层、采用陶瓷球以增加刚度和减少质量等。磁悬浮轴承的推广应用，使我们看到了轴承的 *dn* 值可达到 2×10^6mm·r/min，Fischer Precision公司现在可以提供40-40的高速电主轴，即转速为40000r/min，功率为40kW，用的就是磁悬浮轴承。

6. 改进刀具和主轴的接触条件

以前使用的都是BT等刀具锥柄。而新的刀具锥柄概念如HSK、KM、CAPTO、MTK、NC-50、Big Plus等仍然需要继续改进完善，以在高速切削下提高刚度。

7. 更好的动平衡技术

在主轴装配中使用更好的动平衡技术，使主轴在高速切削中具有更好的切削条件，同时也提高安全性和减少主轴轴承的磨损。主轴装配中的平衡设备和技术是和高速主轴、高速切削刀具以及高速刀具刀柄平行发展的。另外，整个主轴系统的自动动平衡技术也在不断发展中。

8. 高速冷却系统

冷却刀具的高速冷却系统已和主轴及刀柄集成在一起。同时，要改进切削液的过滤装置，以进一步提高机床的性能。

此外，还有新的刀具材料、刀具镀层等将出现或改进；换刀时间将继续缩短，非切削时间将继续减少。

第三节　五轴数控加工技术的现状及发展趋势

一、多轴加工的基本概念和过程

1. 多轴加工的基本概念

多轴加工通常是指四轴和四轴以上联动加工，相对于传统的三轴加工而言，多轴加工改变了加工模式，增强了加工能力，提高了加工零件的复杂度和精度，解决了许多复杂零件的加工难题。高速和多轴加工技术的结合，使多轴数控铣削加工在很多领域都替代了原先效率很低的复杂零件的电火花和电脉冲加工。多轴数控铣削常常用于具有复杂曲面零件和大型精密模具的精加工。多轴加工技术已经广泛应用于航空航天、船舶、大型模具制造及军工领域，是目前复杂零件型面精加工的主要解决方法。

2. 多轴加工的特点和过程

三轴加工只有三个线性坐标轴（X，Y，Z），刀具方向始终是跟Z轴平行，如图1-4所示的曲面在两侧底部有倒勾面，由于刀具轴线是固定地平行于Z轴，刀具的刃口无法碰到倒勾曲面部分，也就是加工不到该曲面部分；另外，当刀具加工到顶部时，球头刀的刀尖点跟曲面接触，而球头刀的刀尖点的线速度是零，顶部不是切削加工而是挤压过去的，表面质量难以保证，由此我们看到三轴加工存在很多的缺陷和不足。当我们增加一个轴，比如主轴可以摆动一个角度，如图1-5所示，则倒勾面部分就可以加工到，同时在不同的位置摆动不同的角度，就能充分利用刀具的最大线速度刃口点与曲面接触，提高切削效率，改善加工曲面的质量。由上面的比较可以看出，多轴加工特别是五轴加工与三轴加工相比有明显的优点，除了必须用五轴加工机床才能加工的零件如航空发动机和汽轮机的叶轮、舰艇用的螺旋推进器以及具有特殊结构的曲面或型腔等外，用多轴铣代替传统的三轴铣，利用刀具轴线的变化充分发挥刀具上线速度最大处加工零件的作用，可以大大提高空间自由曲面的加工精度、质量和效率，特别是在大型精密模具的加工上，多轴加工的优势已经越来越明显。但我们也必须看到，不管是从数控系统、编程还是机床操作上讲，多轴加工都要比传统的三轴加工要复杂得多，加工成本也高于三轴加工。多轴数控系统不仅要计算和控制刀具的三个线性坐标位置，还要计算和控制旋转角或摆动角的位置，要保证联动，则要考虑由于旋转或摆动对线性坐标的位置补偿；多轴编程不仅要考虑零件的粗、精加工工艺，还要合理控制刀具轴线以及合理安排刀具路径，多轴刀具轨迹的后处理还要考虑机床各个坐标轴的运动学关系；由于有旋转轴（或摆动轴）的存在，多轴机床坐标系原点的位置就不能随便建立，要综合考虑机床结构、刀具轨迹和后处理配置情况，同时还要特别注意加工过程中的干涉现象，所以多轴加工也要合理选择，并不是什么都能用多轴加工代替三轴加工，因此学习和掌握多轴加工技术对数控应用技术人员提出了更高的要求。

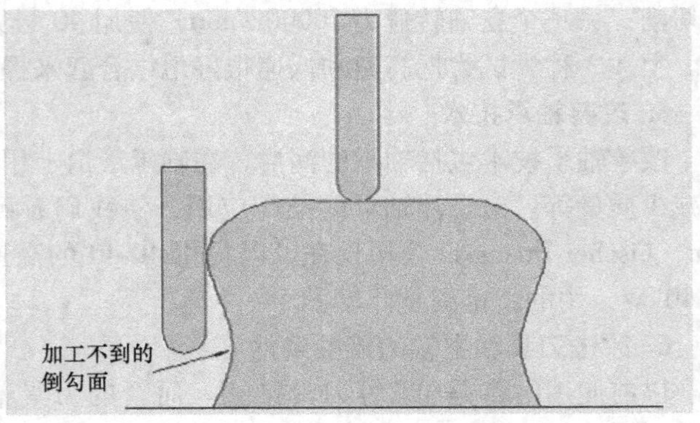

图 1-4　三轴加工的情况

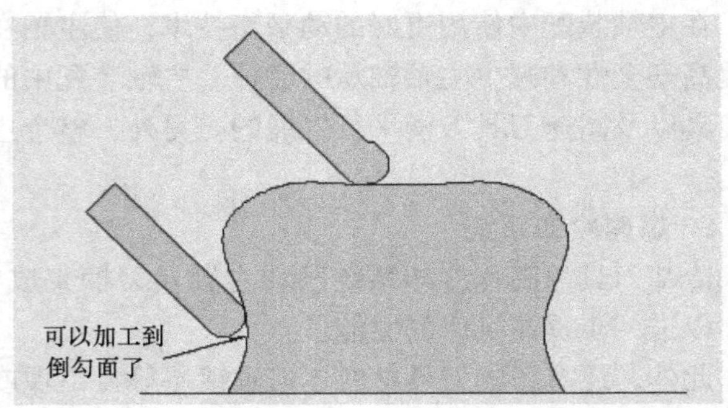

图 1-5　多轴加工的情况

多轴加工的过程比三轴加工要复杂，很多三轴加工零件都可以采用手工编程的方法来完成，但多轴特别是五轴加工零件的编程绝大多数都是要用 CAM 软件来完成的。从方法上或者是概念上讲，多轴加工的过程一般都要历经以下几个步骤：

（1）零件的三维 CAD 设计　绝大多数的多轴加工零件都需要用 CAM 来自动编程，而要用 CAM 编程的前提是要有三维零件模型。建立模型的软件很多，如 Pro/E、UG 等。对于复杂的零件，最好是用同一个软件完成 CAD 和 CAM，这样从 CAD 到 CAM 就不会丢失数据，生成的 NC 程序比较理想。

（2）自动编程　根据零件的特点、机床的配置以及对刀具的考虑，用 CAM 软件来设计刀具路径，通常的做法是首先设计出粗加工刀具路径，然后是半精加工刀具路径，有时可能还要考虑局部细节如清根的刀具路径，最后是精加工刀具路径；同时，在选择 CAM 软件中加工方法时要尽量考虑到零件本身的形状、精度要求以及刀具的形式和尺寸，根据使用的机床的数控系统，选择或者建立适合的后置处理器，输出刀具路径到 NC 程序，完成编程任务。

(3) 程序调入机床 在计算机上做好NC程序后，通过USB口，或者通信串口，或者网络接口把程序输入机床系统。如果机床的内存不够存储NC程序，可以采用DNC方式加工，NC程序要根据有没有刀库作适当的合并或分割。

(4) 毛坯装夹到机床 如果是单件加工，可以用普通的压板和螺栓固定，工件的方位靠打表来校准；如果是批量加工，最好先做专用夹具，这样可以节省装夹时间，提高产品的一致性。

(5) 建立工件坐标系 多轴机床工件坐标系的原点一般都设置在回转轴线的交点上，有时也可以建立在工作台面甚至夹具上的某个特殊点。其实在我们确定刀具路径程序时就要考虑工件坐标系的位置，在CAM软件中设置的工件坐标系和在机床加工时设置的工件坐标系必须一致，这样程序才能正确。

(6) 设置机床参数 普通的机床参数的设置跟三轴的一样，但有了旋转轴，机床上有关旋转轴的参数必须设置，比如旋转轴的正转反转、角度值的意义，特别是有摆轴的摆长设置等。

(7) 刀具装入刀库 许多加工都会用到多把刀具，对于多轴的加工中心，必须把程序中用到的所有刀具按顺序装入刀库，这样就可以一次装夹完成所有工序，加工出合格的零件。

(8) 自动加工 在正式加工前，最好用易加工的材料如木头或塑料作为毛坯，检查加工轨迹是否正确，整个程序是否合理等。如果没有问题，装上实际的毛坯开始加工，加工中要注意进给速率倍率的调整、主轴转速的大小，寻找最佳的加工参数。如果是加工批量的产品，还要注意刀具的磨损，及时换刀等。

二、四轴联动加工的特点

四轴联动机床，就是在三个线性坐标轴（X，Y，Z）的基础上增加一个旋转轴或者摆动轴，有两种基本机床结构，如下所述。

(1) 摆头结构 主轴装在摆头上，摆头可以摆动一定的角度，并且可以和三个线性轴联动。这种机床结构工作台没有受到影响，所以X轴和Y轴的行程就是原来的，X轴、Y轴工作行程比较大，但这种结构主轴的刚度会受到影响，在刀具路径后处理时要考虑摆长的补偿。

特点：对于箱体上有斜孔、具有倒勾面的一些曲面、侧面有需要特殊加工的零件等，可以在一次装夹中加工出整个零件；而三轴加工就必须多次装夹加工才能完成，这必然带来多次装夹和重复定位误差。

(2) 旋转工作台结构 在XY平面工作台上再增加一个旋转工作台，工件安装在旋转工作台上并可随工作台旋转任意角度。这种结构主轴的刚度不受影响，但由于旋转工作台是放置在三轴工作台上的，Z轴的行程会受影响，当在该机床上加工三轴的零件时，其X轴和Y轴的加工范围都会受到影响。

特点：特别适合加工轴类或盘类零件，如空间凸轮、滚筒、柱面上有加工特征的零件，一次装夹就可以完成所有加工，减少了夹具和重复安装误差。

三、五轴联动加工的特点

五轴联动机床，就是在三个线性坐标轴（X，Y，Z）的基础上再增加两个旋转坐标轴，有三种基本机床结构。

（1）双转台结构五轴联动机床　两个旋转轴均属转台类，B 轴旋转平面为 YZ 平面，C 轴旋转平面为 XY 平面。一般两个旋转轴结合为一个整体构成双转台结构，放置在工作台面上，图 1-6 所示定义了双转台五轴机床五个坐标关系，图 1-7 所示是双转台五轴机床加工整体小叶轮的实况。

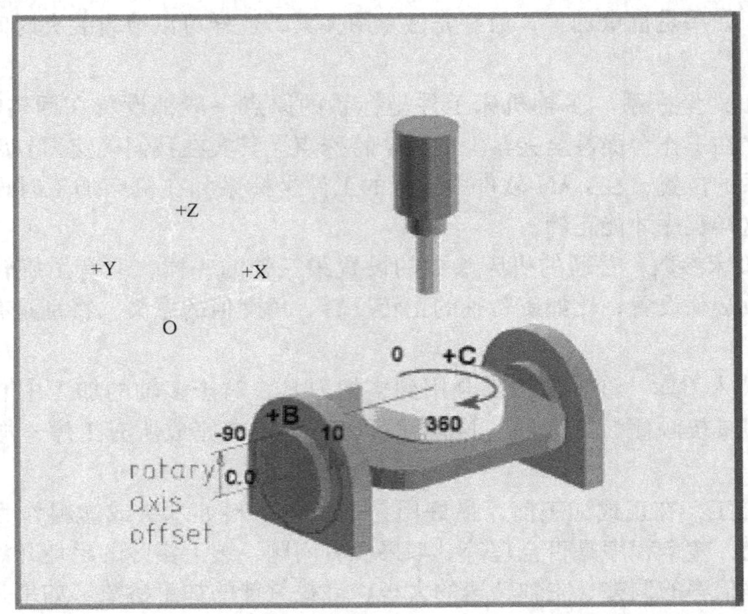

图 1-6　双转台五轴机床五个坐标轴之间的关系

图 1-7　双转台五轴机床加工整体小叶轮

该机床特点为：加工过程中工作台旋转并摆动，可加工工件的尺寸受转台尺寸的限制，适合加工体积小、重量轻的工件；加工过程中主轴始终为竖直方向，刚性比较好，可以进行切削量较大的加工；能加工电极、鞋模、小叶轮、工艺品等。

（2）单转台单摆头五轴联动机床 旋转轴B为摆头，旋转平面为ZX平面；旋转轴C为转台，旋转平面为XY平面。如图1-8所示定义了单转台单摆头五轴机床五个坐标轴之间的关系，图1-9是其加工维纳斯雕像的实况。

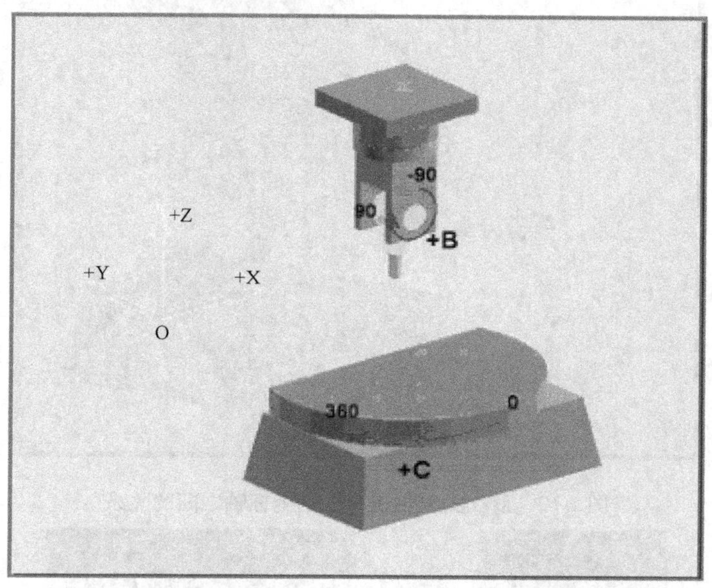

图1-8 单转台单摆头五轴机床五个坐标轴之间的关系

图1-9 单转台单摆头五轴机床加工维纳斯雕像

该机床特点为：加工过程中工作台只旋转不摆动，主轴只在一个旋转平面内摆动，加工特点介于双转台和双摆头结构机床之间，能加工模型、灯模、轮胎模等。

（3）双摆头五轴联动机床 两个旋转轴均属摆头类，B轴旋转平面为ZX平面，C轴旋转平面为XY平面。两个旋转轴结合为一个整体构成双摆头结构。图1-10所示定义了双摆头五轴机床五个坐标轴之间的关系，图1-11所示是其球面刻字加工的实况。

该机床特点为：加工过程中工作台不旋转或不摆动，工件固定在工作台上，加工过程中

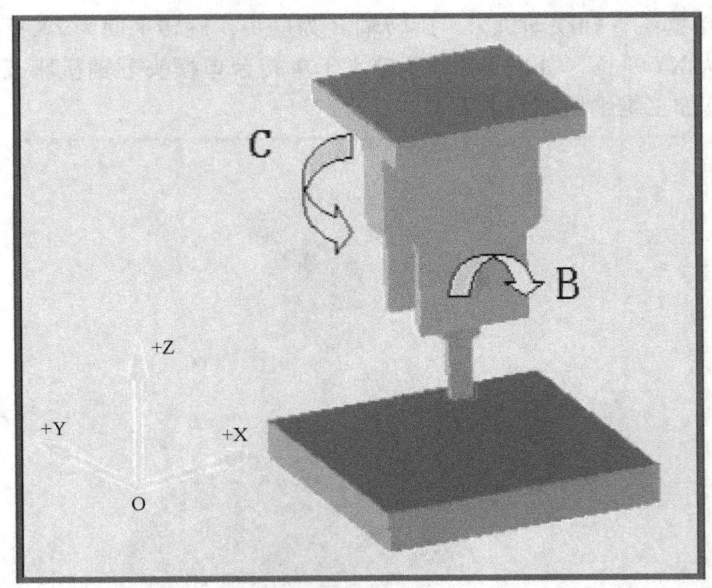

图 1-10　双摆头五轴机床五个坐标轴之间的关系

图 1-11　双摆头五轴机床球面刻字加工

静止不动。其适合加工体积大、重量大的工件；但因主轴在加工过程中摆动，所以刚性较差，加工切削量较小。由于自身结构特点，加工范围小，能加工保险杠、汽车后桥等。但不管哪种结构，从相对运动关系来说，就是刀具相对工件在运动，刀具轴线可以从两个方向连续变化。从理论上讲，借助 CAM 软件控制刀具轨迹和刀具轴线的方位及后处理生成高质量的 NC 加工程序，五轴加工方式可以加工任何形式的零件。

四、五轴加工技术的应用现状

五轴加工技术首先是应用在具有复杂曲面的零件加工上，特别在解决叶轮、叶片、船用螺旋桨、大型柴油机曲轴等方面具有独特的优势。因此，高精度高速五轴联动数控机床对于一个国家的军事、航空航天、精密医疗设备、科学研究、精密仪器等行业有着举足轻重的影响力；同时，由于刀具、驱动、控制和机床等技术的不断进步，高速加工和高效加工，特别是高速硬铣已在模具制造业中得到了广泛应用和推广，传统的电火花加工在很多场合已被高速硬铣所替代。通过高速硬铣对一次装夹下的模具坯件进行综合加工，不仅大大提高了模具的加工精度和表面质量，大幅度减少了加工时间，而且简化了生产工艺流程，从而显著缩短了模具的制造周期，降低了模具生产成本。成功的五轴加工应用不仅仅是买到五轴加工中心和某些五轴 CAM 软件就行了，加工中心必须适合加工模具；类似地，CAM 软件不仅要具有五轴功能，而且必须具有适合模具加工的功能。使用短的切削刀具是五轴加工的主要特征。短刀具会明显地降低刀具偏差，从而获得良好的表面质量，避免了返工，减少了焊条的使用量，缩短了电火花加工的时间。当考虑到五轴加工时，必须考虑利用五轴加工模具的目标，即：尽可能用最短的切削工具完成整个工件的加工，也包括减少编程、装夹和加工时间，能得到更加完美的表面质量。

五、五轴加工技术的发展与未来

现在五轴加工中心逐渐成为机械加工业中最主要的设备，它加工范围广，使用量大，近年来在品种、性能、功能方面有很大的发展。品种：有新型的立、卧五轴联动加工中心，可用于航空、航天领域中的零件加工；有专门用于模具加工的高性能加工中心，集成三维 CAD/CAM 对模具复杂的曲面进行超精加工；有适用于汽车、摩托车大批量零件加工的高速加工中心，生产效率高且具备柔性化特点。性能：普遍采用了转速为每分钟万转以上的电主轴，最高可达（6 ~ 10）$\times 10^4$r/min；直线电动机的应用使机床加速度达到 $3g \sim 5g$；执行 ISO/VDI 检测标准，促使制造商提高加工中心的双向定位精度。功能：融合了激光加工的复合功能，结构上适合于组成模块式制造单元（FMC）和柔性生产线（FMS），并具有机电、通信一体化功能。

领先一步的机床制造商正在构想未来的“加工中心”。它将是万能型的设备，可用于车、铣、磨、激光加工等，将成为真正意义上的加工中心；全自动地从材料送进到成品产出，粗精加工，淬硬处理，超精加工，自动检测，自动校正，将无所不能；设备将重视环保、节能，呈现出绿色制造业的标志；21 世纪时代特征的 IT 功能是绝对不可少的，设备将通过网络与外界交换信息，获得最新的技术成果，人类的智慧将在高科技产品加工中心上得到充分的展现。

第二章　高速加工技术及应用

高速加工技术无论是在理论研究还是在实际应用上都取得了飞速的发展，直线电动机、高速进给系统、高速数控系统和高速刀具在高速数控机床上的广泛应用为高速加工技术提供了坚实的技术基础，先进的CAM软件为高速加工的数控程序提供了保障，高速加工已经从象牙塔走进了宽广的工业应用领域。

第一节　高速加工数控系统

一、高速加工数控系统的组成

高速加工数控系统的组成如图2-1所示。它由三部分组成：①主要用于零件程序和管理程序的编制、输入、存储、显示、打印等的人机对话接口控制（MMC），目前，高级的人机接口已包含CAD/CAM系统；②对预先规定的机床动作进行逻辑顺序控制的可编程序控制器（PLC）；③运动的数值控制（CNC），包括数控装置、伺服装置和主要检测机床运动物理量的检测装置。

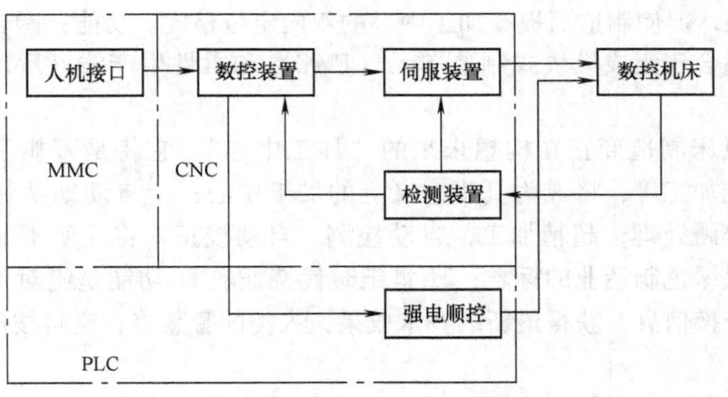

图2-1　高速加工数控系统的组成

从图2-1可以看出，高速加工数控系统从基本原理上与普通数控加工的数控系统没有本质区别。数控加工的信号都是通过输入设备、人机接口进入CNC控制器，经加工处理转换输出的信号，然后控制装在机床上的伺服电动机和主轴电动机，驱动机床的运动，加工出机械零件。只是高速加工机床的主轴转速、进给速度和其加（减）速度都非常高，由于其进给驱动采用高速伺服电动机或直线电动机，因而对数控系统提出了更高的要求。与普通数控加工的数控系统相比较，高速加工机床的数控系统具有以下特点：

1）一般采用32位CPU、多CPU微处理器以及64位RISC芯片结构，保证高速度处理程序段。因为在高速下要生成光滑、精确的复杂轮廓时，一个程序段的运动距离只等于1mm的几分之一，这就使得NC程序将包括几千个程序段，以致处理负荷过大，甚至超过了某些32位系统的处理能力。

2）能够迅速、准确地处理和控制信息流，将加工误差控制到最小，同时还能保证控制执行机构运动平滑、机械冲击小。

3）有足够大的容量和较大的缓冲内存，能保证大容量加工程序高速运行。同时，还具有网络传输功能，能实现复杂曲面的CAD/CAM/CAE一体化等功能。

可以说，高速切削加工机床只有具备高性能的数控系统，才能保证高速下的快速反应能力和加工零件的高精度。

二、高速加工对数控系统的要求

高速加工技术是传统数控加工技术的新发展，对于高速数控加工，其目标是要求高速度地加工出高精度的零件。为了在保证精度的基础上进行高速加工，有三个重要的因素要考虑，如下所述。

1. 机械系统

高速加工要求数控机床机械部分必须具有：①主轴转速高、功率大，以满足高速切削要求；②进给量和快速行程速度高，以保证工件的加工精度和提高生产率；③主轴和工作台的运动具有极高的加速度，且移动部件较轻，要避免太长的速度过渡过程，瞬间完成速度的提升；④优良的热态特性和动、静态特性，不致使机床各支承部件产生较大的变形，以保证零件的加工精度、加工安全性和可靠性；⑤高效、快速的冷却系统，能迅速地将热量从切削区域散出，不致影响零件加工精度和机床的动刚性；⑥安全防护装置和实时监控系统，以避免在高速状态下刀具崩裂飞出而造成人身伤害，确保操作人员和设备安全。

2. CNC系统

CNC系统是发出位置指令的单元，要求指令能够准确而快速地传递，并经过处理后对每个坐标轴发出位置指令，然后伺服系统按照该指令快速驱动刀具或工作台准确地运动。

CNC系统把输入的零件程序转换成要加工的形状轨迹、进给速度和其他的指令信息，连续地把位置指令送给每个伺服轴。为了同时得到高速度和高精度，CNC系统还要根据被加工零件的形状轨迹选择最佳的进给速度，在允许的误差范围内以尽量高的进给速度产生位置指令，特别在拐角处和小半径处，CNC系统应能判别在多大的加工速度变化时会影响精度，而在刀具到达这样的点前使刀具的切线速度自动减速。

尤其在模具加工中，程序段一般很小，但程序却很长，因而还须利用一些特殊的控制方法来实现高精度和高速度的加工。要求伺服系统准确而快速地驱动机床的工作部件，以高速地加工出满意的模具，为此，伺服系统就须具有快速响应的能力、抑制扰动的能力，不产生振动，从而避免与机床产生共振。

目前，最先进的数控系统已经可以同时控制八根以上的轴，可实现五轴五联动，甚至六轴五联动，对于多个CPU，数据块的处理时间不超过0.4ms；同时，均配置功能强大的后置处理软件，运算速度快，仿真能力强且具备程序运行中的“前视”功能，随时干预，随时修改；外接插口，数据传输速度快，可以与以太网直接联网；加上全闭环的测量系统，配合使用数字伺服驱动技术，机床的线性移动可以实现加速度值为$1g \sim 2g$的加速和减速运动。

3. 高速的主轴单元和高速的进给驱动单元

高的进给速度要求高的加速度。比如，高速机床的行程通常为500～1000mm，在如此短的距离内使机床进给速度从零增大到40m/min，则机床的进给加速度值应超过$1g$（约为$10m/s^2$）。尤其在进行曲面加工时，进给加速度更为重要。如果一台伺服电动机不能产生足够高的加速度，那就不能进行高速、高精度的加工。目前，主轴单元大部分采用矢量控制的交流异步电动机，因异步电动机转子易发热，现在也采用内冷的高速主轴电动机；对于同步电动机的研究也开始进行；为实现大的进给加、减速度，目前直线电动机已越来越多地被采用。

此外，高速加工时的安全问题也非常重要，因为高速加工中飞出的切屑或碎片，就像从枪膛射出的子弹，所以对系统的安全要求非常高。

综上所述，高速加工对 CNC 系统及 CNC 机床的要求可以归纳为：

1）能够高速度处理程序段。

2）能够迅速、准确地处理和控制信息流，把工件的加工误差控制到最小。

3）能够尽量减少机械的冲击，使机床平滑移动。

4）要有足够的容量，能使大容量加工程序高速运转，或者具有通过网络传递大量数据的能力。

5）具有高速度工作的主轴电动机、进给伺服电动机和传感器等。

6）能保证在高速下加工时机床的可靠性和安全性。

三、高速数控系统介绍

随着计算机技术迅速发展和其在数控系统中不断地被应用，目前，高速数控系统已进入快速发展阶段。在市场上有许多适用于高速加工的数控系统，这里分别介绍 FANUC 16i、SIEMENS 840D、HEIDENHAIN iTNC530 和国产 SKY-N 系列数控系统 4 种高速数控系统。

1. FANUC 16i 高速数控系统

FANUC 的新一代数控系统包括 3 个系列：①0i 系列是具有高可靠性和高性能价格比的 CNC 数控系统，主要应用于普通数控机床；②16i 系列是适合于各种数控机床的高速、高精、纳米的 CNC 数控系统；③30i 系列是适合于先进、复合、多轴、多通道和纳米的 CNC 数控系统。

FANUC 16i 数控系统能够控制 8 轴，最多控制轴数为 20（2 个主 CPU、2 个通道）轴，实现联动轴数为 6 轴，最多主轴数可达 4 轴。

FANUC 16i 数控系统的高速功能是在保证精度的基础上得到的，这些功能主要如下所述。

（1）纳米插补　这个功能把送到数字伺服系统的位置指令以纳米作为单位，而 CNC 系统的增量是 1μm。由于位置指令按纳米计算，而不是按系统增量（最小指令增量）的单位进行计算，所以进入数字伺服系统的波动得到了最小化，这样就能达到机床平稳移动的目的，改进了加工零件的表面质量，即使在高速下也如此。纳米插补的工作过程如图 2-2 所示。

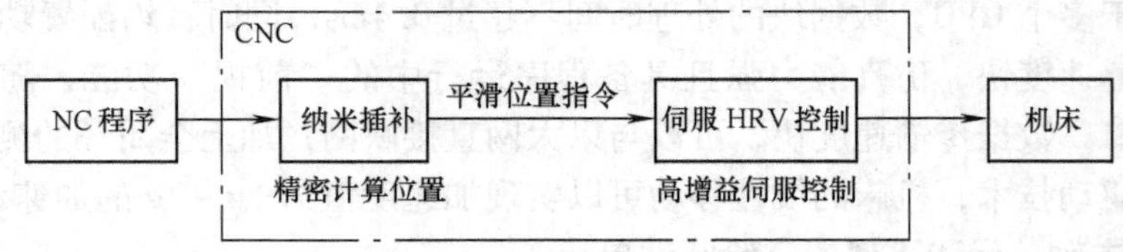

图 2-2　纳米插补过程

（2）由指令的方向计算出最佳的加速度以减少加工时间　比如加工一块方形零件，如图 2-3 所示，改变了传统的将 X 轴与 Y 轴都按最低的加速度轴进行加减速的加工方法，而是对每轴的加速度情况分别予以考虑。

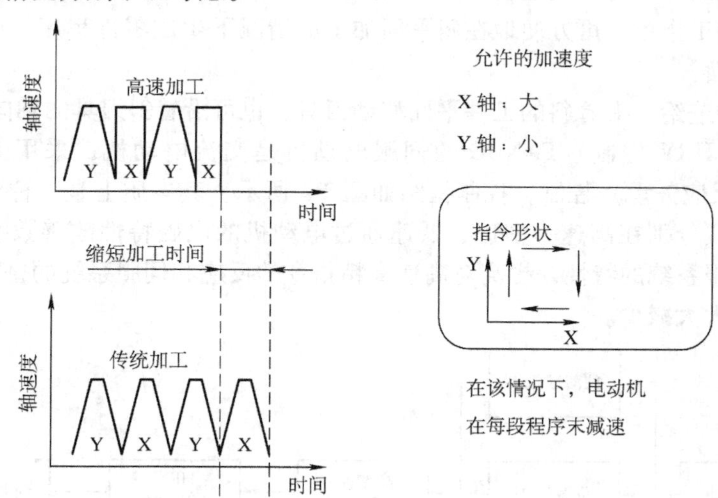

图 2-3　传统加工与高速加工每轴的加速度

（3）控制伺服电动机最佳的加、减速转矩　按照这个功能，可进行最佳的加、减速控制，使定位的时间减少。按照电动机转矩的特性可以对每轴设定 4 种定位的加、减速方案。A：正方向，加速度；B：正方向，减速度；C：负方向，加速度；D：负方向，减速度。这样根据电动机的转矩对加、减速设定不同的方案，可以减少定位时间。

（4）缩短程序段处理时间　在加工连续微小程序段时，要提高加工速度就必须缩短程序段处理时间。程序段处理时间现在已从 1ms 缩短到 0.4ms，连续加工 1mm 的程序，其进给速度已从 60m/min 增加到 150m/min，大大提高了加工速度。若加工速度不变，比如为 15m/min，当程序段处理时间从 1ms 缩短到 0.4ms 时，最小指令的程序段长度将从 0.25mm 变为 0.1mm。

（5）进行前瞻控制　最大前瞻控制的程序段为 600 段。该控制中，采用了 RISC 处理器，在考虑机床的性能时，选择了最佳的进给速度，对每轴分别进行加、减速的设定。对于多程序段的先行控制，要对进给速度进行下面的一些计算和控制：

1）根据每轴速度的变化，在拐角处自动计算相应的进给速度和加速度、减速度。

2）当 Z 轴向下移动时，由于采用刀具的端部加工比 Z 轴向上移动时刀具以侧面加工负载更大，因此必须计算进给速度，并控制其进给速度低于允许进给速度。

3）对多段小程序段加工时，由于程序段小，进给速度按拐角的进给速度设置。

（6）配有五轴加工功能　该系统采用 RISC 处理器，能对包括旋转在内的复杂零件进行高速和高精加工。五轴加工功能主要包括：

1）刀具轴方向进行刀具长度补偿，即使刀具轴的方向随回转轴旋转，仍然可以在刀具轴的方向补偿。

2）刀具中心点的控制，即使刀具轴的方向变化了，刀具中心仍然可以控制，以便跟随确定的直线。

3）三维刀具半径补偿，可以在垂直于一把倾斜刀具的平面上进行；也可以对刀具边缘偏置。

4）三维圆弧插补，可以规定斜平面上的圆弧。

5）斜平面加工指令，可方便地在斜平面加工的情况下生成零件程序，可控制旋转轴使刀具垂直于斜平面。

6）三维手动进给，沿着斜的工件平面移动刀具，也可沿着斜刀具的轴向手动移动。

（7）伺服的 HRV 控制　FANUC 的伺服电动机是交流电动机，采用 HRV（High Response Vector 高反应矢量）控制，控制框图如图 2-4 所示。其本质上是一种对交流电动机的改进型矢量控制，分别在高速、中速、低速通过电动机的电磁特性改善数字伺服的控制特性，从而改善伺服系统的特性，提高对高速高精指令的反应和伺服系统的鲁棒性。联合前馈控制，可使误差大大减少。

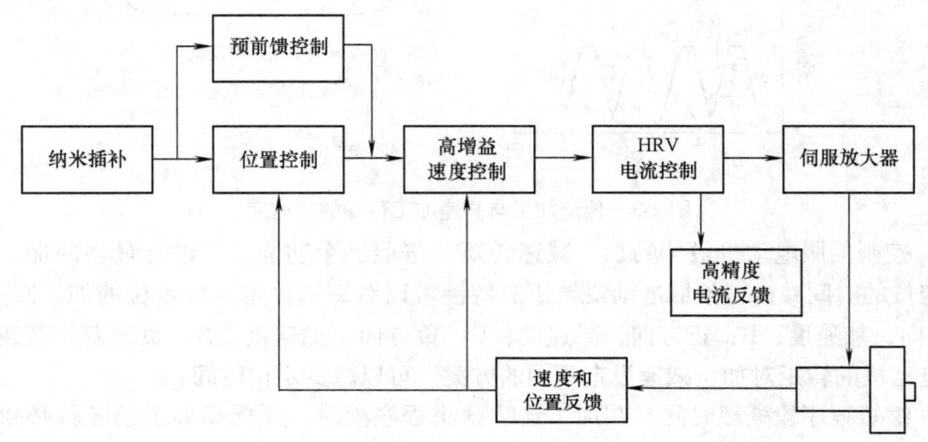

图 2-4　HRV 控制框图

由于采用了数字控制，可以增加“减振滤波器”，并把速度环增益提高到 1.5 倍。另外还可以把位置环增益提高到 80～100Hz。

（8）冲击控制　当加工形状尖锐的曲线或者具有急剧的拐角时，加速度的剧烈变化将导致机械的振动。系统可以自动检测出这样的运动并进行冲击控制，自动降低加工速度，以实现平滑的运动，使机械的冲击降低而使表面质量得到改进。

（9）NURBS 插补　除了加工自由曲线、自由曲面外，配用五轴加工功能，还能进行复杂形状的加工。

（10）安全　具有双检安全功能，即内嵌在 CNC 中的多个处理器双重监控伺服电动机和主轴电动机的位置、速度及与安全相关的 I/O。

2. SIEMENS 840D 高速数控系统

SIEMENS 840D 数控系统能够控制 31 个轴，可实现 6 轴联动，单通道 12 轴，通道数为 10 个。

SIEMENS 840D 数控系统主要包括以下部件：

1）人机接口采用基于工业 PC 机的操作面板。

2）CNC 控制单元最大的配置为 NCU573.2，处理器采用英特尔奔腾 D，具有 2.5MB 的 NC 存储器和 288KB 的 PLC 存储器，能配置 10 模块组/10 通道/31 轴（每通道 12 伺服轴/主轴）。

3）可编程序控制器（PLC）。

4）机床进给与主轴用的驱动单元。

5）电动机（AC 电动机和直线电动机）。

6）适合高速加工基本功能的电源和能量回收单元。

SIEMENS 840D 数控系统具有良好的高速加工的功能，如下所述。

（1）前瞻控制　前瞻控制的功能用以识别因程序段变化过程中的不规则进给速度和轨迹曲线形状产生的过大加速度，由程序缓冲器预先对 NC 程序段进行连续处理，使这些程序段执行的时间短于由加工速度所要求的斜线上升或下降时间。

在加工复杂的轮廓时，程序是由大量的短行程的程序段组成，其方向变化剧烈，如果这样的程序加工时以固定的编程速度处理，不可能得到最佳的结果；在沿切线方向前进的许多程序段执行时，由于大量过小的程序段需要计算和处理，小圆角会被忽略，因此伺服轴就得不到需要的速度。但采用“前瞻”功能，进行预先计算和处理后，就能得到最佳的加工速度；把这样处理的程序输入到系统，根据切线方向的变化，加、减速某伺服轴就不会以程序段为分界，从而避免发生速度的停顿；当方向剧烈变化时，轮廓的斜率变化会降低到可编程的大小。

（2）五轴联动加工功能　由于旋转坐标系的五轴加工程序通常为离线编程，而其刀具的形式、半径、长度在 CNC 编程时又要求为常数，这样对修改程序和刀具都很困难。为此，CNC 系统中提供了一种坐标变换的方法，使得一些编程和刀具校正直接在机器中执行，不再重复进行后置处理。通过定义一个新的工件坐标系就可实现，比如斜面坐标，由 CNC 系统把工件坐标变换到相应的轴的坐标，刀具的定位可以通过旋转轴的位置、刀具的方向矢量、欧拉角编程。这些功能对手动方式也很重要，例如刀具断裂时需要移动刀具的情况。

五轴变换功能，五轴机床利用球头刀具进行三轴联动加工时，只能利用铣削加工生产率的一部分潜力，而采用圆柱刀或螺旋刀具加工时才可以达到较高的生产率。但是，为了保证圆柱刀或螺旋刀具沿着所要求的路径运动，一般刀具的五轴编程需要在中间插入许多中间切削点，而利用五轴变换的手持控制单元来动态调节前角，可使刀尖保持稳定。

由于 CNC 可以校正刀具的长度，因此在加工的过程中，为了对刀具断裂的事件进行反应和对刀具的磨损进行补偿，当需要时，可以直接在机床上测量刀具。这些功能可以使机床在夜间无人照管下运行。CNC 与激光测量系统相联系，自动地提供相应的测量循环，执行刀具设定和破损监控。由于能对不同的刀具几何形状进行校正，诸如圆柱形、螺旋形的刀具和圆锥螺旋形刀具，因而同样的程序可以采用不同的刀具。

（3）补偿　SIEMENS 840D 数控系统具有以下的补偿功能：

1）温度补偿，能对高速主轴和高速进给引起主轴和进给轴的发热产生的误差进行补偿。

2）象限误差补偿，当进给轴跨象限运动反向时，摩擦力也反向，可对其设定进行补偿。也可通过神经网络进行自动学习并记忆和存在存储器。

3）丝杠误差补偿。

4）通过插补可对斜度和下垂度进行补偿（空间补偿或交叉补偿）。

5）间隙补偿。

（4）通用插补器 NURBS 插补　由于内部的运动控制和轨迹插补由 NURBS 执行，因而对所有内部的插补提供统一的方法。这样不仅可以进行复杂的插补，还可以进行直线、圆弧、螺旋插补线、样条和多项式的输入。

(5) 前馈控制　采用前馈控制的目的就是把跟踪误差降到接近零。尤其是在加工拐角或小圆弧时的加速度，会产生由速度决定的轮廓误差，为此，SIEMENS 840D 数控系统的控制采用了两种前馈控制：①由速度决定的前馈，它可以在速度恒定时，把跟踪误差降到几乎为零；②转矩前馈控制，在动态加工时，采用转矩前馈控制把跟踪误差降到几乎为零。

(6) 冲击限制

(7) 安全功能　系统具有双检安全功能。

目前，SIEMENS 840Di 数控系统也已上市。SIEMENS 840Di 是全集成式的基于 PC 平台的开放式，且更加灵活的数控系统，它建立在标准的微软新操作系统和带奔腾处理器（P2）的个人计算机基础之上，已不再需要数控处理器，而且运动控制的应用范围更广，可靠性更高，向智能化前进了一大步。

3. HEIDENHAIN iTNC530 数控系统

HEIDENHAIN iTNC530 采用全新的微处理器结构，计算能力非常强大。控制系统控制轴数达 12 轴，主机单元采用奔腾 III-800 芯片、133MHz 总线频率，硬盘存储量为 30GB，带有各类数据通信接口（Ethernet/RS232/RS422/USB 等），配备的快速以太网通信接口能以 100Mb/s 的速率传输程序数据。能够提供带双处理器的主计算机，既可保证系统的实时计算和稳定性能，还能满足 Windows 应用程序的需求。控制单元集成了控制系统的所有伺服控制回路（位置环/速度环/电流环），所有的伺服计算都在 DSP（数字信号处理器）中完成。

其高速加工有以下特性：

(1) 全数字驱动技术　由于有强大硬件的支持，HEIDENHAIN iTNC530 采用了全数字化技术，其位置控制器、速度控制器和电流控制器全部实现数字控制，数字电动机能获得非常高的进给速率。

(2) 程序段处理速度快　HEIDENHAIN iTNC530 程序段处理速度快，实现短的程序段处理时间只有 0.5ms。

(3) 轮廓精度高　HEIDENHAIN iTNC530 具有 1024 段预读功能，能自动根据工件轮廓调整实际速度，节省加工时间。内置的过滤器既能显著抑制各机床的固有频率，还能保证所需的表面精度。此外，还可进行各种误差补偿，包括线性和非线性轴误差、反向间隙、圆周运动的方向尖角、热膨胀及粘滞摩擦，因而保证了轮廓的高精度。

(4) 在保证精度的情况下实现高速加工　由于 HEIDENHAIN iTNC530 数控系统能够快速传输大量数据，且能高效编辑长程序，因而能在保证精度的情况下实现高速加工并使加工出的工件具有理想轮廓。

(5) 加速控制　由于 HEIDENHAIN iTNC530 系统采用限制加速度值并利用过滤器对加速度进行了光滑处理，从而使加工中由于加速度突变而产生的机床振动减少，从而实现高表面质量加工，达到机床良好的加、减速性能。

(6) 名义位置过滤器　由于机床本身的动态性能是影响实现高速、高精和高表面质量要求的主要因素，HEIDENHAIN iTNC530 系统提供了单过滤器、双过滤器和高速过滤器等内置的名义位置过滤器，用户根据自己的需求和机床本身的动态性能通过参数设置可确定采用哪种过滤器。

4. SKY-N 系列数控系统

SKY-N 系列数控系统是南京四开电子企业有限公司推出的具有中国自主知识产权的当今世界上顶尖的 CNC 系统之一，硬件全部为国际化采购，软件的核心部分在美国开发，其功能和性能与 FANUC 160i、SIEMENS 840Di 以及 HEIDENHAIN iTNC530 数控系统相当。其控制核心采用 DSP 高速数字处理器，管理核心采用奔腾Ⅲ处理器，操作平台采用 Windows 系统，具有标准以太网（TCP/IP）接口的网络功能，具有 3D 刀具补偿功能，可实现五轴联动加工。下面以 SKY2006N 型数控系统为例作一介绍。

SKY2006N 型数控系统有以下特性：

（1）前瞻控制　具有提前预处理 500～5000 程序段的功能。世界主要先进数控系统的提前预处理能力的比较见表 2-1。

表 2-1　世界主要先进数控系统的提前预处理（前瞻控制）能力的比较

FANUC 0i	FANUC 16i	FANUC 30i	SIEMENS 840Di	HEIDENHAIN TNC530	ROEDERS RMS 16	FAGOR 8070	SKY2006N
20	600	1000	256	1000	5000	1000	5000

（2）纳米插补　内部运算及交换数据分辨力为 0.001μm（1nm），粗插补周期 2ms，细插补周期 0.1ms，段处理时间 BPT 0.1ms，最小指令增量 0.1μm。

（3）皮米级的数据运算　SKY2006N 系统采用 IEEE-754 64 位标准浮点数学运算库进行插补；计算精度达到 1pm，即 0.001nm。皮米插补将 FANUC 30i 提出的纳米插补精度概念提高了 3 个数量级，更高的计算分辨率带来了驱动器更精确的插补速度和加速度，从而能够使机床更平滑地运行，使得工件表面的加工质量更高和刀具的寿命更长，加工成本大大降低。

（4）高速加工　该系统具有很强的抑制外部扰动力的能力，并采用适合控制高速、高精度的直线电动机，实现高速、高精度的加工。

（5）补偿　SKY2006N 型数控系统具有三维空间刀具半径和长度补偿、全行程直线补偿、非线性弯曲补偿、双向螺距补偿、间隙补偿、过象限补偿、刀具偏置和热膨胀、静摩擦、动摩擦补偿等。

（6）多轴加工坐标系寻位补偿　这是五轴加工的关键功能。在多轴加工中，工件装夹的基准必须与 CAM 软件计算基准一致，SKY2006N 通过扩展指令自动补偿空间变换，保证加工工件空间尺寸精度，保证刀具轴方向不变。在我国，许多进口的大型五轴联动数控机床长时间不能够投入使用，就是因为数控系统中该功能被有意无意地“裁减”掉了。

（7）网络管理功能　SKY2006N 实现了主控计算机与单个数控计算机的双向信息共享协调功能。主控任务计算机可以实时查看各个数控机床的机床状态、加工程序、加工工件、加工时间、故障信号等，各个数控计算机也可以向主控计算机汇报工作情况。同时也可以实现远程监控、远程服务和远程查询等功能。

第二节　高速加工数控机床

一、高速加工数控机床的特点

高速切削加工是先进制造技术的主要发展方向之一，由于高速加工数控机床不仅要有很高的切削速度，还要满足高速加工要求的一系列功能，因而与普通数控机床相比高速加工数控机床具有以下特点：

（1）主轴转速高、功率大　目前适用于高速加工的加工中心，其主轴最高转速一般都大于10000r/min，有的高达60000～100000r/min，是普通数控机床的10倍左右；主电动机功率为15～80kW，满足了高速铣削、高速车削等高效、重切削工序的要求。

（2）进给量和快速行程速度高　快速行程速度的值高达60～100m/min及以上，为常规值的10倍左右。这是为了在高速下保持刀具每齿进给量基本不变，以保证工件的加工精度和表面质量。在进给量大幅度提高以后，进一步增大快速行程速度也是提高机床生产率的必然要求。

（3）主轴和工作台（滑板）极高的运动加速度　主轴从起动到达最高转速（或相反），只用1～2s的时间。工作台的加、减速度也从常规数控机床的$0.1g$～$0.2g$提高到$1g$～$8g$。需要指出，没有高的加速度，工作部件的高速度是没有意义的。零件加工的工作行程一般都不长，从几十毫米到几百毫米，不允许有太长的速度过渡过程，因为在进给速度变化过程中是不能进行零件加工的。因此高速加工中心上，不论主轴还是工作台，速度的提升或降低都在瞬间完成，这就是要求高速运动部件有加速度的原因。

（4）机床优良的静、动态特性和热态特性　高速切削时，机床各运动部件之间作速度很高的相对运动，运动副接合面之间将发生急剧的摩擦并发热，高的运动加速度也会对机床产生巨大的动载荷，因此高速机床在传动和结构上采取了一些特殊的措施，使其除具有足够的静刚度外，还具有很高的动刚度和热刚度。

（5）高效、快速的冷却系统　在高速切削加工的条件下，单位时间内切削区域会产生大量的切削热，若不及时将这些热量迅速地从切削区域散出，不但妨碍切削工作的正常进行，而且会造成机床、刀具和工具系统的热变形，严重影响加工精度和机床的动刚性。因此，高速加工机床结构设计上采用了高效、快速的冷却系统。如日本的三井精机和J.E.公司共同开发的HJH系列高压喷射装置，把压力为7MPa、流量为60L/min的高压切削液射向机床的切削部位进行冷却，消除切削产生的热量。此外，有些高速加工的机床（如加工中心）则采用大量切削液由机床顶部淋向机床工作台，及时冲走大量热切屑，保持工作台的清洁，形成一个恒温的小环境，保证了高的加工精度。

（6）安全装置和实时监控系统　高速机床为防止加工过程中刀具崩裂，飞出去造成人身伤害，在考虑便于操作者观察切削区工作状况时，用足够厚的钢板将切削区封闭起来。此外，采用主动在线监控系统，对刀具磨损、破损和主轴运行状况等进行在线识别和监控，确保操作人员和设备安全。

二、高速车铣床

高速车铣床是集高速车、铣功能于一体的机床，这种机床既可以车削为主，也可以铣削为主。在高速车床上加上高速铣头便可形成具有车、铣功能的机床，车床的旋转成为旋转进给运动，适合加工对称旋转体的零件，可以满足一些特殊零件的高精度加工需要，特别是装在机床身上的高速铣头，不仅可以高速切削，提高加工效率，而且可以进行高速精加工，获得非常好的加工精度和表面质量。尤其是在一些圆柱面上切出各种凹槽的零件非常适合使用高速车铣床，如加工圆柱凸轮等。

由于高速车铣床结合了两种机床的加工特点，能够满足一些特殊零件的高速、高精度加工，扩大了机床的应用范围，因此在一些生产领域受到欢迎。

三、高速加工中心

高速加工中心虽是20世纪90年代初问世的，但到20世纪末已在发达国家普及。高速加工中心不仅要求主轴转速高，进给速度和加速度高，而且零部件的加工精度也要高，即高速度、高精度和高刚度是现代高速加工中心的基本性能。

对高速加工中心机床性能的要求有：①高的主轴转速，一般在8000r/min以上（按机床规格的大小而不同）；②高的进给速度，一般在15m/min以上；③快的移动速度，一般在55m/min以上（按机床规格的大小而不同）；④高的加（减）速度，一般在0.5g～1.5g甚至以上（按机床规格的大小而不同）；⑤微米级的加工精度；⑥高的静、动态刚度和轻量化的移动部件。

现代高速加工中心不仅切削过程实现了高速化，而且进一步减少辅助时间，提高了空行程速度、刀具交换速度和装卸工件的速度。在大批量零件的生产线上，不仅实现了柔性生产，而且生产率很高。

高速加工中心按机床形态可分为立式高速加工中心、卧式高速加工中心、龙门式高速加工中心、虚拟轴高速加工中心。

1. 立式高速加工中心

立式高速加工中心采用普通立式加工的形式，刀具主轴垂直设置，能完成铣削、镗削、钻削、攻螺纹等多工序加工，适宜加工高度尺寸较小的零件。但立式高速加工中心在普通立式加工中心的基础上作了两大方面改进：一方面用电主轴单元代替了原来的主轴系统；另一方面改变了机床的进给运动分配方案，由工作台运动变成刀具主轴（立柱）作进给运动，工作台固定不动。为了减轻运动部件的质量，刀库和换刀装置（ATC）不宜再装在立柱的侧面，而把它固定安装在工作台的一侧，由立柱快速移动至换刀位置进行换刀。南京四开电子企业有限公司生产的高速立式加工中心就是这种结构。

图2-5所示为德马吉的HSC 105 linear高速立式加工中心，所有轴采用高动力性直线电动机，加速度达2g，快速移动速度为90m/min，刚性桥式设计、光栅尺直接测量系统与高处理速度的三维控制系统HEIDENHAIR iTNC 530确保最高的精度。作为选项的五轴联动加工是该系列的又一创新，它借助主轴头的回转摆动轴和数控回转工作台来实现。

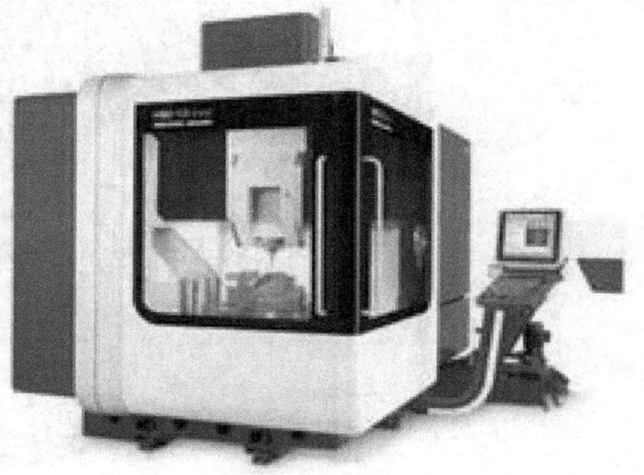

图2-5　HSC 105 linear高速立式加工中心

2. 卧式高速加工中心

卧式高速加工中心与普通卧式加工中心一样，刀具主轴水平设置，通常带有自动分度的回转工作台，具有3～5个运动坐标，适宜加工有相对位置要求的箱体类零件，一次装夹可对工件的多个面加工。卧式高速加工中心除主轴采用高速电主轴外，为了适应高速进给和大的加（减）速度的要求，与普通卧式加工中心相比在结构上也作了多种改变，因为卧式高速加工中心在满足高速运动的同时，还须采用高刚度和抗振动的床身结构。

卧式高速加工中心在结构上有以下特点：

1）主轴一般采用电主轴，具有结构紧凑、精密、转速高的特点。

2）大多数采用“箱中箱”式结构。“箱中箱”式结构是几种形式中速度和加速度水平最高的。但一般移动速度在50m/min以下的加工中心大都采用新设计的立柱移动式结构，配上外置Z轴或外置X轴，则机床制造上非常简单，工艺性好，因而成本低，是一种比较经济的高速加工中心。由于立柱移动式加工中心的立柱本身是一种悬臂梁结构，切削力产生的颠覆力矩将使立柱产生变形和位移，影响机床的精度，所以立柱一般设计成较重的；当驱动立柱移动时，较高的立柱将因头重脚轻而不适合较高的速度和加速度，因此高速移动的立柱一般不宜太高，以免影响上下移动的行程。

为了减小切削力产生的颠覆力矩，机床设计时常把立柱后导轨加高，与前导轨不在一个平面上，但是后导轨因空间限制不能提得太高，太高将与主轴电动机相干涉。当把后导轨提到立柱上端，问题得到解决，这样就产生了框架式结构，原来的立柱变成了有着上下导轨的滑架，加上前面支承主轴滑枕的框架合在一起形成了今天流行的“箱中箱”结构。所以，它上下两个导轨支承的滑架就相当于动柱式机床的立柱，这个立柱就由悬臂梁结构变成具有两端支承的简支梁结构，而简支梁的最大变形点在中间，同等条件下它的最大变形仅有悬臂梁的1/16。这样这个滑架就可以在不影响刚性的情况下做得比较轻，为高速度和高加速度提供了条件，这就是“箱中箱”结构得以流行的主要原因。

如图2-6所示的MAZAK FH-12800卧式加工中心是目前世界上最大、最快的卧式加工中心。MAZAK FH-12800卧式加工中心远远超出迄今为止最大加工中心的技术条件。与原有的加工中心相比，在轴传送、加速度、ATC时间或托盘交换时间等所有方面都进行了功能的升级；在标准主轴方面，有高速、大功率类型与高转矩类型这两种可以选择，所以可以应对任意的素材加工要求。

图2-6　MAZAK FH-12800卧式加工中心

3. 龙门式高速加工中心

龙门式加工中心的形状与龙门铣床相似，主轴多为垂直设置，除带有自动换刀装置外，还带有可更换主轴头附件，数控装置功能较齐全，能一机多用，通常用来加工尺寸比较大的工件和形状复杂的工件。为了实现龙门式加工中心的高速化，机床结构和运动分配要进行一些调整。

（1）采用横梁运动替代工作台进给运动　普通龙门式加工中心一般采用工作台进给，但由于工作台质量大，加之加工的往往又是重型零件，要想实现工作台的高速和高加（减）速运动比较困难。其调整方法之一是采用双墙式结构支承横梁，横梁在墙式支承上可进行快速进给运动。双墙式支承的横梁在两面墙上采用双动力驱动，双驱动时为保证两边进给的同步性，采用直线电动机。

（2）采用龙门式结构　由于龙门式比立柱式更容易实现高速运动且结构简单，因此一些小型加工中心也做成龙门式结构。如图 2-7 所示为德国 DMG 公司生产的 DMC70V 立式加工中心，其立柱与底座采用龙门框架结构。

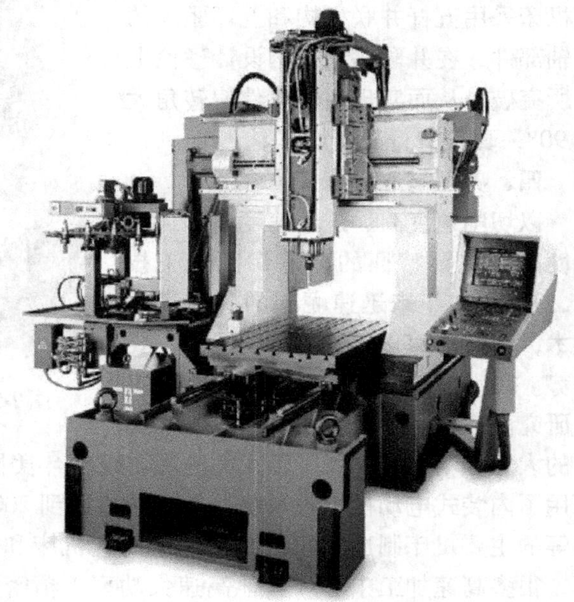

图 2-7　德国 DMG 公司 DMC70V 型立式加工中心

直线电动机驱动进给的加工中心可以达到比滚珠丝杠传动快得多的直线运动速度和加速度。现在，许多由直线电动机驱动的高速加工中心已经使汽车、模具和飞机制造等行业大大提高了生产率。如图 2-8 所示为济南第二机床厂生产的龙门式五轴联动加工中心。

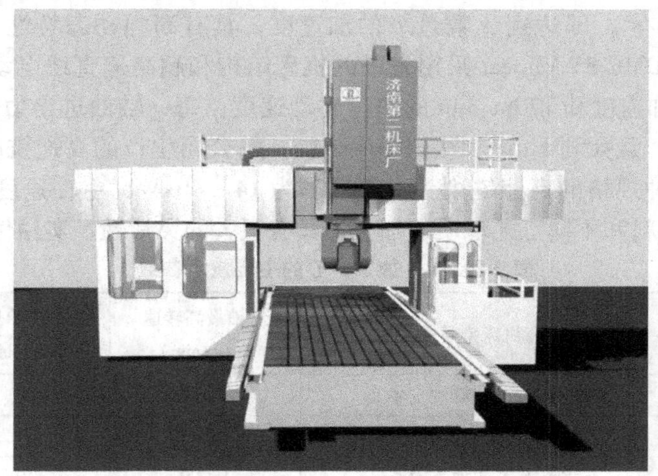

图 2-8　龙门式五轴联动加工中心

4. 虚拟轴高速加工中心

虚拟轴高速加工中心改变了以往普通加工中心机床的结构，通过连杆的运动，实现主轴多自由度运动，完成工件复杂曲面的加工。虚拟轴高速加工中心一般采用几根可以伸缩的伺服轴，支承并联接装有主轴头的上平台与装有工作台的下平台的构架结构形式，取代普通机床的床身、立柱等支承结构，它是一种并联式结构。

图 2-9 所示是德国 Metrom 公司生产的 P800M 型并联式结构高速五面加工数控铣床，它布局紧凑、结构新颖。该机床采用五杆并联机构和五环驱动的主轴部件，在并联运动机构设计理论上有所突破，从而实现主轴部件偏转角大于90°，真正进行五面加工。

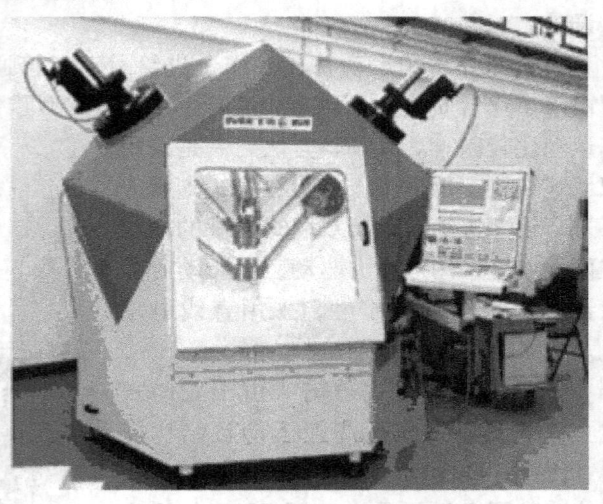

图 2-9　P800M 型并联式高速五面数控加工铣床

四、典型高速机床厂家介绍

以切削速度高、进给速度高和加工精度高为主要特征的高速切削加工技术，是近 20 年来迅速崛起的一项高新技术，同时高速化也是机床发展的主要趋势。20 世纪 70 年代以来，一些国家在研究高速切削加工技术上都投入了大量的人力和物力，取得了较大的进展。1976 年美国的 Vought 公司首次推出有级超高速铣床，采用了内装式电动机主轴系统，最高转速达到 20000r/min，功率为 15kW。此后，日本、德国等的主要机床制造厂家纷纷推出了高速机床和机床主要部件，初步形成了专业化生产规模，很多高速加工中心和其他高速大功率、精密数控机床已陆续投放国际市场。日本、美国、德国、意大利等国家的厂商现已成为世界上高速机床的主要提供者。

目前，国际上提供高速加工中心和 NC 机床设备的主要厂商、其代表性产品的主要技术参数见表 2-2。可见，机床的主要性能指标较普通机床都大大提高，其达到的额定工作加速度一般都为 6 ~ 25m/s^2，即达到 g 数量级的加速度，具有高的动态特性。如德国 DECKEL MAHO 公司生产的 DMC 85 Vlinear 采用先进的机床结构和超高速直线电动机，使其拥有 2g（约为 20m/s^2）的加速度和 120m/min 的快速移动速度，每一轴的进给力也高达 8000N。德国 DECKEL MAHO、意大利 Fidia 和法国 Forest Line 等公司生产的高速铣削机床，一般都带有可方便更换的多种规格的高速铣削头，其功率为 14 ~ 40kW，主轴速度为 6000 ~ 42000r/min，适应于不同材料和不同工艺性质的加工，具有很大的灵活性、实用性和市场的针对性。

表 2-2　国外加工中心的主要技术参数

制造厂商（国家）	机床型号	主轴最高转速 /（r/min）	最大进给速度 /（m/min）	快速移动速度 /（m/min）
Kitamura（日本）	SPARKCUT6000 加工中心	150000	60	60
Nigita（日本）	UHS10 数控铣	100000	15	>15
Mazak（日本）	FF510 卧式加工中心	15000	40	60
Honsberg（美国）	MACH 系列（MARCH5）	70000	10	15
Cincinnati（美国）	HyPerMach 加工中心	60000	60	100
Ford&Ingersoll（美国）	HVM 系列（HVM600）	20000	76.2	76.2

（续）

制造厂商（国家）	机床型号	主轴最高转速 /（r/min）	最大进给速度 /（m/min）	快速移动速度 /（m/min）
GMBH（德国）	XHC240 卧式加工中心	24000	60	>60
DECKEL MAHO（德国）	DMC70/100Vhi-dyn	18000/30000/42000	50	50
DECKEL MAHO（德国）	DMC85V linear	18000/30000	120	120
Huller-Hille（德国）	SPECHT 500T 加工中心	16000	75	>75
Fidia S. p. A（意大利）	K165/211/411 系列高速铣削中心	40000	24	24
Fidia S. p. A（意大利）	D165/218/318/418 系列高速铣削中心	40000	30（20）	30
CONTINI（意大利）	HS644/644P/644L 系列高速加工中心	40000	30	30
MIKRON（瑞士）	HSM700 型高速铣	42000	20	40
ForestLine（法国）	MINUMAC 系列高速铣削机床	30000/40000	20	20

我国对高速加工机床技术也进行了较多的研究，近几年取得了较大进展，但总体水平同国外相比还有较大差距。为加快推进我国高速切削加工技术的发展，国内机床生产厂商正在通过引进国外先进技术，进行消化吸收，逐步掌握其关键技术，具备生产高速加工设备的能力，以满足我国制造业快速发展的需求，缩短同国外的差距。

当前，国产高速加工机床正在迅速发展，我国自主开发了许多高速加工机床，其主轴转速达到 15000r/min，快速行程速度达到 50m/min 左右，达到国际先进水平。如在 CIMT2009 第十一届中国国际机床展会上，大连机床集团生产的 MDH125 卧式加工中心，工作台面 1250mm×1250mm，主轴最高转速 12000r/min，刀库容量 120 把，快速移动速度 45m/min，2 个交换工作台，工作台交换时间 35s，定位精度为 6μm，重复定位精度为 3μm。目前，国内一些主要厂家依靠自己的科研能力或通过引进先进技术生产高速机床，其主要的技术参数指标见表 2-3。随着我国对高速切削加工技术的研究和推广应用，相信我国的高速切削加工技术和高速切削加工机床必将飞速发展，并不断拓展应用领域，大幅提升参与国际竞争的实力。

表 2-3　国内加工中心的主要技术参数

制造厂商（国家）	机床型号	主轴最高转速 /（r/min）	最大进给速度 /（m/min）	快速移动速度 /（m/min）
北京第一机床厂	HRA500 卧式加工中心	12000	45	45
沈阳机床股份有限公司（与意大利合作）	DIGIT165 立式加工中心	40000	30	30
北京机床研究所（与德国合作）	KT-1400VB 立式加工中心	15000	48	68
大连机床集团有限责任公司	DHSC500 高速卧式加工中心	18000	62	62
苏州三光集团（与国外合作生产）	MC60 加工中心	10000	50	50
北京机电研究院	VMC1250 立式加工中心	10000	48	48

第三节　高速加工数控机床的关键技术

一、概述

高速加工是制造技术中的一项新技术，应用领域广，对制造业的影响大，它是新材料技术、计算机技术、控制技术和精密制造技术等多项新技术综合应用发展的结果。高速加工关键技术包括：高速切削机理、高速切削刀具技术、高速切削机床技术、高速切削工艺技术、高速加工的测试技术等。

高速切削机理是高速切削技术应用和发展的理论基础。高速切削机理的研究主要包括：高速切削过程和切屑成形机理、高速加工基本规律、各种材料的高速切削机理和高速切削虚拟技术的研究。通过对高速加工中切屑形成机理、切削力、切削热、刀具磨损、表面质量等技术的研究，为开发高速机床、高速加工刀具提供了理论指导。

高速切削刀具技术是实现高速加工的关键技术之一。生产实践证明，阻碍切削速度提高的关键因素是切削刀具是否能承受越来越高的切削温度。在萨洛蒙高速切削假设中并没有把切削刀具作为一个重要因素。但是随着现代高速切削机理研究和高速切削试验的不断深入，证明了切削刀具的性能在很大程度上会制约高速切削技术的应用和推广。目前，高速切削刀具的国产化也是机械制造行业急需解决的问题。

高速机床是实现高速加工的前提和基本条件。在现代机床制造中，机床的高速化是一个必然的发展趋势。在要求机床高速的同时，还要求机床具有高精度和高的静、动刚度。高速机床技术主要包括高速单元技术（或称功能部件）和机床整机技术。单元技术包括高速主轴、高速进给系统、高速 CNC 控制系统、高速刀具与机床的接口等技术；机床整机技术包括机床床身、冷却系统、安全设施、加工环境等。其具体作用和功能如下：

（1）高速主轴单元　包括动力源、主轴、轴承和机架 4 个主要部分，是高速加工机床的核心部件，在很大程度上决定了机床所能达到的切削速度、加工精度和应用范围。高速主轴单元的性能取决于主轴的设计方法、材料、结构、轴承、润滑与冷却、动平衡、噪声等多项相关技术。其中一些技术又是相互制约的，包括高转速和高刚度的矛盾，高速度和大转矩的矛盾等。因此，设计和制造高速主轴时必须综合考虑满足多方面的技术要求。

高速主轴一般采用电主轴的结构形式，其关键技术包括高速主轴轴承、无外壳主轴电动机及其控制模块、润滑冷却系统、主轴刀柄接口和刀具夹紧方式等。

（2）高速进给系统　进给系统的性能是评价高速机床性能的重要指标之一，不仅对提高生产率有重要意义，而且也是维持高速加工刀具正常工作的必要条件。对高速进给系统的要求不仅仅是能够达到高速运动，而且要求瞬时达到高速、准停等，所以，要求具有很大的加速度以及很高的定位精度。

高速进给系统包括进给伺服驱动技术、滚动元件导向技术、高速测量与反馈控制技术和其他周边技术，如冷却和润滑、防尘、防切屑、降噪及安全等。

目前，常用的高速进给系统主要的驱动方式有高速滚珠丝杠、直线电动机和虚拟轴机构。

（3）CNC 控制系统　高速机床要求其 CNC 系统的数据处理要快得多；高的进给速率要求 CNC 系统不但要有很高的内部数据处理速率。而且还应有较大的程序存储量。CNC 控制系统的关键技术主要包括快速处理刀具轨迹、预先前馈控制、快速反应的伺服系统等。

（4）高速刀具与机床的接口技术　刀具与机床的接口主要是指机床主轴与刀具的联接系统。它包括主轴、刀柄、刀具和夹紧机构等，其核心是联接刀柄。该系统的性能对机械加工质量、生产率、刀具寿命、加工成本都有很大的影响。由于高速加工的切削速度比传统的切削速度提高了一个数量级，机床主轴转速也相应地提高了一个数量级，因此在传统切削加工中可以忽略的离心力在高速切削中成为高速加工机床传动零部件的主要设计依据。传统的主轴与刀具联接系统的结构没有考虑到高速加工时离心力的影响，导致它在精度、刚度、刀具装卸、安全性等方面产生了一系列问题，严重地影响高速加工的质量、稳定性及安全性。因此，开发出高速加工的新型工具系统是高速加工中必须解决的关键问题之一。

（5）床身、立柱和工作台　如何在降低运动部件转动惯量的同时，保持基础支撑部件高的静刚度、动刚度和热刚度是高速机床设计的一个关键点。通过计算机辅助工程的方法，尤其是用有限元法和优化设计，能获得减轻重量、提高刚度的床身、立柱和工作台结构。

（6）切屑处理和冷却系统　高速切削过程会产生大量的切屑，这就需要有高效的切屑处理和清除装置。高压大流量的切削液不但可以冷却机床的切削加工区，而且也是一种有效的清理切屑的方法，不过它会对环境造成严重的污染。因而，切削液的使用并不对高速切削的任何场合都适用。例如，对抗热冲击性能差的刀具，在有些情况下，切削液反而会降低刀具的使用寿命，而采用干切削，并用吹气或吸气的方法进行清理切屑，效果反而更佳。

（7）安全装置　机床运动部件的高速运动、大量高速流出的切屑以及高压喷洒的切削液等，都要求高速机床要有一个足够大的密封工作空间。刀具破损时的安全防护尤为重要，工作室的仓壁一定要能吸收喷射部分的能量。此外，防护装置必须有灵活的控制系统，以保证操作人员在不直接接触切削区情况下的操作安全。

高速切削的工艺技术也是成功进行高速加工的关键技术之一。切削方法选择不当，会使刀具加剧磨损，完全达不到高速加工的目的。高速切削的工艺技术包括切削方法和切削参数的选择优化，对各种不同材料的切削方法、刀具材料和刀具几何参数的选择等。

高速加工的测试技术包括传感技术、信号分析和处理等技术。近年来，在线测试技术在高速机床中使用得越来越多。目前已经在机床上使用的有主轴发热情况测试、滚珠丝杠发热测试、刀具磨损状态测试、工件加工状态监测等。

二、电主轴技术

1. 电主轴的结构

高速主轴在结构上几乎全部采用交流伺服电动机直接驱动的集成化结构，取消齿轮变速机构，采用电气无级调速，并配备强力的冷却和润滑装置，使得集成电动机主轴振动小、噪声低、结构紧凑。

集成主轴的构成有两种方式：一种是把电动机转子与主轴做成一体，即将无壳电动机的空心转子用过盈配合的方式直接套装在机床主轴上，带有冷却套的定子则安装在主轴单元的壳体中，形成内置式电动机主轴，简称电主轴。这样，电动机的转子就是机床的主轴，电动机座就是机床主轴单元的壳体，从而实现了变频电动机与机床主轴的一体化。电动机与机床主轴这种“合二为一”的传动结构形式把机床主传动链的长度缩短为零，实现了机床的“零传动”。该结构紧凑、易于平衡、传动效率高，目前，其主轴转速已达到每分数万转到数十万转，且逐渐向高速大功率方向发展。另一种是通过联轴器把电动机轴与主轴直接联接。

高速电主轴的结构如图 2-10 所示。电主轴交流伺服电动机的转子套装在机床主轴上，电动机定子安装在主轴单元的壳体中，采用自带水冷或油冷循环系统，使主轴在高速旋转时保持恒定的温度。这样的主轴结构具有精度高、振动小、噪声低、结构紧凑的特点。

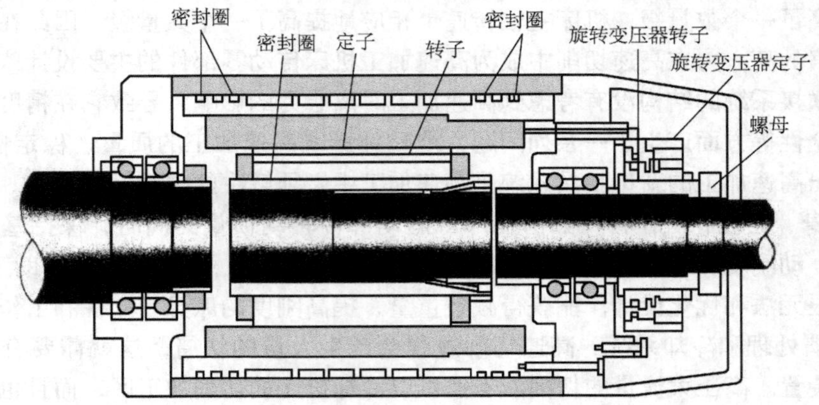

图 2-10　高速电主轴的结构

2. 电主轴的基本参数

电主轴的基本参数和主要规格包括套筒直径、最高转速、输出功率、转矩和刀具接口等，其中，套筒直径为电主轴的主要参数，因为 $d_m n$ 值（d_m 为轴承中径，单位为 mm；n 为转速，单位为 r/min）是主轴高速化指标。

目前，国内外专业的电主轴制造厂可供应几百种规格的电主轴。其套筒直径为 32 ~ 320mm，转速为 10000 ~ 150000r/min，功率为 0.5 ~ 80kW，转矩为 0.1 ~ 300N · m。

国外高速主轴单元的发展较快，中等规格加工中心的主轴转速已达到 10000r/min 以上。国际上著名的电主轴生产厂家主要有美国 PRECISE 公司、瑞典的 SKF 公司、德国 GMN 公司和 FAG 公司、日本 NSK 公司和 KOYO 公司、意大利 GAMFIOR 公司和 FOEMAT 公司、瑞士的 FISCHER 公司、IBAG 公司和 STEP-UP 公司等。

3. 电主轴的轴承

高速精密轴承是电主轴转速高速化的关键部件，其性能好坏直接影响主轴单元的工作性能。目前，电主轴采用的轴承有滚动轴承、气浮轴承、液体静压轴承和磁悬浮轴承几种形式。

高速铣床上装备的电主轴多采用滚动轴承。当前，一种称之为陶瓷球混合轴承越来越被人们青睐，其内外圈由轴承钢制成，轴承滚珠由氮化硅陶瓷制成。陶瓷滚珠密度比钢滚珠低 60%，可大幅度降低离心力；陶瓷的弹性模量比钢高 50%，相同的滚珠直径，陶瓷球混合轴承具有更高的刚度；此外氮化硅陶瓷摩擦因数也低，由此能减少轴承运转时的摩擦发热，减少磨损及功率损失。

滚动轴承各运动体之间是接触摩擦，其润滑方式也是影响主轴极限转速的重要因素。高速主轴轴承的润滑方式有油脂润滑、油气润滑、油雾润滑和喷射润滑等。油气润滑具有：①油滴颗粒小，能够全部有效地进入润滑区域，容易附着在轴承接触表面；②供油量较少，能够达到最小油量润滑；③油、气分离，既润滑又冷却，且对环境无污染。而喷射润滑是通过位于轴承内圈和保持架中心之间的一个或几个口径为0.5～1mm的喷嘴，以一定的压力，将流量大于500mL/min的润滑油喷射到轴承上，使之穿过轴承内部，经轴承另一端流入油槽，达到对轴承润滑和冷却的目的。因此，油气润滑和喷射润滑目前得到了广泛的应用。

气浮轴承主轴的优点在于高的回转精度、高转速和低温升，其缺点是承载能力较低，因而主要适合于工件形状精度和表面精度较高、所需承载能力不大的场合。

液体静压轴承主轴的最大特点是运动精度高，承载能力强，回转误差小，动态刚度大，特别适合于像铣削的断续切削过程。但液体静压轴承最大的不足是高压的液压油会引起油温升高，造成热变形，影响主轴精度，现在已很少应用于电主轴。目前，美国INGEROLL铣床公司和瑞士IEAG电主轴公司已成功推出了以水（加了防锈蚀添加剂）替代油的静压轴承。由于水的粘度远低于油，温度升高的难题已解决，因而，该轴承具有使用寿命长（为一般高速滚动轴承电主轴寿命的5倍左右），旋转精度高，应用范围广等特点，现已开始应用并受到关注。

磁悬浮轴承是一种利用电磁力将主轴无机械接触地悬浮起来的新型智能化轴承，其间隙一般在0.1mm左右，由于空气间隙的摩擦热量较小，因此磁悬浮轴承可以达到更高的转速，其转速特征值可达4.0×10^6r/min以上，为滚珠轴承主轴的2倍。高精度、高转速、高刚度、易于实现实时诊断和在线监控是磁悬浮轴承的优点。但由于机械结构复杂，需要一整套传感器系统和控制电路，发热问题也未解决，因而制造成本高，其造价一般是滚动轴承主轴的2倍以上，目前还无法在高速主轴单元上推广应用。

4. 电主轴的冷却

由于电主轴将电动机集成于主轴组件的结构中，形成了一个内部热源，这将严重影响高速电主轴的热稳定性，是电主轴需要解决的关键问题。电动机的发热主要有定子绕组的铜耗发热及转子的铁损发热，其中定子绕组发热占电动机总发热量的2/3以上。此外，电动机转子在主轴壳体内的高速搅动，使内腔中的空气也会发热，这些热源产生的热量主要通过主轴壳体和主轴进行散热，这样电动机产生的热量有相当一部分会通过主轴传到轴承上去，影响轴承的寿命，并且会使主轴产生热伸长，直接影响加工精度。因此，应采取一定的措施和设置专门的冷却系统对电主轴进行冷却。

如图2-11所示为电主轴电动机用循环切削液冷却和散热的途径，即在电动机定子与壳体联接处设计循环冷却水套，水套用热阻较小的材料制造，套外环加工有螺旋水槽。电动机工作时，水槽里通入循环冷却水，为加强冷却效果，严格控制冷却水的入口温度，并限制一定的压力和流量。此外，为防止电动机发热影响主轴轴承，主轴尽量采用热阻较大的材料，使电动机转子的发热大部分通过气隙传给定子，由

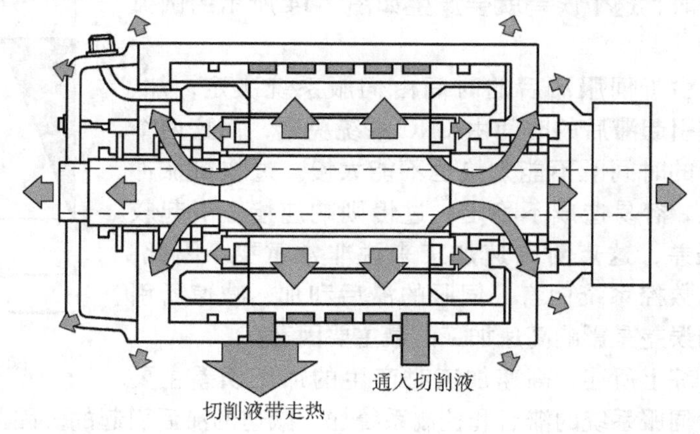

图2-11　电主轴电动机的冷却

冷却水吸收带走。

三、高速加工系统的控制技术

零件进行数控加工时，输入到 CNC 中的信息主要是以刀具的轨迹和刀具相对于工件运动的速度编制的加工程序，而加工的轨迹和运动的速度是机床加工的主要信息。如果它们的信号传递受阻塞或延时，就会使输出的信息不能准确地执行输入的信息，因此机床加工的精度和速度也就得不到保证。对于高速加工的数控系统，产生加工误差的主要原因有：

（1）伺服系统的滞后　如图 2-12 所示为 CNC 伺服控制系统的结构简图。其中 K_v 为位置环开环的增益，K_F 为速度环开环的增益。速度指令 F_c 由位置增益和位置误差产生，F_c 和速度反馈 F_o 施加到速度环环节，产生转矩指令，转矩环即电流环的闭环特性近似为 1（图中省略）；电流环的输出使伺服电动机产生速度，并通过积分产生输出的位置。位置环的特性取决于 K_v（单位为 s^{-1}），当速度开环增益足够大时，其速度闭环增益也可近似为 1。此时，如果位置指令 X_c 以阶跃输入时，那么，它将以 $1/K_v$ 的时间常数响应，产生滞后的位置输出 X_o，其滞后的误差为 δ。这表示如果速度环时间常数具有 1/10 ~ 1/3 的 $1/K_v$ 时，速度环对整个伺服系统的响应特性影响并不明显，而位置环变成了误差积分控制器。显然，对于这样的系统，如果没有位置偏差，也就不产生输出的速度，即系统只要运动，误差必然产生，这就是伺服系统的滞后误差。这样的系统有时也称为有差系统。对于单轴，该误差称为该轴的跟随误差。

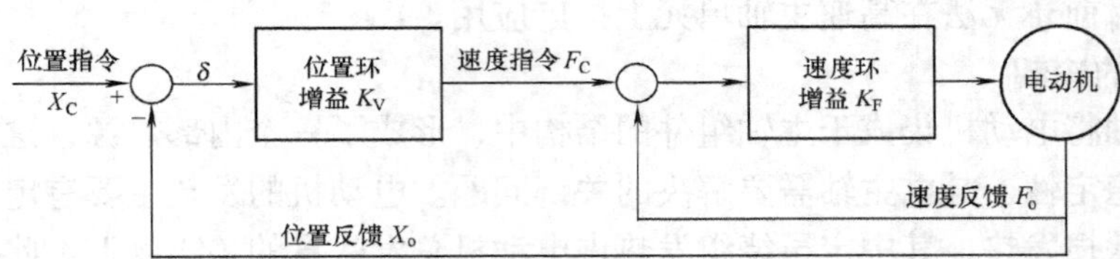

图 2-12　CNC 伺服控制系统的结构简图

（2）加、减速引起的滞后　为了改善机械的冲击，NC 系统要对运动的速度指令进行加、减速控制。数控系统的加、减速控制也会引起误差，如图 2-13 所示，图中阴影的面积为由加减速产生的位置误差。对于二轴联动加工拐角时，这个误差就会产生如图 2-14 所示的圆弧角。

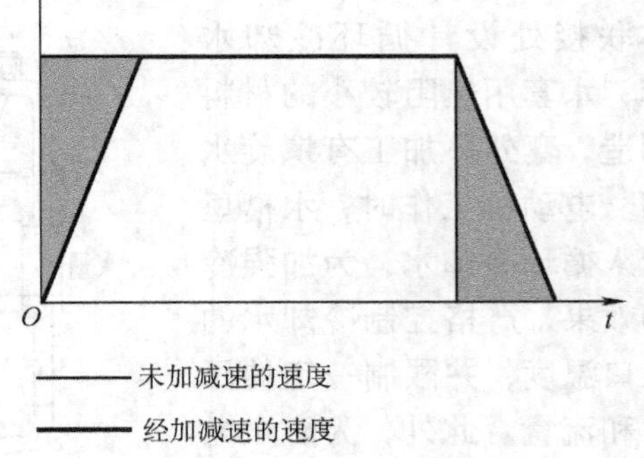

图 2-13　加、减速产生的误差

由于伺服滞后的时间由伺服系统决定，加、减速引起滞后的时间由 CNC 系统决定，而这两个滞后的时间既不能太快也不能太慢。过快机械冲击大，容易造成不稳定；过慢则响应慢，引起较大误差，这点对高速加工来说非常重要。因此，对于数控系统而言，伺服的滞后和加、减速所引起的误差是影响高速加工的最主要因素。

综上所述，高速加工时产生的加工误差主要是由伺服系统的滞后和控制系统加、减速的滞后引起的。因此，高速加工控制系统要设法减少这两方面的误差。

1. 减少伺服滞后产生的误差

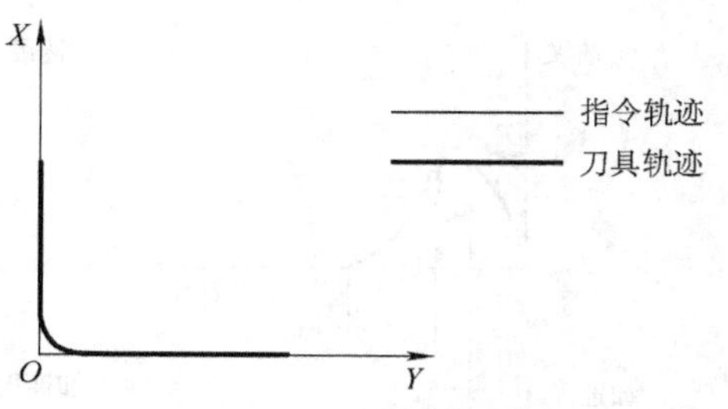

图 2-14　加、减速产生的拐角误差

（1）前馈控制　采用前馈控制是一种有效减少稳态跟随误差的方法。如图 2-15 所示为前馈控制的框图。它利用数字伺服的前馈控制算法，减少位置环控制的滞后。

在增加了前馈控制以后，能大大减少跟随误差及轮廓误差。但实际上，由于指令的阶跃变化，在变化时刻，会产生较大的速度突变，引起较大的位置偏差。这个问题的解决可通过对运动指令平滑处理来进行，但平滑处理也会产生延迟。为改善速度环的响应，提高加工的形状精度，也可在速度环增加“前馈控制”环节，如图 2-16 所示。

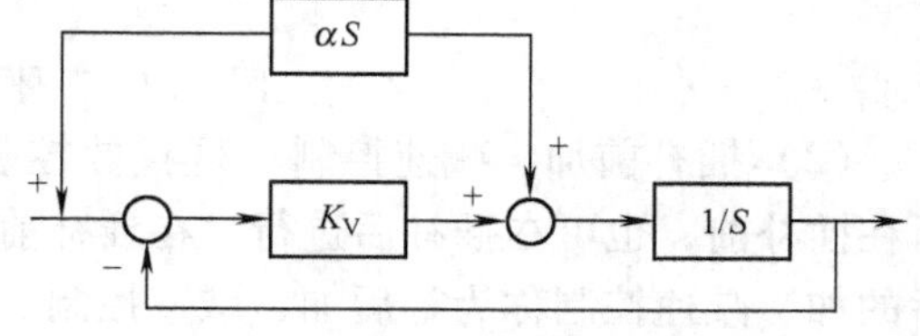

图 2-15　前馈控制框图

为进一步提高伺服系统对高速及高精加工的适应能力，须进行预先前馈控制。预先前馈控制是把产生前馈的数据提前 1 个分配周期，也即提前 1 个 ITP 的插补周期，因而可减少由于平滑处理引起的延迟。这种控制能在一般的前馈控制中提升高速的加工功能。而要消除一般前馈控制中每个插补周期产生的速度误差，需要增加平滑环节，但作为前馈数据，它会产生延迟。目前，先进的预先前馈控制，能提前 1 个 ITP 的周期产生前馈作用。

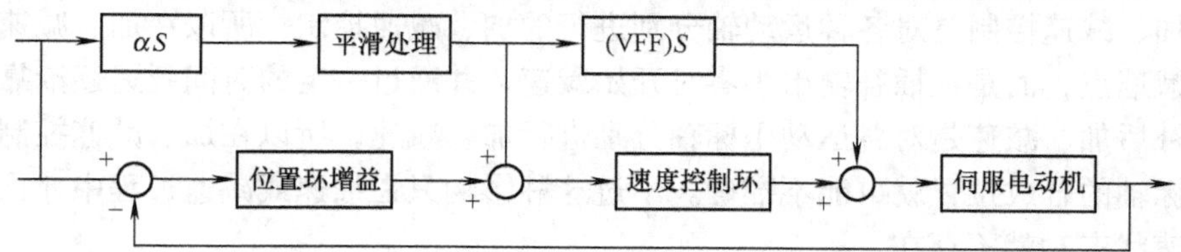

图 2-16　位置、速度的前馈控制框图

（2）数字伺服技术　目前，CNC 伺服系统越来越多采用数字伺服系统。所谓“数字伺服”，广义来讲，就是采用计算机控制，控制算法采用软件的伺服装置，有时也称为“软件伺服”，它具有：①无温度漂移，稳定性好；②基于数值计算，精度高；③通过对系统进行参数设定，可减少调整；④容易做成 ASIC 电路；⑤采用软件控制，柔性好，容易增加功能等优点。正是采用了数字伺服技术，伺服系统的速度增益和位置增益都可以提高，因而也减少了伺服滞后产生的误差。

2. 减少加、减速滞后产生的误差

（1）不同的加、减曲线　主要有指数、直线和菱形三种。不同的形状曲线，在加、减速时所产生的误差也不同。当取相同的时间常数时，那么菱形的误差最小，直线其次，指数最大。三种不同的加、减速曲线如图 2-17 所示。

从图 2-17 中可以看出，指数曲线和直线加、减速的最大加速度都为 F/T，菱形曲线加、减速的最大加速度为 $2F/T$。从平均加速度来看，直线与菱形大小一样，指数最小，因此指数曲线的加、减速曲线引起的机床振动最小。一般在加工时采用指数加、减速，快速移动时采用直线加、减速，而在要求较高的系统中采用菱形加、减速曲线。

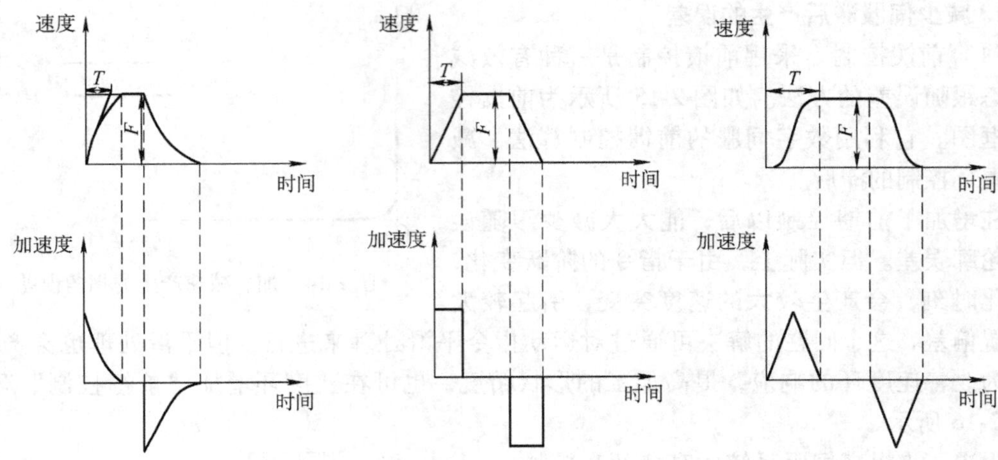

图 2-17 三种不同的加、减速曲线

（2）插补前加、减速控制 现代数控装置中的加、减速都采用软件实现。加、减速既可在插补前，也可在插补后进行。在插补前的加、减速控制称为补前加、减速控制，在插补后的加、减速控制称为补后加、减速控制。

补前加、减速控制仅对编程的合成切线速度即编程指令速度进行加、减速控制，所以不会影响插补输出的位置精度；但需要预测减速点，而减速点需要根据实际刀具位置与程序终点之间的距离确定，这种预测工作的计算量大。

补后加、减速控制是对各种运动轴分别进行的加、减速控制，所以在加、减速后，不必专门预测减速点，而是在插补输出为零时开始减速，并通过一定的时间延迟逐渐靠近程序段终点。但补后加、减速是对各运动坐标轴分别进行加、减速，所以在加、减速控制以后，实际的各坐标轴的合成位置就可能不准确。不过这种影响只在加速或减速过程中才出现，在系统进入匀速状态时就不存在。

为减少误差，在高速切削加工时，常采用补前直线加、减速或菱形加、减速。若要采用插补后指数加、减速，那就要尽量减少插补后的加、减速时间常数。比如在加工圆弧时，指数加、减速的轮廓误差较大，就可采用补前直线加、减速或菱形加、减速，其优点是起、停比较平缓，误差较小。同时，应尽量减少伺服系统的滞后，即减少伺服回路增益的倒数（加大回路的增益），但为了使机床不出现振动而平滑地移动，这些数值不能取得太小。

（3）对多程序段的插补前直线加、减速 通过对多程序段进行插补前直线加、减速，可保证平滑进给，无冲击，甚至对 CNC 指令太短而无法达到指令的进给速度也可进行平滑加、减速。

四、高速进给控制技术

加（减）速度和进给速度是高速加工中最重要的运动参数，只有严格控制加（减）速度和进给速度才能实现高速、高精度加工。在过渡过程中（如拐角等）进给速度会产生较大的误差，要实现高速加工，就须对进给速度进行控制，有以下几种方法：

1. 进给速度的钳制

设定上限进给速度，当实际的刀具速度超过该进给速度时，就被钳住。因为轮廓误差与进给速度的平方关系成正比，随着进给速度的增大，其轮廓误差会迅速增大。因此，在圆弧加工时，CNC 系统应控制其进给速度，当达到系统设定的上限进给速度时把它钳住，以保证不超过允许值。

2. 进给速度的倍率控制

通过倍率“开关”控制数控系统编程的进给速度。比如，在拐角加工时，当判别拐角小于某值时，进给速度自动地在拐角两边变化进给速度的倍率。

3. 降速

在加工拐角时，根据拐角的角度大小，或根据每轴在两程序段的进给速度差，自动降低其进给速度。

第四节 高速加工工艺

一、高速加工的工艺特点

高速切削不同的材料，所用的切削刀具、工艺方法以及切削参数均不同，且和普通切削速度加工也不同，掌握正确的高速切削工艺方法是高速切削应用技术的重要环节。与常规切削相比，高速切削具有下列优点：

1）随切削速度的大幅度提高，进给速度也相应提高 6～10 倍，单位时间内的材料切除率可大大增加，可达到常规切削的 3～6 倍甚至更高；同时机床空行程速度的大幅度提高，也大大减少了非切削的空行程时间，从而极大地提高了机床的生产率。

2）在切削速度达到一定值后，切削力可降低 30% 以上，尤其是背向力的大幅度减少，特别有利于提高薄壁细肋件等刚性差零件的高速精密加工。

3）在高速切削时，90% 以上的切削热来不及传给工件，就被切屑带走，工件基本上保持冷态，有利于减少加工零件的内应力和热变形，特别适合于加工容易热变形的零件。

4）高速切削时，机床的激振频率特别高，它远离了“机床—刀具—工件”工艺系统的低阶固有频率范围，工作平稳，振动小，因而能加工出非常精密、非常光洁的零件，零件经高速车、铣加工后的表面质量常可达到磨削水平，残留在工件表面上的应力也很小，故常省去铣削后的精加工工序。

5）高速切削可以加工各种难加工材料。例如航空和动力部门大量采用的镍基合金和钛合金，这类材料强度大、硬度高、耐冲击，加工中容易硬化，切削温度高，刀具磨损严重，在普通加工中一般采用很低的切削速度，而采用高速切削，其切削速度可提高 5～10 倍，不但大幅度提高生产率，而且减少刀具磨损，提高零件加工的表面质量；对于淬硬钢铁件（45～65HRC），如高速切削淬硬后的模具，可以减少甚至取代放电加工和磨削加工。同时，由于高速加工切削量减少，便可使用更小直径的刀具对更小的圆角半径及模具细节进行加工，节省了部分加工或手工修整工艺。减少人工修光时间及工艺的简化对缩短生产周期的贡献甚至超过因高速加工速度提高而产生的价值。

数控高速切削加工是集高效、优质、低耗一体化的先进制造技术，同时高速切削加工技术是一项复杂的系统工程，是集成诸多单元技术的一项综合技术。

二、各种材料的高速切削工艺

高速切削的工艺技术研究和高速切削机理研究一样，目前还处于研究和发展阶段，需要不断地进行实验和完善。国际上公认德国 Darmstadt 工业大学的生产工程与机床研究所

（PTW）在这方面进行了比较全面的研究和实验。这里以 PTW 的研究成果为基础，介绍各种材料的高速切削工艺。

1. 高速切削轻金属工艺

铝材料零件的高速加工，在 20 世纪 80 年代就已经在工业中广泛应用。经过适当处理的铝合金材料，强度可高达 540MPa。它的密度小，是飞机和各种航天器零部件的主要材料，也是机器和仪表零部件的常用金属。近年来铝合金在汽车和其他动力机械中的应用也逐渐增多。铝镁合金大多使用铸件。这些轻合金的最大优点在于其固有的易切削特性。

轻合金加工的优越性主要表现在以下几方面：

1）切削力和切削功率小，大约比切削钢件小 70%。

2）切屑短、不卷曲，在高速加工中易于实现大量切屑的排屑自动化。

3）刀具磨损小，用涂层硬质合金、多晶金刚石等刀具在很高的切削速度下切削轻合金材料，可以达到很高的刀具寿命。

4）加工表面质量高，仅采用少量的切削液、在近乎干切削的情况下，不用再经过任何加工或手工研磨，零件即可得到很高的表面质量。

5）切削速度和进给速度高，切削速度可高达 1000～7500m/min。高速加工使 95% 以上的切削热被切屑迅速带走，工件可保持室温状态，热变形小，加工精度高。轻金属合金的加工参数见表 2-4。

表 2-4　轻金属合金的加工参数

铣削方式	工件材料			刀具材料	切削参数	切削速度 v_c /（m/min）	每齿进给量 f_z /（mm/z）	进给速度 v_f /（mm/min）
圆周铣	铝合金	铸铝	Si 的质量分数 <12%	HM-K10	$a_p=1.5$mm，刀具 $D=40$mm，齿数 $z=2$，顺铣	1300	0.43	9000
			Si 的质量分数 >12%	PKD 人造聚晶金刚石		1200	0.47	9000
		可塑合金		HM-K20	$a_p=1.5$mm，$D=50$mm，$z=2$	4700	0.04～0.2	2000～10000
	锰合金	铸件		HM-K10	$a_p=1.5$mm，$D=50$mm，$z=2$，逆铣	1500～5500	0.16～0.23	13600～20000
端铣	铝合金	铸铝	Si 的质量分数 <12%	HM-K10	$a_p=1.5$mm，$D=40$mm，$z=2$	1500～4500	0.02～0.15	3000～12000
	锰合金	铸件		HM-K10	$a_p=1.5$mm，$D=40$mm，$z=2$	1500～4500	0.02～0.15	3000～12000

由于在高速铣削过程存在较大的冲击载荷，聚晶金刚石（PCD）和立方氮化硼（CBN）

刀具的寿命特性并不好。此外，高速钢也不适合于轻金属加工。

切削硅铝合金时，尽管刀具的圆周速度很高，甚至在切削液极少的情况下，刀具的寿命度仍然很好。

当切削速度达到1000m/min时，可使用K型硬质合金刀具；当切削速度达到2000m/min时，应使用金属陶瓷刀具；当在更高切削速度加工时，特别是切削低熔点的硅铝合金材料（硅含量大于12%）时，要使用金刚石镀层硬质合金刀具，甚至PCD刀具。在铣削铝镁合金时，可使用K10硬质合金刀具。

在上述情况下，切削刃圆角半径对切削温度和微粒火花的影响都很大，因而PCD刀具或硬质合金刀具的切削刃半径必须精密刃磨到纳米级的水平。

如使用锥柄铣刀，应尽量注意刀具的对称和平衡，以得到高切削刚度和减小对切削振动的敏感性。两刃、三刃或四刃铣刀会有不同的振动频率，应该有比较宽的调速范围，切削速度的选择要避开机床的共振区。

2. 高速铣削钢和铸铁

高速铣削钢、铸铁材料和切削轻金属材料不同，主要的问题是刀具磨损。通过优化切削参数，不仅提高了金属切除率，而且降低了切削力，提高了工件的表面质量、尺寸精度和形状精度，也减少了刀具磨损。

（1）钢材的高速铣削　高速铣削钢材时，刀具用更锋利的切削刃和较大的后角，以减少切削时刀具的磨损，提高刀具使用寿命。刀具参数也随进给速度而变化，当进给速度增加时，刀具后角要减小；进给速度对刀具前角的影响相对比较小。按照通常的切削规律，刀具的正前角能够减小切削力并减小月牙洼磨损，但在高速切削条件下，正前角并不比0°前角能更多地降低切削力。负前角虽然能使刀片具有更高的切削稳定性，但是增大了切削力和月牙洼磨损。一般来讲，随着切削速度的提高，刀具寿命会降低。当切削速度进一步升高，切屑与刀具前面接触区的滑移速度高到超过刀具材料的耐热能力时，就会造成月牙洼磨损。

随着进给速度的提高，开始时刀具的寿命会随着提高，然后在通过一个最大点之后开始降低。这种现象可以解释为：在开始阶段参与切削的刀片少，随着进给速度的增加，切削力增大，刀片通过工件的路径变长而且刀具前面接触区温度升高，因此会引起刀具上月牙洼位置的移动。由此可见，进给速度的优化选择和切削速度的关系很大。

在高速铣削时，轴向进给量对刀具磨损的影响比较小，而径向进给量的影响则较大。刀具寿命随切削面的增加而降低。轴向进给切削和径向进给切削二者之间是相互关联的。在以径向进给进行切削时，常常会因为高速产生的高温超过刀具材料的热硬性而造成刀具失效。在径向进给比较慢时，刀具的非接触区时间比接触区时间长，短时间的发热可以由较长时间的冷却来弥补。因此，从整体上看，径向进给速度应稍慢一点，建议进给量之值等于刀具直径的5%~10%。

高速切削时刀具的磨损还受到加工材料强度等力学性能的影响。工件材料的抗拉强度增大，则刀具寿命降低，因而要减小每齿的进给量。

在高速切削刀具材料方面，难加工材料必须使用耐高温和高硬度的刀具材料。金属陶瓷刀具的寿命比硬质合金长，但也只适用于小切削深度和小进给量的切削。两种刀具材料都适用于精加工。

在中速切削时，使用非氧化陶瓷刀具比用金属陶瓷刀具的效果好。进给速度太快会引起刀具崩刃；和硬质合金刀具相比，陶瓷刀具的进给速度要减半。

加工淬硬材料时使用 CBN 刀具效果好；而加工非淬硬材料，使用 CBN 刀具不经济，对提高刀具寿命的优势并不大。金属陶瓷刀具也是如此。

镀层硬质合金刀具的磨损特性和所使用的刀具基体材料关系很大。TiN 基体的 PVD 镀层刀具具有最好的耐磨性能，其刀具寿命比没有镀层的刀具可提高 50%～250%。

一般来讲使用切削液可以改善刀具前角的摩擦状况，但冷却会引起刀片温度的急剧变化，对于脆性材料的刀具，容易产生刀具的过早失效。表 2-5 给出了钢的切削速度和每齿进给量，以供参考。

表 2-5 钢的切削速度和每齿进给量

刀具材料	切削速度 v_c/（m/min）	每齿进给量 f_z/（mm/z）
P20/25	390	—
涂层硬质合金	510	0.31
金属陶瓷	600	0.2～0.25
Si_3N_4	810	0.16
CBN	—	0.16

（2）铸铁的高速铣削 高速铣削铸铁时刀具后角的情况和高速铣削钢材差不多。对于脆性刀具材料（如氮化硅刀具），影响刀具磨损的主要因素是刀片的形状和几何参数，因而在高速铣削铸铁时，必须使用圆刃刀具，否则刀具就会因高脆性而很快损坏。

切削速度的选择取决于刀具材料。对于硬质合金和金属陶瓷刀具，高速切削中的最主要问题是刀具磨损。金属陶瓷刀具由于具有刀片强度高、密度低和化学稳定性好等优点，它的寿命要比硬质合金长，但当切削速度超过 1000m/min 时，这些刀具不能使用。超过 1000m/min 的切削速度时，氮化硅刀具材料也会过早地失效。此外，CBN 刀具在这个速度范围内的使用效果也不是很好。

切削进给速度对刀具寿命的影响却相反。对于硬质合金和金属陶瓷刀具，刀具寿命随着进给速度的增加而提高。氮化硅刀具和 CBN 刀具只适合于在比较低的进给速度下进行切削。

径向切深是影响刀具寿命的关键因素之一，随着切削区面积的增大，刀具寿命降低。而轴向切深的影响不大，当切削深度在 1.5～15mm 范围内变动时，刀具的磨损量几乎是一样的。

被加工零件材料也影响刀具寿命。GG25（HT250）灰铸铁材料和 GG70（QT700-2）球墨铸铁材料的抗拉强度相差 170%。被切材料的铁含量，对于 CBN 刀具寿命影响很大，当切削 GG40（QT400-18，Z＝20.3%）球墨铸铁材料时，CBN 刀具的寿命达到了最低值。

在切削速度低于 1000m/min 时，硬质合金和金属陶瓷刀具的切削效果最好，使用镀层时，刀具寿命可提高 10～20 倍。超过这个速度，非镀层硬质合金和金属陶瓷刀具会过早磨损。使用 CBN 刀具时，切削速度可高达 4000m/min。实际上，只有 CBN 和氮化硅材料刀具才能在这么高的速度下进行切削。尤其是 CBN 刀具，虽然能够得到很长的刀具寿命，但必须使用较小的进给量。

提高切削速度和减小每齿的进给量，可提高零件加工的表面质量。表 2-6 给出了铸铁的切削速度和每齿进给量，以供参考。

表 2-6　铸铁的切削速度和每齿进给量

刀具材料	切削速度 v_c/（m/min）	每齿进给量 f_z/（mm/z）
硬质合金	430	0.65
Si_3N_4	2000	0.31
CBN	3000～4000	0.31

3. 高速切削难加工材料

一般来讲，合金材料包括特殊合金钢、钛、镍合金钢等。这些材料由于强度大、硬度高、耐冲击，大多用于航空制造和动力部门，但加工中这些材料容易硬化、切削温度高、刀具磨损严重，属于难加工材料。

为了研究这些材料高速切削的可能性，分别对钛合金（TiAl6V4）、特殊合金和耐热镍基合金进行高速切削实验，采用比普通切削速度高出近 10 倍的速度进行加工。

在这些难加工材料的切削中，导致刀片失效的典型形式是刀具后面磨损。最大的磨损区是在刀尖部位和刀具与工件之间的通道处。由于切削条件差，磨损的痕迹会在这些地方产生，因而形成严重的刀口毛刺。切削刃的磨损改变了刀具的几何参数，增大了切削力，特别是切削高强度合金的情况时，容易使刀片碎裂。

刀片裂纹主要是由热应力造成的。尤其是在切削特殊合金时，梳状裂纹很明显，然后裂纹继续擦伤扩大，形成磨痕。

难加工材料的另一个特点是它们的粘附性，切屑很容易粘在切削刃上。随着切削速度提高，粘附的切屑越来越多，烧热的切屑堆积在刀具切入工件的切入点处，而形成积屑瘤。

在切削钛合金时，热量的增加会使其产生与氧的放热反应。当磨损带宽度达到 0.3mm 以上时，就会引起切屑燃烧。在磨损严重加剧的情况下，强烈的发热能超过材料的熔化温度。虽然高速加工中工件的温度没有明显上升，但切屑的温度却大大升高了。

表 2-7 给出了加工特殊合金钢时的刀具几何参数和切削参数，以供参考。

表 2-7　特殊合金钢切削参数

<table>
<tr><td colspan="2">材料</td><td colspan="5">高合金钢</td><td rowspan="3">备注</td></tr>
<tr><td colspan="2" rowspan="2">切削刀具
几何参数</td><td rowspan="2">硬质合金</td><td>后角 α_o</td><td>前角 γ_o</td><td>刃倾角 λ_s</td><td>圆角</td></tr>
<tr><td>20°</td><td>0°～4°</td><td>0°</td><td>尖锐</td></tr>
<tr><td colspan="2">切屑形状</td><td colspan="5">片状</td><td rowspan="9">v_c—切削速度/(m/min)；
v_f—进给速度/(mm/min)；
a_p = 1.5mm；
D = 40mm；
z = 2</td></tr>
<tr><td colspan="2">进给速度 v_f/（mm/min）</td><td colspan="5">当 v_f = 1000mm/min</td></tr>
<tr><td colspan="2">切削速度 v_c/（m/min）</td><td colspan="2">700</td><td colspan="2">1000</td><td rowspan="2">刀具磨损宽度</td></tr>
<tr><td rowspan="2">切削表
面质量</td><td>Ra/μm</td><td colspan="2">3.3</td><td colspan="2">3.1</td></tr>
<tr><td>Rz/μm</td><td colspan="2">16</td><td colspan="2">14</td><td>VB = 0.3mm</td></tr>
<tr><td colspan="2">推荐刀具材料</td><td colspan="5">P20/P30，硬质合金，TiN 涂层，金属陶瓷</td></tr>
<tr><td colspan="2" rowspan="2">P20/P30</td><td colspan="2">切削速度 v_c/（m/min）</td><td colspan="3">刀具磨损宽度</td></tr>
<tr><td colspan="2">370</td><td colspan="3">VB = 0.3mm</td></tr>
<tr><td colspan="2" rowspan="2">硬质合金</td><td colspan="2">进给量 f_z/（mm/z）</td><td colspan="3">进给速度 v_f/（mm/min）</td></tr>
<tr><td colspan="2">0.1～0.15</td><td colspan="3">800～1200</td><td>v_c = 1000m/min</td></tr>
</table>

实验证明，逆铣的效果比顺铣要好。在对钛合金（TiAl6V4）、特殊合金和耐热镍基合金等 3 种材料进行高速加工的实验中，顺铣时的刀具磨损明显要大。磨损大的原因是顺铣的刀具在离开工件时切屑加厚，产生较大的拉应力，因而增大了刀片破碎的可能性。这些材料的高强度和高弹性，特别是应变硬化，增大了切削载荷。在切削耐热镍基合金材料时，甚至出现整个刀片都碎了的现象。

加大前角能明显地减小切削力，刀具前角 γ_o 的变化范围为 8°~28°。在前角变化范围内，加工上述所有材料时的刀具寿命都可提高。当前角为负时，刀具的切削稳定性提高但寿命降低，这是因为在切削刃处切削负荷增加。

提高切削速度后，一方面切削过程消耗的功率更大，其结果是切削温度升高，加速了刀具磨损；但另一方面，切削速度的提高也缩短了刀具和工件的接触时间，传递到工件上的切削热更少了，因为切削热主要是由飞快的切屑带走。在切削钛合金时，切屑温度更高，切屑会发热冒烟或是在刀具磨损增大时燃烧。

切削过程和刀具寿命也受到刀具后角 α_o 的影响。增加后角可提高刀具寿命，但当后角 $\alpha_o>20°$ 时，刀具寿命开始下降。在考虑切削力的情况下，对于一个确定的刀具磨损宽度（$VB=0.3$mm），刀具磨损量增大的速度比切削速度提高快得多。

随着进给速度的提高，刀具寿命下降，特别是切削高性能合金出现应变硬化时，情况就更为严重。在提高进给速度时，参数优化范围受到摩擦力的限制，随着进给速度的增加，在刀片上能看到明显的积屑瘤。

在高速切削时，径向切入（或切削深度）对刀具的磨损特性有很大影响。它使刀具磨损成指数曲线的规律上升，磨损加剧、发热量增大。切削深度增加使切屑的厚度和长度增加，必然减少刀片的空切时间，导致在刀片上的发热量更大。当降低进给速度来补偿切屑厚度的增加时，刀片上承受的载荷也会减少。

在研究冷却和润滑对高速切削难加工材料的影响时，除了使用固体润滑和压缩空气润滑外，还使用了乳化液和切削油作为两种主要的冷却介质，用喷射和雾化的方式进行实验。在使用乳化液时，由于热载荷的突变，可以观测到刀片的碎裂现象。在相同的切削条件下，用集束乳化液、喷雾或油冷等方式进行冷却，对提高刀具磨损性能的影响不大。相对来说，采用油雾轻度润滑和冷却的效果更好一些。使用乳化液的好处是可以降低切削温度，特别是在切削钛合金时，不会发生切屑燃烧现象。

4. 高速切削铜合金

在电气设备和控制工程中有很多铜合金零件的应用。一些精密设备的铜质零件需要很高的尺寸精度和表面质量，零件必须进行精加工，但是由于铜及其合金的粘性大，很难磨削。

经过对各种铜材料的切削实验，发现它们具有非常不同的切削特性，完全有可能提高 5~10 倍的切削速度，以提高金属切除率，大大减少加工时间。实践表明，高速加工对于粘性大、难加工的铜材料作用最大，对于无铅合金铜，金属切除量可以提高 80% 以上。

对于大多数铜合金，在适度使用切削液的情况下，用非镀层硬质合金刀具（从 K10 到 K20）进行加工，都可以获得很高的刀具寿命。例如用聚晶金刚石刀具（PCD）加工纯铜和镍银铜合金，不仅具有非常好的耐磨性能，而且加工时切削力小，零件加工表面质量高。

切削软材料时，切削刃一定要磨得锋利（刀尖圆弧半径 $r_\varepsilon=15\sim20\mu m$）；对于高强度难加工铜合金，刀尖圆角半径则要稍大一点，以防崩刃。

高速切削铜及其合金能达到很高的表面质量，能省去后面的研磨工序。铜合金也可进行高速干切削加工，但采用少量的切削液可防止切屑熔化，提高加工表面质量。

5. 高速切削硬质材料

淬硬钢材料包括普通淬火钢、淬火态模具钢、轴承钢、轧辊钢及高速钢等，是典型的耐磨结构材料，广泛用于制造各种对硬度和耐磨性要求高的零件。淬硬钢材料的特点是经淬火或低温去应力退火后具有比较高的硬度（55～65HRC），应用传统的切削方法很难加工，通常采用磨削进行精加工；但磨削加工效率低，成本高，污染大，一直是加工企业希望改进的工艺方法。高速硬切削技术的研究发展，为淬硬钢材料的加工提供了更好的解决途径。

高速硬切削具有以下几方面优越性：

效率高。高速切削淬硬钢的加工效率比磨削加工要高得多，金属切除率是磨削的3～4倍，而消耗的能量仅是普通磨削加工的1/5。

污染少。高速硬切削以干切削为主，减少了切削液的污染；可以省去冷却装置，简化生产系统，降低生产成本；形成的切屑干净，易于回收处理。

减少设备投资，适应柔性生产。在生产率相同的情况下，CNC车床的投资仅为CNC磨床的1/3，而且占地面积小，辅助费用低。采用高速加工中心铣削淬硬模具钢，可以在很大程度上代替电火花加工。

零件整体加工精度高。在淬硬模具钢的以铣代磨的加工中，其加工尺寸精度高，而且大大减少了手工修光时间。在以车代磨的加工中，由于切削产生的大部分热量被切屑带走，不会像磨削那样容易产生表面烧伤和裂纹，因而具有很好的加工表面质量和圆度精度，而且能保证加工表面之间的位置精度。

高速硬切削有利于切削热被切屑快速带走，减少切削热传递给工件，提高零件加工精度。

（1）淬硬钢材料的切削特点　淬硬钢材料的伸长率小、塑性低，易于形成高光洁加工表面，有利于以车代磨；但其硬度高，切削性能差，与非淬火态钢相比，切削力增加30%～100%，切削功率增加1.5～2倍；而且切削变形加剧，切削温度升高，低速下切削，刀尖处的温度可高达800℃以上。由于切屑与刀面的接触长度比较短，在刀尖及刃口处很快形成严重的月牙洼磨损。

研究表明，与软材料切削相比，淬硬钢材料硬切削过程不像塑性高的材料，形成切屑的过程不是连续的，而是分几个阶段。首先，切削刃进入材料时，在切削刃前面形成很大的压力，直至克服材料强度进入材料表面。其次，由于硬材料工件塑性低，不能形成剪切区，而在切削刃前面出现裂纹并沿切削刃45°角方向扩散。最后，在切削刃前面立即出现静应变条件，阻止裂纹扩散进入切削层下面的工件。在切屑最后形成时，可以在显微镜下看到4个不同的区域，即材料的高温变形区、再硬化区、裂变区和切屑断面区。

从切削过程的研究结果可以看出，加工淬硬钢材料时切削力增大，切削热增加。为了获得必要的加工精度、表面质量及刀具寿命，加工淬硬钢材料必须精心选择切削刀具材料和几何参数，优化切削工艺参数。

（2）硬切削刀具材料的选择　高速切削淬硬钢要求有很高的比切削率。但是，比切削率高，切削温度也高，同时还会出现刀具的塑性变形，很快导致高速钢和一般的硬质合金刀具的断裂，因此，选择硬度高、热硬性好的刀具材料是高速切削淬硬钢的关键因素之一。能够用于高速切削淬硬钢的刀具有 CBN 刀具、PCBN 刀具、性能好的陶瓷刀具、超细颗粒硬质合金及硬涂层硬质合金刀具。

1）PCBN 刀具。因为具有很高的硬度和耐磨性，PCBN 刀具适合于高速切削淬硬钢。在加工硬度低于 50HRC 的工件时，PCBN 刀具形成的切屑为长条形，在刀具表面产生月牙洼磨损，从而缩短刀具寿命。因此，PCBN 刀具适合加工硬度为 55 ~65HRC 的材料。

2）陶瓷刀具。陶瓷刀具的成本低于 PCBN 刀具，具有良好的热化学稳定性，但是韧性和硬度不如 PCBN 刀具。陶瓷刀具比较合适加工相对比较软的材料（50≤HRC）。可采用的刀具材料有 Si_3N_4 陶瓷、晶须加强 Al_2O_3 陶瓷以及毫微米级陶瓷材料，如 WG300、AG4、AT6 等。北京理工大学在使用陶瓷刀具加工淬硬钢的实验研究中证明，淬硬钢通常含硅量比较高，容易与氧化硅系（Si_3N_4）陶瓷产生高温扩散而加剧刀具磨损，因此选用氧化铝系及 TiN 基陶瓷刀具比较合适，如 Ti（C，N）-Al_2O_3 陶瓷刀具。

3）新型硬质合金及涂层硬质合金。切削硬度为 40 ~50HRC 的工件时，低成本的新型硬质合金、涂层硬质合金以及一些纯陶瓷材料刀具可以胜任。目前开发的一些新型硬质合金、超细晶粒硬质合金和涂层硬质合金刀具，也可以适应更大范围的高速硬切削。如株洲硬质合金厂生产的 YT05 刀具，可切削淬硬钢的硬度是 58 ~62HRC，而 XM052 型超细晶粒硬质合金可切削硬度高达 67HRC 的高硬度淬硬钢。

(3) 硬切削刀具参数的选择　无论是硬车削还是硬铣削，在刀具材料选定后，应选择强度尽可能大的刀片形状，刀尖圆弧半径也尽可能大。在精加工时，刀尖圆弧半径约为 0.8 ~1.2μm，同时应对刀具刃口进行预加工。

淬硬钢切屑脆性大，易折断，不粘连，一般在切削表面不产生积屑瘤，因此加工的表面质量高。但是切削力比较大，故刀具宜采用负前角（$\gamma_o \leq -5°$）。

硬切削的切削力大，除了要求刀片强度高外，刀杆的强度也要求高。在巨大的切削力作用下，刀杆会产生过度的变形（虽然这种变形在切削力消除后大部分能得到恢复）。为解决这一问题，一些刀具公司推出了整体硬质合金刀杆的结构。钢刀杆的弹性变形量为整体硬质合金的 3.5 倍，可见整体硬质合金结构刀杆更适用硬切削加工。采用整体硬质合金刀杆的结构可以使硬车、硬铣甚至硬钻更容易实现。目前，很多刀具公司开发了硬切削的专用刀具。

(4) 高速硬切削工艺参数的选择　总体来说，被加工材料的硬度越高，其切削速度应该越小。根据选用刀具材料的不同，硬切削的切削速度选择也有比较大的差别。一般来讲，使用 PCBN 刀具时切削速度高于采用其他刀具时的切削速度。通常，硬车和硬铣的切削速度为 80 ~400m/min。陶瓷刀具和各种硬质合金刀具的切削速度比 CBN 刀具要低。

德国 Darmstadt 大学的 PTW 对轴承钢（100Cr6）和模具钢（16MnCr5）进行了高速切削实验研究，其硬度为 62HRC，采用陶瓷刀具和 PCBN 刀具分别进行车削和铣削。实验结果表明，PCBN 刀具的使用寿命比陶瓷刀具高得多；硬车的最佳切削速度在 180m/min 左右；比较合适的硬铣速度在 400m/min 以下，当超过 450m/min 时，刀具急剧磨损，发生硬化断裂甚至燃烧。

一般情况下，切削深度为 0.1 ~0.3mm，可根据表面粗糙度的要求选择。要求高时，可以选小一些，但不能太小。PTW 的实验表明，进给量过大和过小都会降低刀具的使用寿命。进给量通常为 0.05 ~0.25mm/r。

三、高速加工数控编程的工艺特点

高速切削有着比传统切削特殊的工艺要求，除了要有高速切削机床和高速切削刀具外，具有合适的 CAM 编程软件也是至关重要的。数控加工的数控指令包含了所有的工艺过程，一个优秀的高速加工 CAM 编程系统应具有很高的计算速度、较强的插补功能、全程自动过切检查及处理能力、自动刀柄与夹具干涉检查、进给率优化处理功能、待加工轨迹监控功能、刀具轨迹编辑优化功能和加工残余分析功能等。

高速加工数控编程时，首先要注意加工方法的安全性和有效性；其次，要能保证刀具轨迹光滑平稳，否则将直接影响加工质量和机床主轴等零件的寿命；最后，要使刀具载荷均匀，否则将直接影响刀具的寿命。高速加工数控编程具有以下的工艺特点。

1. CAM 系统应具有快速的计算编程能力

高速加工中采用非常小的进给量与切削深度，其 NC 程序比传统数控加工程序要大得多，因而要求软件计算速度要快，以节省刀具轨迹编辑和优化编程的时间。

2. 全程自动防过切处理能力及自动刀柄干涉检查能力

高速加工以近 10 倍于传统加工的切削速度进行加工，一旦发生过切，对机床、产品和刀具将产生灾难性的后果，所以要求其 CAM 系统必须具有全程自动防过切处理的能力及自动刀柄与夹具干涉检查、绕避功能。系统能够自动提示最短夹持刀具长度，并自动进行刀具干涉检查。

3. 丰富的高速切削刀具轨迹策略

与传统方式相比，高速加工对加工工艺进给方式有着特殊要求。为了能够确保最大的切削效率，又保证在高速切削时加工的安全性，CAM 系统应能根据加工瞬时余量的大小自动对进给率进行优化处理，能自动进行刀具轨迹编辑优化、加工残余分析，并对加工轨迹监控，以确保高速加工刀具受力状态的平稳性，提高刀具的使用寿命。现有的 CAM 软件，如 PowerMill、Mastercam、Unigraphics NX、Cimatron 等都提供了相关功能的高速铣削刀具轨迹策略。

（1）高速切削加工的进、退刀工艺　高速切削加工时，刀具切入工件的方式，不仅影响加工质量，同时也直接关系到加工的安全性。刀具高速切削工件时，工件将对刀具产生一定的作用力。此外，刀具以全切削深度和满进给量切入工件将会缩短刀具寿命。通过较平缓地增加切削载荷，并保持恒定的切削载荷，可以达到保护刀具的目的。确定刀具进、退刀方式时，应注意切入工件时采用沿轮廓的切向或斜向切入的方式缓慢切入工件（如直线式切入和螺旋式切入），以保持刀具轨迹平滑。但对于加工表面质量和精度要求高的复杂型面时，要采用沿曲面的切矢量方向或螺旋式进、退刀，这样刀具将不会在工件表面的进退刀处留下驻刀痕迹，从而获得高的表面加工质量。而对于深腔件加工时，螺旋式切入是一种比较理想的进刀方式，采用相同或不同半径的螺旋路径，自内向外逐步切除型腔材料。

（2）高速切削加工的移刀工艺　高速切削加工中的移刀是指在高进给速度时，相邻刀具路径间有效过渡的连接方式。平行线扫描表面加工是精加工复杂型面的一种手段，但这种方法容易在每条刀具路径的末端造成进给量的突然变化。进给速度适中时，在扫描路径之间采用简单的环形刀具路径可以适当缓解拐角处进给量的突然变化。而当进给速度较高时，这种简单的环形运动仍很突然，这时在扫描路径间采用“高尔夫球棒”式移刀则更为有效。

（3）高速切削加工的拐角加工工艺　加工工件为内锐角时，刀具路径可采用圆角或圆弧方式加工，并相应地减小进给速度，这样在加工拐角时可以得到光滑的刀具轨迹，并可保持连续的高进给速度及加工过程的平稳性。拐角的残留余量可通过再加工工序去除。

（4）高速切削加工的重复加工方式　重复加工是对零件的残留余量进行针对性加工的方法。在高速切削加工中，重复加工主要用于二次粗加工以及笔式铣削和残余铣削：①采用二次粗加工时，先进行初始粗加工，然后根据加工后的形状计算二次粗加工的加工余量。在等高线粗加工中，因零件上存在斜面，加工后会在斜面上留下台阶，从而导致残留余量不均匀，并引起刀具载荷不均匀。采用二次粗加工，可用不同于初始粗加工的方法（平行线法、螺旋线法等）来获得均匀余量，这样能更有效地保持刀具进行连续切削，减少空行程，并提高精加工的加工效率。②笔式铣削主要运用于半精加工的清根工作，它通过找到前道工序大尺寸刀具加工后残留部分的所有拐角和凹槽，自动驱动刀具与两被加工曲面双切，并沿其交线方向运动来加工这些拐角。笔式铣削允许使用半径与3D拐角或凹槽相匹配的小尺寸刀具一次性完成所有的清根加工，可极大地减少退刀次数。此外，笔式铣削可保持相对恒定的切屑去除率，这对于高速切削加工特别重要。精加工带有壁面和底面的零件时，如果没有笔式铣削，刀具到达拐角时，将要去除相当多的材料；采用笔式铣削时，拐角已被预先进行清根处理，因此可减少精加工拐角时的刀具偏斜和噪声。③残余铣削与笔式铣削相似。残余铣削可以找到前道工序使用各种不同尺寸刀具所形成的3D型面，且只用一把尺寸较小刀具来加工这些表面。与笔式铣削的不同在于，它是对前道工序采用较大尺寸刀具加工后所残留的整个表面进行加工，而笔式铣削只对拐角进行清根处理。

（5）高速切削加工的高效率切削工艺　高效率切削工艺是实现材料高去除率的一种新的高效率粗加工方法，有福井高侧刃切削法和上爬式切削法两种工艺。福井切削法是日本福井雅彦教授提出的高轴向深度铣削法。通过将Z向吃刀量调整为刀具直径的1~2倍，可高效率地切削出垂直梯级式粗略工件外形。采用福井法加工后，再采用上爬式切削法，可使加工表面的形状和精度更接近最终加工要求。上爬式切削时，用较细的梯级节距来去除剩余梯级面，刀具从底部开始，一层一层地向上切削，梯级节距调整范围为0.5~3mm。加工表面较陡时，可用较宽的梯级节距；加工表面较平时，可采用较细密的梯级节距。

（6）高速切削加工的余摆线式加工工艺　余摆线加工是利用高速切削加工刀具侧刃去除材料来提高粗加工速度的新技术。采用余摆线加工时，刀具始终沿着具有连续半径的曲线运动，采用圆弧运动方式逐次去除材料，对零件表面进行高速小切削深度加工，有效地避免了刀具以全宽度切入工件生成刀具路径。每环圆弧运动中，向前运动时刀具切削工件，向后运动时进行刀具冷却，并允许自由去除材料。当加工高硬度材料或采用较大切削用量时，刀具路径中刀具向后运动的冷却或自由去除材料圆弧段与向前运动的加工圆弧段相平衡，实现了刀具切削条件的优化。此外，余摆线加工的刀具路径全部由圆弧运动组成，进给方向上没有突然的变化，有利于实现高速切削加工的粗、精加工的理想加工状况。所以，余摆线式加工特别适用于加工高硬度材料和高速加工的各种粗加工工序（如腔体加工），不仅能够使机床在整个加工过程中保持连续的进给速度，获得高的材料去除率，且可延长刀具寿命。

（7）高速切削加工的插入式加工工艺　插入式加工是使用特制插入式加工刀具进行深型腔件加工的一种方法。采用钻削式刀具路径，沿加工中心的Z轴方向从深腔去除材料。该方法是粗加工深型腔件和用大直径刀具加工相对较浅腔体的一种有效方法。

4. 高速高精度的关键控制技术

为保证高速切削加工工艺的顺利实现，高速切削机床还必须采用高速高精度的关键控制技术，这些关键控制技术包括加工残余分析、待加工轨迹监控、自动防过切保护、尖点控制、高精度轮廓控制技术、NURBS 插补等。

（1）加工残余分析　加工残余分析功能能分析出每次切削后加工残余的准确位置，允许刀具路径创建上道工序中工件材料没有完全去除的区域，后续加工的刀具路径就可在前道工序刀具路径的基础上利用加工残余分析进行优化得到。通过对工件轮廓的某些复杂部分进行加工残余分析，可尽量保持稳定的切削参数，包括保持切削厚度、进给量和切削线速度的一致性。当遇到某处背吃刀量有可能增加时，能降低进给速度，从而避免负载变化引起刀具偏斜以及降低加工精度和表面质量。因此，加工残余分析可实现高速切削加工参数最佳化，使刀具加工路径适应工件余量的变化，减少加工时间，避免刀具破损及过切和残留现象，从而实现刀具路径的优化。

（2）待加工轨迹监控　待加工轨迹监控功能是用于监控待加工刀具路径中由于路径曲率引起的进给速度的不规则过渡，以及轴向加速度过大等不利于高速切削加工的各种加工条件的变化，实现动态调节进给速度的一种控制方法。CNC 控制系统在进行加工控制时通过扫描待加工程序段的数控代码，预览刀具路径上是否有方向变化，并相应地调节进给速度。例如，在高进给速度下，待加工轨迹监控功能监测到拐角时，将自动减小进给速度，以防止刀具过切或出现残留现象；在待加工轨迹的平滑段，再将进给速度迅速提高到最大。这样通过动态调节进给速度，可以优化机床控制系统的动态性能，并获得高的加工精度和表面质量。

（3）尖点控制　高速加工控制器的待加工轨迹监控功能虽然可以预先了解待加工 NC 程序段的刀具轨迹，预览刀具轨迹及其加工方向是否有变化，即是否存在拐角，但对于 3D 零件上的每个具体的切削步距和切削余量是无法预知的。加工复杂的 3D 型面时，可根据尖点高度来计算 NC 精加工刀具路径的加工步距，而不是采用恒定的加工步距。采用尖点控制进行高速加工即可实现连续的表面精加工，减少去毛刺或其他手工精加工工序，而且能根据 NC 精加工路径动态调整切削步距，使材料去除率保持恒定，刀具受力状况更加稳定，并使刀具所受到的外界冲击载荷降低到最小。

（4）自动防过切处理　高速切削加工时，前道工序遗留的加工余量将会导致刀具切削负载突然加大，甚至出现过切和刀具破损现象。过切对于工件的损坏是不可修复的，对于刀具的破坏也是灾难性的。通过自动防过切处理功能，可以保护刀具的切削过程，实现高速加工的安全操作。

（5）高精度轮廓控制　在模具加工中，一般采用 CAM 系统或者其他编程系统的方法，编写子程序进行轮廓加工操作，因而加工信息可能超过 CNC 中子程序的存储容量，并且可能需要进行多种 DNC 加工操作。在这种情况下，若不能保持 CNC 高速分配处理与 DNC 操作的子程序进给速度之间的平衡，子程序将不能及时进行进给操作，而且机床的平滑运动也可能得不到保证。高速加工 CNC 系统可通过高精度轮廓控制进行高速分配处理和自动加速、减速处理。针对高于常规速度的转速进行处理和分配，可提高加工精度，缩短工作时间。

（6）NURBS 插补　采用 NURBS 插补可以减少 NC 程序的数据输入量，比标准格式减少 30% ~50%，实际加工时间则因避免了机床控制器的等待时间而大幅度缩短，特别适用模具加工；而且 NURBS 插补不需任何硬件。

5. 加工方法选择

根据零件轮廓的类型及其复杂程度来选择合适的加工方法，有助于实现高效的高速加工：①铣削复杂二维轮廓时，无论是外轮廓或内轮廓，要安排刀具从切向进入轮廓进行加工。当轮廓加工完毕，刀具必须沿切线方向继续运动一段距离后再退刀，这样可以避免刀具在工件上的切入点和退出点留下接刀痕迹。②铣削外圆可采用直线式切向进、退刀。③加工内轮廓时，可采取圆弧式切向进、退刀。④加工直纹面类工件时，可采用侧铣方式一刀成形。⑤一般立体型面尤其是较为平坦的大型表面，可以用大直径面铣刀端面贴近表面进行加工，这样切削次数少，残余高度小。⑥加工空间受到限制的通道加工和组合曲面的过渡区域加工，采用较大尺寸的刀具避开干涉，并使用刚性好的刀具，有利于提高加工效率与精度。⑦加工由薄壁分隔成的深腔型面时，所有的型腔不要一次加工完，要采取每次只加工一部分的方式，使所有型腔壁在两边都能保持支承。⑧立铣刀加工薄壁件时，切削力的作用易导致工件和刀具的变形，因而在加工薄壁件时，采用小轴向切深的重复端铣，不仅可以获得恒定的切削刃半径和小的切削力，减小工件变形，而且不会出现由于刀具偏心产生的形状误差。此外，快速小切削深度加工薄壁零件时，加工薄壁任何一面的刀具都必须保持一直向下加工，直至越过薄壁开始新的切削路径，这样可以通过靠近刀具切削处的未切除余量使薄壁在两边都保持支承。⑨加工无支承的薄底时，应先从支承最少的表面开始加工，刀具在抬刀前一直保持向下加工，并逐步向支承靠近，加工后的底面不可再次与刀具相接触。

第五节　高速加工刀具

一、高速加工对刀具的要求

高速切削机床、高速切削工艺和高速工具系统是高速切削的三项主要技术。在高速切削技术的发展过程中，刀具技术起到了非常关键的作用。随着切削速度的大幅度提高，对切削刀具材料、刀具几何参数、刀体结构以及切削工艺参数等都提出了不同于传统速度切削时的要求。可以说高速切削对刀具系统提出了更高的要求，不仅要求切削刀具具有很高的刚性、安全性、柔性、动平衡特性和操作方便性，而且对刀具系统与机床接口的联接刚度、精度以及刀柄对刀具的夹持力与夹持精度等都提出了很高的要求。传统工具系统已不能满足高速切削加工的需要，因而必须研究开发适宜高速切削加工的刀具系统。

1. 高速加工对刀具材料的要求

在高速切削时，产生的切削热和对刀具的磨损比普通速度切削时要高得多，因此，高速切削除了要求刀具材料具备普通刀具材料的一些基本性能之外，还特别要求刀具材料具有高的热硬性和化学稳定性，如高熔点、高的氧化温度、好的耐热性、强的热冲击性和高温强度、高温硬度、高温韧性等。

2. 高速加工对刀具切削部分结构和几何参数的要求

切削速度越快，产生的热量越多，所以在高速切削过程中，很关键的问题是要想办法把切削热尽可能多地传给切屑，并利用飞速切离的切屑把切削热迅速带走。这就对刀具结构和几何参数提出了下列要求：使刀具保持切削锋利和足够的强度，很重要的目的是能形成足够厚度的切屑，让切屑成为切削过程的散热片。由此可见，合适的刀具几何角度对顺利进行高速切削有非常重要的作用。

3. 高速加工对刀体的要求

作为应用于高速切削加工的镶嵌式刀具刀体，其结构必须具有很高的联接强度和安全性，以防止刀具高速回转时刀片飞出；并保证旋转刀片在2倍于最高转速时不破裂，必要时需要增加特殊的安全设施。当选择嵌入式刀具时尤其要注意，所使用的刀具在高速运转时产生的离心力不能超过允许的极限转速下所产生的离心力，以免发生致命的事故。

4. 高速加工对刀柄和刀具夹头的要求

为满足高速、高精加工工件的要求，对高速加工用刀柄和刀具夹头提出了如下的要求：定位夹持精度高、传递转矩大、结构对称性好、有利于刀具的动平衡、外形尺寸小，但应适当加大刀具的悬伸量，以扩大加工范围。

5. 高速加工对切削参数的要求

根据工件材料和加工工序，正确选择刀具材料和优化切削参数，是保证高速切削能够达到预期效果的重要环节。目前，高速切削参数还不能像普通切削加工那样通过有关切削手册来选择，至今高速加工还没有完整的工艺参数表和高速切削数据库。对于每一种刀具也还没有特定的公式来确定最佳的切削参数组合。在实际生产中，要根据所加工的材料、工序特征等，通过实验来确定最佳的切削速度和进给速度。由于高速切削的发展历史和在生产中应用的时间还比较短，工艺试验与研究工作还在发展完善之中。因此，对于高速切削用户，一方面可以参考别人研究所得的实验参数，另一方面自己还要进行一些必要的试验。

6. 高速加工对刀具系统刚性的要求

刀具系统的静、动刚度是影响加工精度及切削性能的重要因素，刀具系统刚性不足将导致刀具系统振动或倾斜，使加工精度和加工效率降低。同时，系统振动又会使刀具磨损加剧，降低刀具和机床使用寿命。因此，在高速加工中，支承工件的夹具应该稳固地安装在工作台上，夹具和工作台应该具有足够的质量和阻尼，以免引起刀具的振动，延长刀具的寿命。

二、高速加工刀具的分类及选择

在高速加工中，可以应用各种形状与结构的刀具。通常直径较大的刀具使用可转位刀具，而直径较小的刀具为整体式。刀具形状可以有平底刀、球头刀与圆角刀，并且可以有不同的切削刃数。

从高速切削机理的研究中可知，随着切削速度的提高，金属切除率得到极大的提高，材料的高应变率使切屑成形过程以及刀具与工件之间接触面上发生的各种现象都和传统切削条件下的情况不一样，刀具的热硬性和刀具磨损问题成为解决问题的关键。为了实现高速切削，必须有适合于高速切削的刀具材料和刀具制造技术来支持。近30年来世界各工业发达国家都在大力发展与高速切削条件相匹配的先进切削刀具材料。目前国内外用于高速切削的刀具主要有：硬质合金涂层刀具、超细晶粒硬质合金刀具、TiC（N）基硬质合金（金属陶瓷）刀具、陶瓷刀具、人造聚晶金刚石（PCD）刀具、立方氮化硼（CBN）刀具、CBN涂层刀具和PCD涂层刀具等复合材料涂层刀具。由于硬质合金涂层刀具、陶瓷和立方氮化硼（CBN）刀具应用较广泛，下面着重介绍。

高速切削刀具要解决的另一个问题是在刀片上磨出或压出一定几何形状的断屑槽，以便实现断屑和控制切屑方向，这也是提高加工效率和提高刀具寿命的重要技术。

1. 硬质合金涂层刀具

（1）硬质合金涂层刀具　硬质合金是高硬度、难熔的金属化合物粉末（WC、TiC等），是用钴或镍等金属做粘结剂压坯、烧结而成的粉末冶金制品。硬质合金刀具的使用开始于20世纪40年代。20世纪70年代以前都是使用无涂层的硬质合金刀具，而现在使用的硬质合金刀具的三分之二以上是经过涂层处理的。

硬质合金刀具材料本身具有韧性好、抗冲击、通用性好等优点，在传统的金属切削加工中占有重要地位；但是由于刀具的耐热和耐磨性差，适应不了高速切削。采用刀具涂层技术，在韧性较好的硬质合金刀体上涂覆一层或多层硬度高、耐磨性好的高性能难熔化合物，就可以使硬质合金刀具不仅具有较高的韧性，而且具有更高的硬度和耐热、耐磨性，可以进行高速切削。刀具涂层技术使硬质合金刀具焕发了青春，走上了高速切削、甚至是硬切削的舞台，可以说，刀具涂层技术是硬质合金刀具技术发展中的一个重要转折点。实践证明，涂层硬质合金刀片在高速切削钢和铸铁时能获得良好效果，比未涂层刀片的寿命提高2~5倍。在钻头、车刀和铣刀盘上镶嵌涂层硬质合金刀片的刀具已经得到广泛应用。此外，涂层刀片通用性好，一种刀片可以代替多种未涂层刀片，大大简化了刀具管理和降低了刀具成本，可以获得明显的经济效益。近10年来，刀具涂层技术取得了飞速发展，涂层工艺越来越成熟。

（2）常用的涂层材料及性质　常用的涂层材料主要有各种高硬度的耐磨化合物（如TiC、TiN等）、复合化合物（如TiCN碳氮化钛、TiAlN氮铝化钛）、软涂层材料（如Mo_2S_2、WS_2、WC/C）、金刚石涂层、CBN涂层、复合涂层（如TiC/TiN、TiC/TiCN/TiN、TiC/Al_2O_3/TiN等）、纳米涂层等数十个品种。

2. TiC（N）基硬质合金（金属陶瓷）刀具

TiC（N）基硬质合金是以TiC为主要成分的合金，其性能介于陶瓷和硬质合金之间，又称为金属陶瓷。由于TiC（N）基硬质合金有接近陶瓷的硬度和耐热性，加工时与钢的摩擦因数小，耐磨性好，且抗弯强度和断裂韧度比陶瓷高。因此，TiC（N）基硬质合金可作为高速切削加工刀具材料，用于精车时，切削速度可比普通硬质合金提高20%~50%。TiC-Ni-Mo是TiC（N）基硬质合金中的典型成分，如我国常使用的代号为YN05。我国生产的强韧TiC基合金有YN10、YN15、YN501等。

金属陶瓷刀具可用于高切速，中、低进给的成形加工，刀具寿命比硬质合金长。金属陶瓷的切削速度接近陶瓷刀具，但韧性比陶瓷刀具好，可以在一定程度上代替非涂层硬质合金刀具。金属陶瓷刀具适用于干切削，可铣削淬硬的模具钢。

TiC（N）基硬质合金既具有陶瓷的高硬度，又具有硬质合金的高强度，用于可转位刀片，还能焊接。因此，TiC（N）基硬质合金不仅可用于精加工，而且加工范围也扩大到半精加工、粗加工和断续切削。

3. 陶瓷刀具

陶瓷是以氧化铝（Al_2O_3）、氧化硅为主要成分、热压或冷压成形并在高温下烧结而成的一种刀具材料。和硬质合金相比，陶瓷具有硬度高、耐磨性好（是一般硬质合金的5倍）、耐高温、化学稳定性和抗粘接性能好以及摩擦因数低等优点，因此适合于高速切削。陶瓷刀具所允许的最佳切削速度可比硬质合金高3~10倍。

陶瓷刀具的主要缺点是强度和韧性差，热导率低。由于陶瓷刀具脆性大，抗弯强度和韧性低，因此承受冲击载荷的能力差。其热导率仅是硬质合金的1/3~1/2，而热膨胀系数却比硬质合金高出10%~30%，因而抗热冲击性能也差，当温度突变时，容易产生裂纹，导致刀片破损。用陶瓷刀具进行切削时，不宜使用切削液。

近些年来，国内外在改善陶瓷刀具性能的研究上有了很大进展，在提高原料纯度、改进制造工艺和加入添加剂等方面做了很多工作，使陶瓷刀具的性能得到改善。例如，20 世纪 80 年代后期到 20 世纪 90 年代出现的晶须增韧陶瓷刀具、近些年来出现的赛龙（Sialon）陶瓷，其强度和韧性有很大提高，而且保持了陶瓷材料的高硬度、热硬性好及耐磨等优点，使其高速加工的性能更好。

现代陶瓷刀具材料大多数为复合陶瓷，即采用不同的氧化物（Al_2O_3、ZrO_2）、氮化物（Si_3N_4、BN）、碳化物（TiC、SiC）、硼化物（TiB_3、ZrB_2）的组合和粘结相（Mo、Ni、Co）所构成，并且采取不同的增韧补强机理来进行显微结构设计。可用于高速加工的陶瓷刀具，包括热/冷压成形陶瓷刀具、氮化硅陶瓷刀具、晶须增韧陶瓷刀具、赛龙（Sialon）陶瓷以及涂层陶瓷刀具等。

总之，陶瓷刀具具有硬度高、价格低的优点，在改进烧结制造工艺和采取增韧技术后，陶瓷刀具的强度和断裂韧度大幅度提高，是对高硬度淬硬钢进行干切削的好刀具。研究表明，大多数的硬质合金刀具，包括涂层刀具，都不适合于切削硬度在 58HRC 以上的淬硬钢。CBN 刀具和陶瓷刀具有很高的显微硬度和热稳定性，也是干切削淬硬钢比较理想的刀具。但 CBN 刀片价格昂贵，且抗弯强度和断裂韧度比较低，而陶瓷刀具资源丰富，价格不到 CBN 刀具的一半，因此采用陶瓷刀具也许更合适些。随着陶瓷强化技术的进一步发展，在高速精加工、半精加工、干切削和硬切削中，陶瓷刀具将会起到更重要的作用。

4. 立方氮化硼（CBN）刀具

立方氮化硼是由立方氮化硼和触媒在高温高压下合成的，是继人造金刚石问世后出现的又一种新型高新技术产品。它具有很高的硬度、热稳定性和化学惰性，热导率较高、摩擦因数较小等优异性能。它的硬度仅次于金刚石，但热稳定性远高于金刚石，对铁系金属元素有较大的化学稳定性。立方氮化硼磨具的磨削性能十分优异，不仅能胜任难磨材料的加工，提高生产率，还能有效地提高工件的磨削质量。立方氮化硼的使用是对金属加工的一大贡献，导致磨削发生革命性变化，是磨削技术的第二次飞跃。

工业生产的立方氮化硼有黑色、琥珀色和表面镀金属的，颗粒尺寸通常在 1mm 以下。它具有优于金刚石的热稳定性和对铁族金属的化学惰性，用它制造的磨具，适于加工既硬又韧的材料，如高速钢、工具钢、模具钢、轴承钢、镍和钴基合金、冷硬铸铁等。用立方氮化硼磨具磨削钢材时，大多可获得高的加工表面质量。

CBN 刀具的最大缺点是强度和韧性差，抗弯强度大约只有陶瓷刀具的 1/5 ~ 1/2，故一般只用于精加工。CBN 刀具的另一个缺点是价格高，这也在很大程度上限制了它的广泛应用。

根据 CBN 刀具的上述特点，它最适合于高硬度淬火钢、高温合金、轴承钢（60 ~ 62HRC）、工具钢（57 ~ 60HRC）、高速钢（62HRC）等材料的高速加工。在淬硬模具钢的加工中，用 CBN 刀具进行高速切削，可以起到以铣代磨的作用，大大减少手工修光工作量，因而可大幅度提高加工效率。这一点是金刚石刀具所不能胜任的。由此可见，这两大超硬刀具材料之间可以有互补的作用。

CBN 刀具在加工塑性大的钢铁金属、镍基合金、铝合金和铜合金时，因为容易产生严重的积屑瘤，使已加工表面质量恶化，故适合加工硬度在 45HRC 以上的钢材和铸铁等。

聚晶立方氮化硼（PCBN）是在高温、高压下将微细的 CBN 材料通过结合相烧结在一起的多晶材料，其聚晶层由无数细小的、任意排列的晶体组成，具有各向同性的特点。晶粒中CBN的质量分数为50%～60%时，它具有很高的抗压强度和化学稳定性，主要用于硬切削。提高CBN的含量，可提高其断裂韧度和耐磨性，可用于切削淬硬铸铁和具有硬化层的材料。由于PCBN具有独特的结构和特性，近年广泛应用于钢铁材料的切削加工。

PCBN刀具也可分为焊接式PCBN刀具和可转位式PCBN刀具两类。

PCBN刀具大多用于耐磨钢铁材料的加工，因此其刀尖角不能太小，刀具前角一般为-5°～5°，后角一般为3°～10°，断续切削时一般有负倒棱。

最近，将CBN作为刀具的涂层材料的研究工作已获得成功。CBN的涂层硬度仅次于金刚石，是一种很有前途的刀具涂层材料。

CBN和PCBN刀具的典型应用有：

1）硬加工，以车代磨。由于PCBN刀具具有极高的硬度及热硬性，可使被加工的高硬度零件获得良好的表面粗糙度，所以采用PCBN刀具车削淬硬钢可实现“以车代磨”。应用实例如汽车、摩托车齿轮孔的加工。

2）高速切削，高稳定性加工。采用PCBN刀具可实现汽车发动机灰铸铁缸体的缸孔的高速精加工及高稳定性加工。例如，上海通用汽车公司用Seco刀具公司生产的CBN300型刀片加工灰铸铁时，切削速度达到2000m/min。这种刀具非常适合于大批量生产线上高速加工。

3）干式切削，清洁化生产。采用PCBN刀具加工含硼的铸铁缸套，实现了“以车代磨”。由于采用干式切削，避免了切削液及砂轮尘埃对环境的污染，切屑也可回收再利用，符合清洁化生产的要求。

5. 高速切削刀具的选择

（1）高速切削刀具材料的选择　高速切削刀具材料必须根据所加工的工件材料和加工性质来选择。一般而言，陶瓷刀具、TiC（N）基硬质合金（金属陶瓷）刀具、涂层刀具及PCBN刀具适合于钢铁等钢铁材料的高速加工，而PCD刀具适合于对铝、镁、铜等非铁金属的高速加工。表2-8列出了各种刀具材料所适合加工的一些工件材料。

表2-8　各种刀具所适合加工的工件材料

刀具	高硬度	耐热合金	钛合金	镍基高温合金	铸铁	纯钢	高硅铝合金	FRP复合材料
涂层硬质合金	○	●	●	▲	●	●	▲	▲
TiC（N）基硬质合金	▲	×	×	×	●	▲	×	×
陶瓷刀具	●	●	×	●	●	▲	×	×
PCBN	●	●	○	●	○	▲	▲	▲
PCD	×	×	●	×	×	×	●	●

注：●—优，○—良，▲—尚可，×—不合适。

（2）高速切削刀具的选择原则

1）尽量选专用的适合高速的镶嵌式刀具，无论在粗加工、半精和精加工中均应如此。

2）选择强度高、刚性好的刀具结构。

3）选择大一点的刀柄和锥柄，特别是小直径刀具更应该如此。

4）尽可能选择短粗的刀具，避免过长悬伸。

5）采用平衡刀具和刀柄，至少应该给出刀具的平衡量参数。

6）刀体应该设计得有尽可能大的容屑量。

7）刀具中心最好有孔，以便于吹气和冷却。

8）必须要有高精度刀片座和可靠的固定。

9）镶嵌刀片的基片应该有最大的刚性和耐磨性。

10）强化切削刃联接，保证安全。

11）尽可能选择短切削刃减少振动。

12）选用耐用隔热镀层，如 TiAlN，提高耐磨性。

13）不要超过允许的最大切削速度。

14）采用实体稳定的刀具主轴联接界面，避免发生振动。

为了充分发挥高速加工中心的作用，要优化选择刀具和切削参数，并同时保证零件的加工质量。刀具的选用及加工工艺和普通机床确实不一样，要完全从高速的角度考虑问题才能使高速切削达到目的。

三、高速刀具的装夹

高速切削用的刀具，尤其是高速旋转刀具，由于旋转速度很高，无论从保证加工精度方面考虑，还是从操作安全方面考虑，对它的装夹技术有很高的要求。弹簧夹头、螺钉等传统的刀具装夹方法已不能满足高速加工的需要。开发新型的刀柄和刀具夹头已成为高速刀具技术的一个重要的组成部分。在 2008 年中国国际机床展览会上，不少国外的工具厂、附件厂展出了他们开发的新型刀柄、夹头产品，传递了这方面的最新信息，也指出了发展方向。世界上生产刀具夹头的著名公司和生产切削刀具专业公司，如 SCHUNK、日研、大昭和、Epb、Wohlhaupter、EMUGE 等公司分别开发出了高精度液压夹头、热装夹头、三棱变形夹头、内装动平衡机构的刀柄、转矩监控夹头等新产品。这些夹头的特点是：①夹紧精度高，在悬伸 $3D$（D——机床主轴前轴颈的直径）处定位精度≤3μm，加工精度高；②传递转矩大，能适应高效切削的需要；③结构对称性好，有利于刀具的动平衡；④外形尺寸小，可加大刀具的悬伸量，以扩大加工范围。

1. 常见的几种适应高速切削的刀具夹头及刀具装夹产品

（1）三棱变形静压夹头（应力锁紧式刀具夹头）　如图 2-18 所示是德国 SCHUNK 公司生产的一种无夹紧元件的三棱变形静压夹头。利用夹头本身的变形力夹紧刀具，定位精度可控制在 3μm 以内。该夹头的内孔在自由状态下为三棱形，三棱的内切圆直径小于要装夹的刀柄直径。利用一个液压加力装置，对夹头施加外力，使夹头变形，内孔变为圆孔，孔径略大于刀柄直径。此时插入刀柄，然后卸掉所加的外力，内孔重新收缩成三棱形，对刀柄实行三点夹紧。此种夹头结构紧凑、对称性好、精度高，与热装夹头比较，刀具装卸简单，且对不同膨胀系数的硬质合金刀柄和高速钢刀柄均可适用，其加力装置也比加热冷却装置简单。

德国 SCHUNK 公司为配合液压夹头的对刀需要，开发了刀具轴向位置调节接头，可在对刀仪上方便地调节液压夹头中刀具的轴向尺寸。为配合其液压夹头的使用，还推出了可储存数据的无电源可读/写式刀具识别片，存储量 128B，最大读/写间距 2.5mm。

液压式刀具夹头是高精度、高性能的夹持装置，夹持回转精度高，减振性能好，可成倍地提高刀具的使用寿命，但因价格高，许多用户不敢问津。德国 SCHUNK 公司在“Metal Working China 2000”展览会期间，以特惠价格销售其公司的拳头产品——液压夹头。SCHUNK 公司是如何使高质量的产品拥有大众化的价格呢？据介绍，该公司的市场策略是：

通过扩大批量来降低价格，从而形成更大批量、更低价格的良性循环。

（2）热装式夹头　热装式夹头是继液压夹头之后开发出的另一种新型夹头，也是一种无夹紧元件的夹头，夹紧力比液压夹头大，可传递更大的转矩，并且结构对称，更适合模具的高速、高效切削。但目前正在推广的热装式工具系统仍然存在一些亟待改进的地方，如与过去的夹紧方式相比，刀具装卸时间较长，操作不甚方便，在可配用的刀具品种方面也受到诸多限制等。

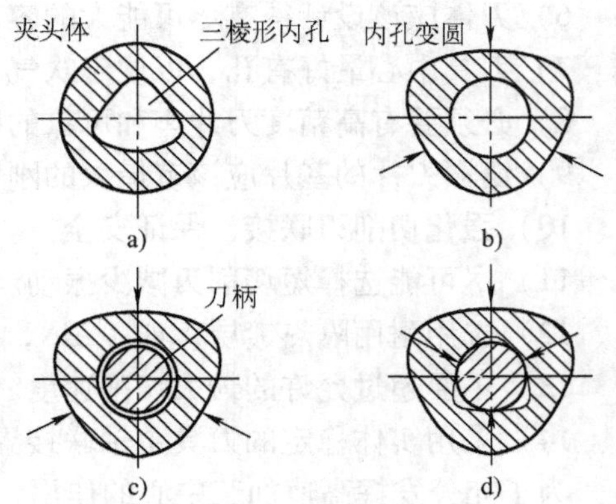

图 2-18　三棱变形静压夹头的工作过程
a）原始状态　b）施加外力
c）插入刀柄　d）去除外力

下面介绍的是德国 OTTO BILZ 公司新开发的热装夹头（Thermo grip 工具系统），它保留了以往热装式工具系统的优点，改善了操作性能，提高了该系统的实用水平。

1）Thermo grip 工具系统的原理。热装式工具系统通常都是利用热感应装置，使刀柄的夹持部分在短时间内加热，刀柄内径随之扩张，此时立即把刀具装入刀柄内，刀柄冷却收缩时，即可赋予刀具夹持面均匀的压力，从而产生很高的径向夹紧力将工具牢牢夹持住。为便于刀具安装和拆卸，热装式刀具夹头采用一种特殊的金属材料，其线胀系数远大于一般金属材料，在 300℃左右，其膨胀量足以满足刀具的装卸。Thermo grip 工具系统采用具有高能场的感应加热线圈，可在短时间内完成工具更换。在电磁场的作用下，10s 以内即可将刀柄夹持部位加热，刀柄内径随之扩张，很容易进行工具更换。由于是局部加热，因此可将送往夹头的能量控制在最小限度以内。装上或卸下切削工具后，夹头迅速冷却，因此，热量极少传递至夹头的其他部位或刀柄部位。与用火焰或热气体加热的方式相比，热装式夹头可说是处于较冷的状态，整个夹头在 60s 以内即可完全冷却。

2）加热—冷却装置。OTTO BILZ 公司的加热—冷却装置“ISG3000”具有如下特点：①是一种台式装置，可置于工作台上使用，质量在 50kg 以下；②控制器和频率振荡器均装在机器内部，外观简洁明快；③气缸可将感应线圈下降至加热部位，加热完毕又退回原位；④夹持范围为 6 ~ 32mm，有 3 种线圈可供选择使用；⑤ISC3000 的感应装置所需电力为 3 相 200V（32A）和 6×10^5Pa（相当于 6bar）压力；⑥操作盘位于装置前方，用手动方式即可很容易编制作业程序；⑦信息处理器根据输入的工具材质、直径等相关数据，自动选择输出和加热时间。

系统开始工作后，加热线圈便随空气压力而下降，降至预定位置即开始加热。加热时间随刀具直径的大小而定，但波动范围仅为 5 ~ 10s。由于加热时间很短，热量不可能传到夹头以外的部位。

OTTO BILZ 公司开发出一种冷却衬套，用于 Thermo grip 工具系统的冷却，可缩短冷却时间。该衬套可直接与被加热的 Thermo grip 夹头的外圆接触，将热量尽快传至冷却棱条上。棱条有极高的散热效果，通过这些棱条可起到强制冷却的作用。采用此种冷却装置，可保证在 60s 内使刀柄温度降至安全使用的程度。

热装式夹头一般均具有如下一些共同的优点：夹头形状细长；回转精度高；夹紧力大；

能适应高速回转；便于操作者接近工件；可采用内冷却方式。

Thermo grip 工具系统除具有上述优点外，还有自己独特的优点：

① 收缩快。配有特制的冷却衬套，刀具安装或取下后，夹头在衬套内迅速冷却，冷却时间在60s以内，每分钟可更换三四把刀具。

② 可用高速钢制作。夹头用硬质合金材料固然很好，可减少热量传入刀柄，但价格昂贵，因此也可选用热膨胀系数与刀具相同的高速钢来制作。

③ 安全可靠。因为是局部加热，刀具性能不会受到加热的影响；采用冷却衬套，操作者不直接与发热的夹具和刀具接触，可保障操作者的安全。

④ 节省能耗。Thermo grip 工具系统整体加热至200℃，约需100kJ能量，但该系统只加热夹头部分，因此，能耗可降至20kJ左右，冷却时间也成比例缩短，节能效果十分明显。

⑤ 使用寿命长。该系统采用最佳热处理规范，加热温度在400℃以下，这种温度远远低于相变温度。因此，重复使用2000次后，夹头的精度也不会变化。硬度虽略有下降，但同心度可保持不变。

⑥ 有刀具预调功能。刀具所需长度可在夹头冷缩前进行调整，如图2-19所示。刀具通过调整器插入夹紧套内，一边回转一边用调整螺钉将刀具调整到预定位置。OTTO BILZ 公司的 Thermo grip 工具系统回转精度为3μm。在动平衡精度方面，当主轴转速为15000r/min时，BT40/BT50型刀柄的动平衡精度为 *G*6.3，HSK63A/HSK 100A型刀柄的动平衡精度为 *G*2.5。Epb 公司也有这种夹头及其配套的加热冷却装置。装置可实现刀具装夹过程（加热—冷却）的自动循环，加热温度200℃，一次装夹时间为2.5～3min。我国成都工具研究所、广州工具厂也有热装夹头产品。

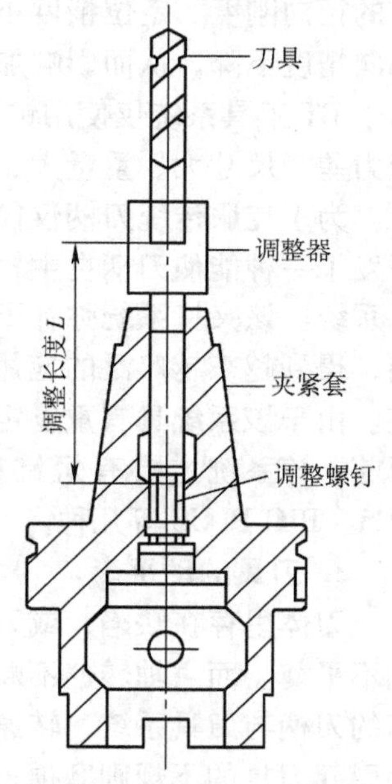

图2-19 热装式刀具的预调

(3) 高精度弹簧夹头　弹簧夹头的工作原理为旋紧螺母→压入套筒→套筒内径缩小→夹紧刀具，影响其夹持精度的因素除了夹头本体的内孔精度、螺纹精度、套筒外锥面精度、夹持孔精度外，螺母与套筒接触面的精度以及套筒的压入方式也很重要。日本大昭和精机株式会社设计的高精度弹簧夹头，就是改进了套筒的压入方式，即把螺母分为内外两部分，中间安装了滚珠轴承，使得旋紧螺母的转矩不传到套筒上，仅对套筒施加压力。这种压入方式可使夹头获得较大的夹持力和较高的夹持精度，从而满足高速切削的需要。

(4) 其他一些新的高速刀具装夹方式

1) Sandvik 刀具公司的 Coro Grip 夹头。借助液压装置推动一个锥套，可产生317.5kg（相当于700磅）的机械夹紧力，精度可达0.002～0.006mm（在3*D*处测量）；这种夹头的刚性优于液压夹头，加工过程夹紧更可靠，且比热装夹头的装夹时间更短（仅需20s）。

2) 日本 NIKKEN 公司推出一种采用1:100锥度的压配合装夹方式，可保证端面接触，刀具径向圆跳动为0.003mm，换刀时间仅10s。

3) ISCAR 公司推出的圆柱柄模块新型装夹方式，不仅可保证端面接触，还可以在半个圆周上形成夹紧力，克服了其他常用装夹方式只采用端面接触的缺点，提高了夹持刚性。

4）适合于中等直径可转位模具铣刀的模块装夹方式，其模块靠螺纹联接，采用定心、端面接触，结构简单小巧，可适应不同模具腔深度的加工需要，目前已成为可转位模具立铣刀的通用联接方式。

5）日本NT公司的一种径向可调的高精度弹簧夹头刀柄，刀具径向圆跳动可调至0.002mm以下，称为“零跳动夹头”。该公司生产的高平衡等级热装夹头适用转速可高达7000r/min。

2. 刀具—机床接口技术

在常规的数控切削中，传统的BT（7:24锥度）工具系统占据了十分重要的地位。高速加工时，主轴工作转速达到每分钟数万转，在离心力作用下主轴孔的膨胀量比实心的刀柄大，使锥柄与主轴的接触面积减小，刀柄与主轴锥孔间将出现明显的间隙，导致BT工具系统的径向刚度、定位精度下降；在夹紧机构拉力的作用下，BT刀柄的轴向位置发生变化，轴向精度下降，从而影响加工精度。机床停止时，刀柄内陷于主轴孔内，很难拆卸。另外，由于BT工具系统仅使用锥面定位、夹紧，还存在换刀重复精度低、联接刚度低、传递转矩能力差、尺寸大、重量大、换刀时间长等缺点。

为了克服传统刀柄仅仅依靠锥面定位导致的不利影响，一些科研机构和刀具制造商研究开发了一种能使刀柄在主轴内孔锥面和端面同时定位的新型联接方式——两面约束过定位夹持系统。该夹持系统弥补了传统工具系统的许多不足，代表了刀具—机床接口技术的主流方向，得到越来越广泛的应用。目前，国外已研发了多种结构形式的两面约束过定位夹持系统。由于该系统具有重复定位精度高、动静刚度高等一系列优点，可满足高速加工的要求。目前，该系统主要有短锥柄和7:24长锥柄两种形式，具有代表性的主要有HSK、KM、NC5、BIG-PLUS等几种。

3. 刀具的动平衡

刀体里存在缺陷，或刀具设计不对称，或刀具进行过新的调节，都有可能引起刀具系统的不平衡。而主轴转速不断提高，对刀柄与刀具系统的平衡问题变得越来越重要，未经过平衡的刀柄与刀具系统，转速越高离心力越大，不仅会引起主轴及其部件的额外振动，而且还会引起刀具的不规则磨损，缩短刀具寿命，降低零件的加工质量。一般在6000r/min以上就必须平衡，以保证安全。

旋转部件的不平衡量ψ，指质量重心偏离旋转轴心的量，即

$$\psi = em$$

式中　e——偏心量，单位为mm；

m——旋转部件的质量，单位为g。

根据牛顿第二定律，由于不平衡量的存在，在旋转过程中将产生与速度平方成正比的离心力F。对于旋转体的平衡，国际上采用的标准是ISO 1940—1或美国标准ANSIS2.19，用G参数对刚性旋转体进行分级，G的数字量分级从G0.4到G4000。G后面的数字越小，平衡等级越高。如图2-20所示为动平衡技术中的定义量。

不平衡公差值U及离心力F可按下式计算

$$U = \frac{9546GM}{N}$$

$$F = \frac{MG(2\pi n/60)}{1000}$$

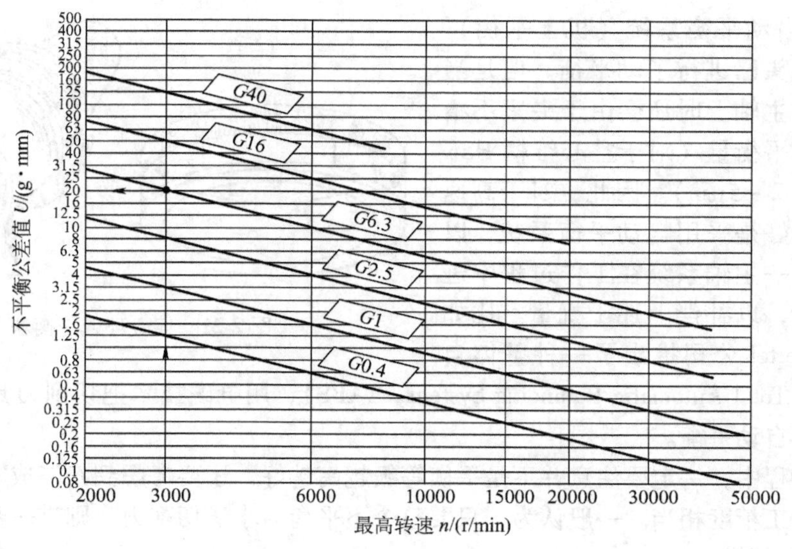

图 2-20　动平衡技术中的定义量

式中　U——不平衡公差值，单位为 g · mm；

F——离心力，单位为 N；

G——G 等级量，每单位旋转体质量所允许的残余不平衡量，单位为 g · mm/kg；

M——刀具系统质量，单位为 kg；

n——主轴转速，单位为 r/min。

对不同机床的动平衡要求是：普通机床的旋转件为 $G6.3$；普通刀柄和机床传动件为 $G2.5$；磨床及精密机械旋转件为 $G1.0$；精密磨床主轴及部分高速电主轴为 $G0.4$；6000r/min 以上的高速切削刀具和刀柄系统的动平衡等级必须≤$G2.5$。

对于短小又对称的整体式刀具，平衡时要修正的质量通常只有百分之几克，所以仅进行静平衡就足够了；而对于非对称结构的悬臂刀具（悬伸长度约 300mm）必须要在两个校正平面上进行动平衡，以尽量消除不平衡量误差。推荐对刀具、夹头和主轴单独进行动平衡，然后对夹头连同刀具一起再一次进行动平衡。

高速切削刀具系统的动平衡措施有：

1）增加材料或去除材料。采用在刀柄的某个方向与部位铣去一些金属，以达到刀柄本身的静力单平面平衡，可以将普通刀柄的不平衡值从 250g · mm 下降至 50g · mm，甚至更低。但加上刀具以后，或在更高转速的情况下，这个平衡值显然不够了，因此国外的一些厂家在刀柄上增加了两个偏心环或平衡块，进行动平衡，可以调到 5g · mm 或 3g · mm，如图 2-21 所示为偏心环或平衡块。

2）装平衡环。对于一些高速加工刀具和夹头，如结构上允许，可以在刀体（刀盘）上设置为今后进行动平衡或再平衡的螺钉或平衡环等微调机构（如 Walter 公司的面铣刀和 Mapal公司的 WWS 面铣刀，在刀盘上均设有平衡微调螺钉），或设置多个平衡孔，以便使刀具系统达到最佳的动平衡效果。

3）内装动平衡机构的刀柄。通过调整补偿环内部配重的位置以补偿不平衡量，环上有刻度可以指示调节量。

4）使用自动平衡系统（机上平衡）。即使刀具和夹头已进行了动平衡，但是当刀具夹头装到主轴上时还会由于夹紧不精确性而产生不平衡量（对于空心锥柄HSK接口，一般为2～5μm）。因此，对于高速精密加工，最好是采用自动平衡系统，以便对整个刀具—主轴系统在工作过程中进行在线动平衡，以补偿上述干扰量。比如Kennametal Hertel公司推出了一种整体自动平衡系统（Total Automatic Balancing System，TABS），用电磁技术把切削刀具与机床主轴作为整体进行自动平衡。

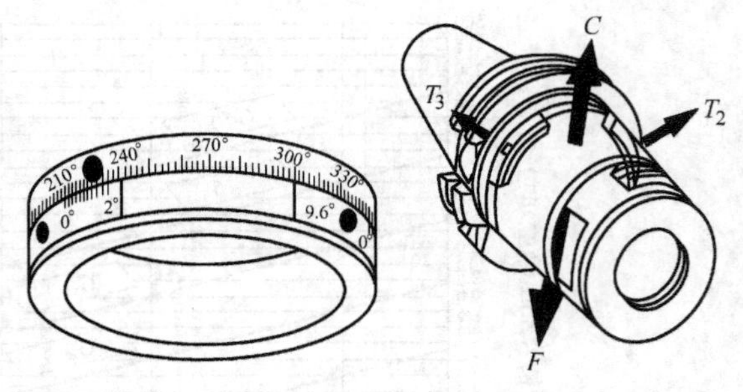

图2-21 偏心环或平衡块

在使用过程中，一定要注意并不是平衡等级越高越好，还要考虑到经济成本问题，最好的平衡是与加工精度相当。一般认为，只要整个不平衡力小于切削力，则进一步的平衡不大可能改善切削质量。

四、著名高速刀具厂家介绍

1. 株洲钻石切削刀具股份有限公司

该公司位于湖南省株洲市国家级高新开发区钻石工业园内，占地约150000m^2（相当于225亩），是在株洲硬质合金集团有限公司高性能精密硬质合金可转位刀片生产线技术改造项目基础上改制而成。具有世界一流的可转位数控刀片生产线及配套刀具生产线、整体硬质合金孔加工刀具生产线、传统刀片生产线、非金属陶瓷刀片及结构件生产线，并成立了集科研、应用研究为一体的研发中心。2004年9月1日，在人民大会堂召开的“中国名牌暨质量管理先进表彰大会”上，该公司的“钻石”牌硬质合金产品被授予“中国名牌产品”光荣称号。在德国弗戈尔（VOGEL）工业媒体集团北京弗戈尔咨询公司于2004年5月到2005年3月进行的大规模刀具市场调研活动中，“株洲钻石”脱颖而出，当选为“最受欢迎的国产刀具品牌”。

2. 德国LOSCK（洛克）

德国LOSCK（洛克）是著名的整体硬质合金镀层铣刀专业生产厂家，其生产的多种高速及高硬度铣刀，可切削65HRC硬度的淬火钢材，适合高速高硬度切削使用。刀具规格齐全：平底铣、球头铣、平底带R角铣、深沟铣、微小径铣、直铣等各种类型的铣刀，并有为适合各种不同加工情况而设计的多种涂层方案可供选择，可满足客户的各种加工需求服务。LOSCK（洛克）服务金属切削制造业已有35多年历史，为全球工业界提供金属切削技术，在整体硬质合金材料及刀具领域享有盛名。

3. 日本DIJET（黛杰）

日本DIJET（黛杰）是世界一级的硬质合金刀具专业生产厂家，拥有全系列的车刀、铣刀、镗刀、螺纹和切槽等各种类型的刀具，满足客户的各种加工需求。作为从原料粉末到成品产出一贯制专业硬质合金厂家，它在日本具有第二大的规模，并在日本整个工具行业中，销售金额一直名列前茅，生产着各种硬质合金、陶瓷、金属陶瓷、立方氮化硼（CBN）、聚晶金刚石（PCD）等材料以及这些材质的各种切削工具、硬质合金模具、特殊耐磨产品等。

4. 日本大昭和（BIG）精机株式会社

日本大昭和（BIG）精机株式会社是日本最大的加工中心系统专业厂家。其产品具有高精度、高质量、易操作等特点，不但在日本拥有最高的市场占有率 90%，同时也为世界各国用户所青睐。它的主要产品有 BIG-KAISER 镗刀系列、弹性夹头系列、高速加工用刀柄，强力铣夹头系列、液压夹头、攻螺纹夹头系列、角度头、增速器、各种外转内冷刀柄、快锋立铣刀、倒角刀、感测器及寻边仪等测量用小型传感器系列。

5. 日本 SUMITOMO 住友电工

日本 SUMITOMO 住友电工是世界硬质合金刀具的旗帜，拥有全系列的车刀、铣刀、镗刀、螺纹和切槽等各种类型的刀具，满足客户的各种加工需求。其中，住友电工的 CBN 和金刚石刀片、WD 的拉丝模型、浅孔钻和住友特有的钻头享誉世界。

6. 日本京瓷 KYOCERA

日本京瓷 KYOCERA 主要以陶瓷刀具为主，产品主要有外圆、内孔车刀杆，切槽、切断刀杆、刀片，螺纹刀杆刀片（牙刀片）等辅以各种材质适合各种条件加工的 ISO 一般可转位刀片，以及外圆车削刀片、内圆车削、小零件加工专用、螺纹加工用 ISO 刀片和钻孔加工专用刀片刀杆等。另外，面铣加工及复合加工方面，京瓷刀具也有其独特之处。京瓷公司的尚乐特系列拥有多种材质，满足现代更高要求的金属加工用途。目前京瓷公司尚乐特系列主要有涂层硬质合金、涂层微粒硬质合金、硬质合金、PCD 及 CBN 等材质。

7. 山特维克可乐满

山特维克可乐满是全球领先的车削、铣削、钻削的刀具生产商，其销售网络遍及全球 130 个国家，总部位于瑞典山特维肯市，在金属切削领域的客户包括全球主要的汽车和航天航空业、模具制造业以及机械工程业。自 2004 年起，山特维克可乐满已经是连续三届独家赞助全国数控技能大赛决赛用刀具。这不仅体现山特维克可乐满履行企业社会责任的承诺，更表明山特维克可乐满配合中国实施人才强国战略的诚心及行动力！

8. 山高刀具（上海）有限公司

山高刀具（上海）有限公司，其总部设于瑞典。作为世界上硬质合金刀具的主要制造商，山高在全球范围内的主要工业国家共拥有 32 家分支机构。1993 年，山高在中国创立了分支机构以拓展其在华业务。山高的产品包括铣刀、车刀、螺纹刀、钻头、铰刀以及聚晶立方氮化硼刀片等。2000 年初，山高成功实施了收购法国家族式企业 EPB 这一富有战略意义的计划。该公司作为世界上首屈一指的刀柄系统及镗刀制造商，以其一流的产品性能和完美的技术服务著称于世。由于汽车工业、航空航天、电站设备等构成了山高最大的客户来源，山高已在这些加工领域里积累了多年的生产经验。在中国，山高的产品受到了广泛应用。其客户包括中航工业沈阳飞机工业（集团）有限公司、中航工业成都飞机工业（集团）有限公司、上海汇众汽车制造有限公司、上海大众汽车有限公司、无锡柴油机厂、东风汽车公司以及一汽-大众汽车有限公司等。

第六节　高速加工技术的应用

一、高速加工技术的应用特点

自从德国 Salomon 博士提出高速切削概念以来，高速切削加工技术的发展经历了高速切削的理论探索、应用探索、初步应用、较成熟的应用4个发展阶段。特别是20世纪80年代以来，各工业国家相继投入大量的人力和财力进行高速加工及其相关技术方面的研究开发，在大功率高速主轴单元、高加/减速进给系统、超硬耐磨长寿命刀具材料、切屑处理和冷却系统、安全装置以及高性能CNC控制系统和测试技术等方面均取得了重大的突破，为高速切削加工技术的推广和应用提供了基本条件。

采用高速加工技术能使整体切削加工效率提高几倍甚至几十倍。这是因为随着自动化程度的提高，辅助时间、空行程时间已大大减少，工件在线加工时间的主要部分为有效切削时间，而切削时间的长短取决于进给速度或进给量的大小。显然，若保持进给速度与切削速度的比值不变，随着切削速度的提高切削时间将减少，加工成本也相应降低，由此能大幅度提升制造企业的快速响应能力。高速加工技术具有如下特点：

1）切削力低，能获得较高的加工精度。对同样的切削层参数，高速切削的切削力比常规切削降低30%～90%。若在保持高效率的同时适当减少进给量，切削力的减幅还要加大。这使工件在切削过程中的受力变形显著减小，有利于提高加工精度。特别对于大型框架件、薄板件、薄壁槽形件的高精度高效的加工，铣削加工是目前唯一有效的方法。

2）能获得较高的加工表面完整性。高速切削使传入工件的切削热的比例大幅度减少，切削时工件温度的上升不会超过3℃，90%以上的切削热来不及传给工件就被高速流出的切屑带走，加工表面受热时间短、切削温度低，因此热影响区和热影响程度都较小，能够获得低损伤的表面结构状态和保持良好的表面物理性能及力学性能。

3）材料切除率高、能耗低、节省制造资源。高速切削时其进给速度可随切削速度的提高相应提高10～50倍。这样，在单位时间内的材料切除率可提高3～5倍，由于切除率高、能耗低、工件在制时间短，提高了能源和设备的利用率，降低了切削加工在制造系统资源总量中的比例。由此看来，高速切削符合可持续发展的要求。

4）能有效抑制切削振动的影响，降低加工表面粗糙度。由于切削速度和进给率高，使得机床的激振频率远高于机床—工件—刀具系统的固有频率，因此切削振动对加工质量的影响很小，加工过程平稳、振动小，可实现高精度、低表面粗糙度值加工，非常适合于光学领域的加工。

5）能加工各种难加工材料。如航空和动力部门大量采用的镍基合金和钛合金，这类材料强度大、硬度高、耐冲击，加工中容易硬化，切削温度高，刀具磨损严重，在普通加工中一般采用很低的切削速度。如采用高速切削，则其切削速度可提高到100～1000m/min，为常规切削速度的10倍左右，不仅大幅度提高生产率，而且有效地减少刀具磨损，提高零件加工的表面质量。

6）降低加工成本。高速加工除了可以缩短零件的单件加工时间外，还可以在同一台机床上，在一次装夹中完成零件所有的粗加工、半精加工和精加工，这种粗精加工同时完成的综合加工技术，叫做“一次过”技术。虽然高速加工机床的价格高于普通速度的机床，但综合上述因素可知，加工成本仍可大幅度降低。高速加工技术的主要特点、应用范围和应用实例见表2-9。

二、高速加工技术在汽车制造中的应用

大批量生产的汽车工业在20世纪20年代主要采用组合机床生产线，20世纪80年代后，开始采用加工中心组成的柔性生产线来代替组合机床生产线，虽然柔性提高了，但生产效率

不如组合机床生产线。从20世纪80年代中期开始，在单轴专用加工中心上采用了高速加工技术，以10倍于普通加工的速度加工。通过高速加工，促使加工中心将原来处于对立的柔性和生产率逐渐变得能够兼顾，比如一台高速加工中心在一年中就能加工40000件变速箱箱体。特别是20世纪90年代中期以来，由于刀具技术和高速加工中心的进一步发展，在生产中采用的切削速度又有了大幅度提高。高速切削加工使原来应用于中、小批量生产的加工中心进入大批量生产领域，用由高速加工中心组成的柔性生产线替代加工单一或少量品种的自动线，促进了大批量生产领域加工模式的变革。目前，采用高速加工技术已成为汽车制造的主要发展趋势。

表2-9　高速加工技术的主要特点、应用范围和应用实例

技术特点	应用范围	应用实例
高的金属切除率和高的进给速度	加工铝、镁等轻金属合金、普通钢材及铸铁材料	飞机和航空制造业，汽车制造工业中的发动机加工、模具制造业
加工工件的表面质量高，表面粗糙度值小	加工精密零件和特种精密表面要求的零件	光学及仪器制造工业，精密机械加工工业，螺旋压力机精密零件
单位切削力小	加工薄壁类和薄板类工件，加工刚性差的工件	飞行器与航空工业中的薄壁零件，汽车工业与家用电器中的薄板类零件
机床具有极高的强迫振荡频率	加工形状复杂且刚性差的零件	光学和精密制造工业
切削热绝大部分由切屑带走	加工不耐热工件，加工对热和温度不敏感的零件	精密机械工业，加工镁及合金

1. 美国GM发动机总厂的应用实例

在美国密歇根州市的GM发动机总成工厂，以高速加工中心为主组成的生产线生产着著名的V88 Northstar发动机，包括VS发动机缸体、缸盖和曲轴，年产量可达50万件。整个生产线共100台机床，其中加工中心57台，都是日本Makino公司制造的J88型加工中心。57台加工中心中有30台用来加工缸盖，21台加工缸体，6台加工曲轴。

采用高速加工中心组成柔性生产线的目的，一方面是提高加工速度，另一方面是提高生产线的柔性，以适应市场的变化，因而称之为敏捷制造生产线。在高速加工生产线的6个位置上，1min就可以完成缸盖加工的全过程。

在加工VS发动机时，工件堆放在一起，机床并列摆放，一个大型机械手在顶上搬运工件，缸体和缸盖依次通过8个加工中心，最后完成加工。其中，完成一个缸体用时2min，完成一个缸盖用时1min，加工过程严格按照生产节拍进行。生产线上使用的加工中心参数如下所述。

加工缸体和曲轴的9台加工中心：主轴转速10000r/min，主轴锥柄HSK 100（相当于50锥柄）。其他的加工中心：主轴转速14000r/min，主轴锥柄HSK63（相当于40锥柄）。所有加工中心主轴功率均为30kW，丝杠的进给速度为40m/min。

2. 日产汽车公司高速铣削铸铁的加工实例

例如加工轿车柴油发动机的气缸体缸盖的端面。为了保证发动机的性能，该加工面要求具有较低的表面粗糙度值。工件材料为添加了Cr和Cu的铸铁，可加工性很差。日产汽车公司加工该端面所用的面铣刀材料为Cr-WC基粘结剂的CBN，切削速度为440～785m/min，进给速度为875～1049mm/min，每齿进给量为0.10～0.105mm/z，切削深度为0.7mm。

3. 日产汽车公司汽车转向节臂的加工实例

日产汽车公司的汽车转向节臂的材料为钢材，过去由10台专用机床组成生产线，采用车削、铣端面、孔加工等加工流程。现已改建成柔性生产线，多种类型的零件均可在一条生产线上加工。公司将工序集约化，只用一台加工中心和一副夹具来完成加工作业。即使零件的形状改变了，只需变动刀具的运行轨迹便可适应加工要求，因此采用高速立铣加工，切削速度在550～850m/min范围内任意选取。在此条件下的刀具寿命尽管只达到预定指标的60%，但却大幅度减少了能源费用和设备折旧费用，且无需准备原先各工序、各零件所需的众多专用刀具，使综合加工成本大幅度降低。

三、高速加工技术在航空航天工业中的应用

由于高速切削产生的热量少，切削力小，零件的变形小，因此它非常适用于轻合金加工，特别适合以轻合金为主的飞机制造业。飞机制造业是最早采用高速铣削的行业。高速加工在飞机制造业应用的主要优点有以下几个方面：

（1）提高切削效率　在航空航天及其他一些行业中，为了最大限度地减轻重量和满足其他一些要求，许多机械零件采用薄壁、细肋结构。而这些零件由于刚度差，不允许有较大的吃刀量，因此，提高生产率的唯一途径就是提高切削速度和进给速度。

（2）整体高速加工代替组件　由于飞机上的零件对重量要求比较苛刻，同时也为了提高可靠性和降低成本，将原来由多个钣金件铆接或焊接而成的组件，改为采用整体实心材料制造，此即“整体制造法”。在整块毛坯上切除大量材料后，形成高精度的铝合金或铁合金的复杂构件，其切削工时占整个零件制造总工时的比例很大。同时，普通的切削速度会使零件产生较大的热变形。采用超高速切削，可大幅度提高生产率和产品质量，降低制造成本，这是促使飞机制造行业开发和应用高速切削技术的主要原因。高速铣削材料的切除率可达每千瓦功率100～150cm^3/min，比传统的加工工艺工效提高3倍以上。美国INGERSOLL公司机床加工的零件，其铣削最薄壁的厚度仅为1mm。

（3）难加工材料的高速切削　航空和动力工业部门还大量采用镍基合金（如inconel718）和钛合金（如TIAl6V4）制造飞机和发动机零件。这些材料强度大、硬度高、耐冲击，加工中容易硬化，切削温度高，刀具磨损严重，属于难加工材料，一般采用很低的切削速度进行加工。如采用超高速切削，则其切削速度可提高到100～1000m/min，为常规切削速度的10倍左右，不但可大幅度提高生产率，而且可有效地减少刀具磨损，提高加工零件的表面质量。

下面我们从一些部门实际应用的例子中，了解高速加工在飞机和宇航制造中的应用技术。

波音飞机公司是世界上最大的飞机制造公司。鉴于高速切削所产生的效益，波音公司是最早应用高速切削技术加工飞机零件的大公司之一。他们研究和应用高速加工技术已有十年，在高速加工飞机零件的研究和应用中取得了很多成果，也创造了巨大的效益。

波音公司在生产波音F/15和F/A-18E战斗机中，使用高速铣床进行零件加工，使得大型飞机零件更容易制造、装配和维修，其中主要技术是“整体制造法”。采用整体加工零件代替多个零部件装配在一起，飞机的零件数目减少了42%，主要是薄板类和挤压成形零件。

对于这种整块结构、具有大量薄壁和筋肋等其他细微特征的零件加工，高速切削的作用非常显著。高速铣削代替组装方法得到大型薄壁结构的飞机部件，取消了装配过程和准备时间，节约了资金。

采用高速切削进行大型零件的整体制造，主要优点有两个：①鉴于薄壁特征，必须要用小切削深度加工，可使切削力比较小，使零件在加工中不会变形，而高速加工的一个明显优点是高速下切削力较小。②因需要小切削深度切削，普通速度机床的切削效率远远不能满足要求，必须用高主轴转速和较快的进给速度，如高速加工 F15 战斗机上的一个零件，是一个长的结构件，在飞机的两个方向舵之间摆动，以前由 500 个零部件组装而成，现在可用一块整体原料高速加工完成。小切削深度是基本要求，因为零件包括大量薄壁和平面，很多地方厚度只有 1mm，只有高速加工才能实现这样的零件加工。不算光整加工时间，加工大约要 30h 完成，如用普通机床，至少要好几天。

四、高速加工技术在模具制造业的应用

模具是制造业中用量大、影响面广的工具产品。模具技术是衡量一个国家的科技水平的重要标志之一，没有高水平的模具就没有高质量的产品。目前，工业产品零件粗加工的 75%、精加工的 50%及塑料零件的 90%是由模具完成的。

模具工业也被称为皇冠工业、不衰落工业。目前，人类社会正在从钢铁时代向聚合物时代过渡，工业及生活中使用的工程塑料、橡胶已远远超过钢铁。聚合物必须用模具成形，因此，模具应用量不断扩大。另一方面，随着产品更新换代速度加快，模具就成为新品开发的关键。1990 年，模具交货期一般为 24 个月，到 1995 年缩短至 12 个月，目前进一步缩短至 9 个月，这就对模具传统加工工艺提出了挑战。

模具的机械加工主要是加工出曲面形状，一般使用数控铣床或加工中心，大部分的加工时间是花在半精加工和精加工上。由于铣削总是留有刀纹，最后要用很多时间手工修光。同时，由于模具大多由高硬度、耐磨损的合金材料制造，加工时难度较大，广泛采用电火花加工及成形传统工艺，是造成加工模具低效率的主要原因。用高速切削加工代替电火花加工（或大部分代替）是加快模具开发速度，实现工艺换代的重大举措。高速切削应用于模具制造业，将会很大程度提高产品的生产率和质量。

采用高速加工模具主要有两方面的优势：

1）高速切削大大提高加工效率，不仅机床转速高、进给快，而且粗、精加工可一次完成，极大地提高了模具生产率。结合 CAD/CAM 技术，模具的制造周期可缩短约 40%。

2）采用高速切削加工淬硬钢（硬度可达 60HRC 左右），可得到很好的表面质量，表面粗糙度值低于 $Ra0.6\mu m$，取得以铣代磨的加工效果，不仅节省了大量修光时间，还提高了加工的表面质量。

高速加工模具实例：

1. 减少加工时间

如图 2-22 所示的塑料模具，图 2-23 所示的铜模具，不仅加工速度快，且加工的表面质量很高，做到了“一次过”技术。

2. 半精加工和精加工一次完成加工淬硬钢模具

如图 2-24 所示是淬硬的表壳和手机钢模具，硬度高达 60HRC。采用高速切削加工，半精加工和精加工一次完成，可有效降低表面粗糙度值，不仅节省了生产时间，较之电火花加

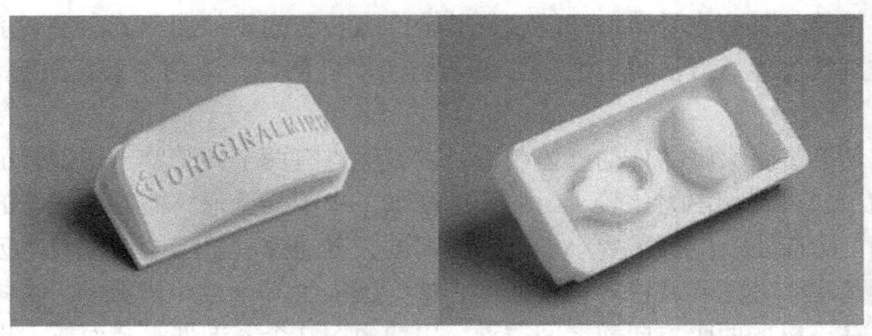

图 2-22　塑料模具

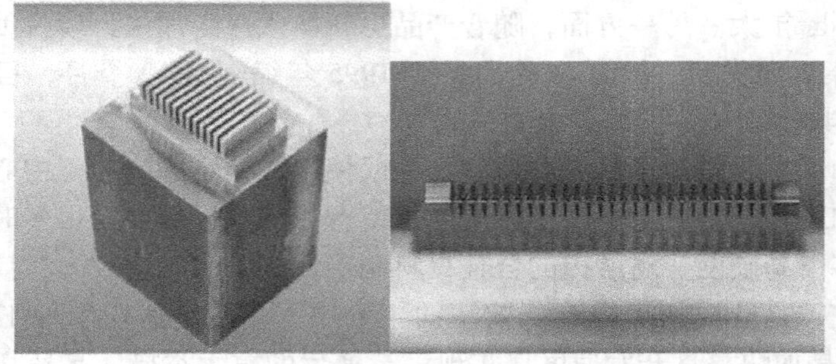

图 2-23　铜模具

工，也降低了成本。

图 2-24　淬硬的表壳、手机钢模具

3. 高速加工石墨模具

高速加工如图 2-25 所示的石墨模具，不仅比普通加工快十几倍，而且不需要手工修整。

4. 高速加工小模具

在小模具加工中，常有大曲率的凹凸表面。为了不损伤模具，一般不能采用五轴加工，而用三轴球头铣刀加工。通常铣削加工只能切出大致形状，然后用手工修整。在钢件模具加

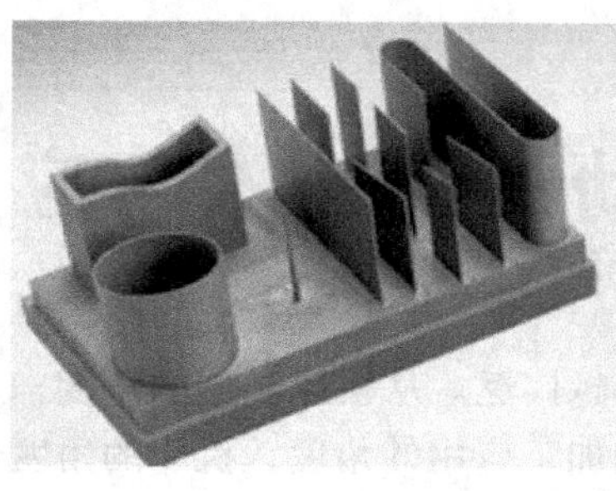

图 2-25　石墨模具

工中，高速铣用来半精加工和精加工。采用小直径的铣刀高速铣削，可以提高模具轮廓精度，为手工修整提供了更好的条件。如图 2-26 所示为高速加工的小模具。

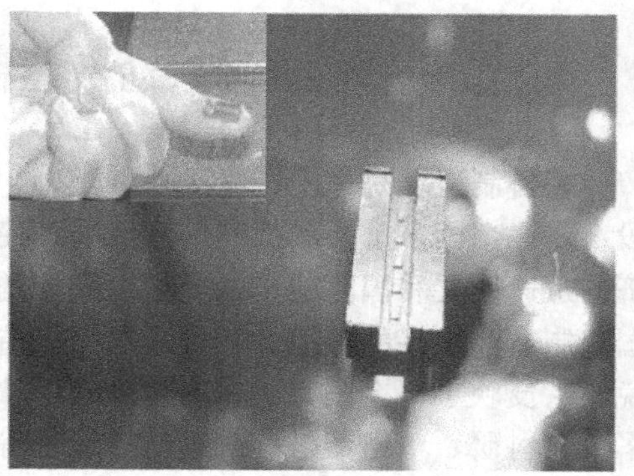

图 2-26　高速加工的小模具

5. 高速加工模具模型

有时为了实验和分析形状比较复杂的模具，要先做一个模型。如果采用高速数控铣床或加工中心，结合 CAD/CAM 技术，便可以在很短的时间内加工完成，同时还能考察加工过程。图 2-27 和图 2-28 所示是某模具制造厂用南京四开电子企业有限公司生产的五轴联动高速数控机床加工的汽车灯模和奥运火炬模型。

图 2-27　汽车灯模

图 2-28　奥运火炬模型

第三章　五轴联动加工技术与应用

五轴联动加工技术已经成熟并且应用越来越广泛。从机床制造的角度，五轴机床比三轴机床多两个角度轴，即转台或摆头；而从五轴加工应用的角度，机床的角度轴的配置，CAM软件的刀具轴线控制，刀具路径的后置处理是关键技术。

第一节　五轴联动数控机床在装备制造业中的重要地位

装备制造业是一个国家工业的基础，是新技术、新产品的开发和现代工业生产重要的手段，是一个国家重要的战略性产业，即使是发达工业化国家也很重视。近年来，我国国民经济的迅速发展和国防建设的需要对高档的数控机床提出了迫切的、大量的需求。机床是一个国家制造业水平的象征，而代表机床制造业最高水平的是五轴联动数控机床，从某种意义上说，它反映了一个国家的工业发展水平状况。五轴联动数控机床对一个国家的航空、航天、军事、科研、精密器械、高精医疗设备等行业有着举足轻重的影响力。

五轴联动数控机床是解决叶轮、叶片、船用螺旋桨、重型发电机转子、汽轮机转子、大型柴油机曲轴等加工的重要手段，所以每当人们在设计、研制复杂曲面遇到无法解决的难题时，往往转向于求助五轴数控系统。五轴联动数控机床操作复杂，价格昂贵，NC 程序制作较难，使五轴系统的应用推广难以快速展开。但是，随着计算机辅助设计（CAD）、计算机辅助制造（CAM）系统取得了突破性发展，中国多家数控企业纷纷推出五轴联动数控机床系统，打破了外国的技术封锁，占领了这一战略性产业的制高点，大大降低了其应用成本，从而使中国装备制造业迎来了一个崭新的时代。以信息技术为代表的现代科学的发展对装备制造业注入了强劲的动力，同时也对它提出更高要求，更加突出了机械装备制造业作为高新技术产业化载体在推动整个社会技术进步和产业升级中无可替代的基础作用。作为国民经济增长和技术升级的原动力，以五轴联动技术为标志的机械装备制造业将伴随着高新技术和新兴产业的发展而共同进步。

第二节　五轴联动数控机床的结构特点

一、概述

第二章对高速加工技术及应用作了比较详细的介绍，而五轴联动加工机床的结构特点主要表现在五轴机床的旋转轴上。为了节省篇幅，本章主要从五轴联动加工技术应用的角度阐述五轴机床特有的结构形式，其他跟三轴和高速机床相同的部分不再作介绍。关于多轴加工的工艺、编程软件、编程方法及 NC 后置处理在后面的第四、第五、第六章有专门介绍，这里不再赘述。

五轴机床的结构有很多种，按照旋转轴的旋转平面分类，五轴机床可分为两大类：正交五轴机床和非正交五轴机床。两个旋转轴的旋转平面均为正交面（XY、YZ 或 XZ 平面）的机床为正交五轴机床；两个旋转轴的旋转平面有一个不是或两个都不是正交面的机床为非正交五轴机床。在实际生产中正交五轴结构的机床应用最为广泛，其编程、操作及后置处理的定义也相对容易被人们掌握。

二、五轴机床旋转轴结构

五轴机床中的摆动轴和旋转轴的内部结构主要有两种形式。其中，一种是以蜗轮、蜗杆方式传动的，此种结构较多，但蜗轮、蜗杆传动方式的转台速度较慢。以日本日研公司生产的数控分度转台为例，速度一般为2.7～44.4r/min，属于普通数控转台；其运动是伺服电动机通过传动带或齿轮带动蜗轮、蜗杆，旋转台就是通过蜗轮、蜗杆来控制的。也就是说，电动机转动一圈，旋转台不是转动360°，而是它们之间有一个传动比，旋转台型号不一样，传动比也不一样，一般有1:120、1:60、1:90、1:45。以传动比为1:120的转台为例，电动机旋转120圈，经减速之后旋转台才转动360°。普通数控转台如图3-1所示，转台内部结构中的蜗轮、蜗杆如图3-2所示。

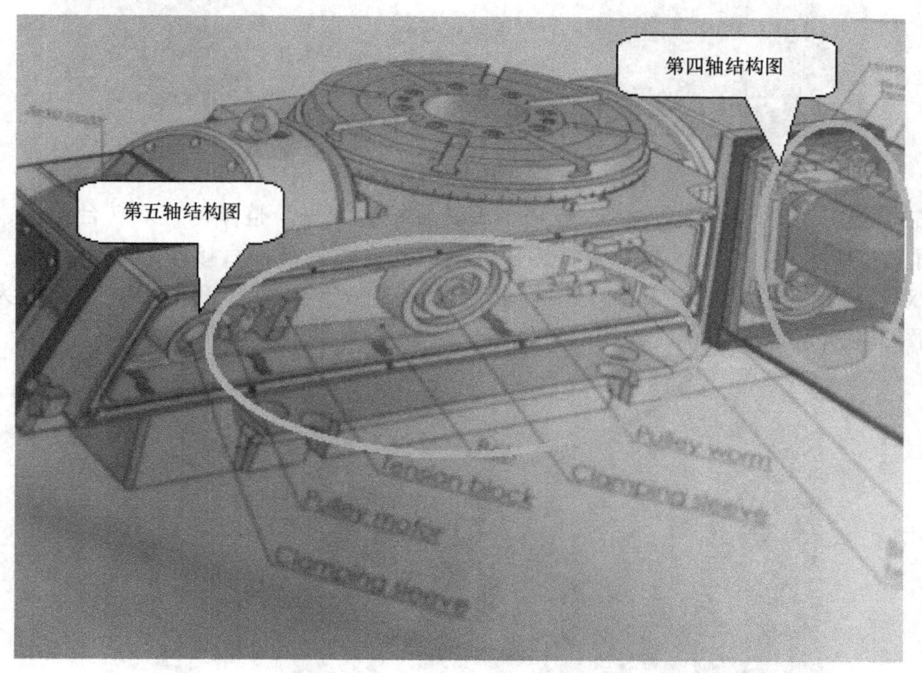

图3-1　普通数控转台

另一种是直接联接结构，也就是通常所说的零传动结构。电动机和摆动轴、旋转轴通过联轴器直接联接，传动比为1:1，即电动机转动一圈旋转台转动360°。旋转台的速度大小要根据电动机的转速来定，速度一般为50～1000r/min，甚至更高，高速五轴机床中一般选配此类转台。

正交五轴机床的基本结构主要有三种：双转台结构、双摆头结构、单转台单摆头结构。下面就以最基本的三种结构的五轴机床为例作一介绍。

1. 双转台结构五轴机床

（1）机床结构　两个旋转轴均属转台类，A轴旋转平面为YZ平面，C轴旋转平面为XY平面。刀具轴线的变化是通过A轴的摆动加C轴的转动来实现的，再加上X、Y、Z三

图 3-2 转台内部结构中的蜗轮、蜗杆

个直线轴的运动构成了五轴联动。一般两个旋转轴结合为一个整体构成双转台结构，放置在工作台面上，如图 3-1 所示；或者两个旋转轴构成摇篮式的结构直接作为工作台面，如图 3-4 所示。双转台结构的五轴机床有立式结构的，也有卧式结构的，我们以立式结构为例，如图 3-3、图 3-4 所示均属于立式结构的五轴机床。

图 3-3 双转台五轴机床

（2）加工特点 加工过程中工件固定在工作台上，旋转轴和摆动轴在运动的过程中带动工件转动和摆动。该机床的缺点是可加工工件的尺寸受转台尺寸的限制，适合加工体积小、重量轻的工件。加工过程中主轴始终为竖直方向，刀具的切削刚性比较好，可以进行切削量较大的加工。

（3）旋转台结构

1）蜗轮蜗杆结构。双转台的机械结构一般是蜗轮蜗杆形式，第四轴和第五轴的结构都是伺服电动机通过传动带带动蜗轮蜗杆来实现的，结构如图3-1、图3-2所示。蜗轮蜗杆传动结构如图3-5所示。

图3-4　双转台结构机床

图3-5　蜗轮蜗杆传动结构

2）零传动结构。电动机与摆动轴和旋转轴直接联接，如图3-6所示。

图3-6　零传动结构

2. 双摆头结构五轴机床

（1）机床结构　双摆头五轴机床的两个旋转轴均属摆头类。B轴旋转平面为ZX平面，C轴旋转平面为XY平面。刀具轴线的变化是通过B轴的摆动加C轴的转动来实现的，再加上X、Y、Z三个直线轴的运动构成了五轴联动。两个旋转轴结合为一个整体构成双摆头结构，如图3-7所示。

（2）加工特点　加工过程中工作台、工件均静止，适合加工体积大、重量重的工件；但因刀杆在加工过程中摆动，所以刀具的切削刚性较差，加工时切削量较小。国产双摆头结构机床的C轴受角度限制，不能在360°范围内旋转，一般的转动角度范围为±240°。

（3）旋转轴结构　旋转轴的蜗轮蜗杆结构如图3-8所示。

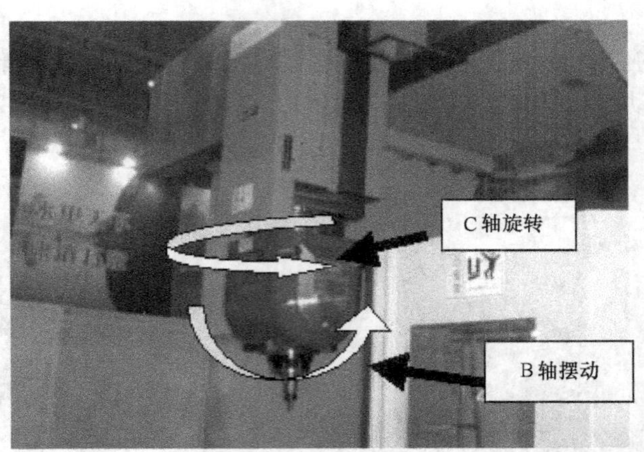

图 3-7　双摆头结构

图 3-8　旋转轴蜗轮蜗杆结构

3. 单摆头单转台结构五轴机床

（1）机床结构　单转台单摆头五轴机床结构是刀杆摆动，工件转动。B 轴为摆头，旋转平面为 ZX 平面；旋转轴 C 为转台，旋转平面为 XY 平面。刀具轴线的变化是通过 B 轴的摆动加 C 轴的转动来实现的，再加上 X、Y、Z 三个直线轴的运动构成了五轴联动。其结构如图 3-9 所示。

（2）加工特点　加工过程中工作台只旋转不摆动，刀杆只在一个旋转平面内摆动，加工特点介于双转台和双摆头结构机床之间。工件的大小和重量受到旋转台尺寸的大小和承载能力的限制。其适合加工的工件种类较多，加工自由度大。

（3）旋转台蜗轮蜗杆结构　旋转台的蜗轮蜗杆结构和双转台机床的蜗轮蜗杆结构一样，如图 3-2 所示。

图 3-9　单摆头单转台五轴机床

第三节　五轴联动数控系统的特点

在精密模具、航空航天及船舶等行业的关键零件加工方面，五轴机床的加工效率非常高。实现五轴加工不仅需要数控系统具有强大的硬件基础，而且也需要控制软件具备一些使五轴机床操作简易和正常运行的功能，比如 3*D* 刀长/刀径补偿、倾斜面/圆柱面简易编程、刀具中心管理、五轴直线插补、五轴圆弧插补、五轴样条线插补等。由于五轴机床结构复杂，运行速度快，提高机床的精密性和保证其安全性对提高整个机床的使用效率非常重要。以下的系统特点已经越来越受到重视：

1. 动态碰撞监控功能

五轴加工中的复杂运动和高速运动使其轴向运动难以预测，因此动态碰撞监控能减轻操作人员的劳动强度，确保机床不发生碰损。虽然 CAD/CAM 系统创建的 NC 程序可以避免刀具与工件的碰撞，但机床加工区域内的机床部件碰撞情况却未被考虑。数控系统的动态碰撞监控功能应该为操作人员提供全面支持，一旦有碰撞危险，数控系统将立即中断加工，因此不仅能提高机床和操作人员的安全性，还能防止机床损坏，避免代价昂贵的停机。DCM 可以在自动模式和手动模式下使用。有的数控系统，如HEIDENHAIN iTNC530的 DCM 对机床相应的机构部件进行建模，并在需要监控的模块间建立关系。在机床运行时，数控系统将实时监测所有建立关系的模块间的相互位置关系，一旦有碰撞危险，系统将发出警报或紧急停机，从而避免碰撞的发生。

2. 五轴机床的校验和优化补偿

如何获取较高的加工精度是数控机床永恒的热点话题，特别是五轴加工。复杂工件的加工意味着刀具运动复杂，定位精度要求高。HEIDENHAIN iTNC530系统新增的动力学模型优化功能（Kinematics Opt）能够确保精度在长时间内有很好的可重复性，从而保证大批量生产时产品的高质量。其基本原理为：Kinematics Opt 通过测头循环全自动地测量机床任何类型（旋转工作台或摆头）的旋转轴，测试时刚性检测球固定在工作台的任何位置，操作者可定义测试所检测的轴及测试分辨率等；测试完成后，HEIDENHAIN iTNC530系统将数据转换为机床的空间误差并存储，同时根据该值补偿旋转轴在装配时带来的系统误差，从而提高五轴机床的整体精度；而最终用户利用该功能可方便地将运行一段时间的五轴机床恢复至出厂精度，从而保证机床精密可靠地运行。

3. 虚拟轴功能

五轴加工机床在运行过程中，经常会碰到断电或加工中断的情况，如何将刀具方便地从工件中取出而不对零件有任何损伤是经常遇到的问题。“虚拟轴”功能可以帮助五轴机床用户轻松地解决此问题。虚拟轴功能通过数控系统将任何位置的刀具轴方向定义为虚拟的轴。在任何中断恢复后，只需通过电子手轮或机床键盘的某一个键，机床就能沿着虚拟轴方向退出而不对零件造成损坏。该功能的设置和操作均很简单。

第四节　五轴联动加工技术的应用

一、五轴联动机床与 CAM 软件的结合

随着多轴数控机床的广泛应用，越来越多的企业发现，多轴编程工作已经成为了影响加工效率的一个瓶颈。多轴加工准确地说应该是多坐标联动加工。当前大多数三轴以上的数控机床系统能实现联动的轴数可以是四轴、五轴、六轴等，有些系统联动的轴数可以有二十多轴，但目前多轴数控机床主要是四轴、五轴，有少量的六轴和七轴，而五轴机床最为普遍，并且五轴数控机床的种类也很多，结构形式和控制系统都各不相同。在三轴铣削加工和普通的二维车削加工中，作为加工程序的 NC 代码的主体是众多的坐标点，控制系统通过坐标点来控制刀尖参考点的运动，从而加工出需要的零件形状。对于简单的零件，我们只需要通过对零件模型进行计算，在零件上得到点位数据即可编程，但对于自由曲面及一些不规则的零件，用手工编程就很困难甚至不可能编写了。而在多轴加工中，不仅需要计算出点位坐标数据，更需要得到坐标点上的矢量方向数据，这个矢量方向在加工中通常用来表达刀具的轴线方向。用手工算出各个点的矢量数据几乎是不可能的，因此必须通过数学上的算法来完成矢量数据的计算，而 CAD/CAM 软件就是针对这些问题开发的专用软件，它完全可以满足复杂零件、自由曲面和多轴加工的编程需要；同时，由于机床的多样性，对不同的机床需要开发不同的后置处理软件来满足 NC 代码的生成，五轴机床必须依靠 CAM 软件的强大刀具路径功能和后置处理功能才能完成数控多轴加工。目前市场上能够用于五轴编程的软件很多，现有的 CAM 平台一般都能满足五轴铣削加工编程的需要，图 3-10 所示为 CAM 软件五轴编程仿真。用户使用较多的有 UnigraphicsNX、Powermill、HyperMILL 等。

图 3-10　CAM 软件五轴编程仿真

二、五轴联动加工技术在航空航天领域的应用

航空航天工业是国家战略性产业，它代表着一个国家的经济、军事和科技水平，是国家综合国力、国防实力的重要标志，它的发展足以带动一些新兴产业和新兴学科的发展。航空航天工业是国防工业的一个重要组成部分，它是集机械、电子信息、冶金、化工等专业为一体，与空气动力学、自动控制学、物理学、化学和天文学等学科相结合的综合工业。其特点是技术密集、高度综合、协作面广、研制周期长和投资费用大，在国民经济中具有先导作用。航空航天工业的零件加工有很多类型：长板形零件，梁、缘条、肋和壁板等均是此类零件，其特点是长宽比大，内、外缘为空间曲面；框架形零件，异型肋、支架和接头等均是此类，它们的特点是形状复杂，加工量大，工艺性差，如果采取重复装夹的加工方式，效率低，精度无法保证，而在使用五轴联动机床后，可以一次装夹完成所有加工任务，大大提高加工效率和精度；发动机蜗轮、叶片、整体叶轮等复杂曲面形零件，传统的三轴加工无法完成，而高速加工技术的发展使得直接用五轴联动数控机床加工硬质合金整体叶轮成为可能，从而代替传统的电加工，减少了加工复杂程度，简化了工艺，极大地提高了加工效率。图3-11和图3-12所示分别为应用高速加工技术加工而成的F35机翼零件、飞机接头零件。图3-13所示则是武汉重工集团CKX5680五轴联动加工机床加工螺旋桨。

图3-11　F35机翼零件

三、五轴联动加工技术在模具制造业的应用

模具作为制造业的重要基础装备，是工业化社会实现产品批量生产和新产品研发所不可缺少的工具。现代模具制造业对数控加工技术装备和计算机辅助（设计/制造/分析）技术等高技术的广泛应用，越发表现出它的技术密集型和资金密集型的高技术装备产业的特点，已成为与高新技术产业互为依托的产业。可以这样讲，没有高水平的模具就不可能制造出高水平的工业产品，模具工业的技术水平已成为衡量国家和地区制造业水平高低的重要标志之一。

模具不同于一般的制造业产品，其最大的特点是单件订单生产，每套模具从设计到制造

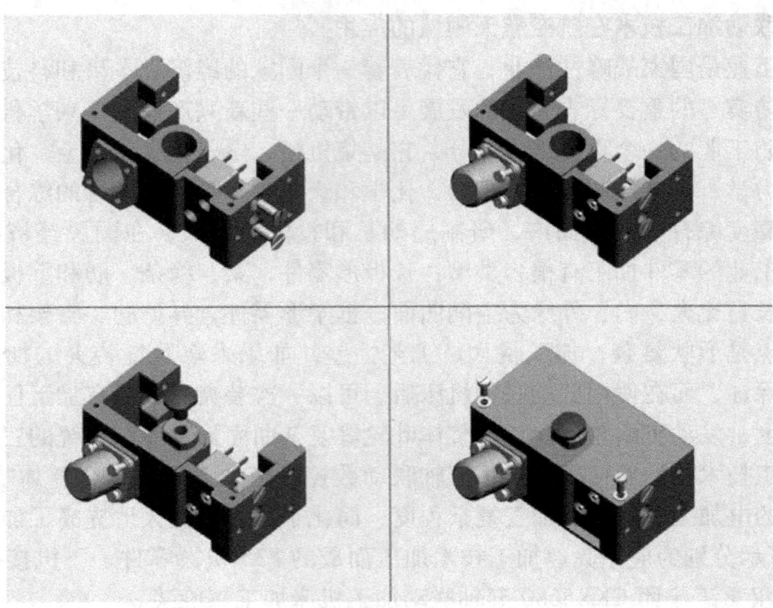

图 3-12　飞机接头零件

图 3-13　武汉重工集团 CKX5680 五轴联动加工机床加工螺旋桨

都是一个新产品开发的过程，很少会重复制造一模一样的模具。而模具产品的质量，很大程度上也受制于数控加工设备。目前大部分模具加工厂使用三轴加工机床进行模具加工，而后需要大量的人工进行钳工修整工作。从降低人工成本出发，势必要以自动化机器取代人力，才能提高模具加工业的竞争力。模具加工业采用五轴加工机床，能够大幅度提高模具加工效率，正成为新的发展趋势。

五轴加工机床传统上在航空工业使用，主要加工复杂曲面的元件，如机身结构、蜗轮叶片等。模具与其相仿，尤其是汽车钣金模具，表面几何形状复杂，凹凸不一，大部分的加工时间消耗在表面外形雕刻上。常用的三轴铣床只能沿着三个轴向运动，对复杂曲面的加工采用圆头面铣刀，不可避免地会在工件表面留下扇形尖点，如改用较小的进给量时会导致加工时间加长，而如用人工方式磨平这些尖点，又是相当费力的工作。用五轴加工机床加工模具，可使用平头面铣刀取代圆头面铣刀，由于同时具备五个轴向的自由度，刀具可保持和工件表面的垂直，不仅切削效率高，同时可加工出符合设计需求的曲面，节省大部分的钳工作业。图 3-14 所示为五轴机床加工汽车车轮模具。

图 3-14　五轴机床加工汽车车轮模具

第四章　高速切削与五轴联动加工编程基础

数控高速切削技术与五轴联动加工技术促进了机械冷加工制造业的飞速发展，革新了产品设计概念，提高了加工效率和产品质量，缩短了产品制造周期，其编程技术起着至关重要的作用。

第一节　高速切削编程方法

高速切削与传统切削相比有更高的工艺要求，除了要具备高速切削机床和高速切削刀具，还要选取合适的 CAM 编程软件，并且要求软件有更高的安全性、有效性和更为全面的功能。

一、高速加工编程与普通加工编程的区别

高速切削中的数控编程代码并不仅仅在切削速度、切削深度和进给量上不同于普通加工，而且还必须是全新的加工策略，以创建有效、精确、安全的刀具路径，从而达到预期的加工要求。

1. 高速加工中数控编程的特点

1）由于高速切削的特殊性和控制的复杂性，编程要注意加工方法的安全性和有效性。

2）要尽一切可能保证刀具轨迹光滑平稳，这会直接影响加工质量和机床主轴等零件的寿命。

3）要尽量使刀具所受载荷均匀，这会直接影响刀具的寿命。

2. 对 CAM 编程软件的功能要求

（1）很高的计算编程速度　高速加工中采用高转速、小背吃刀量、快进给，其 NC 程序比传统数控加工程序要大得多，因而要求软件计算速度要快，以节省刀具轨迹编辑和优化编程的时间。

（2）全程自动防过切处理能力及自动刀柄干涉检查能力　高速加工以传统加工近 10 倍的切削速度进行加工，一旦发生过切，对机床、产品和刀具将严重的后果，所以要求其 CAM 软件系统必须具有全程自动防过切处理的能力及自动刀柄与夹具干涉检查、绕避功能。高速加工的重要特征之一就是能够使用较小直径的刀具加工模具的细节结构，因此要求软件系统能够自动提示最短夹持刀具长度，并自动进行刀具干涉检查，指导操作者优化备刀。

（3）丰富的高速切削刀具轨迹策略　高速加工对进给方式比传统方式有着特殊要求，为确保最大的切削效率和高速切削时加工的安全性，CAM 软件系统应能根据加工瞬时余量的大小自动对进给率进行优化处理，能自动进行刀具轨迹编辑优化、加工残余分析，并对待加工轨迹监控，以确保高速加工刀具受力状态的平稳性，提高刀具的使用寿命。

现有的 CAM 软件，如 PowerMILL、MasterCAM、UnigraphicsNX、Cimatron 等都提供了相关功能的高速铣削刀具轨迹策略。

3. 高速加工对数控程序编写的要求

（1）保持恒定的切削载荷　随着高速加工的进行，保持恒定的切削载荷非常重要，而保持恒定的切削载荷则必须注意以下几个方面：

1）保持金属去除量的恒定。如图 4-1 所示，在高速切削过程中，层切法因可以避免向下插入时产生切削载荷的突变而优于仿形加工。

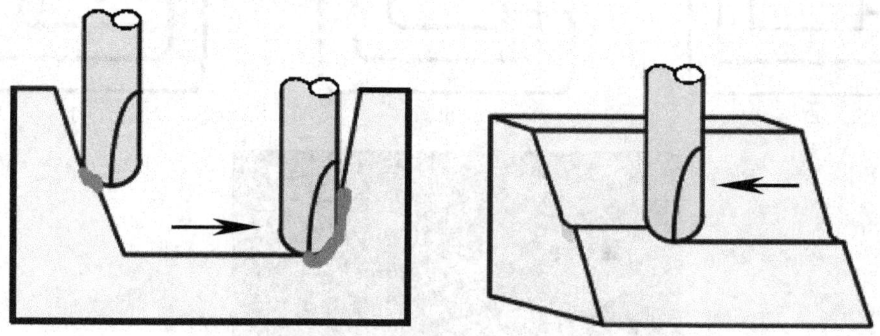

图 4-1　仿形加工与分层切削对比示意图

2）刀具要平滑地切入工件。如图 4-2 所示，在高速切削过程中，下刀或行间过渡部分最好采用斜式下刀或圆弧下刀，避免垂直下刀直接接近工件材料，让刀具沿一定坡度或螺旋线方向切入工件要优于刀具沿 Z 向直接插入。

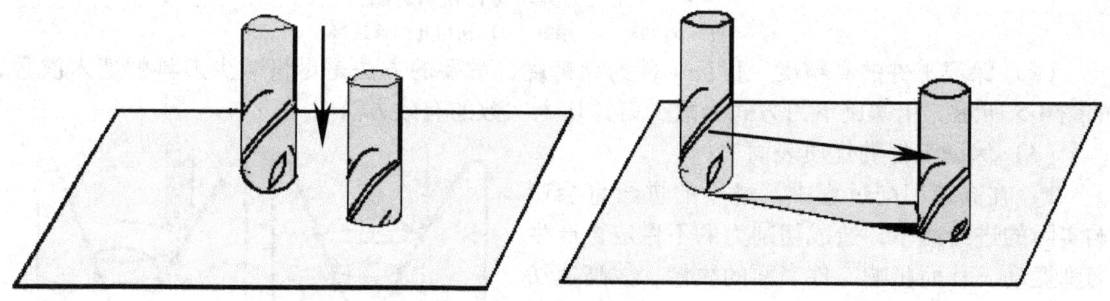

图 4-2　Z 向直接插入与坡走/螺旋切入对比示意图

3）保证刀具轨迹的平滑过渡。应保持刀具轨迹的平滑，避免突然加速或减速。刀具轨迹的平滑是保证切削负载恒定的重要条件，而沿螺旋曲线方向进给是高速切削加工中一种较为有效的进给方式，如图 4-3 所示。

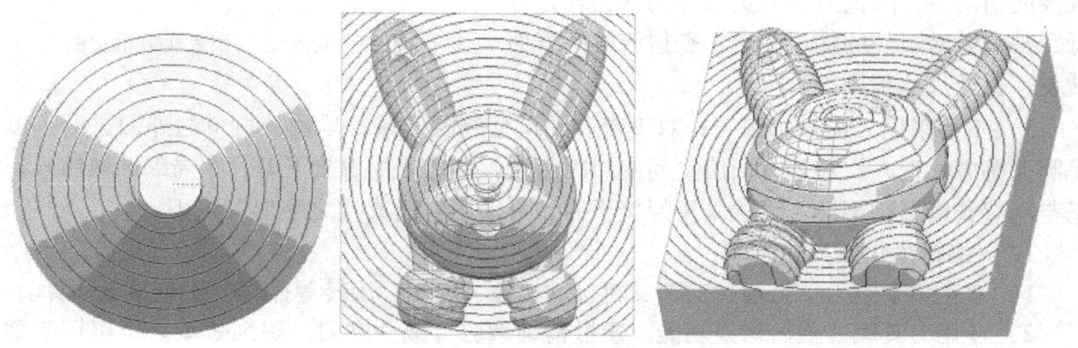

图 4-3　刀具轨迹的平滑过渡示意图

4）在尖角处要有平滑的进给轨迹。行切的端点应采用圆弧连接，避免直线连接；应避免刀具轨迹中进给方向的突然变化，以免因局部过切而造成刀具或设备的损坏，如图 4-4 所示。其中，图 4-4c 所示的刀具轨迹最好。

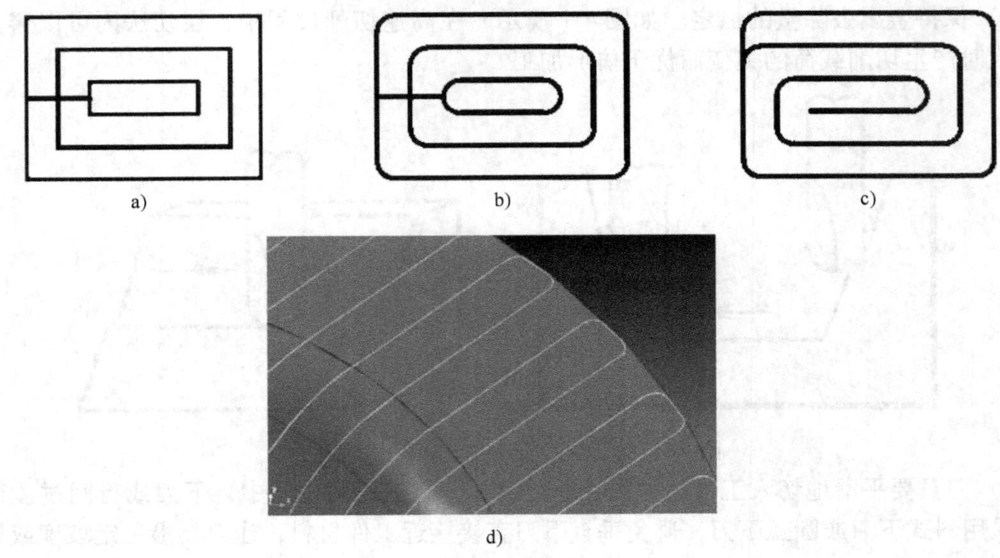

图 4-4　尖角处刀具轨迹比较示意图

a）不好　b）好　c）很好　d）拐角处圆弧连接

（2）保证工件的高精度　保证工件的高精度，重要的方法是尽量减少刀具的切入次数，如图 4-5 所示。用螺旋下刀方式为减少刀具切入次数的有效方法。

（3）保证工件的优质表面

1）在高速切削过程中，过小的进给量会影响实际的进给速率，造成切削力的不稳定，产生切削振动，从而影响工件表面的质量，故高速切削过程应采用合适的进给量平滑加工，如图 4-6 所示。

2）在高速切削过程中不要采用逆铣削方式，而要采用顺铣削方式。顺铣削方式可以产生较少的切削热，降低刀具的负载和功率消耗，降低、甚至消除工件的加工硬化，获得较好的表面质量，保证尺寸精度。

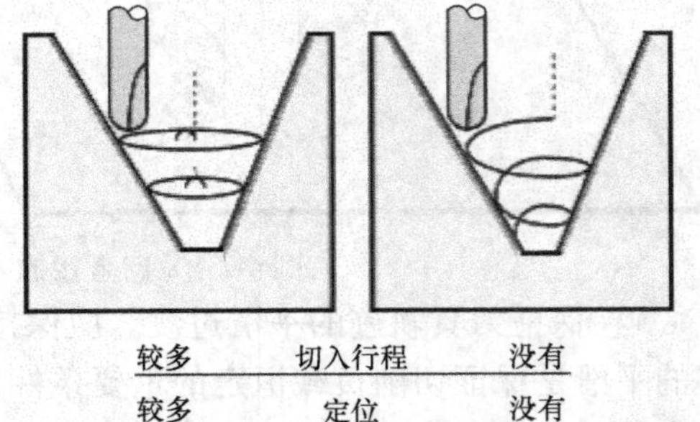

图 4-5　减少刀具切入次数示意图

3）不要采用 Z 向垂直下刀；对于带有敞口型腔的区域，尽量从材料的外面进给，以水平圆弧等方式切入；对于有回旋空间的封闭区域，尽量采用螺旋下刀，在局部区域切入；对于空间狭长的封闭型腔，无法采用螺旋下刀，可采用斜线或“之字形”进刀。

（4）编辑优化刀具轨迹

1）避免多余空刀。可通过对刀具轨迹的镜像、复制、旋转等操作，避免重复计算。

2）使用刀具轨迹裁剪修复功能。通过精确裁剪可减少空刀，提高效率。也可用于零件局部变化时的编程，此时只需修改变化的部分，无需对整个模型重新编程。

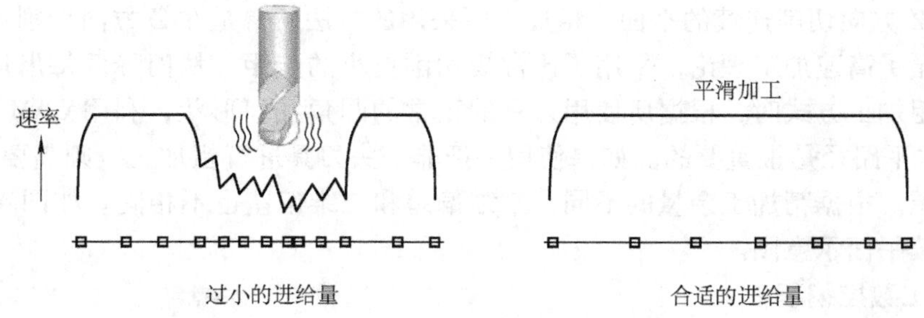

图 4-6　进给量对工件加工表面的影响

3）利用软件进行可视化仿真加工模拟与过切检查，如 Vericut 软件就可以很好地检测干涉，优化程序。

4）残余量加工或清根加工是提高加工效率的重要手段。一般应采用多次加工或采用系列刀具从大到小分次加工，避免用小刀一次加工完成，还应避免全力宽切削。

4. 粗加工数控编程

粗加工在高速加工中所占的比例要比在传统加工中的多。高速加工的粗加工所应采取的工艺方案是：高切削速度、高进给率和小切削量的组合，要比传统加工中半精加工、精加工留有更均衡的余量，并且粗加工的效果直接决定了精加工过程的难易和工件的加工质量。因此，在高速粗加工过程中，要着重考虑几个方面如下所述。

（1）恒定的金属切除率　在高速切削的粗加工过程中，保持恒定的金属切除率，可以获得以下的加工效果：①保持稳定的切削力；②保持切屑尺寸的恒定；③没有必要去熟练操作进给量和主轴转速；④较好的热转移，使刀具和工件均保持在较冷的温度状态；⑤延长刀具的寿命；⑥较好的加工质量等。

（2）恒定的切削条件　为保持恒定的切削条件，一般主要采用层切法、顺铣方式加工，或采用在实际加工点计算加工条件等方式进行粗加工，如图 4-7 所示。

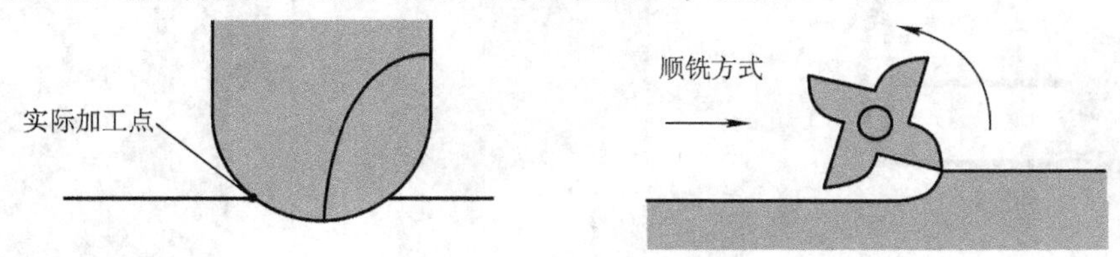

图 4-7　粗加工方式示意图

（3）进给方式的选择

1）对于带有敞口型腔的区域，尽量从材料的外面进给，以实时分析材料的切削状况；对于封闭区域，采用螺旋进刀，从局部区域切入。

2）选择单一路径切削模式来进行顺铣，尽可能不中断切削过程和刀具路径，尽量减少刀具的切入、切出次数，以获得相对稳定的切削过程。使用螺旋方式，一方面避免频繁抬刀、进刀对零件表面质量的影响及机械设备不必要的耗损；另一方面在很少抬刀的情况下生成优化的刀具路径，可获得更好的表面质量。

3）尽量避免加工方向的急剧改变。需急速换向的地方要减慢速度，因为急停或急动不仅会降低表面精度，而且有可能因为过切而产生拉刀或在外拐角处咬边。一定要采取圆弧切入、切出连接方式，以及拐角处圆弧过渡方式。

（4）在 Z 方向切削连续的平面　粗加工所采用的方法通常是在 Z 方向切削连续的平面。这种切削遵循了高速加工理论，采用了比常规切削更小的步距，从而降低每齿切削去除量。当采用这种粗加工方式时，根据所使用刀具的正常的圆角几何形状，利用 CAM 软件计算其 Z 方向上的水平路径是很重要的。如果使用一把非平头刀具进行粗加工，则需要考虑加工余量的三维偏差。根据精加工余量的不同，三维偏差和二维偏差也不相同。如图 4-8 所示为 Z 方向切削连续平面示意图。

5. 精加工数控编程

精加工的基本要求是要获得很高的精度、光滑的零件表面质量，轻松实现精细区域的加工，如小的圆角（$R<1\mathrm{mm}$）、小的沟漕等。精加工余量的恒定，将影响精加工切削过程的稳定性及表面质量。使精加工余量恒定及获得良好精加工效果应考虑以下方法：

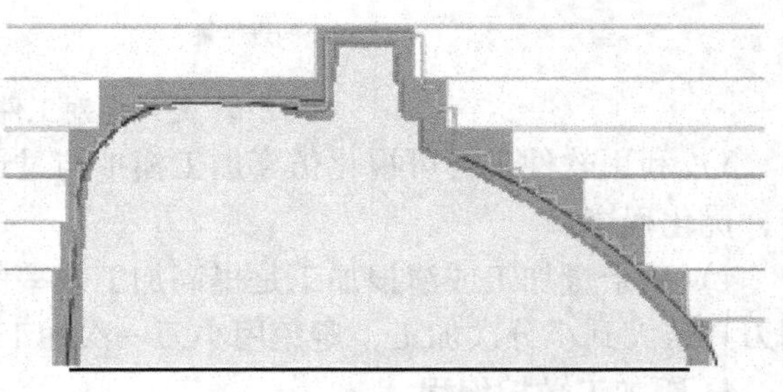

图 4-8　在 Z 方向切削连续的平面示意图

（1）笔式加工　笔式加工的作用类似于传统加工中的清角，但传统加工中的清角通常在精加工结束后进行；而笔式加工属于粗加工后的半精加工。首先找到先前大尺寸刀具加工后留下的拐角和凹槽，然后自动沿着这些拐角加工。采用刀具从大到小分次加工，直到刀具的半径与三维拐角或凹槽的半径一致。理想的情况下，可以通过一种优化的方式跟踪多种表面，以减少路径重复。

笔式加工非常重要，尤其是当精加工带有侧壁和腹板的部件时，采用笔式加工，刀具走到拐角处将不会产生较大的金属去除率，使拐角处的切削难度降低，也降低了让刀量和噪声的产生，如图 4-9 所示。

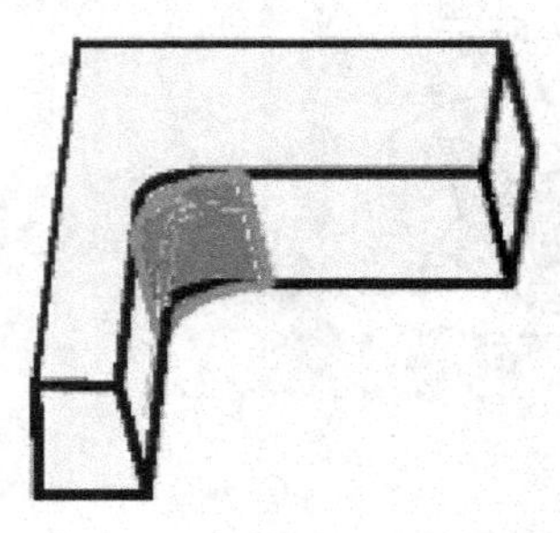

图 4-9　笔式铣削示意图

（2）余量加工（清根）　余量铣削类似于笔式铣削，其采用的加工思想与笔式铣削相同。余量铣削能够发现并非同一把刀具加工出的三维工件所有的区域，并能采用一把较小的刀具加工所有的这些区域。余量铣削与笔式铣削的不同之处在于，余量铣削加工的是大尺寸铣刀加工之后的整个区域，而笔式铣削仅仅针对拐角处加工。

（3）控制残余高度　在切削 3D 外形的时候，计算 NC 精加工步长的方法主要是根据残余高度，而不是使用等量步长。采用对自定义的残余高度进行编程还可根据 NC 精加工路径动态地改变加工步长，通过软件保持切屑去除率在一个常量水平，这有助于切削力保持恒定，减小切削振动。控制残余高度的方法：

1）实际残余高度加工。主要根据加工表面的法向而不是刀具矢量的法向来计算步长，可以实现在不同工件表面的曲率处保持每一次进给之间的等距离切削，并且保持刀具上恒定的切削负载，特别是在工件表面的曲率急剧变化的时候——从垂直方向变为水平方向或者相反，其优势更为明显，如图 4-10a 所示。

2）XY 优化。自动地在最初切削的局部范围内再加工残余材料，以修整所有的残留高度。这种选择性的刀具路径创建，精简了再加工整个工件或者必须在 CAM 中手工设置分界线以便加工出光滑表面的一系列工序。如何根据残余高度进行切削，主要在于软件对 3D 形貌中的斜坡部分的计算，如图 4-10b 所示。软件能够根据刀具的尺寸和几何形状来调整加工步长以保持恒定的残余高度。这就意味着坡度越陡峭，所需精加工操作中的加工步长越密。自然可以获得一个光滑、精度一致的工件。

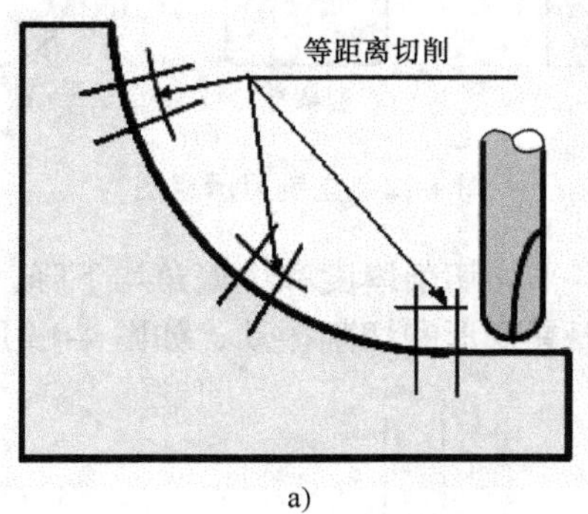

a)

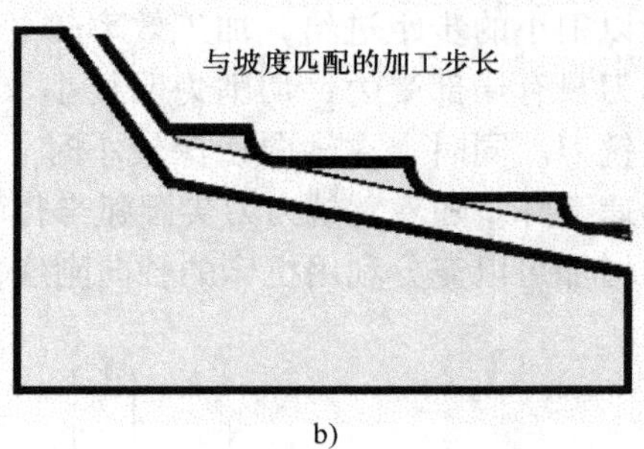

b)

图 4-10　控制残余高度

a）根据法向计算步长　b）斜坡 XY 优化示意图

（4）应用边界识别功能　应用边界识别功能可很好地控制精加工余量，获得良好的加工表面，如图 4-11 所示。

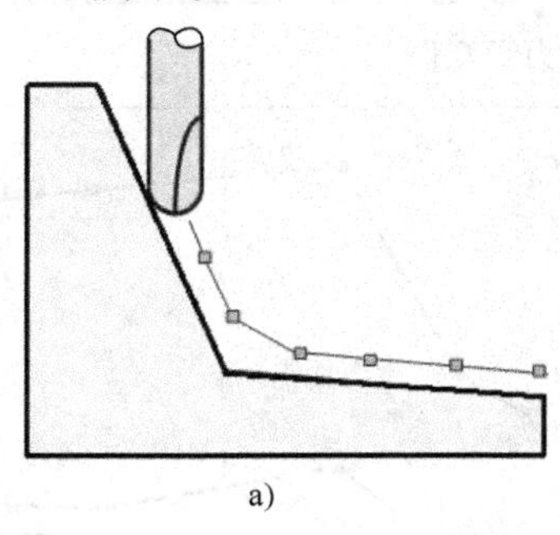
a)

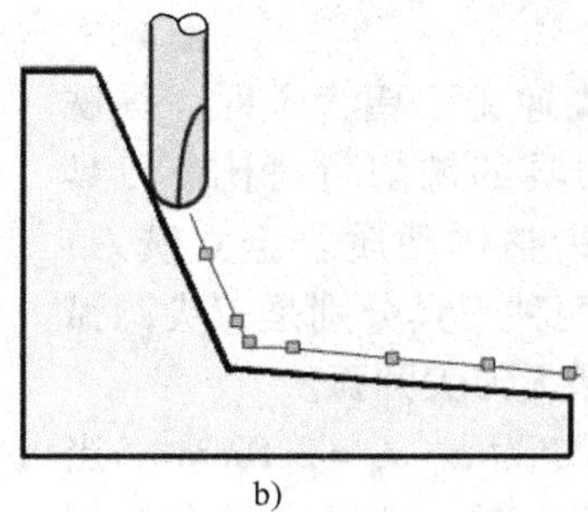
b)

图 4-11　没有边界识别与采用边界识别对比示意图

a）没有边界识别功能　b）采用边界识别功能

（5）高速精加工策略　高速精加工策略包括三维偏置、等高精加工和最佳等高精加工、螺旋等高精加工等策略。这些策略可保证切削过程光顺、稳定，确保能快速切除工件上的材料，得到高精度、光滑的切削表面。

对许多形状来说，精加工最有效的策略是三维螺旋策略。它既可有效避免使用平行策略和偏置精加工策略中会出现的频繁的方向改变，从而提高加工速度，减少刀具磨损，还可以在很少抬刀的情况下生成连续光滑的刀具路径。该加工技术综合了螺旋加工和等高加工策略的优点，刀具负荷更稳定，提刀次数更少，可缩短加工时间，减小刀具损坏几率；它还可改善加工表面质量，最大限地减小精加工后手工打磨的需要。在许多场合需要将陡峭区域的等高精加工和平坦区域三维等距精加工方法结合起来使用。

二、高速加工切削参数的合理设置

1. 刀具的选择

在高速铣削中，常选用如图 4-12 所示的 3 种立铣刀进行铣削加工。一般不推荐使用平底立铣刀；在工艺允许的条件下，尽量采用刀尖圆弧半径较大的刀具进行高速铣削。

平底立铣刀在切削时刀尖部位由于流屑干涉，切屑变形大，同时有效切削刃长度最短，导致刀尖受力大，切削温度高，刀具磨损快。球头刀的有效切削区域较小，只能以很小的步距进给，加工效率较低。圆鼻刀只有局部受力，切削力明显小于平底立铣刀。同时，在轴向切深较小时铣削力迅速下降。随着立铣刀刀尖圆弧半径的增加，平均切削厚度和主偏角均下降，同时刀具进给力增加可以充分利用机床的轴向刚度，减小刀具变形和切削振动，如图 4-13 所示。

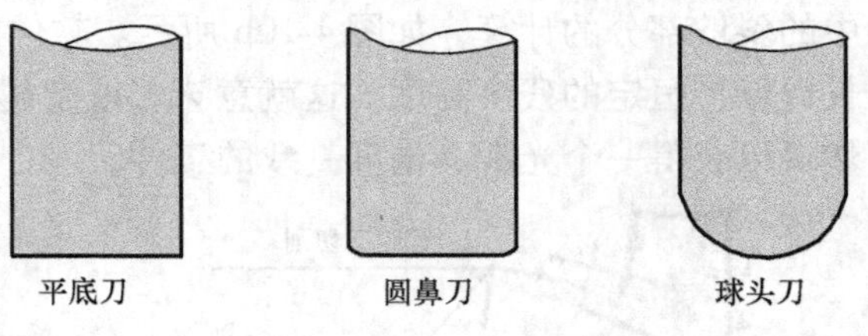

图 4-12　立铣刀示意图

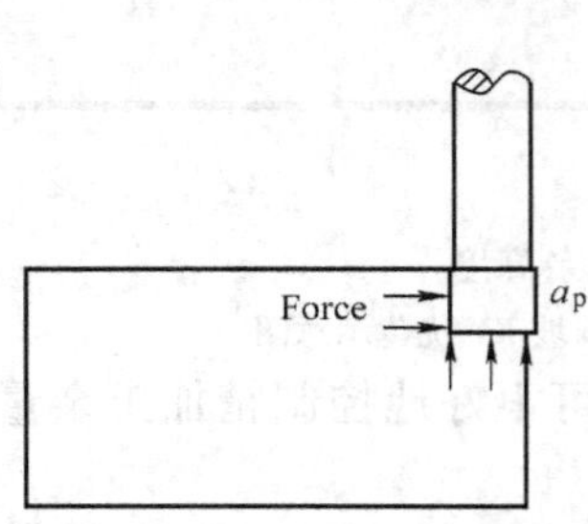

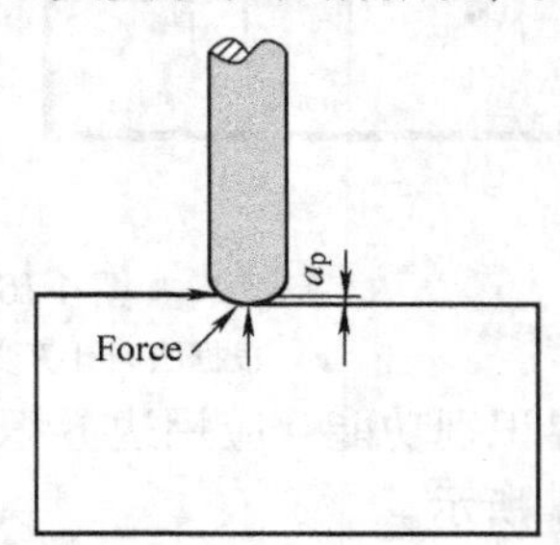

图 4-13　立铣刀受力示意图

图 4-14 为高速铣削铝合金时，等铣削面积时两种刀具的铣削力对比。刀具为 ϕ10mm 的 2 齿整体硬质合金立铣刀，螺旋角为 30°，两种刀具分别是刀尖圆弧半径为 1.5mm 和无刀尖圆弧。

铣削面积固定为 $a_p \cdot a_e = 2.0\text{mm}^2$。当轴向铣削深度减小时，则增大径向铣削深度。加工时对应的主轴转速为 18000r/min，进给速度为 3600mm/min。从图 4-14 中可以看出，圆角立铣刀（$r_\varepsilon = 1.5$）的铣削力明显小于平底立铣刀（$r_\varepsilon = 0$），同时在背吃刀量较小时铣削力迅速下降。

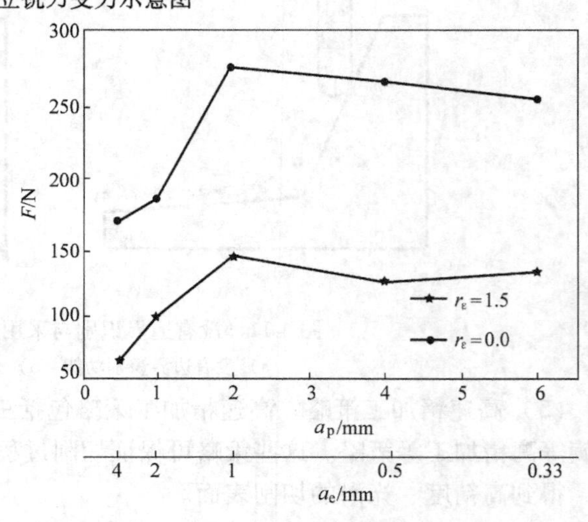

图 4-14　刀尖圆弧半径对铣削力的影响

因此，在高速铣削加工时通常采用

刀尖圆弧半径较大的立铣刀，且轴向切深一般不宜超过刀尖圆弧半径；径向切削深度的选择和加工材料有关，对于铝合金之类的轻合金，为提高加工效率可以采用较大的径向铣削深度，对于钢及其他加工性稍差的材料宜选择较小的径向切削深度，减少刀具磨损。

2. 切削参数选择

（1）铣刀有效直径和有效线速度及转速的确定　铣刀实际参与切削部分的直径称有效直径；铣刀实际参与切削部分的最大线速度定义为有效线速度。

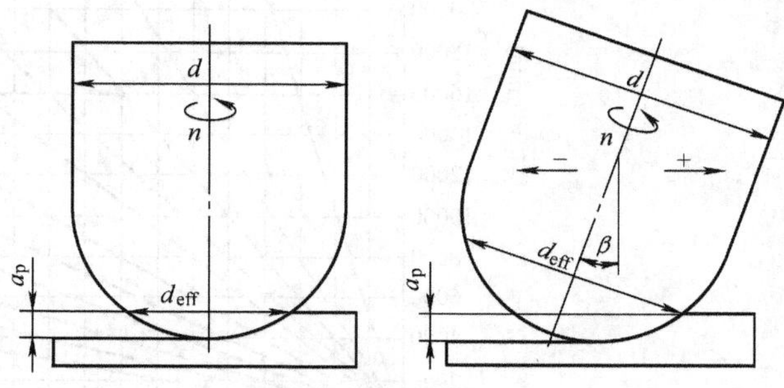

图 4-15　铣刀的有效直径的计算

采用球头铣刀加工时，如果轴向铣削深度小于刀具半径，则有效直径将小于铣刀名义直径，有效线速度也将小于名义速度；当采用圆弧铣刀以小切削深度加工时也会出现上述情况。有效直径和有效铣削速度的计算如图 4-15 所示。

球头铣刀的有效直径计算公式

$$d_{eff} = 2\sqrt{da_p - a_p^2} \qquad \beta = 0$$

$$d_{eff} = d\sin\left[\beta \pm \arccos\left(\frac{d - 2a_p}{d}\right)\right] \qquad \beta \neq 0$$

球头铣刀的有效线速度为

$$v_{eff} = \frac{2\pi n}{1000}\sqrt{da_p - a_p^2} \qquad \beta = 0$$

$$v_{eff} = \frac{\pi nd}{1000}\sin\left[\beta \pm \arccos\left(\frac{d - 2a_p}{d}\right)\right] \qquad \beta \neq 0$$

在优化参数时应按有效铣削速度选择。如图 4-16 所示为根据公式给出不同名义直径刀具在各种切削深度下的有效直径。例如，当 ϕ12mm 刀具轴向铣削深度 $a_p = 1.5$mm 时，由图 4-16 在 $a_p = 1.5$mm 处画水平线，与 ϕ12mm 的曲线相交，横坐标对应的 8mm 即为有效直径。

由有效直径和有效切削速度，可根据图 4-17 所示确定实际转速。例如，当有效直径为 ϕ8mm，有效切削速度选择为 $v_c = 300$m/min，则要求转速为 $n = 12000$r/min。

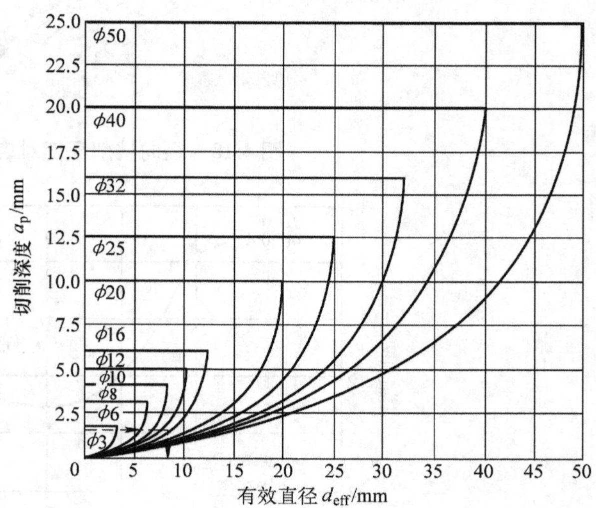

图 4-16　有效直径选择曲线

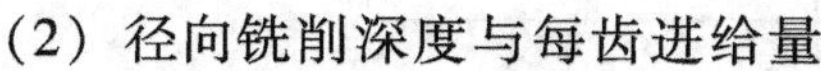
（2）径向铣削深度与每齿进给量

在应用球头铣刀进行曲面精加工时，为获得较低的表面粗糙度值，减少手工抛光工作量或省去手工抛光，径向铣削深度最好和每齿进给量相等。在这种参数下加工出的表面纹理比较

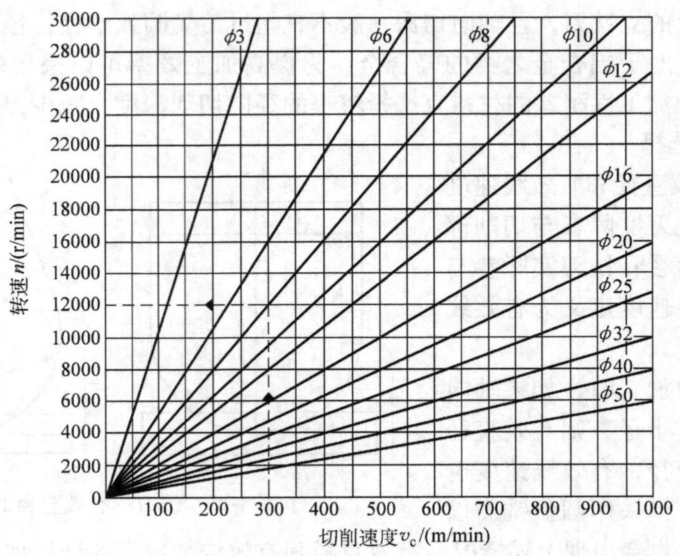

图 4-17　按有效直径与有效切削速度确定转速

均匀，而且表面质量很高，如图 4-18 所示为径向铣削深度对表面纹理的影响，如图 4-19 所示为径向铣削深度每齿进给量对表面粗糙度的影响。

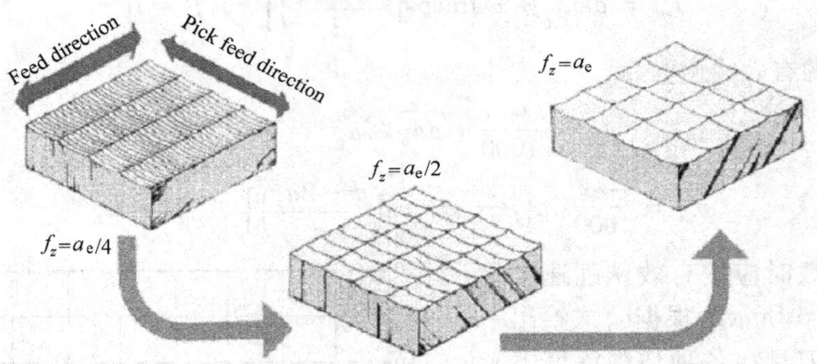

图 4-18　径向铣削深度对表面纹理的影响

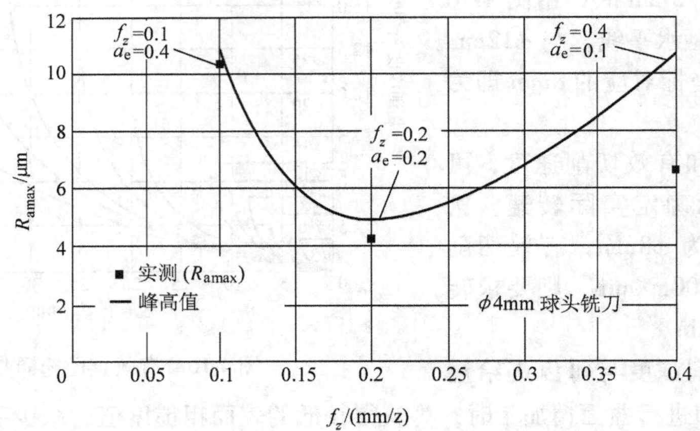

图 4-19　径向铣削深度、每齿进给量对表面粗糙度的影响

高速铣削加工用量的确定主要考虑加工效率、加工表面质量、刀具磨损以及加工成本。不同刀具加工不同材料工件时，加工用量会有很大的差异，目前尚无完整的加工数据，可根据实际选用的刀具和加工对象参考刀具厂商提供的加工用量选择。一般的选择原则是中等的每齿进给量 f_z，较小的轴向切深 a_p，适当大的径向切深 a_e，高的切削速度 v_c。例如，加工48～58HRC淬硬钢时，粗加工选 $v_c=100\text{m/min}$，$a_p=(6\%\sim8\%)D$，$a_e=(35\%\sim40\%)D$，$f_z=0.05\sim0.1\text{mm/z}$；半精加工选 $v_c=150\sim200\text{m/min}$，$a_p=(3\%\sim4\%)D$，$a_e=(20\%\sim40\%)D$，$f_z=0.05\sim0.15\text{mm/z}$；精加选 $v_c=200\sim250\text{m/min}$，$a_p=0.1\sim0.2\text{mm}$，$a_e=0.1\sim0.2\text{mm}$，$f_z=0.02\sim0.2\text{mm/z}$。

第二节　多轴数控加工的工艺

一、多轴数控加工工艺特点

1. 五轴机床的概念

多轴机床指的是四轴及轴数多于四的机床，是一般多轴机床在具有基本的直线轴（X，Y，Z）的基础上增加了旋转轴（或摆动轴），而且可在计算机数控（CNC）系统的控制下同时协调运动进行加工。

2. 四轴联动数控加工的工艺特点

刀杆摆动的四轴联动数控加工机床，可在一个工位上加工三轴机床无法加工的倒勾面、死角；加旋转轴的四轴联动数控加工机床，类似于车床的旋转轴加工方式，可将零件绕某一轴翻转任意角度进行加工（一次装夹，加工上、下、前、后4个工位），减少了夹具和重复安装误差，优势在于如轴类、盘类、人工骨骼等的加工。

3. 五轴联动数控加工工艺特点

五轴加工和三轴加工的本质区别在于：在三轴加工情况下，刀具轴线在工件坐标系中是固定的，总是平行于Z坐标轴；而五轴加工的情况下，刀具轴线是变化的。刀具轴线控制原则是兼顾高加工质量和切削效率，同时避免加工中可能存在的刀具与工件、夹具的干涉。因此三轴加工的关键在于加工特征识别和刀具路径规划，而五轴加工的关键在于刀具姿态优化。

航空发动机和汽轮机的叶片、舰艇用的螺旋推进器，以及许许多多具有特殊曲面和复杂型腔、孔位的壳体和模具等，如用普通三轴数控机床加工，由于其刀具相对于工件的位姿角在加工过程中不能变，加工这些复杂自由曲面时，就有可能产生干涉或欠加工（即加工不到），必须用多台机床，经过多次定位安装才能完成。这样不仅设备投资大，占用生产面积多，生产加工周期长，而且精度、质量还难以保证。而用五轴联动的机床加工时，由于刀具相对于工件的位姿角在加工过程中可随时调整，就可以避免刀具、工件的干涉，并能一次装夹完成全部加工，这完全符合机床发展的趋势，而且还可能是最佳的方案选择。一台五轴机床的工效约相当于两台三轴加工机床，甚至可以省去更多机床。

三轴机床加工复杂曲面时，多采用球头铣刀。球头铣刀是以点接触成形，切削效率低，而且刀具与工件位姿角在加工过程中不能调整，一般就很难保证用球头铣刀上的最佳切削点（即球头上线速度最高点）进行切削，而且有可能出现切削点落在球头刀上线速度等于零的旋转中心线上的情况，这时不仅切削效率极低，加工表面质量严重恶化，而且往往需要采用手动修补，因此也就可能使精度大大降低。

采用五轴机床加工，由于刀具和工件的位姿角随时可调，则不仅可以避免这种情况的发生，而且还可以时时充分利用刀具的最佳切削点来进行切削，或用线接触成形的螺旋立铣刀来代替点接触成形的球头铣刀，甚至还可以通过进一步优化刀具和工件的位姿角来进行铣削，从而获得更高的切削速度、更长的切削线宽，即获得更高的切削效率和更好的加工表面质量。

五轴联动加工能协调3个直线轴和2个旋转轴使它们同时动作，解决了三轴和“3+2”轴加工的干涉问题；刀具可以非常短，而短刀具会明显地降低刀具偏差，从而获得良好的表面质量。

生产中，五轴联动数控加工与三轴加工相比，具有以下优点：

1）可有效避免刀具干涉，加工一般三轴数控机床所不能加工的复杂曲面，如类似倒勾曲面。

2）可一次装夹完成加工出连续、平滑的自由曲面。

3）五轴加工时使刀具相对于工件表面可处于最有效的切削状态，避免了刀具（刀尖点）零线速度加工带来的切削效率极低、加工表面质量严重恶化。

4）对于直纹面类零件，可采用侧铣方式一刀成形。

5）对一般立体型面特别是较为平坦的大型表面，可用大直径面铣刀端面贴近表面进行加工。

6）在某些加工场合，可采用较大尺寸的刀具避开干涉进行加工。

7）可使用短的切削刀具。

8）符合工件一次装夹便可完成全部或大部分加工的机床发展方向，并且能获得更高加工精度、质量和效率。

图4-20a、b所示为三坐标曲面加工原理及五坐标曲面加工原理，图4-21列举了五坐标加工的应用。图4-22所示为三轴加工刀具长度与五轴加工刀具长度比较。

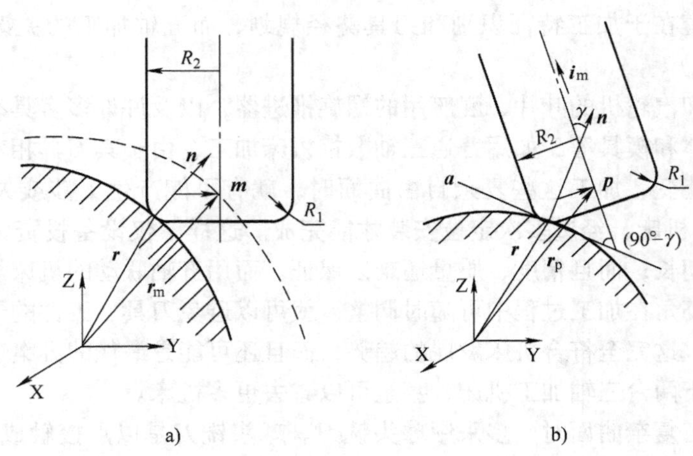

图4-20 坐标加工原理

a）三坐标曲面加工原理 b）五坐标曲面加工原理

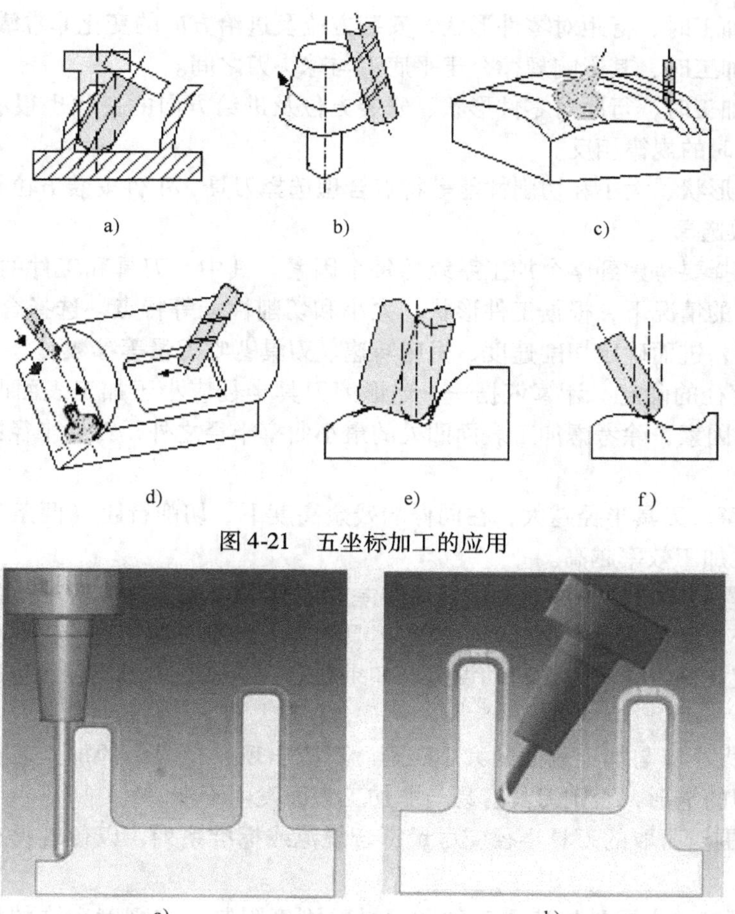

图 4-21　五坐标加工的应用

a)
b)

图 4-22　三轴加工刀具长度与五轴加工刀具长度比较

a）三轴加工　b）五轴加工

二、常用刀具选择及工艺安排

1. 铣削加工常用刀具

铣削加工常用刀具如图 4-23 所示。

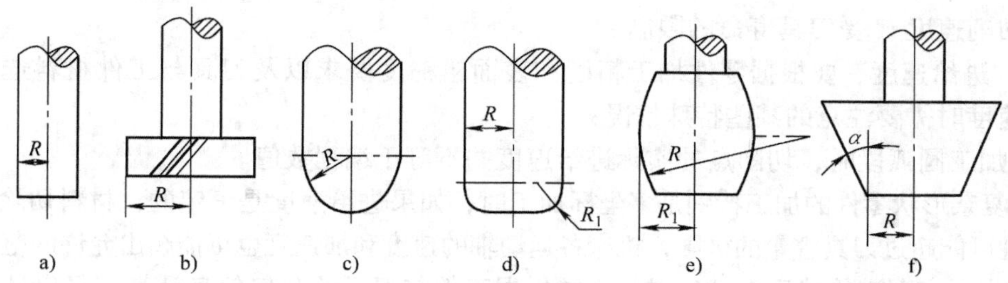

图 4-23　　铣削加工常用刀具

a）平底立铣刀　b）面铣刀　c）球头刀　d）圆鼻刀　e）鼓形刀　f）锥形刀

铣削加工常用刀具对行距的影响规律：

1）球头刀加工时，零件形状与安装方位及进给方向的变化对进给行距的影响较小。

2）平底刀加工时，行距对零件形状、安装方位及进给方向的变化非常敏感。

3）圆鼻刀加工时，其影响规律介于平底刀与球头刀之间。

4）鼓形刀加工时，行距对零件形状、安装方位及进给方向的变化也很敏感，但与平底刀和环形刀加工时的规律相反。

应根据工件形状、大小和切削性能等特点合理选择刀具、工件安装方位及进给方向。

2. 切削参数选择

切削参数选择要考虑到整个加工系统的每个因素。其中，刀具和工件的影响最为明显。在加工对象确定的情况下，根据工件形状、大小和切削性能等特点，选择合适的刀具材料、直径等各项参数，进而确定切削速度、机床转速、刀具背吃刀量等参数。

（1）刀具直径的确定　计算依据——球形刀刀具半径应小于加工表面凹处的最小曲率半径。至于影响因素，除考虑加工表面凹处的最小曲率半径之外，刀具半径的选择还需考虑以下因素：

1）加工效率。刀具半径越大，在同样的残余高度下，切削行距（两条刀具轨迹之间的线间距）越大，加工效率越高。

2）法向矢量转动误差。法向矢量转动误差与刀具半径成正比。对于凸曲面，理论上刀具半径越大越好，但实际上必须选择恰当的刀具半径，特别是在不进行法向矢量转动误差补偿的情况下，应该核校法向矢量转动误差；如果超差，应减小刀具半径，以减小法向矢量转动误差。

3）刀具的大小应与加工表面的大小匹配。不应出现一个很小的加工表面而采用一把半径很大的球形刀的情形，否则刀具容易与非加工表面发生干涉。

4）取值范围。所取的刀具半径应尽量符合规范或标准系列，以便容易获得所需半径的球形刀。

（2）切削深度　主要受机床、工件和刀具的刚度限制，在刚度允许的情况下，尽可能加大切削深度，以减少切削次数，提高加工效率；对于精度和表面粗糙度有较高要求的零件，应留有足够的加工余量。

（3）主轴转速 n（单位为 r/min）　根据允许的切削速度 v_c（单位为 m/min）和刀具直径 D（单位为 mm）选择

$$n = 1000v_c/\pi D$$

其中，切削速度 v_c 受刀具寿命的限制。

（4）进给速度　要根据零件加工精度和表面粗糙度要求以及刀具与工件材料选取。选择进给速度时需要注意的某些特殊情况：

1）加工圆弧段时，切削点的实际进给速度并不等于编程数值。

2）复杂形状零件的加工特别是多坐标加工时，如果进给速度是恒定的，材料切除率常常波动并且可能超过刀具容量的极限，机床各运动轴的速度和加速度也可能超出允许的范围。

3）为了实现进给速度自动生成，必须根据工件与刀具的几何信息计算刀具沿轨迹移动时的瞬时材料切除率。

3. 加工工序的划分

（1）刀具集中分序法　以同一把刀完成的那一部分工艺过程为一道工序，以减少频繁换刀而造成的效率降低、加工程序的编制和检查难度加大等情况。

（2）粗、精加工分序法　以粗加工中完成的那一部分工艺过程为一道工序，精加工中完成的那一部分工艺过程为一道工序。这样有利于保证效率和加工质量，合理地选用刀具、切削用量。

（3）按加工部位分序法　以完成相同型面的那一部分工艺过程为一道工序。对于加工表面多而复杂，按其结构特点划分工序，有利于简化编程，提高质量、效率。

4. 工件装夹方式的确定

1）尽量采用组合夹具。

2）零件定位、夹紧的部位应考虑到不妨碍各部位的加工、更换刀具以及重要部位的测量。

3）夹紧力应力求通过或靠近主要支承点或在支承点所组成的三角形内，应力求靠近切削部位，并作用在刚性较好的地方，以减小零件变形。

4）零件的装夹、定位要考虑到重复安装的一致性，以减少对刀时间，提高同一批零件加工的一致性。

5. 对刀点与换刀点的确定

1）选择对刀点的原则：便于确定工件坐标系与机床坐标系的相互位置、容易找正、加工过程中便于检查、引起的加工误差小。

2）对刀点可以设在工件上、夹具上或机床上，但必须与工件的定位基准（相当于与工件坐标系）有已知的准确关系。

3）对刀时直接或间接地使对刀点与刀位点重合。

4）换刀点应根据工序内容安排。

第三节　五轴机床工件坐标系的建立

三轴机床一般都是先装夹好工件，再去进行对刀操作。多轴机床有时要先进行部分对刀操作，然后再装夹工件。这种情况下，工件装夹的位置还需按照对刀的要求进行校正。多轴机床的旋转轴或摆动轴都是按角度值运动的，因此多轴机床的对刀还需要校正旋转轴或摆动轴的零点位置。

当机床结构为双转台或双摆头时，两个旋转轴是相关的（其中一个转轴跟随另一个轴运动），这时需要测定两轴的距离或偏心量；当多轴机床含有摆头结构时，还需要测量摆轴长度以及刀具长度。

一、四轴机床的工件坐标系的建立

常见的四轴机床结构为带转台的四轴联动数控加工机床、带摆头的四轴联动数控加工机床。

1. 带转台四轴机床的工件坐标系的建立

带转台四轴机床的第四轴一般是以图 4-24 所示的结构放置。它的回转轴与 X 轴平行，被定义为 C 轴（有些机床将其定义为 A 轴）。

一台经检验合格出厂的四轴机床，它的第四轴的各项几何精度指标都是合格的。但是在使用一段时间后，由于刀具的断损及加工的振动等原因，它的精度可能会有所变化，这时就必须进行必要的第四轴精度检测及恢复工作。

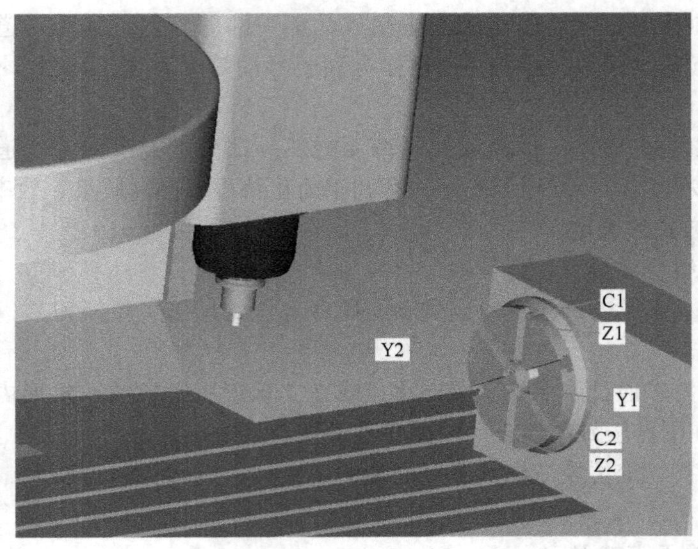

图 4-24　带转台四轴机床的加工坐标系的建立

（1）检测转台台面对 Z 轴的平行度　方法如下：把千分表吸在主轴上，让表头接触到转台 Z1 的位置，保持机床 X 轴、Y 轴位置不变，沿 Z 轴移动至 Z2，此时的读数应该为零；否则可能是第四轴与工作台的接触面不够清洁，需要擦拭以后再检测（此过程一般只在移动过转台的情况下进行，否则此值不易变动）。

（2）检测转台台面对 Y 轴的平行度　方法如下：把千分表吸在主轴上，让表头接触到转台的 Y1 位置，保持机床 X 轴、Z 轴位置不变，沿 Y 轴移动至 Y2，此时的读数应该为零；否则需要将固定转台的螺栓松动后调整转台，使之在 XY 平面内转动，最终使千分表沿 Y 向移动的示值为零即可。完成后紧固螺栓，将回转台固定。

（3）设定工件坐标系

1）设定回转轴的 Y 向坐标。在回转工作台上安装一个三爪自定心卡盘，在卡盘上夹持一个标准棒，这时把千分表接触到标准棒的外圆上，使回转台转动并调整三爪自定心卡盘在回转台上的位置，直到千分表的表针最终停止摆动，表明标准棒的中心已与回转轴的中心重合。使用寻边器接触标准棒的外圆，待寻边器的上下两个轴重合后，记下当前的机械坐标值，这时再减去标准棒和寻边器的半径和，即可得到回转轴的 Y 向坐标，随后再输入工件坐标系中。

2）设定回转轴的 Z 向坐标。使用一把塞尺配合标准刀检测到标准棒的 Z 轴最高点处，将此时的 Z 轴机械坐标值减去标准棒的半径与塞尺的和，随后再输入工件坐标系中。需要注意的是，随后使用的每把刀都需要在标准棒的最高点对刀，将 Z 轴机械坐标值减去标准棒的半径与塞尺的和，将此值与刚才测得的工件坐标系值做差即可得到该刀具的刀长补偿。

3）接下来即可装夹工件，设定 X 向坐标。使用寻边器接触工件的端面，把得到的机械坐标值加上寻边器的半径即得到 X 向工件坐标值，随后再输入工件坐标系中。

4）设定回转轴的工件坐标系。对于一个圆周上没有基准边的棒料来说回转轴工件坐标系是可以随便设置的，只需将当前的回转轴坐标值输入工件坐标系即可。而对于圆周上有基准边的工件，在装夹后则需要用百分表接触到基准边上，通过调整回转轴的转动并配合主轴的 Y 向移动，待百分表停止摆动后，将回转轴当前的机械坐标值输入工件坐标系中即可。

2. 带摆头四轴机床的工件坐标系的建立

单摆头四轴机床的旋转轴 B 为摆头，平行于 Y 轴，旋转平面为 ZX 平面（也有 YZ 平面的情况），如图 4-25 所示。

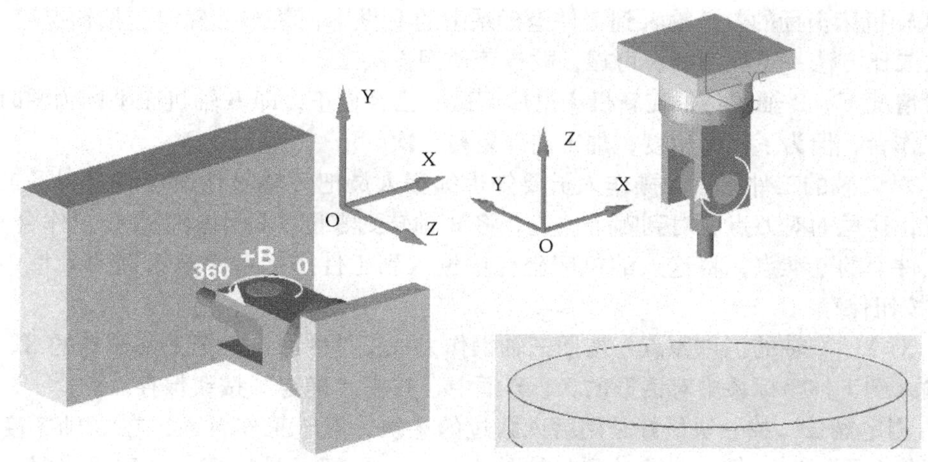

图 4-25　带摆头四轴机床的加工坐标系的建立

（1）校正摆轴使主轴垂直于工作台（对刀 B 轴原点）

方法一：如图 4-26a 所示，在主轴上装一标准心棒（或刀杆）；移动 B 轴，使主轴大概垂直于工作台平面；将千分表吸在工作台面上，调整表针位置，让表针接触刀杆或心棒；低速转动主轴，或用手拨动刀杆或心棒使主轴转动，若千分表读数随主轴旋转而变化，则重新调整心棒，直至千分表读数不随主轴转动而变化或读数在允许的范围之内；上下运动 Z 轴，观察千分表读数变化，调整 B 轴，使千分表读数不随 Z 轴上下移动而变化或其变化在允许的范围之内，此时主轴与工作台垂直。把这时机床坐标 B 轴的数值输入到工件坐标系中的 B

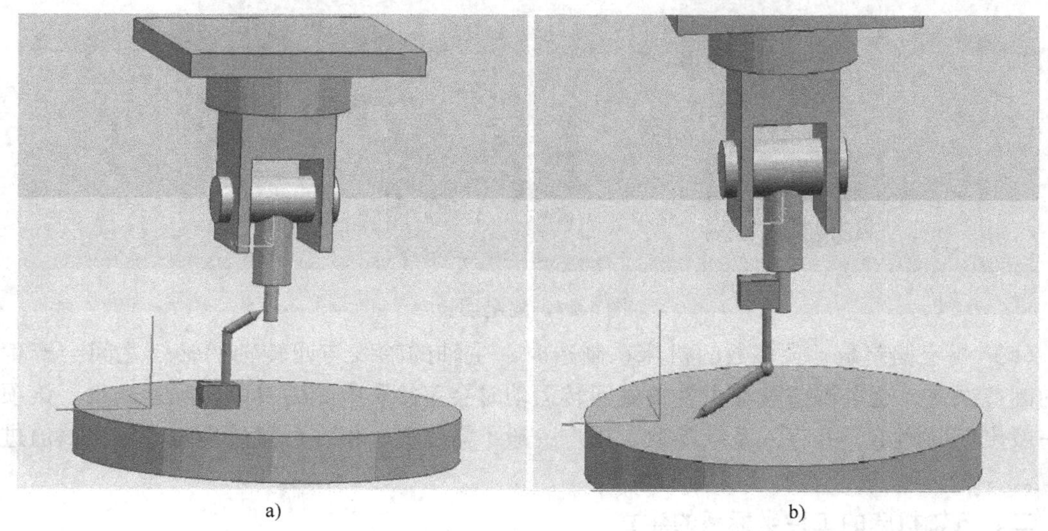

图 4-26　摆轴校正方法

a）摆轴校正方法一　b）摆轴校正方法二

框中，并按“确定”按钮保存。

方法二：将千分表吸到刀柄上，并能保证表随着刀柄在360°范围内自由转动时不受任何阻碍。如图4-26b所示，调整表的高度使表头接触到工作台面，然后旋转刀柄让表头在工作台面上划一个整圆；调整B轴的角度，使千分表在这个圆的任意位置上读数基本相等，把此时B轴机床坐标的数值输入到工件坐标系中的B框中，并按“确定”按钮保存。

方法二比方法一更加精确、可靠，故推荐使用方法二。

一般情况下，B轴的零位在新机床出厂调试时已经校正，即B轴机床坐标为零时，主轴垂直于工作台，但为了确保精度，加工前应复检一次。

（2）对Z轴的工件原点　操作人员要知道编程人员把Z轴坐标原点设置到了工件上的哪个位置，这里的对刀点就对到哪个位置。将B轴转到零位（即主轴垂直于工作台），让刀尖接触工件上的基准点，将这点的机床坐标值输入到工件坐标系中对话框的Z框中，并按“确定”按钮保存。

（3）对X、Y轴的工件原点　按照三轴操作去找工件的原点，把工件原点的X、Y坐标值分别输入到工件坐标系中对话框的X、Y框中，并按“确定”按钮保存。

（4）测定摆长　找一块最好是用磨床磨过的垫块，置于工作台面，在B轴零度（主轴垂直于工作台面）时，把刀尖移动到垫块的上表面；再把刀具抬高一个刀具半径，记录下此时机床Z坐标值，设为“P1”；让B轴摆动到“90°”或“－90°”，再让刀具移动到垫块上表面，记下此时机床Z坐标的数值为“P2”；$|P1| - |P2| = P$(摆长)，将摆长存储在机床指定参数位置，以便程序调用，如图4-27所示。

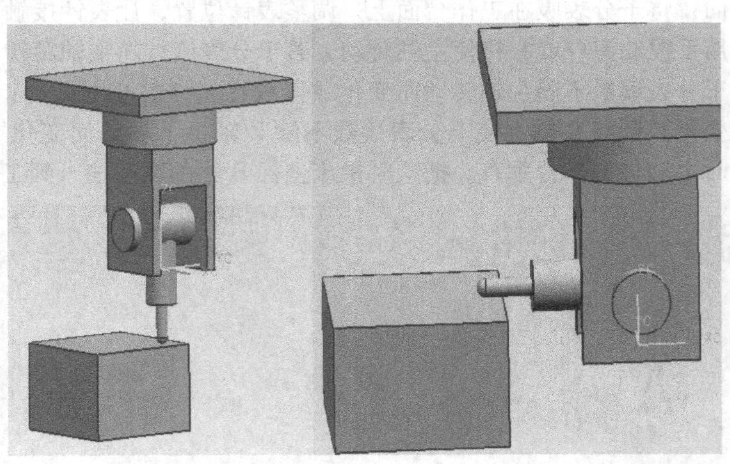

图4-27　测定摆长

（5）测定偏差量　大多数的机床在制造时，主轴的轴线与回转轴的轴线之间会产生一定的制造误差，这个误差量在主轴发生回转运动时会直接影响到刀具的实际运动量。该项误差一般出厂前测出，并存入系统参数，用户一般不需改变，但在后置处理时，需将该值进行设置。

二、五轴机床的工件坐标系的建立

对三种主要结构类型的五轴机床对刀操作与三轴机床的不同点概述如下：①双转台机床（工作台回转、摆动），在工件装夹之前测量确定两转轴轴线和摆轴轴线的交点、转台表面到摆轴轴线的距离，还要进行转台水平校正，装夹工件时找正工件或测量出工件位置偏差。②单转台单摆头机床（工作台回转，刀具摆动），要在装夹工件之前测出转台中心，装夹工件时找正工件或测量出工件位置偏差，还要测定摆轴的有效摆长（有效摆长 = 摆轴长 + 基准刀具长）。③双摆头机床（刀具回转、摆动），要测定摆轴的有效摆长，还要找正摆轴和转轴的0°位。下面以南京四开电子企业有限公司生产的五轴机床为例介绍三种五轴机床工件坐标系的建立。

1. 双转台五轴机床的工件坐标系的建立

双转台五轴机床的结构是：两个旋转轴均属转台类，平行于 X 轴的旋转轴定义为 B 轴（或者 A 轴），垂直于 X 轴的旋转轴定义为 C 轴。一般两个旋转轴结合为一个整体构成双转台结构，放置在工作台面上，如图 4-28 所示。

（1）双转台五轴机床的工件坐标系的建立　双转台五轴机床的工件坐标，一般可取双转台的旋转轴线的交点作为工件坐标原点，因此，双转台机床的对刀也就是要找到双转台旋转轴线的交点，工件原点的 X 轴、Y 轴、Z 轴坐标值均由转台旋转轴线交点确定。

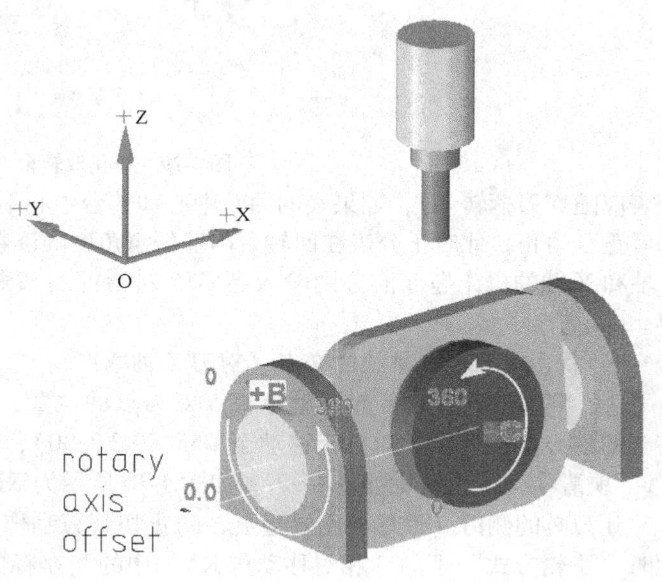

图 4-28　双转台五轴机床的结构

1）校正双转台。把千分表吸在主轴上，如图 4-29 所示。让表头接触到双转台基准面 Face1，保持机床 Y 轴位置不变，沿 X 轴移动，使表头接触 Face2；若表头接触 Face1、Face2 时的读数不同，则调整双转台的位置，直到读数相同，以使 B 轴轴线与机床 X 轴方向平行。完成后固定双转台，并且固定后要注意复检，防止固定过程中转台受力移动。

2）校正 B 轴零位（对刀 B 轴原点）。一般我们取 C 轴转台（双转台上的圆形小转盘）的旋转平面为水平面时的 B 轴位置为 B 轴零位，校正方法如下：

如图 4-29 所示，将千分表吸在主轴上，使表头接触到 C 轴转台表面，首先沿 X 轴从 B1 到 B2 打表，以确认转台的安装是否平整，若千分表读数两点不同，则需要重新固定转台，确保转台安装面的清洁，并重新进行步骤 1）校正转台安装方向；然后，沿 Y 轴从 A1 到 A2 打表，调整 B 轴角度，使千分表在 A1、A2 两点的读数相同，此时 C 轴的旋转平面校正到了水平位置。转台水平后把此时 B 轴的机床坐标值输入到 G55 对话框的 B 框中，并按“确定”按钮保存录入的数据。

为了操作的安全考虑，G54 坐标在多轴加工中最好不用，防止机床回加工原点时，刀具或主轴撞击工件。

3）找 C 轴转台的中心（对刀 X 轴、Y 轴原点）。把千分表吸在刀柄上并保证在表座随着刀柄在 360°范围内旋转时不受阻碍。让表头接触到 C 轴转台的内孔表面，旋转刀柄（千

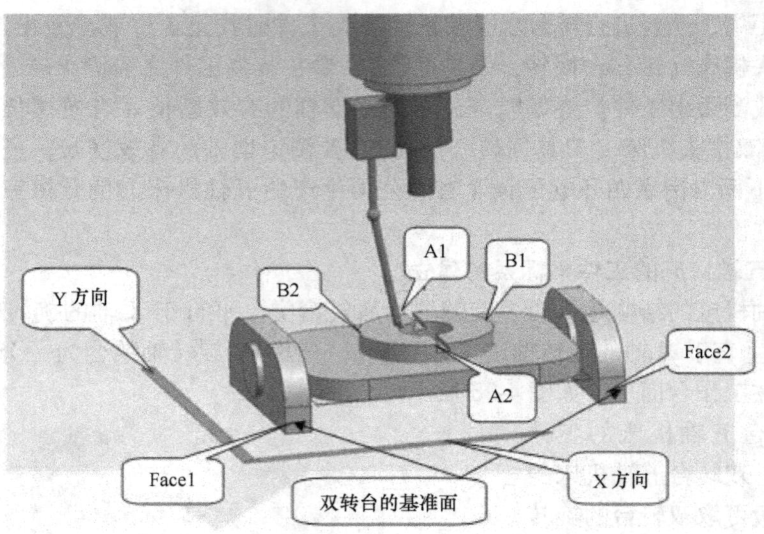

图 4-29　校正双转台

分表应随着刀柄转动)，如果表的回转中心和转台中心不重合，调整 X 轴和 Y 轴的位置直到二者重合为止，此时千分表在回转台内壁任意角度的读数相等或在允许的误差之内。把此时 X 轴和 Y 轴的机床坐标值分别输入到 G55 对话框的 X 框和 Y 框中，并按“确定”按钮保存。

4）找出 B 轴、C 轴线的交点（对刀 Z 轴原点）。

① 测量摆长：使 B 轴运动至 G55 对刀点的位置，X 轴、Y 轴移动至主轴中心与 C 轴转台的中心位置重合（即机床移动至 G55 X0 Y0 B0），在“手轮方式”下把“相对移动量 KA”项清零，再让 B 轴摆动 -90°，如图 4-30 所示为双转台摆长测量示意图。

让刀具的侧刃（最好使用寻边器，防止切削刃刮伤转台）接触 C 轴回转台的表面，把此时“手轮方式”下的“相对移动量 KA”中的 Y 坐标的值记录下来，记为 R，这个值再减去刀具半径就是 B 轴的回转半径，记为“$ZH1$”，即 $ZH1 = |R| -$ 刀具半径。

② 对刀 C 轴转台高度：将 B 轴运动至 G55 对刀点的位置，用刀尖接触 C 轴转台表面，将此时机床坐标值记为“$ZH2$”。

③ 设定 Z 轴原点坐标：G55_Z = $ZH2 - |ZH1|$，将此数值输入 G55 对话框的 Z 框中并按“确定”按钮保存。

5）装夹工件。现在可以装夹工件了。在把工件装夹到旋转台上，转动旋转台，保证工件和压板等装配物件在转台转动的过程中不碰撞周边的任何物体。

6）选定 C 轴的基准边（对刀 C 轴原点）。通常在需要进行多轴加工的工件上取一个基准边，把这个基准边与 X（或 Y）轴成一特定角度或平行时的 C 轴位置作为 C 轴的零位。把此时 C 轴的机床坐标值输入到 G55 对话框的 C 框中，并按“确定”按钮保存。

7）找工件基准点与转台中心点的偏差。使机床 B 轴、C 轴都移动至零位（G55 B0 C0），按照三轴的对刀方法找到工件上对刀基准点 X、Y、Z 的机床坐标值，输入到 G54 对话框中，并按“确定”按钮保存。比较 G54 和 G55 坐标参数中 X、Y、Z 的数值，按照如下公式计算

$$\Delta X = XG55 - XG54$$

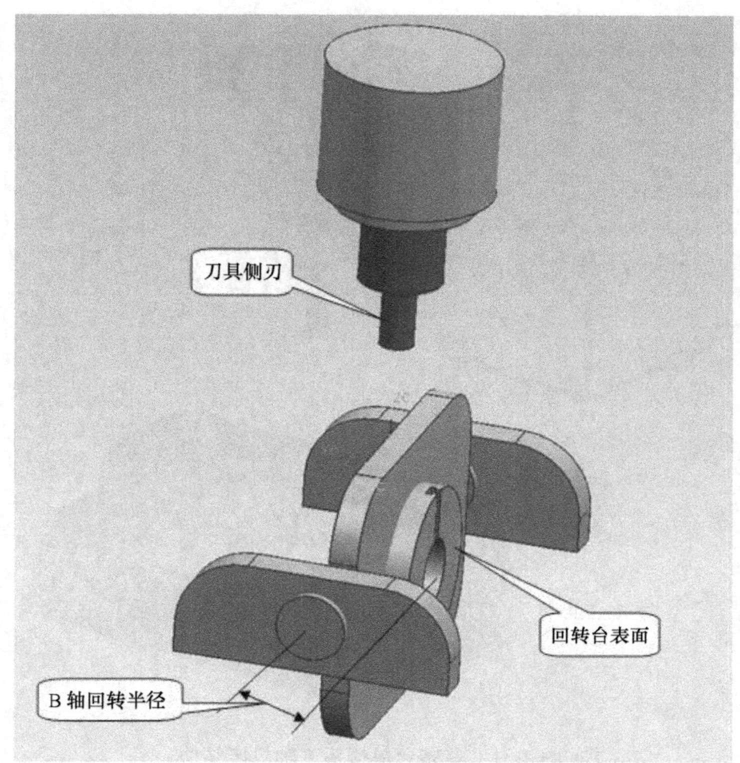

图4-30　双转台摆长测量

$$\Delta Y = YG55 - YG54$$

$$\Delta Z = ZG55 - ZG54$$

将这些数值记录，告知编程人员。

（2）双转台五轴机床程序头、尾的标准格式

M03 S_　　；程序启动的第一个动作就是主轴以给定的转速转动起来，告诉操作人员，程序已经开始执行

G55　　；工件坐标系，以下的程序代码都是相对于G55坐标系中的原点坐标来进行相对切削运动的

G00 B_C_　　；B轴和C轴定位

G00 X_Y_Z_　　；X轴、Y轴、Z轴定位

}G指令代码程序

M09　　；切削液关

M05　　；主轴停止

M02　　；程序结束

2. 单转台单摆头机床的工件坐标系的建立

单转台单摆头五轴旋转轴B为摆头，平行于Y轴，旋转平面为ZX平面；旋转轴C为转台，平行于Z轴，旋转平面为XY平面，如图4-31所示。

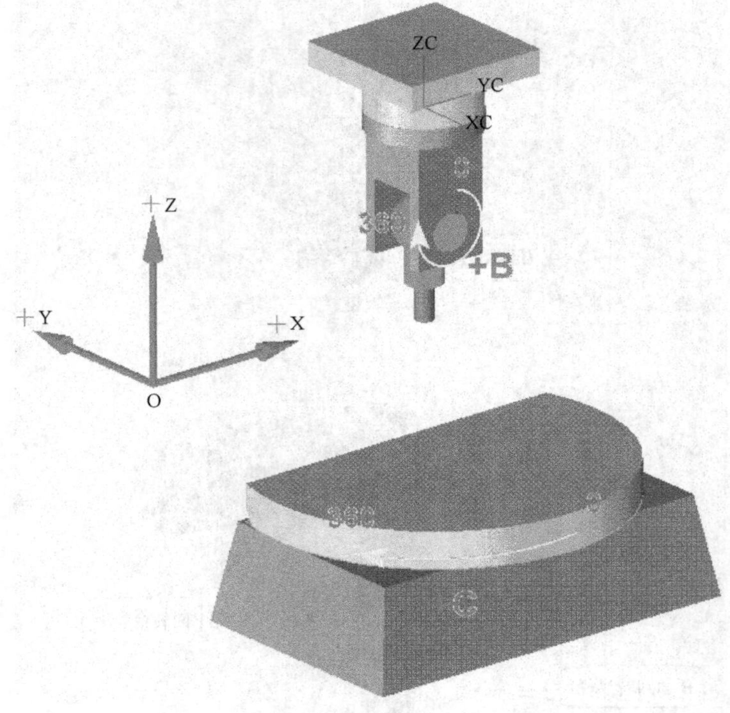

图 4-31 单转台单摆头五轴机床结构

（1）单转台单摆头五轴机床的工件坐标系的建立 单转台单摆头五轴机床，一般将工件原点取在旋转工作台（C 轴）的旋转轴线上，因此对刀时必须找到转台的中心。工件原点的 X、Y 坐标由转台中心位置确定，但 Z 坐标根据工件上的基准而定，与转台中心无关。

1）校正摆轴，使主轴垂直于工作台（对刀 B 轴原点）。

方法一：如图 4-32a 所示，在主轴上装一标准心棒（或刀杆）；移动 B 轴，使主轴大概垂直于工作台平面；将千分表吸在工作台面上，调整表针位置，让表针接触刀杆或心棒；低速转动主轴，或用手拨动刀杆或心棒使主轴转动，若千分表读数随主轴旋转而变化，则重新安装心棒，直至千分表读数不随主轴转动而变化或读数在允许的范围之内；上下运动 Z 轴，观察千分表读数变化，调整 B 轴，使千分表读数不随 Z 轴上下移动而变化或其变化在允许的范围之内，此时主轴与工作台垂直。把这时机床坐标 B 轴的数值输入到 G55 对话框中的 B 框并按“确定”按钮保存。

方法二：将千分表吸到刀柄上，并能保证表随着刀柄在 360°范围内自由转动时不受任何阻碍。如图 4-32b 所示，调整表的高度使表头接触到工作台面，然后旋转刀柄让表头在作台面上划一个整圆，调整 B 轴的角度，使千分表在这个圆的任意位置上读数基本相等，把此时 B 轴机床坐标的数值输入到 G55 对话框中的 B 框中，并按“确定”按钮保存。方法二比方法一更加精确、可靠，推荐使用方法二。

一般情况下，B 轴的零位在新机床出厂调试时已经校正，即 B 轴机床坐标为零时，主轴垂直于工作台，但为了确保精度，加工前应复检一次。

2）转台的旋转中心（对刀 X、Y 轴原点），如图 4-33 所示，把表吸到刀柄上，并保证表和刀柄 360°范围内自由转动时不受任何阻碍；调整机床 X 轴、Y 轴、Z 轴和千分表位置，

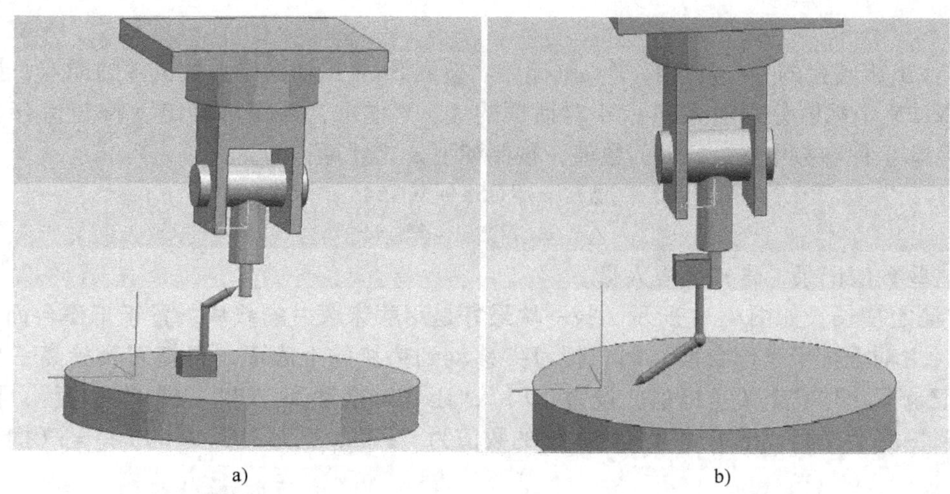

a)　b)

图 4-32　摆轴校正方法

a）摆轴校正方法一　b）摆轴校正方法二

使得千分表在随刀柄旋转一周时，表针基本能接触到旋转工作台的内孔壁；进一步调整 X 轴、Y 轴的位置，直到千分表的读数在内壁任意位置基本相等；把此时 X 轴、Y 轴的机床坐标值输入到 G55 对话框的 X、Y 框中，并按“确定”按钮保存。

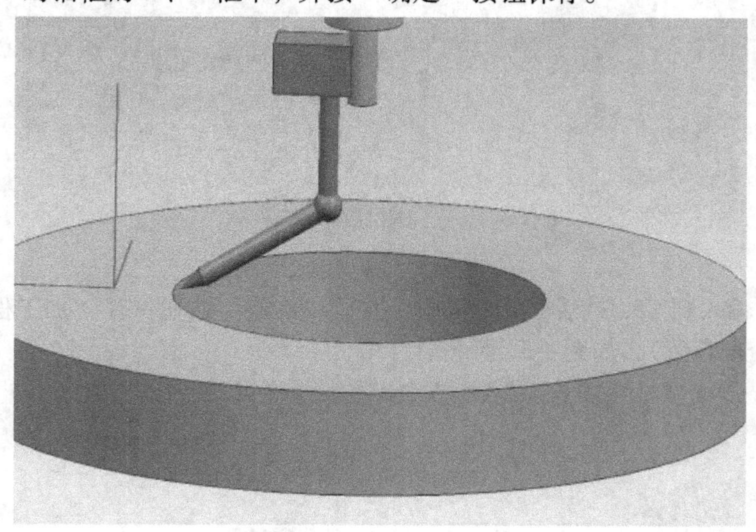

图 4-33　测量转台旋转中心位置

3）装夹工件和刀具。把工件固定在旋转台上，把加工时所需要的第一把刀具装夹到主轴上。

4）选定 C 轴的基准边（对刀 C 轴原点）。通常在需要进行多轴加工的工件上取一个基准边，把这个基准边与 X（或 Y）轴成一特定角度或平行时的 C 轴位置作为 C 轴的零位。把此时 C 轴的机床坐标值输入到 G55 对话框的 C 框中，并按“确定”按钮保存。

5）对 Z 轴的工件原点。操作人员要知道编程人员把 Z 轴坐标原点设置到了工件上的哪个位置，这里的对刀点就对到哪个位置。将 B 轴转到零位（即主轴垂直于工作台），让刀尖接触工件上的基准点，将这点的机床坐标值输入到 G55 对话框的 Z 框中，并按“确定”按钮保存。

6）找出旋转台的中心和工件中心的偏差。按照 SKY 三轴操作去找工件的原点，把工件原点的 X、Y 坐标值分别输入到 G54 对话框的 X、Y 框中，并按“确定”按钮保存。比较 G54 和 G55 坐标参数中 X、Y 轴的数值，按照如下公式计算：

$$\Delta X = XG55 - XG54$$

$$\Delta Y = YG55 - YG54$$

将这些数值记录，告知编程人员。

7）测定摆长。如图 4-34 所示，找一块最好是用磨床磨过的垫块，置于工作台面，在 B 轴零度（主轴垂直于工作台面）时，把刀尖移动到垫块的上表面，再把刀具抬高一个刀具半径，记录下此时机床 Z 坐标值，设为“P1”；让 B 轴摆动到“90°”或“-90°”，再让刀具移动到垫块上表面，记下此时机床坐标的数值为“P2”，则 $|P1| - |P2| = P$(摆长)。

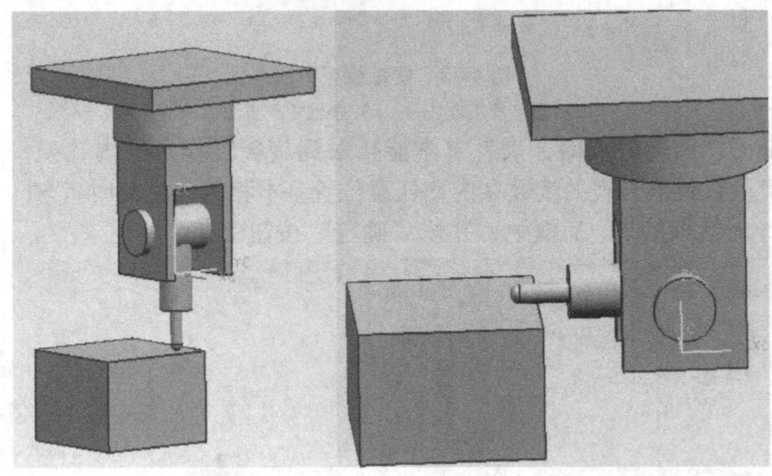

图 4-34　测量摆长

把“-P”输入到 G58 对话框的 Z 框中，并按“确定”按钮保存（加工程序中要用到 G 指令来调用这个摆长值），如图 4-35 所示。

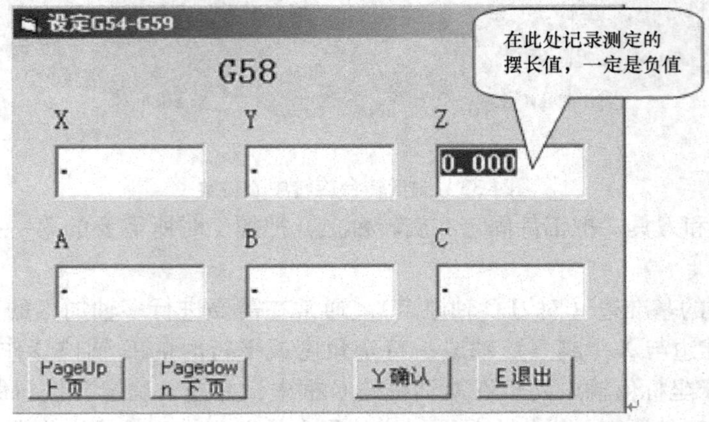

图 4-35　摆长补正值设定

8）将系统中刀长补正值清零。在 F1 自动方式下按“5 刀具”，弹出如图 4-36 所示的刀具定义对话框，在刀具长度补偿中填入“0”，点“更改”。

第一次对刀全部完成。

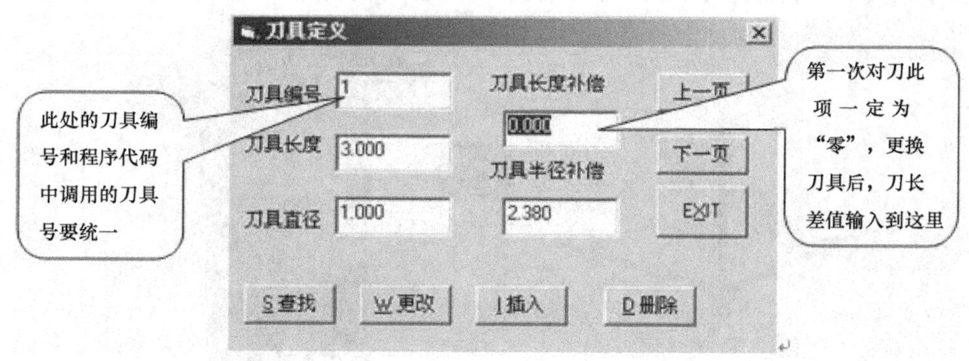

图 4-36　“刀具定义”对话框

9）换刀后的对刀。第一次对刀所使用的刀具，我们称为基准刀具（或称初始刀具）；当主轴上刀具更换之后，所使用的刀具就不是基准刀具了，称为当前刀具。

如果用另外的刀具来加工，需要测出当前刀具与初始刀具的长度差值，将这个差值输入到如图 4-36 的刀具长度补偿中，点“更改”保存即可。当前刀具长于初始刀具，补偿值为正值；反之，补偿值为负值。

（2）程序头、尾的标准格式

```
M03 S_              ；程序启动的第一个动作就是主轴以给定的转速转动起来，告
                      诉操作人员，程序已经开始执行
G55                 ；工件坐标系，以下的程序代码都是相对于 G55 坐标系中的原
                      点坐标来进行相对切削运动的
G00 B_C_            ；B 轴和 C 轴定位
G10 P58 H1 (RH)     ；调用摆长和刀具长度补偿值
G00 X_Y_Z_B_C_      ；X 轴、Y 轴、Z 轴、B 轴、C 轴定位

G 指令代码程序      }

M09                 ；切削液关
M05                 ；主轴停止
M02                 ；程序结束
```

注意：

G10 是 SKY 五轴数控系统中特有的专用功能代码，用来补偿摆长和刀长。

P58 是调用在对刀时输入到 G58 中的摆长值的（如果摆长值输入到了 G59 对话框中，则此处就应改成 P59）。

H1 是调用刀具长度补偿对话框中的数值（如果把刀具长度的变化量输入到了第 5 号刀中，此处就应改成 H5；如果是比第一把刀具长，则应在此补正值，若短就为负值）。

（RH）中，R 是 Rotary 的缩写，H 是 Head 的缩写，意思是单摆头单转台机床。

3. 双摆头五轴机床的工件坐标系的建立

双摆头五轴机床的两个旋转轴均属摆头类，B 轴与 Y 轴平行，旋转平面为 ZX 平面，C 轴旋转平面为 XY 平面，两个旋转轴结合为一个整体构成双摆头结构，如图 4-37 所示。

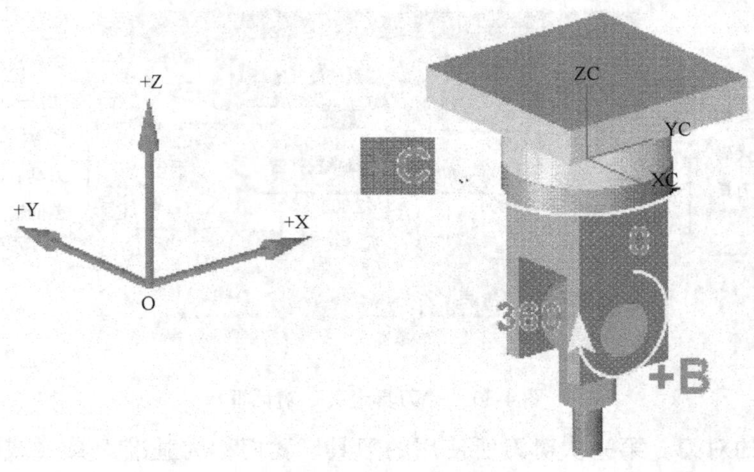

图 4-37　双摆头五轴机床结构

双摆头五轴机床，由于没有旋转工作台结构，一般加工原点可以根据编程需要取工件上任意一点作为加工原点。

（1）双摆头五轴机床的工件坐标系的建立

1）校正摆轴，使主轴垂直于工作台（对刀 B 轴原点），校正方法与单摆头五轴机床相同。

2）校正旋转轴，使 B 轴旋转轴线与 Y 轴平行（对刀 C 轴原点），如图 4-38 所示。将 C 轴旋转到接近如图 4-38 所示的位置（使 B 轴旋转轴线大致与 Y 轴平行），将千分表吸在主轴上；在工作台上放置一个大的标准方箱，移动 X 轴在方箱侧面打表，将方箱侧面与机床 ZX 平面校平行；然后，调整 B 轴、C 轴的位置，使千分表可以跟随 B 轴摆动，在方箱侧面上划出半圆轨迹；当 B 轴摆动时，若千分表读数变化，则调整 C 轴角度，直至千分表的读数变化在允许的范围内。此时，B 轴旋转平面同机床 ZX 平面平行，B 轴轴线与 Y 轴平行。把此时 C 轴的机床坐标值输入到 G55 对话框的 C 框中，并按“确定”按钮保存。

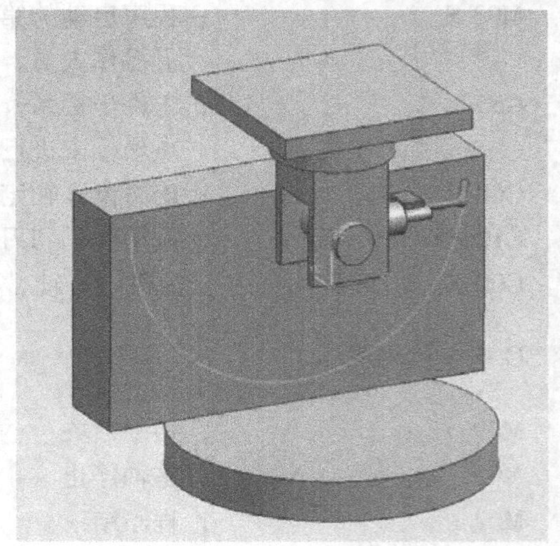

图 4-38　双摆头 C 轴校正方法

一般情况下，B 轴、C 轴的零位在新机床出厂前的调试中已经校正，即 B 轴的机床坐标为零时，主轴垂直于工作台，C 轴机床坐标为零时，B 轴旋转轴线与 Y 轴平行。但为了确保精度，加工前应复检一次。

3）装夹工件和刀具。把工件固定在工作台上，并把加工时需要的第一把刀具装夹到主轴上。

4）X 轴、Y 轴、Z 轴对刀。在校正了 B 轴、C 轴零点的基础上，使机床 B 轴、C 轴位于零位，采用与三轴加工一样的操作方法进行对刀，确定 X 轴、Y 轴、Z 轴加工零点，输入到 G55 坐标参数中。

5）测定摆长。如图 4-39 所示，找一块最好是用磨床磨过的垫块，置于工作台面，在 B 轴零度（主轴垂直于工作台面）时，把刀尖移动到垫块的上表面，再把刀具抬高一个刀具半径，记录下此时机床 Z 坐标值，设为“P1”；让 B 轴摆动到“90°”或“－90°”，再让刀具移动到垫块上表面，记下此时机床坐标的数值，为“P2”，则 | P1 | － | P2 | ＝P（摆长）。

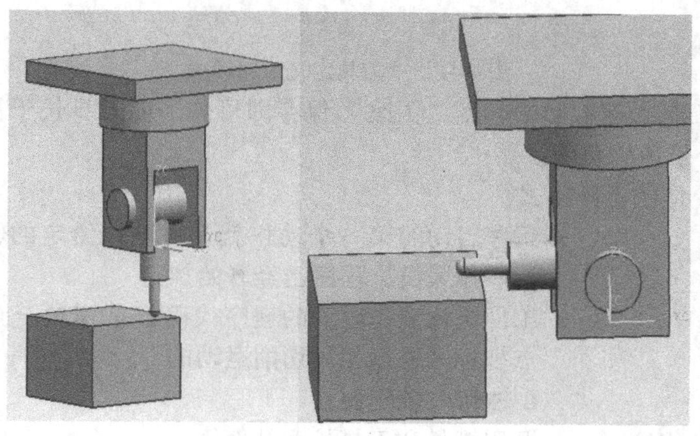

图 4-39　测量摆长

把“－P”输入到 G58 对话框的 Z 框中，并按“确定”按钮保存（加工程序中要用到 G 指令来调用这个摆长值），如图 4-40 所示。

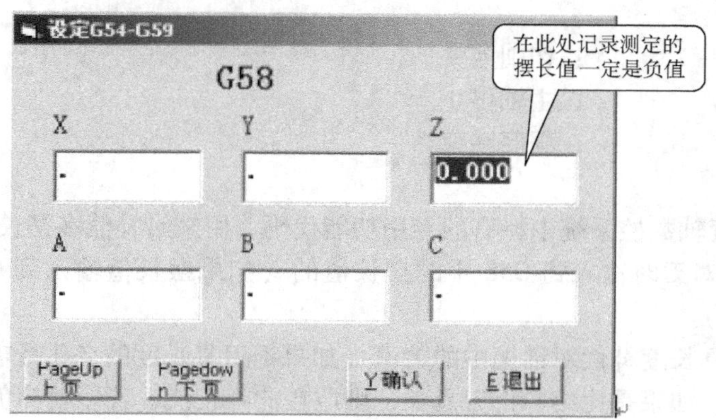

图 4-40　摆长补正值设定

6）将系统中刀长补正值清零。在 F1 自动方式下按“5 刀具”，弹出如图 4-41 所示的刀具定义对话框，在刀具长度补偿中填入“0”，单击“W 更改”按钮。

第一次对刀全部完成。

7）换刀后的对刀。第一次对刀所使用的刀具，我们称为基准刀具（或称初始刀具）；当主轴上刀具更换之后，所使用的刀具就不是基准刀具了，称为当前刀具。

如果换了另外的刀具来加工，需要测出当前刀具与初始刀具的长度差值，将这个差值输

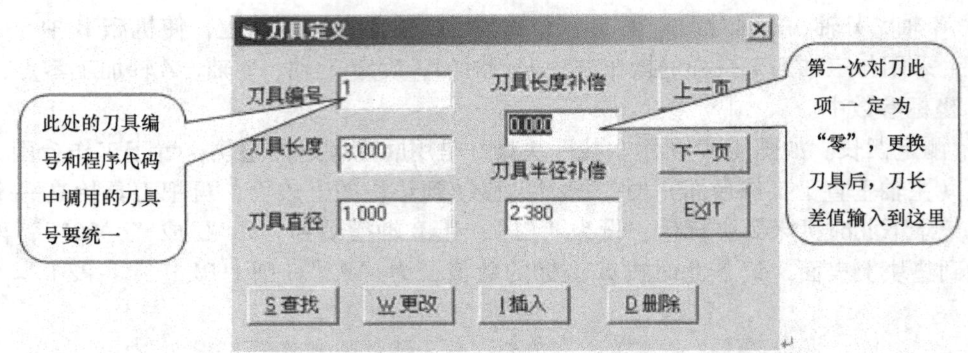

图 4-41　“刀具定义”对话框

入到如图 4-41 的刀具长度补偿中，点“更改”保存即可。当前刀具长于初始刀具的补偿值为正值；反之，补偿值为负值。

（2）程序头、尾的标准格式

M03 S_	；程序启动的第一个动作就是主轴以给定的转速转动起来，告诉操作人员，程序已经开始执行
G55	；工件坐标系，以下的程序代码都是相对于 G55 坐标系中的原点坐标来进行相对切削运动的
G00 B_C_	；B 轴和 C 轴定位
G10 P58 H1（HH）	；调用摆长和刀具长度补偿值
G00 X_Y_Z_B_C_	；X 轴、Y 轴、Z 轴、B 轴、C 轴定位
	}G 指令代码程序
M09	；切削液关
M05	；主轴停止
M02	；程序结束

注意：

G10 是 SKY 五轴数控系统中特有的专用功能代码，用来给补偿多摆长和刀长的。

P58 是调用在对刀时输入到 G58 中的摆长值的（如果摆长值输入到 G59 对话框中，则此处就应改成 P59）。

H1 是调用刀具长度补偿对话框中的数值（如果把刀具长度的变化量输入到第 5 号刀中，此处就应改成 H5；如果是比第一把刀具长，则应在此补正值，若短就补负值）。

（HH）中 H 是 Head 的缩写，意思是双摆头机床。

大多数的五轴机床在制造时，四轴与五轴的轴线之间会在两个方向产生一定的制造误差，其误差量在回转轴运动时会直接影响到刀具或工作台的实际运动量。这种误差一般出厂前测出，并存入系统参数，用户一般不需改变，但在后置处理时，需将其值进行设置。

第四节　五轴数控加工刀具的补偿

在两坐标和三坐标加工中，为了编程方便通常将数控刀具假想成一个点，称为刀位点。

编程时一般不考虑刀具的长度与半径，只考虑刀位点与编程轨迹重合。但在加工过程中，由于刀具半径和刀具长度各不相同，加工中会造成加工误差，因此实际加工中必须通过刀具补偿指令，使数控机床根据实际使用的刀具尺寸自动调整各坐标轴的移动量，确保实际加工轮廓和编程轨迹完全一致。数控机床根据实际刀具尺寸，自动改变坐标轴位置，使实际加工轮廓和编程轨迹完全一致的功能，称为刀具补偿功能。

一、二维刀具半径补偿与三维刀具半径补偿

1. 二维刀具半径补偿

二维刀具半径补偿仅在指定的二维加工平面内进行，加工平面由 G17（XY 平面）、G18（ZX 平面）和 G19（YZ 平面）指定。

手工编程时，一般根据零件的外形轮廓采用 G41 或 G42 实现刀具半径补偿，刀具半径存放在一个刀具半径补偿寄存器中，由机床数控系统实现刀具半径补偿。采用刀具半径补偿时，数控系统会自动计算刀心轨迹，使刀具中心轨迹向待加工零件轮廓指定的一侧偏移一个刀具半径值。采用计算机辅助数控编程，刀具半径补偿除了可由数控系统实现外，还可由数控编程系统实现，即根据给定的刀具半径值和待加工零件的外形轮廓，由数控编程系统计算出实际的刀具中心轨迹。对于铣削和车削数控加工，尽管二维刀具半径补偿的原理相同，但由于刀具形状和加工方法区别较大，刀具半径补偿方法仍有一定的区别。

（1）铣削加工刀具半径补偿

1）刀具半径补偿功能：在二维轮廓数控铣削加工过程中，由于旋转刀具具有一定的刀具半径，刀具中心的运动轨迹并不等于所需加工零件的实际轮廓，而是偏移零件轮廓表面一个刀具半径值。如果之间采用刀心轨迹编程（Cutter Centerline Programming），则需要根据零件的轮廓形状及刀具半径采用一定的计算方法计算刀具中心轨迹，因此这一编程方法也称为对刀具的编程（Programming The Tool）。当刀具半径改变时，需要重新计算刀具中心轨迹；当计算量较大时，也容易产生计算错误。

数控系统的刀具半径补偿（Cutter Radius Compensation）就是将计算刀具中心轨迹的过程交由 CNC 系统执行，编程员假设刀具半径为零，直接根据零件的轮廓形状进行编程，因此这种编程方法也称为对零件的编程（Programming The Part）。而实际的刀具半径则存放在刀具半径偏置寄存器中，在加工过程中，CNC 系统根据零件程序和刀具半径自动计算刀具中心轨迹，完成对零件的加工。当刀具半径发生变化时，不需要修改零件程序，只需修改存放在刀具半径偏置寄存器中的刀具半径值或者选用存放在另一个刀具半径寄存器中的刀具半径值所对应的刀具即可。

2）刀具半径补偿类型：根据刀具半径补偿在工件拐角处过渡方式的不同，刀具半径补偿通常分成两种补偿方式，分别称为 B 型刀补和 C 型刀补。

B 型刀补在工件轮廓的拐角处采用圆弧过渡，如图 4-42 所示的圆弧 DE，这样在外拐角处，刀具切削刃始终与工件尖角接触，刀具的刀尖始终处于切削状态。采用此种刀补方式会使工件上尖角变钝，刀具磨损加剧，甚至在工件的内拐角处还会引起过切现象。

C 型刀补采用了较为复杂的刀偏计算，计算出拐角处的交点（图 4-43 所示 B 点），使刀具在工件轮廓拐角处的过渡采用了直线过渡的方式，如图 4-43 所示的直线 AB 与 BC，从而解决了 B 型刀补存在的不足。现在大多数数控系统都采用 C 型刀补。

3）刀具半径补偿方向：如图 4-44 所示，铣削加工刀具半径补偿分为刀具半径左补偿

（用 G41 定义）和刀具半径右补偿（用 G42 定义），使用非零的 Dnn 代码选择正确的刀具半径偏置寄存器。根据 ISO 标准，从垂直于插补平面的坐标轴的正向朝负向看，当刀具中心轨迹沿前进方向位于零件轮廓右边时称为刀具半径右补偿；反之称为刀具半径左补偿。当不需要进行刀具半径补偿时，则用 G40 取消刀具半径补偿。

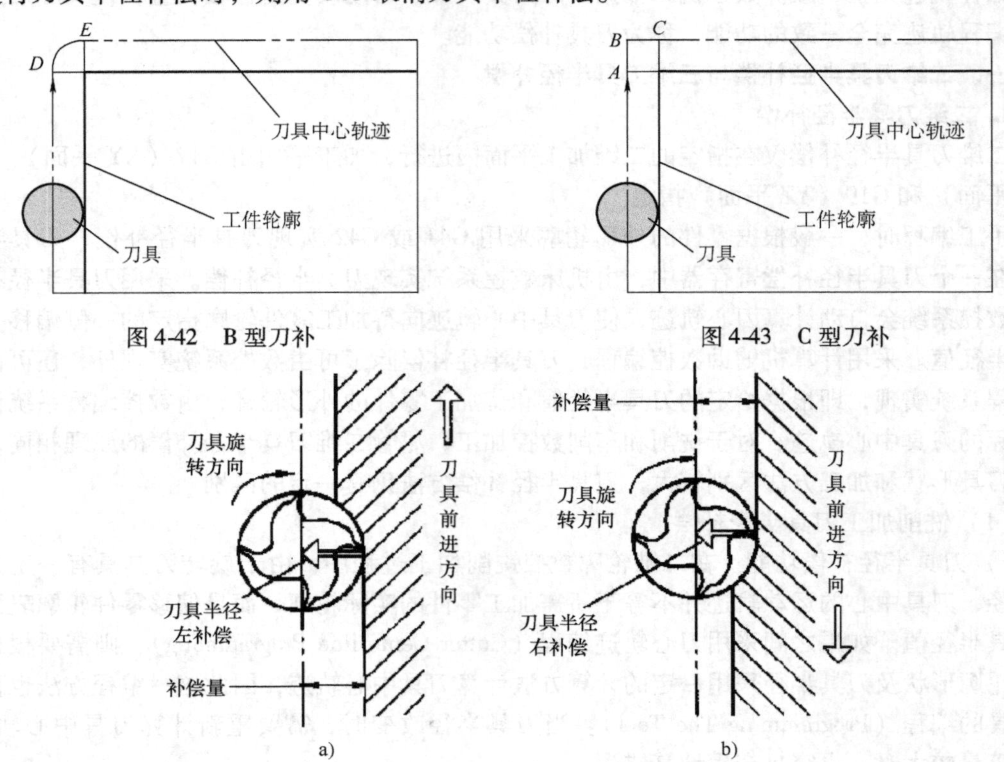

图 4-42　B 型刀补　　图 4-43　C 型刀补

图 4-44　刀具半径左补偿 G41 与刀具半径右补偿 G42 的判定

a）左补偿　b）右补偿

4）刀具半径补偿过程：在实际轮廓加工过程中，刀具半径补偿执行过程一般分为三步：①刀具半径补偿建立——刀具由起刀点以进给速度接近工件，刀具半径补偿偏置方向由 G41（左补偿）或 G42（右补偿）确定；②刀具半径补偿进行——一旦建立了刀具半径补偿状态，则一直维持该状态，直到取消刀具半径补偿为止；③刀具半径补偿取消——刀具撤离工件，回到退刀点，取消刀具半径补偿。

5）刀具半径补偿指令格式：

G41 G01　X　Y　F　D　；　　G41 G00　X　Y　D　；

G42 G01　X　Y　F　D　；　　G42 G00　X　Y　D　；

G40 G01　X　Y　F　；　　G40 G00　X　Y　；

6）刀具半径补偿的应用：①通过设置不同的刀具半径补偿值，可以用同一段程序，对零件进行粗、精加工；②通过改变刀具半径补偿值，可以修正工件加工尺寸；③利用同一个程序，加工同一公称尺寸的凹、凸型面。将内外轮廓加工编写成同一程序，在加工外轮廓时，将偏置值设为“$+D$”，刀具中心将沿轮廓的外侧切削；加工内轮廓时，将偏置值设为“$-D$”，这时刀具中心将沿轮廓的内侧切削。此种方法在模具加工中运用较多。

（2）车削加工刀尖半径补偿　对于车削数控加工，由于车刀的刀尖通常是一段半径很小的圆弧，而假设的刀尖点并不是切削刃圆弧上的一点，因此在车削锥面、倒角或圆弧时，可能会出现切削不足或切削过量的现象。因此，当使用车刀来切削加工锥面、倒角或圆弧时，必须将假设的刀尖点的路径作适当的修正，使之切削加工出来的工件能获得正确尺寸，这种修正方法称为刀尖半径补偿。

与铣削加工刀具半径补偿一样，车削加工刀尖半径补偿也分为左补偿（G41 指令）和右补偿（用 G42 指令）。与二维铣削加工方法一样，采用刀尖半径补偿时，刀具运动轨迹指的不是刀尖，而是刀尖上切削刃圆弧的中心位置，这在程序原点设置时就需要考虑。

现代 CNC 系统的二维刀具半径补偿不仅可以自动完成刀具中心轨迹的偏置，而且还能自动完成直线与直线转接、圆弧与圆弧转接和直线与圆弧转接等尖角过渡功能。

2. 三维刀具半径补偿

对于多坐标数控加工，一般的 CNC 系统目前还没有三维刀具半径补偿功能，编程员在进行零件加工编程时必须考虑刀具半径的影响。对于同一零件，采用相同类型的刀具加工；当刀具半径不同时，必须编制不同的加工程序。但在现代先进的 CNC 系统中，有的已具备三维刀具半径补偿功能。

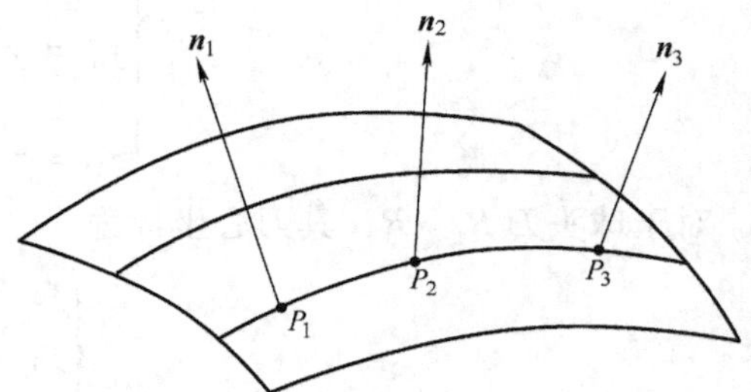

图 4-45　加工表面上切触点坐标及单位法矢量

（1）基本概念

1）加工表面上切触点坐标及单位法矢量。对于三维刀具半径补偿，要求已知加工表面上刀具与加工表面的切触点坐标及单位法矢量，如图 4-45 所示。

2）刀具类型及刀具参数。三维刀具半径补偿方法适用于如图 4-46 所示 3 种刀具类型。

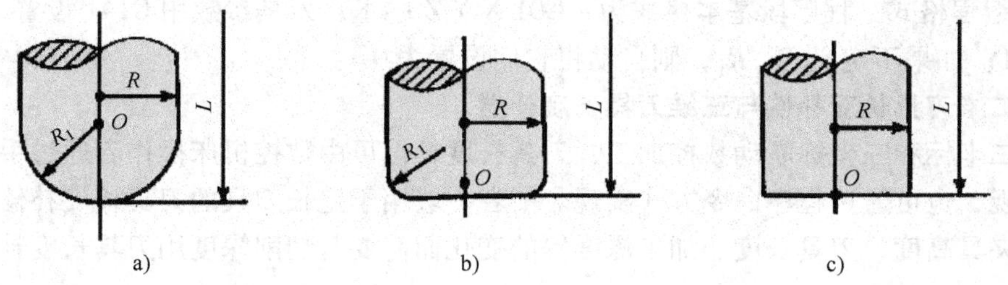

图 4-46　刀具类型及刀具参数

a）球头刀（$R=R_1$）　b）环形刀（$R>R_1$）　c）面铣刀（$R_1=0$）

图中，L 表示刀具长度，R 表示刀具半径，R_1 表示刃口半径。

3）刀具中心。如图 4-46 所示，定义球头刀（$R=R_1$）的球心 O、环形刀（$R>R_1$）的切削刃圆环中心 O、面铣刀（$R_1=0$）的底面中心 O 为刀具中心。

（2）功能代码设置　三维刀具半径补偿建立用 G141 实现。撤销三维刀具半径补偿用 G40 或按 RESET 或按 MANUAL CLEAR CONTROL。G141 与 G41、G42、G43、G44 为同一 G 功能代码组，当一个有效时，其余四个无效。当 G141 有效时，下列功能可编程：G00、G01、G04、G40、G90、G91、F、S。

（3）三维刀具补偿原理　设刀具与加工表面切触点 **P** 的坐标为（x，y，z），加工表面在 **P** 点的单位法矢向量为 $\boldsymbol{n}=(n_x, n_y, n_z)$，对于环形刀 $R>R_1$，其刀心坐标为

$$\begin{cases} x_0 = x + n_x R_1 + \dfrac{n_x}{\sqrt{n_x^2+n_y^2}}(R-R_1) \\ y_0 = y + n_y R_1 + \dfrac{n_y}{\sqrt{n_x^2+n_y^2}}(R-R_1) \\ z_0 = z + n_z R_1 \end{cases}$$

对于面铣刀 $R_1=0$，其刀心坐标为

$$\begin{cases} x_0 = x + \dfrac{n_x}{\sqrt{n_x^2+n_y^2}}R \\ y_0 = y + \dfrac{n_y}{\sqrt{n_x^2+n_y^2}}R \\ z_0 = z \end{cases}$$

对于球头刀 $R_1=R$，其刀心坐标为

$$\begin{cases} x_0 = x + n_x R_1 \\ y_0 = y + n_y R_1 \\ z_0 = z + n_z R_1 \end{cases}$$

需要注意的是，当 $n_x=n_y=0$ 时，其刀心坐标为

$$\begin{cases} x_0 = x \\ y_0 = y \\ z_0 = z + n_z R_1 \end{cases}$$

（4）编程格式　程序段基本格式为：G01 X Y Z I J K；刀具参数用 G141 设置，格式为：G141 R R1；如果不定义 R、R_1，则自动将它们设置为 0。

二、二维刀具长度补偿与三维刀具长度补偿

对于二坐标和三坐标联动数控加工，刀具长度补偿可由数控机床操作者通过手动数据输入方式实现，也可通过程序命令方式实现。前者一般用于定长刀具的刀具长度补偿，后者则用于由于夹具高度、刀具长度、加工深度等的变化而需要对切削深度用刀具长度补偿的方法进行调整。

在现代 CNC 系统中，用 MDI 方式进行刀具长度补偿的过程是：机床操作者在完成零件装夹、程序原点设置之后，根据刀具长度测量基准采用对刀仪测量刀具长度，然后在相应的刀具长度偏置寄存器中，写入相应的刀具长度参数值。当程序运行时，数控系统根据刀具长度基准使刀具自动离开工件一个刀具长度距离，从而完成刀具长度补偿。

在加工过程中，为了控制切削深度，或进行试切加工，也经常使用刀具长度补偿。采用的方法是：加工之前在实际刀具长度上加上退刀长度，存入刀具长度偏置寄存器中，加工时使用同一把刀具。调整加长后的刀具长度值，从而可以控制切削深度，而不用修正零件加工程序。

程序命令方式由刀具长度补偿指令 G43 和 G44 实现：G43 为刀具长度加补偿，G44 为刀

具长度减补偿。使用非零的Hnn代码选择正确的刀具长度偏置寄存器号，加补偿将刀具长度值加到指令的轴坐标位置，减补偿则将刀具长度值从指令的轴坐标位置减去。

值得进一步说明的是，数控编程员应记住：零件数控加工程序假设的是刀尖（或刀心）相对于工件的运动，刀具长度补偿的实质是将刀具相对于工件的坐标由刀具长度基准点（或称刀具安装定位点）移到刀尖（或刀心）位置。

对于刀具摆动的四坐标、五坐标联动的数控加工，有些数控系统具备刀具长度补偿功能，可以直接调用；对于不具备刀具长度补偿的，在CAM编程和后置处理过程中考虑刀具长度补偿。

三、在CAM软件中的刀具补偿

1. 定义刀具参数

UG的定义刀具参数的界面。通过点击“开始”→“制造”，可以出现UG的CAM界面，这时点击“创建刀具”按钮，就会弹出创建刀具的对话框，如图4-47所示。

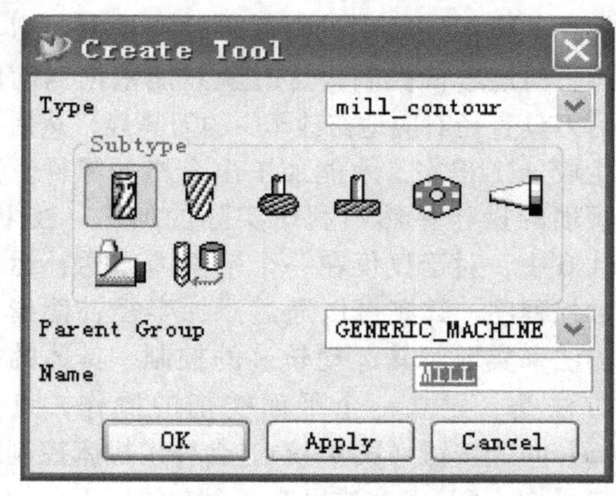

图4-47　创建刀具对话框

根据需要选择刀具类型（Type），定义刀具名称（Name）并单击“OK”按钮后，即弹出刀具结构参数的对话框，如图4-48所示。在这里可以定义刀具的直径（Diameter），刀具的悬伸长度（Length），刀具的齿数（Number of Flutes）等。最重要的是，在这些基本参数的下方，可以为该刀具定义另外4个参数：①Z向偏置（Z Offset）。它用来指定Z轴偏移的距离。该数值通常代表由于刀长的差异所需要偏移的Z轴距离，系统使用该数值来启动载入刀具Z轴偏移值的后处理命令。②长度补偿寄存器号（Adjust Register）。它用来在指定控制器中保存刀具偏移值的寄存器编号，输入数值之后计算机在生成程序过程中就会读取这个数值作为刀具长度补偿的代号。③半径补偿寄存器号（Cutcom Register）。刀具直径可能会因磨损等因素而发生变化，因此在加工中为了得到所需轮廓必须对刀具直径进行补偿。而刀具补偿寄存器就用于保存刀具直径补偿的寄存器编号，系统在该寄存器中读取刀具直径变化的补偿值。④刀具编号（Tool Number）。该编号不得为负值，且只能输入数字，之后计算机会读取该数值作为程序中换刀指令的刀具号。以上这4个参数将来要被CAM软件使用，在一定加工方式下，实现刀具的长度、半径补偿功能。

2. 刀具补偿的使用

在使用CAM软件编程时，大多数的情况下是不考虑刀具的半径及长度补偿的，特别是对于三轴、四轴（三轴加转台）联动加工的数控程序，只需要在设置刀具参数时正确地填入刀具直径、长度补偿寄存器号、刀号，计算机即可根据加工轨迹生成加工所需的程序代码。数控机床在读取该程序时，只需根据刀号调出相应的刀具，根据长度补偿寄存器号调出相应的刀补值即可进行正常的切削加工。然而，对于主轴上面安装了摆头的五轴联动数控机床来说，情况就会复杂得多。这种机床的运动特性是：为了保证刀具相对于工件的位置正确，回转轴上的任何一个动作势必要影响到其余直线轴上的运动，同时由于此时的刀具轴线方向也是在随时变化着的，所以这时无法简单地依靠读取刀补值来控制刀具的轴向移动。UG为类似这样结构的机床添加刀具长度补偿提供了另外一种便捷的方法：将每把刀具的刀具长度补偿值填入“Z 向偏置（Z Offset）”一栏（不再往机床数控系统的刀具补偿表填写刀补值），UG在通过后置处理生成五轴联动的加工程序时就会利用此数值正确地计算出机床各数控轴的坐标位置。

这种编程方法虽然操作简单，但是也有着很不方便的一面，那就是：在刀具进行了一段时间的切削加工后，随着刀具半径方向的磨损，我们并不能很好地通过修改半径补偿值对刀具的运行轨迹进行控制，这时就只能依据当前的实际刀具直径对应地修改UG的刀具表，然后再次生成加工程序，才能加工出合格的零件。这么烦琐的操作显然不利于实际的加工。在UG NX4.0中，对于仅仅在一个平面内作插补运动的数控程序，其实可以通过添加半径补偿指令的方法来实现对其运动轨迹的控制。具体的操作方法是：建立一个平面铣削的操作，点击“Machine”按钮（图4-49），会弹出机床控制的窗口（图4-50），在这里有一个专门用于添加刀具半径补偿的按钮“Cutter Compensation”，点击该按钮就会出现关于刀具半径补偿选项的一个“Cutter Compensation”窗口，通过设置这里面的一些参数就可以实现对现有的平面铣削类的加工程序添加刀具半径补偿指令。下面解释这个窗口中相关选项的具体含义。

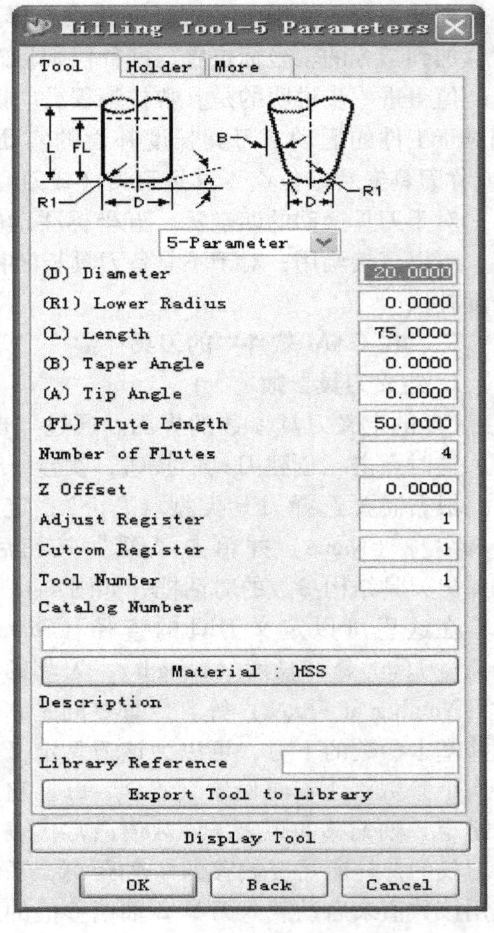

图4-48 刀具参数设置对话框

（1）Cutcom 单击“Cutcom”下拉菜单可以选择是在何种方式下应用刀具半径补偿，有3个选项：①Inactive（不激活），如图4-51所示，默认状态下刀具半径补偿功能是不生效的。②Engage/Retract，如图4-52所示，在发生进刀移动时刀具半径补偿功能生效，在回退移动时取消。③Wall，仅沿着零件的侧壁的移动生效。具体是左刀补还是右刀补是由软件系统自动判断的。如果选择了Engage/Retract来添加刀具半径补偿，并且进/退刀方式选择自动的情况下，就必须再指定最小移动距离（Minimum Move）和最小切入角度（Minimum Angle）。此时还要注意，最小移动距离的指定与数控系统的特性还有一定的关系，因为最小移动距离为零意味着建立刀具半径补偿的移动要添加在圆弧插补程序段中，这在许多数控系统中是不允许的。图4-53显示了Engage/Retract类型的刀具半径补偿是怎样添加到圆弧切入程序段之前的。反之，如果进/退刀方式选择直线方式，那么也就不存在数控系统的限制了，Minimum Move和Minimum Angle选项也就不是必须填写的了。如果选择了Wall来添加刀具半径补偿，那么半径补偿会生效于刀具接触零件侧壁的程序段中，取消于刀具切出零件的程序段。

FACE_MILLING
Main　Groups
Geometry
Edit　Reselect　Face　Display
Cut Method
Stepover　Tool Diameter
Percent　75.0000
Blank Distance　3.0000
Depth Per Cut　0.0000
Final Floor Stock　0.0000
Additional Passes　0
Control Points
Engage/Retract
Method　Automatic
Cutting
Corner　Avoidance
Feed Rates　Machine
Tool Path
OK　Apply　Cancel

图 4-49　面加工对话框

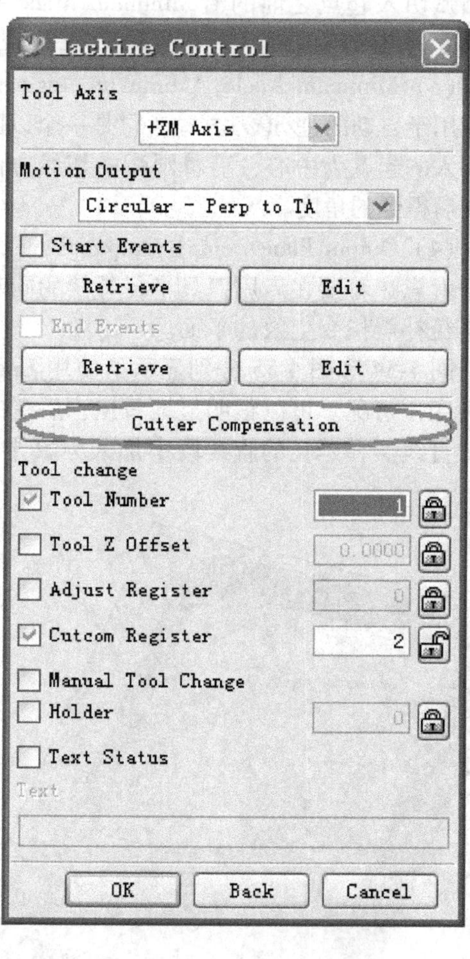

图 4-50　机床控制对话框

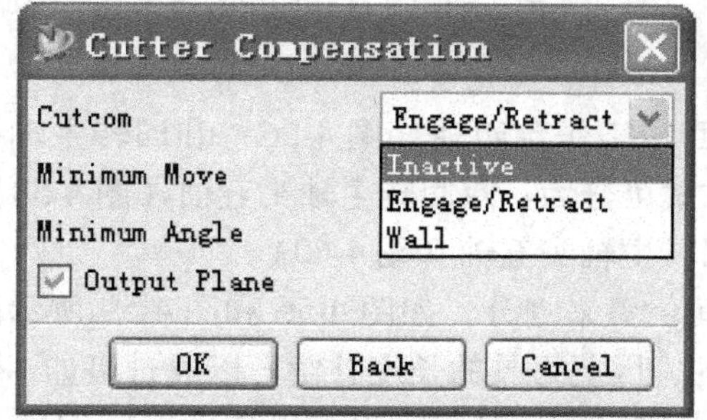

图 4-51　刀具补偿对话框（不激活）

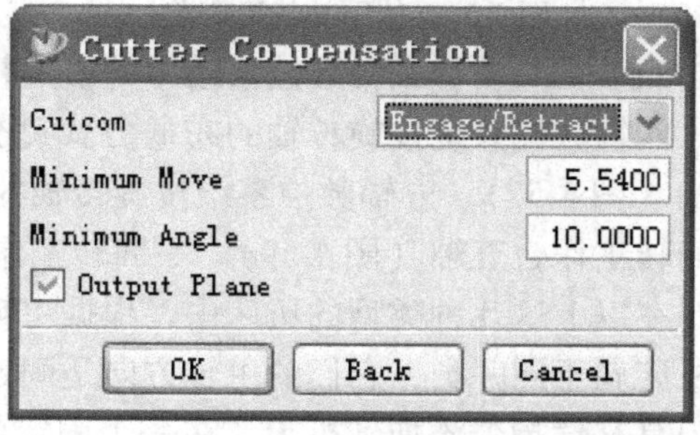

图 4-52　进刀/退刀时补偿

（2）Minimum Move　Minimum Move 仅仅应用于自动的进/退刀方式。它是一段添加于圆弧切入起点之前的沿 Minimum Angle 指定角度的直线距离。

（3）Minimum Angle　Minimum Angle 仅仅应用于自动的进/退刀方式。它是一个以圆弧切入的起点为中心，沿着圆弧的切线方向旋转后得到的角度。

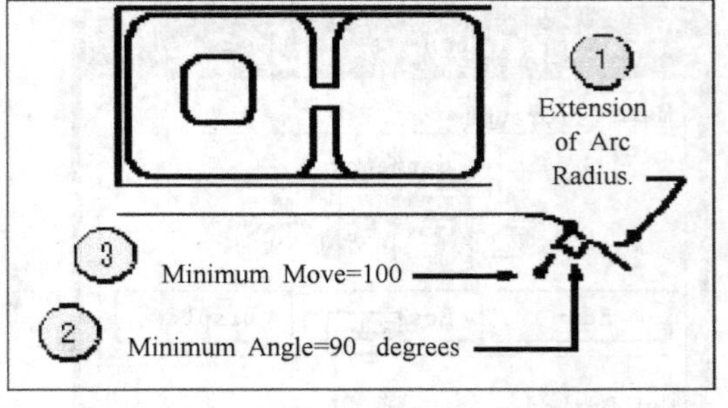

图 4-53　进刀/退刀时补偿设置对话框

（4）Output Plane　选中 Output Plane 复选框就意味着要在启用刀具半径补偿的同时在程序段中添加工作平面选择指令，该平面是刀具半径补偿指令生效的平面。

图 4-54 和图 4-55 分别显示了使用 Engage/Retract 来添加刀具半径补偿指令前后的刀具轨迹变化情况。可以很明显地看出，后者的切入轨迹（黄线部分）较图 4-54 中有了一段延长的直线。在延长的直线段中加入刀具半径补偿指令可以有效地防止数控系统出现程序报警。

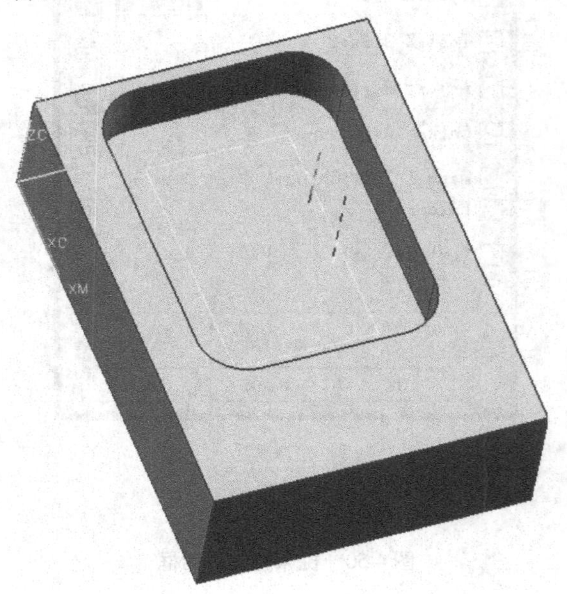

图 4-54　使用补偿指令前

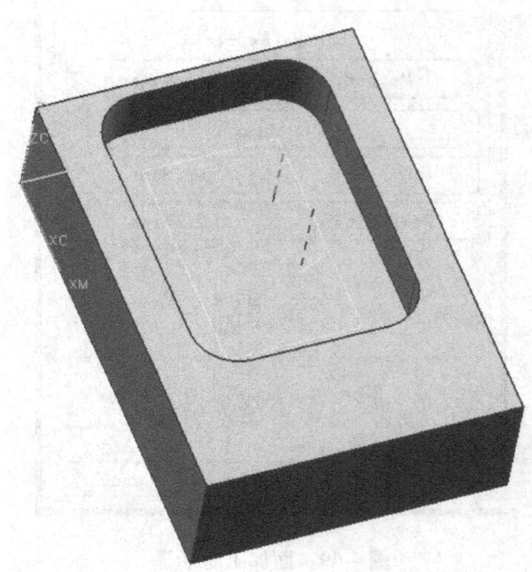

图 4-55　使用补偿指令后

四、在四轴、五轴数控系统中的刀具补偿

四轴数控系统按旋转轴的布局方式可分为：回转工作台四轴（图 4-56）和回转主轴头四轴（图 4-57）。五轴数控系统按旋转轴的布局方式可分为：双回转主轴头五轴（图 4-58）、双回转工作台五轴（图 4-59）、一回转工作台一回转主轴头五轴（图 4-60）。

在以上这几种类型的机床中，根据主轴的空间位置来划分，如图 4-56 和图 4-59 所示两种机床属于同一类，它们的主轴方向是固定不变的，因此刀具的长度补偿可以通过诸如 G43 等刀具补偿指令添加到机床，在一个固定的平面内进行插补时同样也可以使用 G41/G42 指令来添加刀具半径补偿，这与普通的三轴机床是一样的。而如图 4-57、图 4-58、图 4-60 所

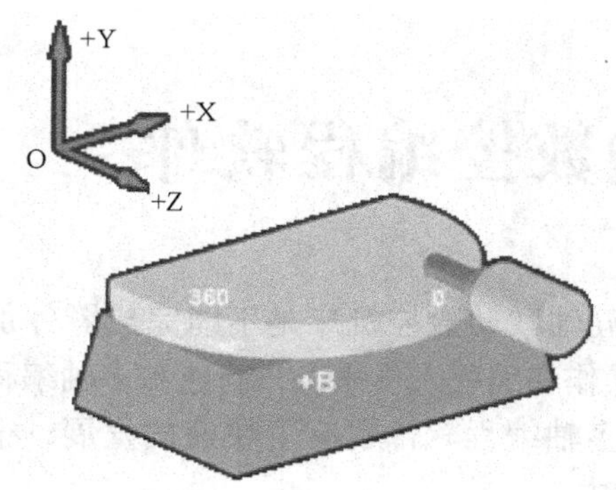

图 4-56　回转工作台四轴

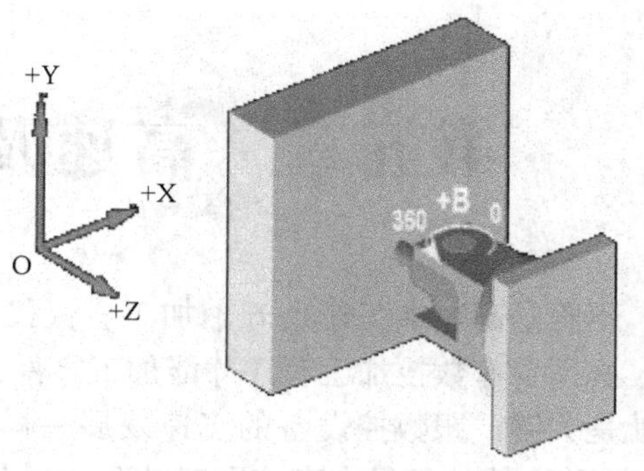

图 4-57　回转主轴头四轴

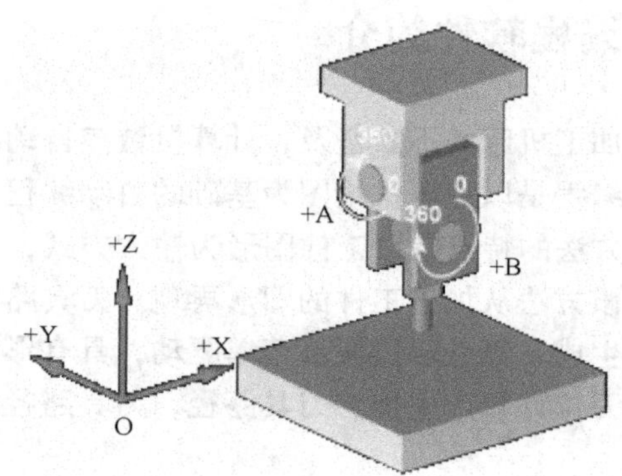

图 4-58　双回转主轴头五轴

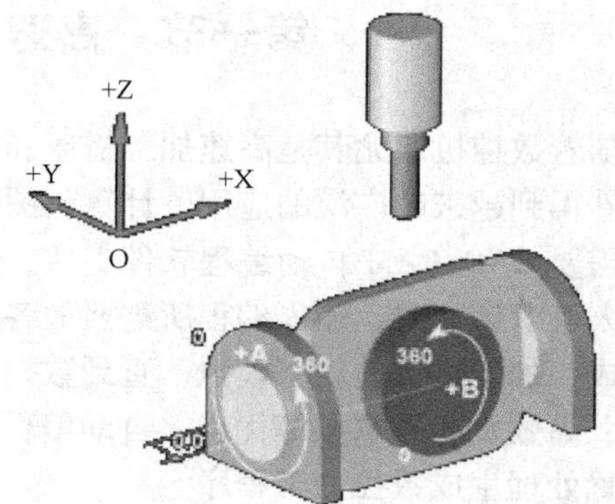

图 4-59　双回转工作台五轴

示机床就属另一类机床，它们的主轴是可以旋转的。对于这类机床的刀补分为两种情况：①刀具轴线方向与 Z 轴方向重合时。此时仍然可以与三轴机床一样实现长度及半径补偿。②刀具轴线方向与 Z 轴不重合时。此时大多数的数控机床厂商都要在数控系统内固化一个特殊的程序，在读取当前刀具的长度补偿值后，通过一个特殊的指令调用那个程序，计算出刀杆旋转至某个固定角度时相应的其余直线轴上的运动量，从而控制机床正确的运动。

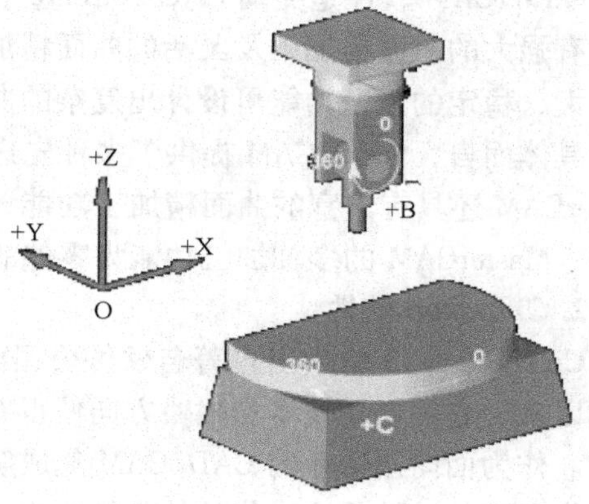

图 4-60　一回转工作台一回转主轴头五轴

第五章　高速及多轴数控编程软件

不管是高速加工还是五轴加工，仅仅有高速或五轴联动数控机床是不能完成零件加工的，必须要有数控加工程序才能加工零件，所以对操作和编程人员来讲，高速和多轴编程软件就是关键。跟数控设备的飞速发展一样，高速和多轴编程软件也有了快速的发展，很多CAD/CAM 软件都具有高速和五轴联动加工编程的能力。

第一节　高速及多轴编程软件简介

随着数控机床尤其是高速加工机床和五轴联动加工机床的不断普及，计算机数控自动编程软件得到越来越广泛的应用。计算机图形交互式编程是以计算机绘图为基础的自动编程方法，需要 CAD/CAM 自动编程软件支持。这种编程方法的特点是以工件图形为输入方式，并采用人机对话方式，输入编程所需要的各种参数。该方法从加工工件的图形再现、刀具路径的生成、加工过程的动态模拟，直到数控加工程序生成，都是通过屏幕菜单驱动，具有形象直观、高效及容易掌握等优点。自动编程软件经过刀位计算产生加工刀具路径，刀具路径通过后置处理生成数控加工程序。

1. MasterCAM

MasterCAM 软件是美国 CNC Software 有限公司开发的基于 PC 平台的 CAD/CAM 软件。它具有强大的曲面粗加工及灵活的曲面精加工功能，提供了设计零件外形所需的理想环境，其强大、稳定的造型功能可设计出复杂的曲线、曲面零件。

具体而言，MasterCAM 提供了多种先进的粗加工技术，以提高零件加工的效率和质量。MasterCAM 还具有丰富的曲面精加工功能，可以从中选择最好的方法，加工最复杂的零件。此外，MasterCAM 的多轴加工功能为零件的加工提供了更多的灵活性。

2. Cimatron 软件

Cimatron IT13 软件出自著名软件公司以色列 Cimatron 公司。自从 Cimatron 公司 1982 年创建以来，它的创新技术和战略方向使得 Cimatron 公司在 CAD/CAM 领域内处于公认的领导地位。作为面向制造业的 CAD/CAM 集成解决方案的领导者，承诺为模具、工具和其他制造商提供全面的、性价比最优的软件解决方案，使制造循环流程化，加强制造商与外部销售商的协作，以极大地缩短产品交付时间。

3. PowerMILL 软件

（1）PowerMILL 软件特点　PowerMILL 是一个独立运行的世界领先的 CAM 系统，它是 Delcam 的核心多轴加工产品。PowerMILL 可通过 IGES、VDA、STL 和多种不同的专用直接接口接受来自任何 CAD 系统的数据。它功能强大，易学易用，可快速、准确地产生能最大限度发挥 CNC 数控机床生产效率的、无过切的粗加工和精加工刀具路径，确保生产出高质量的零件和工具、模具。PowerMILL 功能齐备，适用于广泛的工业领域。Delcam 独有的最新五轴加工策略、高效粗加工策略以及高速精加工策略，可生成最有效的加工策略，确保最大限度地发挥机床潜能。PowerMILL 计算速度极快，同时也为使用者提供了极大的灵活性。

（2）高效区域清除策略　PowerMILL 以其独特、高效的区域清除方法而引领区域清除加工潮流。这种加工方法的基本特点是尽可能地保证刀具负荷的稳定，尽量减少其切削方向的突然变化。为实现上述目标，PowerMILL 在区域清除加工中用偏置加工策略取代了传统的平行加工策略。

（3）赛车线加工　PowerMILL 包含有多个全新的高效粗加工策略，这些策略充分利用了最新的刀具设计技术，从而实现了侧刃切削或深度切削。在这中间最独特的是 Delcam 拥有专利权的赛车线加工策略。在此策略中，随刀具路径切离主形体，粗加工刀具路径将变得越来越平滑，这样可避免刀具路径突然转向，从而降低机床负荷，减少刀具磨损，实现高速切削。

（4）摆线加工　摆线粗加工是 PowerMILL 推出的另一全新的粗加工方式。这种加工方式以圆形移动方式沿指定路径运动，逐渐切除毛坯中的材料，从而可避免刀具的全刀宽切削。这种方法可自动调整刀具路径，以保证安全有效的加工。

（5）自动摆线加工　这是一种组合了偏置粗加工和摆线加工策略的加工策略。它通过自动在需切除大量材料的地方使用摆线粗加工策略，而在其他位置使用偏置粗加工策略，从而避免使用传统偏置粗加工策略中可能出现的高切削载荷。由于在材料大量聚集的位置使用摆线加工方式切除材料，因此降低了刀具切削负荷，提高了载荷的稳定性，因此可对这些区域实现高速加工。

4. UG 软件

Unigraphics（简称 UG）CAD/CAM/CAE 系统提供了一个基于过程的产品设计环境，使产品开发从设计到加工真正实现了数据的无缝集成，从而优化了企业的产品设计与制造。UG 面向过程驱动的技术是虚拟产品开发的关键技术，在面向过程驱动技术的环境中，用户的全部产品以及精确的数据模型能够在产品开发全过程的各个环节保持相关，从而有效地实现了并行工程。

UG 不仅具有强大的实体造型、曲面造型、虚拟装配和产生工程图等设计功能，而且在设计过程中可进行有限元分析、机构运动分析、动力学分析和仿真模拟，提高设计的可靠性。同时，它可用建立的三维模型直接生成数控代码，用于产品的加工，其后处理程序支持多种类型数控机床。另外，它所提供的二次开发语言 UG/Open GRIP、UG/open API 简单易学，实现功能多，便于用户开发专用 CAD 系统。具体来说，该软件具有以下特点：

1）具有统一的数据库，真正实现了 CAD/CAE/CAM 等各模块之间的无数据交换的自由切换，可实施并行工程。

2）采用复合建模技术，可将实体建模、曲面建模、线框建模、显示几何建模与参数化建模融为一体。

3）用基于特征（如孔、凸台、型腔、槽沟、倒角等）的建模和编辑方法作为实体造型基础，形象直观，类似于工程师传统的设计办法，并能用参数驱动。

4）曲面设计采用非均匀有理 B 样条作基础，可用多种方法生成复杂的曲面，特别适合于汽车外形、汽轮机叶片等复杂曲面造型。

5）出图功能强，可十分方便地从三维实体模型直接生成二维工程图，能按 ISO 标准和国标标注尺寸、形位公差和汉字说明等，并能直接对实体做旋转剖、阶梯剖或将轴测图挖切生成各种剖视图，增强了绘制工程图的实用性。

6）采用 Parasolid 为实体建模核心，实体造型功能处于领先地位。目前著名 CAD/CAE/CAM 软件均以此作为实体造型基础。

7）提供了界面良好的二次开发工具 GRIP（Graphical Interactive Programing）和 UFUNC（User FUNCTION），并能通过高级语言接口，使 UG 的图形功能与高级语言的计算功能紧密结合起来。

8）具有良好的用户界面，绝大多数功能都可通过图标实现；进行对象操作时，具有自动推理功能；同时，在每个操作步骤中都有相应的提示信息，便于用户作出正确的选择。

5. CATIA 软件介绍

CATIA 是英文 Computer Aided Tri-Dimensional Interface Application 的缩写，是世界上一种主流的 CAD/CAE/CAM 一体化软件。20 世纪 70 年代 Dassault Aviation 成为了第一个用户，CATIA 也应运而生。1982 ~1988 年，CATIA 相继发布了 1 版本、2 版本、3 版本，并于 1993 年发布了功能强大的 4 版本。现在的 CATIA 软件分为 V4 版本和 V5 版本两个系列。其中，V4 版本应用于 UNIX 平台，V5 版本应用于 UNIX 和 Windows 两种平台。为了使软件能够易学易用，Dassault System 于 1994 年开始重新开发全新的 CATIA V5 版本。新的 V5 版本界面更加友好，功能也日趋强大，并且开创了 CAD/CAE/CAM 软件的一种全新风格。

6. HyperMILL 软件

HyperMILL 是 OPEN MIND 的主打产品，包括 2.5 ~5 轴的全系列模块。HyperMILL 的特色是五轴加工模组。这些模组除了模具、钟表等常规产品加工的模组外，还有一些专用的模组，如针对汽车发动机气门的从粗加工到精加工的完整解决方案的弯管模组，叶片（含叶盘）、叶轮（含闭式叶轮）等航空航天专用模组，轮胎专用模组，假牙专用模组等。

HyperMILL 是一个真正基于特征加工（Form Feature Machining）的 CAM 软件，它可以拾取加工模型的各个空间特征，然后自动生成简捷的刀具路径，并自动生成相应的工艺方案和加工程序，从而大大地提高了加工和编程的效率。在航空航天的叶轮、叶片、轮胎的加工方面，与常规的 CAM 相比，HyperMILL 可提高 80% 的编程和加工效率。

第二节 UG 在五轴联动加工中的应用

一、UG 界面简介

UG 是 Unigraphics Solutions 公司的产品，为用户提供一个较完善的企业级 CAD/CAE/CAM/PDM 集成系统。在 UG 中，先进的参数化和变量化技术与传统的实体、线框和曲面功能结合在一起，这一结合被实践证明是强有力的。

双击桌面上的图标，或者选择“开始”→“所有程序”→“UGS NX4.0”→“NX4.0”命令，进入如图 5-1 所示界面。下面通过建模模块的工作界面简单介绍 UG NX4.0 主工作界面的组成。

选择“标准”工具栏上的“所有应用模块”→“建模（M）”命令，系统进入建模模块，其工作界面如图 5-1 所示。该工作界面主要包括标题栏、菜单栏、工具栏、提示栏、状态栏、对话框、快捷菜单、工作区和坐标系 9 个部分。

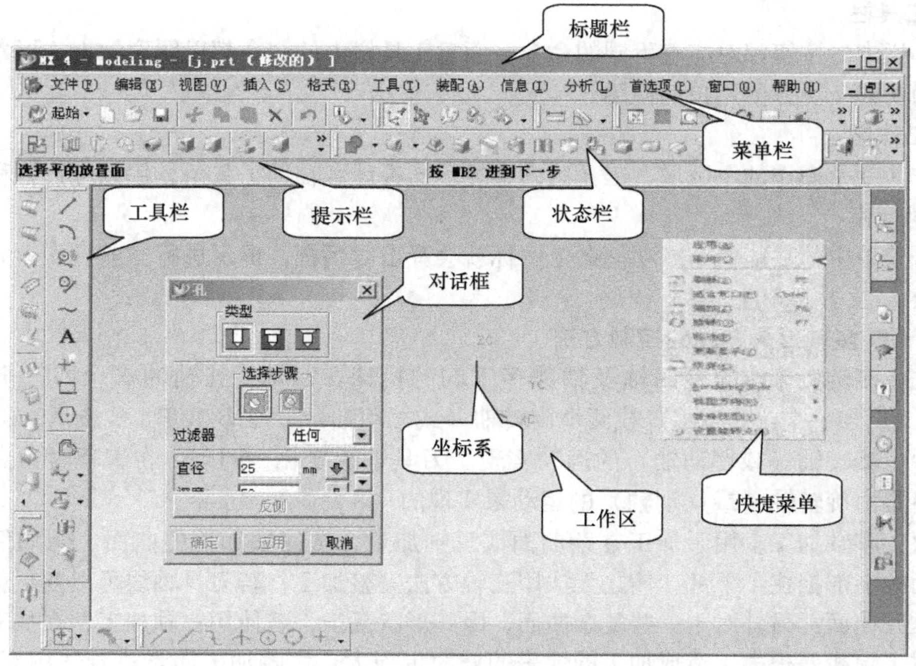

图 5-1　UG 建模界面

1. 标题栏

标题栏显示了软件名称及其版本号、当前正在操作的部件文件名称。如果对部件已经作了修改，但还没有进行保存，其后还显示“（修改的）”。

2. 提示栏

提示栏固定在主界面的左上方，主要用来提示如何操作。执行每个命令时，系统都会在提示栏中显示必须执行的下一步操作。对于有些不熟悉的命令，利用提示栏的帮助，一般都可以顺利完成操作。

3. 状态栏

状态栏固定在提示栏的右方，主要用来显示系统或图元的状态，如显示命令结束的信息等。

4. 菜单栏

菜单栏包含了该软件的主要功能命令，所有的命令和设置选项都归属到不同的菜单下，单击其中任何一个菜单，即可展开一个下拉式菜单，菜单中显示所有的与该功能有关的命令选项。每个菜单命令后面的括号中有一个字母，是该菜单的快捷字母，该字母为系统默认的，在工作过程中同时按下“ALT + 快捷字母”，即可打开相应的菜单。

5. 快捷菜单

在工作区中单击右键能够打开快捷菜单，并且在任何时候均可以打开。在菜单中含有一些常用命令及视图控制等命令，可以方便操作。

6. 坐标系

坐标系是实体建模必备的。UG 中的坐标系分两种，即工作坐标系（WCS）和绝对坐标系，其中工作坐标系是建模时直接应用的坐标系。

7. 工具栏

工具栏中的按钮都对应着不同的命令，而且工具栏中的命令都以图形的方式形象地表示出命令的功能，更方便用户的使用。

8. 工作区

工作区就是操作的主区域，工作区内会显示选择球和辅助工具条，用以进行各种操作。

9. 对话框

单击菜单中的功能命令或功能命令图标就会弹出对话框，提示进行当前操作，并获取设置的参数。

二、UG 多轴刀具轴线的控制方法

首先，多轴机床指的是四轴及轴数多于四的机床。四轴、五轴的概念即三个线性轴（X，Y，Z）加一个（B 或 C）或两个旋转轴（或摆动轴）（A，B 或 B，C 或 A，C）。在实际加工中，旋转轴（或摆动轴）的运动实现了刀具轴线变化；同理，在编程时刀具轴线的变化最终是由旋转轴（或摆动轴）的运动来实现的。

其次，多轴加工多用于加工复杂曲面或三轴加工无法完整加工的曲面。例如倒勾的曲面，曲面的上部挡住了下部，使之无法用三轴方法完整加工，若刀具轴线可以变化就可以完整加工这些曲面。另外对于一些复杂曲面，因其形状复杂，若使用三轴加工，在加工曲面不同部位时工况相差很大，造成加工的效果的差距也很大，影响加工质量；若使用多轴加工，则可以在加工不同部位时，使刀具轴线相应改变，保证工况相近，从而获得好的加工质量。

多轴加工就是通过控制刀具轴线矢量在空间位置的不断变化或使刀具轴线矢量与机床原始坐标系构成空间某个角度，利用铣刀的侧刃或底刃切削来完成加工。多轴加工的关键是如何合理控制刀具轴线矢量的变化。

1. UG 可变轴曲面轮廓铣

目前具有多轴编程功能的 CAM 软件种类很多，其中 UG 软件是较为常用的软件之一。在 UG 中，多轴机床编程应用最多的功能是“可变轴曲面轮廓铣”。可变轴曲面轮廓铣，是通过驱动面、驱动线或驱动点来产生驱动轨迹路径的，把这些驱动点按照一定的数学关系的投影方法，投影到被加工的曲面上，再按照某种规则来生成刀具路径。在“可变轴曲面轮廓铣”中，刀具轴线矢量可以在加工曲面的不同位置，根据一定的规律变化。

应用“可变轴曲面轮廓铣”，需要掌握以下一些基本概念：

1）零件几何体，用于加工的几何图形。

2）驱动几何体，用来产生驱动轨迹路径的几何体。

3）驱动点，从驱动几何体上产生的，将按照某种投影方法投影到零件几何体上的轨迹点。

4）驱动方法，驱动点产生的方法。有些驱动方法在曲线上产生一系列驱动点，有些驱动方法则在一定面积内产生有一定规则排列的驱动点。

5）投影矢量，指引驱动点按照一定规则投影到零件表面，同时决定刀具将接触零件表面的位置。选择的驱动方法不同，可以采用的投影矢量方式也不同，即驱动方法决定投影矢量的可用性。

6）刀具轴线，即刀具轴线矢量，用于控制刀杆的变化规律。所选择的驱动方法不同，可以采用的刀具轴线控制方式也不同。即驱动方法决定了刀具轴线控制方法的可用性。

2. 驱动方法

驱动方法是用于定义刀具路径的驱动点的产生方法。驱动点的排列顺序是按照驱动曲面网格的构造顺序来生成的。UG 在多轴加工中提供了多种类型的驱动方法，选择何种驱动方法与被加工零件表面的形状及其复杂程度有关。确定了驱动方法之后可选择的驱动几何类型、刀具轴线的控制方法也随之确定；可变轴曲面轮廓铣的加工共有 8 种驱动方法：①边界驱动；②曲面区域驱动；③曲线/点驱动；④螺旋驱动；⑤径向驱动；⑥刀轨驱动；⑦用户函数；⑧外形轮廓铣。

3. 投影矢量

投影矢量，是指驱动点沿着投影的矢量方向投影到工件几何表面上。

可变轴曲面轮廓铣的加工共有十种投影矢量方法：①指定矢量；②刀具轴线投影；③离开点；④指向点；⑤远离直线；⑥指向直线；⑦垂直于驱动；⑧指向驱动；⑨侧刃划线；⑩自定义功能。

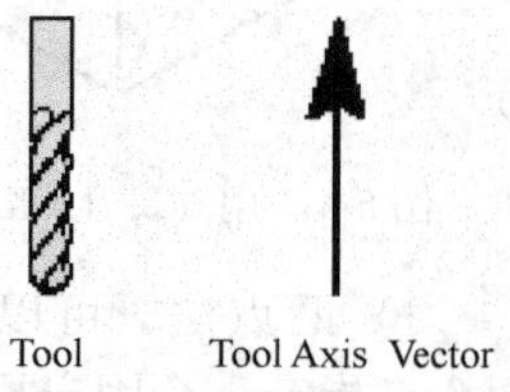

4. 刀具轴线矢量

刀具轴线矢量为从刀端指向刀柄的方向，如图 5-2 所示，刀具轴线矢量用于定义固定刀具轴线与可变刀具轴线的方向。固定刀具轴线与指定的矢量平行，而可变刀具轴线在刀具沿刀具路径移动时，可不断地改变方向；同时刀具轴线矢量也是只需要考虑其方向，不需要考虑其长度的，如图 5-3 所示。

Tool　Tool Axis Vector

图 5-2　刀具轴线矢量

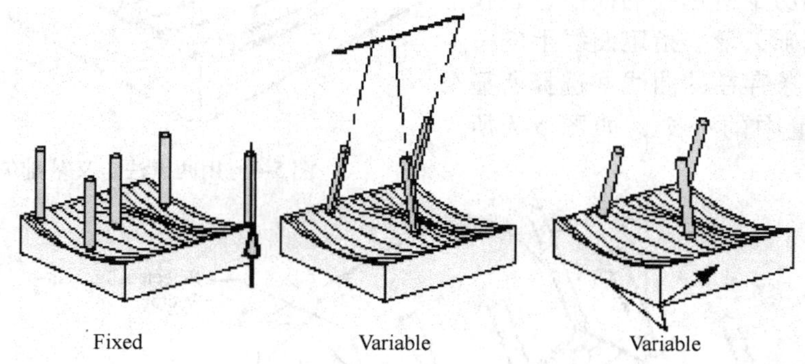

图 5-3　固定刀具轴线与可变刀具轴线

刀具轴线矢量可以通过指定参数值定义，也可以定义为与工件几何或驱动几何成一定的关系，或是根据指定的点或直线来定义。刀具轴线矢量的具体定义方法有以下二十种：

（1）正 ZM 轴　指定刀具轴线矢量沿加工坐标系的正 Z 方向。用这种方法控制刀具轴线，则“可变轴曲面轮廓铣”变为“固定轴曲面轮廓铣”。

（2）指定矢量　通过“矢量构造器”对话框构造一个矢量作为刀具轴线矢量。这种方法也是固定轴，但刀具轴线可以不是正 Z 轴方向。

（3）相对于矢量　在指定一个固定矢量的基础上，通过指定刀具轴线相对于这个矢量的引导角度和倾斜角度来定义出一个可变矢量作为刀具轴线矢量。其中，基础矢量的定义方法有 5 种，如下所述。

1）（I，J，K）法，通过输入相对于工作坐标系原点的矢量值指定一个固定的矢量作为基础矢量，如图 5-4 所示。

2）直线端点法，通过定义两个点或选择一条存在的直线，或定义一个点和矢量指定一个固定投影矢量作为基础矢量，如图 5-5 所示。

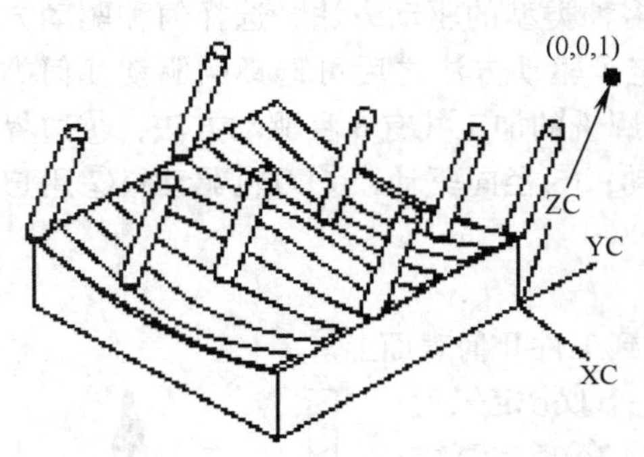

图 5-4　用（I，J，K）指定基础矢量

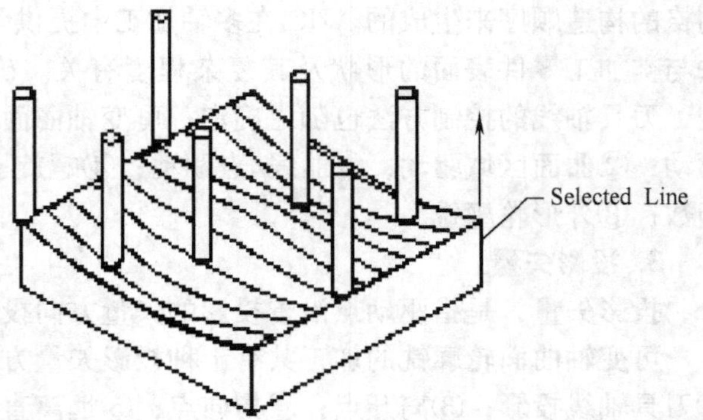

图 5-5　直线端点定义基础矢量

3）两点法，可以用点构造功能定义两个点指定一个固定投影矢量作为基础矢量。第一个点代表矢量的尾部，第二个点代表矢量的箭头部分，如图 5-6 所示。

4）与曲线相切法，可以定义一个固定的投影矢量相切于所选择的曲线，该投影矢量即作为基础矢量。指定曲线上的一个点，再选择一条存在的曲线并选择所显示两个相切矢量中的一个，如图 5-7 所示。

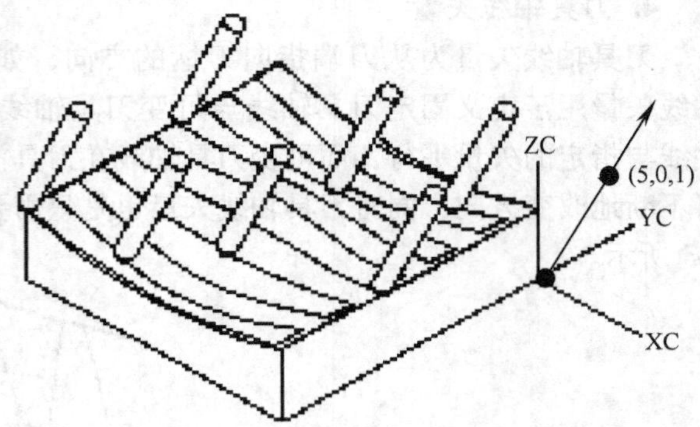

图 5-6　用两点法定义基础矢量

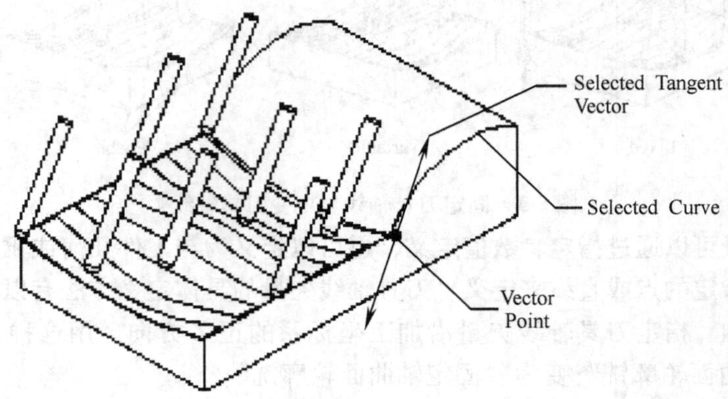

图 5-7　与曲线相切法定义基础矢量

5）通过球面坐标定义基础矢量的方向，输入分别用“Phi”和“Theta”标明的角度值，其中，“Phi”是在平面 ZC-XC 中从正 Z 轴转向正 X 轴的角度，“Theta”是在平面 XC-YC 中从正 X 转向正 Y 的角度，如图 5-8 所示。

（4）离开点　通过指定一点来定义可变刀具轴线矢量。它以指定的点为起点，并以指向刀柄所形成的矢量作为可变刀具轴线矢量，如图 5-9 所示。

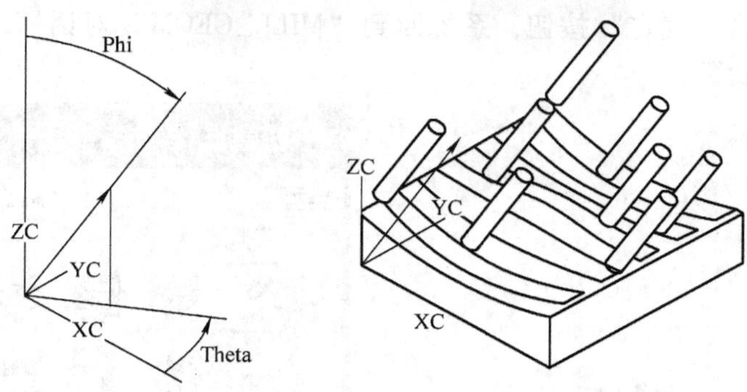

图 5-8　球面坐标法定义基础矢量

（5）指向点　通过指定一点来定义可变刀具轴线矢量。它以刀柄为起点，并以指向指定的点所形成的矢量作为可变刀具轴线的矢量，如图 5-10 所示。

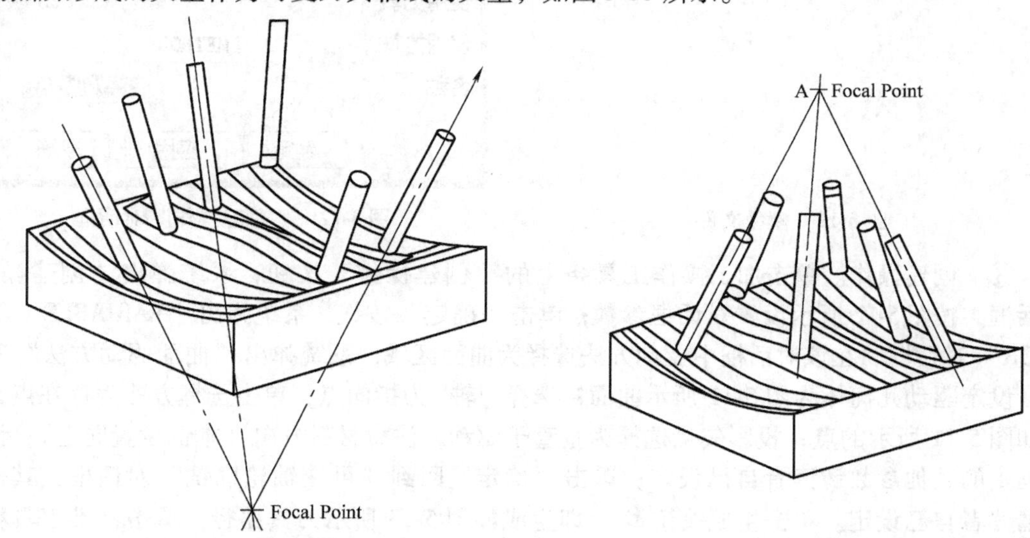

图 5-9　离开点刀具轴线矢量　　　　图 5-10　指向点刀具轴线矢量

指向点刀具轴线矢量和离开点刀具轴线矢量方向正好相反。下面举例说明指向点刀具轴线矢量设置过程，离开点刀具轴线矢量设置类似，读者可以自己练习。

操作步骤

第一步，在菜单栏中依次单击“文件”→“打开”菜单，系统弹出打开对话框，选择光盘“chapter5 \ pro1. prt”文件，单击“OK”按钮，调入文件，如图 5-11 所示（在部件导航器中让点显示出来）。

第二步，进入加工模块，创建刀具路径。

① 单击标准工具栏“起始”下的“加工（N）”菜单项，或者按快捷键 < Ctrl + Alt + M > 进入 UG 加工模块。

② 在右边的操作导航区单击鼠标右键，选择“几何视图”，用鼠标右键单击“WORKPIECE”，在弹出菜单中选择编辑，在弹出的“MILL_GEOM”对话框中选择部件按钮，单击按钮 选择 ，系统弹出“工件几何体”对话框，选择图 5-11 所示曲面，在“工件几

何体”对话框中单击“确定”按钮，系统回到“MILL_GEOM”对话框，单击“确定”按钮，完成几何体的设置。

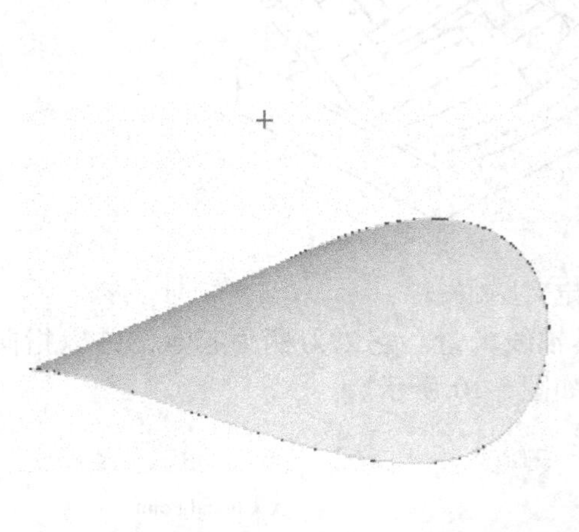

图 5-11　模型文件

图 5-12　“创建操作”对话框

③　创建操作。单击加工操作工具条上的“创建操作”按钮，系统弹出“创建操作”对话框，按图 5-12 所示设置对话框参数；单击“确定”按钮，系统弹出“VARIABLE CONTOUR”对话框。在该对话框中驱动方法选择为曲面区域，系统弹出“曲面驱动方法”对话框，设定驱动几何体为图 5-11 所示曲面；选择刀轴㊀为指向点；单击选择方法为存在点，选择如图 5-11 所示的点；投影矢量选择为垂直于驱动，注意材料方向（本例设置向上），该对话框中的其他参数请读者自己设定；单击“确定”回到“可变轴轮廓铣”对话框，其他参数请读者自己设定。单击生成按钮，即生成如图 5-13 所示刀具路径。单击标准工具栏上的“保存”按钮完成指向点刀具轴线控制的操作。

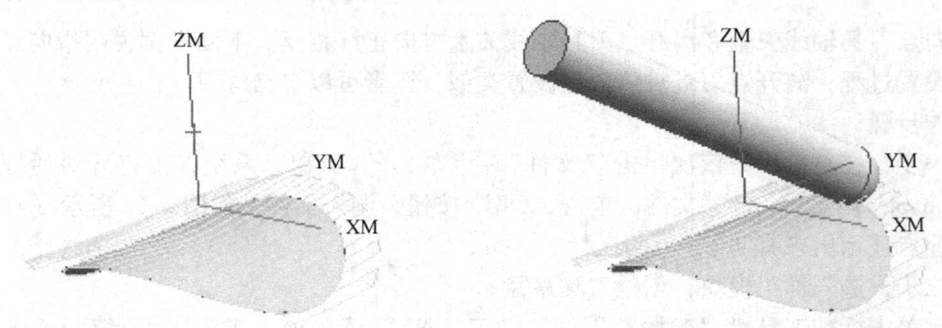

图 5-13　指向点刀具路径

（6）离开直线　通过指定一条直线来定义可变刀具轴线矢量，定义的可变刀具轴线矢

㊀　软件显示原因，此处保留刀轴，指刀具轴线，后同。——编者注

量沿着指定的直线，并垂直于直线，且指向刀柄，如图5-14所示。

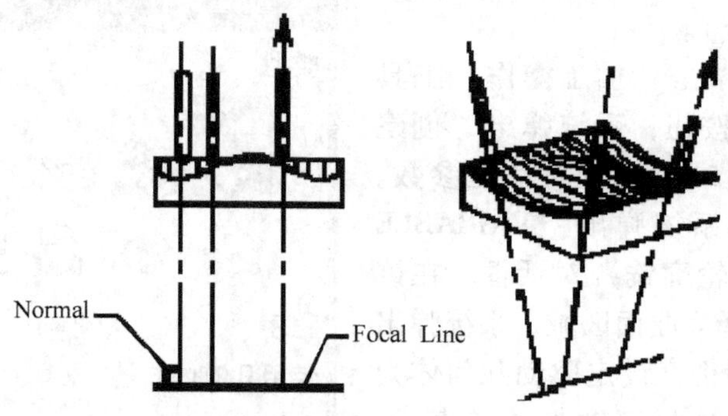

图5-14　离开直线刀具轴线矢量

（7）指向直线　指定一条直线来定义可变刀具轴线矢量，定义的可变刀具轴线矢量沿着指定的直线，且从刀柄指向指定直线。注意，指定的直线必须位于刀具与零件几何体接触表面的同一侧，如图5-15所示。指向直线和离开直线刀具轴线矢量设置方法类似，下面对指向直线刀具轴线矢量设置举例说明，离开直线的刀具轴线矢量设置请读者自己练习。

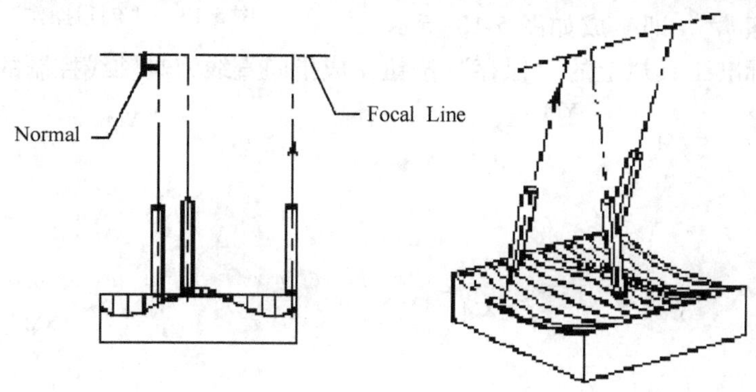

图5-15　指向直线刀具轴线矢量

操作步骤

第一步，在菜单栏中依次单击“文件”→“打开”菜单项，系统弹出打开对话框，选择光盘“chapter5 \ pro1. prt”文件，单击“OK”按钮，调入文件，如图5-16所示（在部件导航器中让直线显示出来）。

第二步，进入加工模块，创建刀具路径。

① 单击标准工具栏“起始”下的“加工（N）”菜单项，或者按快捷键 <Ctrl + Alt + M> 进入UG加工模块。

② 在右边的操作导航区单击鼠标右键，选择“几何视图”，右键单击“WORKPIECE”，在弹出菜单中选择“编辑”，系统弹出“MILL_GEOM”对话框，选择部件按钮，单击按钮［选择］，系统弹出“工件几何体”对话框，选择如图5-16所示曲面，在“工件几何体”对话框中单击“确定”按钮，系统回到“MILL_GEOM”对话框，最后单击“确定”按钮完成几何体的设置。

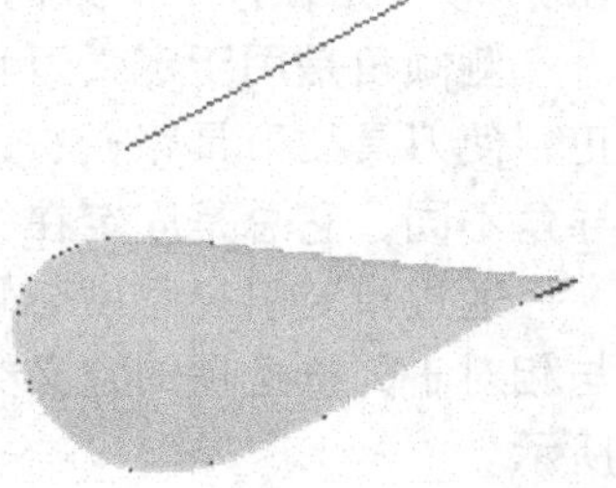

图5-16　模型文件

③ 创建刀具。创建一 ϕ10mm 的球头刀 D10R5（读者自己完成）。

④ 创建操作。单击“加工操作”工具条上的“创建操作”按钮，系统弹出“创建操作”对话框，按图 5-17 设置对话框参数。单击“确定”按钮，系统弹出“VARIABLE CONTOUR”（可变轴轮廓铣）对话框。在该对话框中驱动方法选择为曲面区域，系统弹出“曲面驱动方法”对话框，设定驱动几何体为如图 5-16 所示曲面，选择刀轴为指向直线，直线选择方法为现有直线，选择如图 5-16 所示的直线，投影矢量选择为垂直于驱动，注意材料方向（本例设置向上），其他参数请读者自己设定。单击“确定”回到可变轴轮廓铣对话框，该对话框中的其他参数请读者自己设定。单击生成按钮，即生成如图 5-18 所示刀具路径。单击标准工具栏上的“保存”按钮完成指向直线刀具轴线控制的操作。

图 5-17　“创建操作”对话框

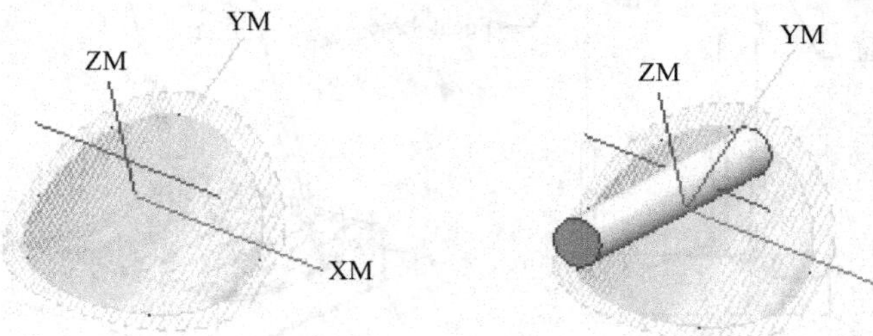

图 5-18　指向直线刀具路径

（8）与部件相关　前置角和侧倾角的含义如下所述。

前置角是用于定义刀具沿刀具运动方向朝前或朝后倾斜的角度。前置角度为正时，刀具基于刀具路径的方向朝前倾斜；前置角度为负时，刀具基于刀具路径的方向朝后倾斜。由于前置角度是基于刀具运动的方向，所以对于“Zig-Zag”（“之”字形往复）切削方法，刀具在“Zig”路径往一个方向倾斜，而在“Zag”方向则往相反方向倾斜。

侧倾角是用于定义刀具相对于刀具路径往外倾斜的角度。沿刀具路径看，侧倾角度为正，使刀具往刀具路径右边倾斜；侧倾角度为负，使刀具往刀具路径左边倾斜。侧倾度与引导角不同，它总是固定在一个方向，并不依赖于刀具运动方向，如图 5-19 所示。

通过指定引导角度与侧倾角度来定义相对于工件几何表面法向矢量的可变刀具轴线矢量与相对于矢量选项的含义类似，只是用零件几何表面的法向矢量代替了指定矢量，如图 5-20 所示。

如图 5-21 所示，可以指定前置角、侧倾角以及它们的最大值与最小值，当前置角与侧倾角引起刀具过切工件时，系统就会忽略前置角与侧倾角。对话框中的前置角与侧倾角的含义与相对于矢量选项相同，这里只对其他选项进行说明。

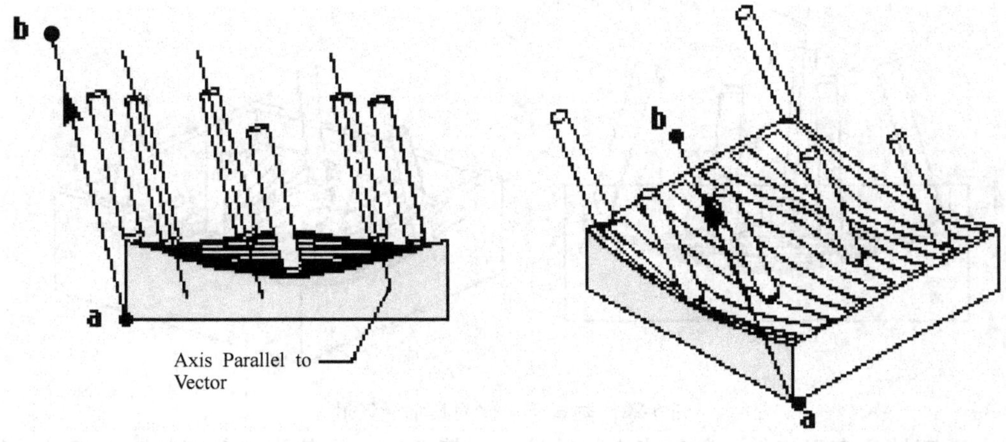

图 5-19　与部件相关侧倾角

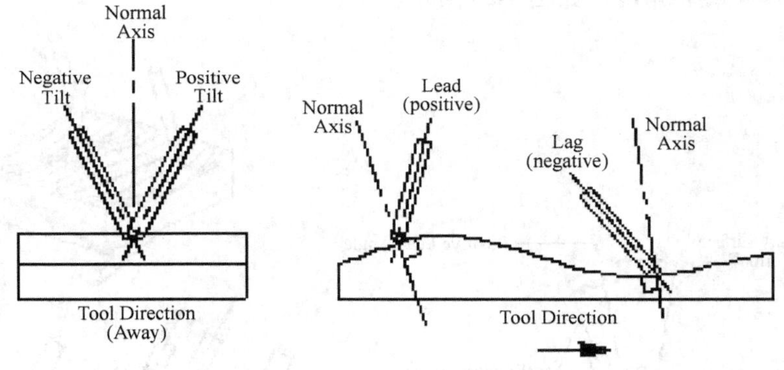

图 5-20　法向矢量代替指定矢量

最小前角与最大前角，用于限制刀具轴线的可变性，它们可以定义刀具轴线偏离前置角的允许范围。输入的“最小前角”值必须小于或等于“前置角”的值，输入的“最大前角”必须大于或等于“前置角”的值。

最小侧倾角与最大侧倾角，用于限制刀具轴线的可变性，它们可以定义刀具轴线偏离侧倾角的允许范围。输入的“最小侧倾角”值必须小于或等于“倾斜角”的值，输入的“最大倾斜角”的值必须大于或等于“倾斜角”的值。

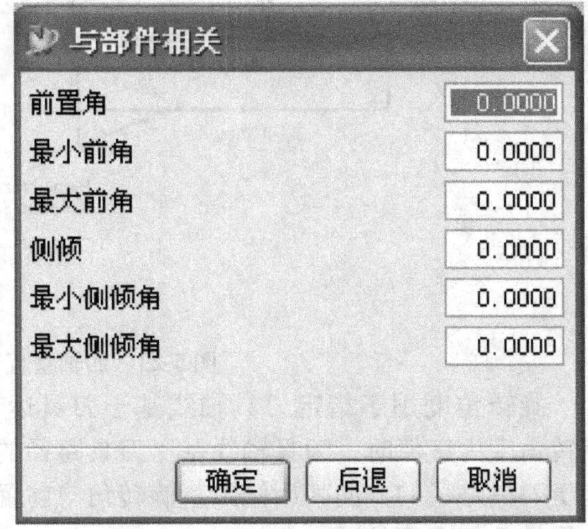

图 5-21　前置角与侧倾角的设置

（9）垂直于工件　使可变刀具轴线矢量在每一个接触点垂直于工件的几何面，如图 5-22 所示。

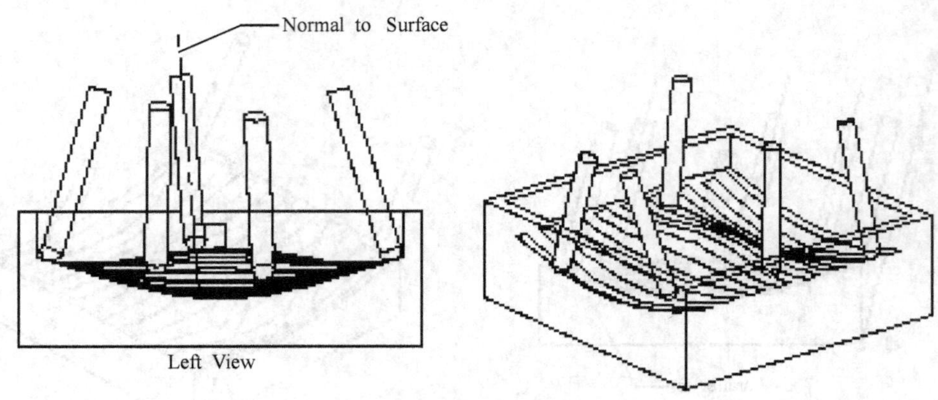

图 5-22　垂直于工件刀具轴线矢量

（10）四轴垂直于工件　通过指定旋转轴（即第四轴）及其旋转角度来定义刀具轴线矢量。即刀具轴线先从零件几何表面法向投影到旋转轴的法向平面，然后基于刀具运动方向朝前或朝后倾斜一个旋转角度，如图 5-23 所示。

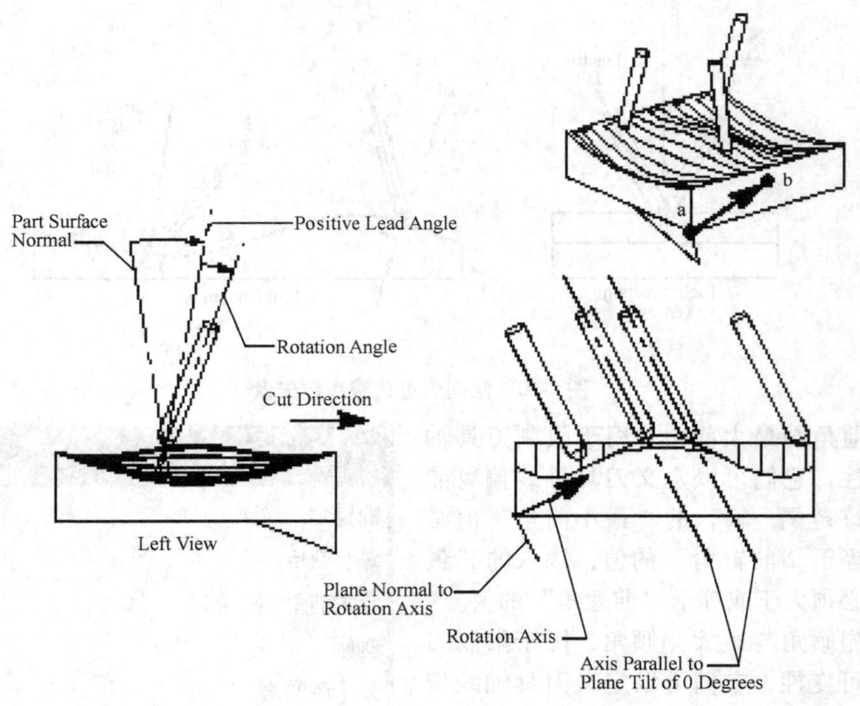

图 5-23　四轴垂直于工件刀具轴线矢量

旋转角度用于指定刀具轴线基于刀具运动方向朝前或朝后倾斜角度，如图 5-24 所示。旋转角度为正值时，刀具轴线基于刀具路径的方向朝前倾斜；旋转角度为负值时，刀具轴线基于刀具路径的方向朝后倾斜。旋转角与前置角不同，它不依赖于刀具的运动方向，而总是往零件几何表面的同一侧倾斜。

旋转轴用于定义旋转轴。可以用 5 种方法来指定旋转轴：（I，J，K）（坐标值）法，直线端点法，两点法，与曲线相切法，球 CSYS 法，如图 5-24 所示。

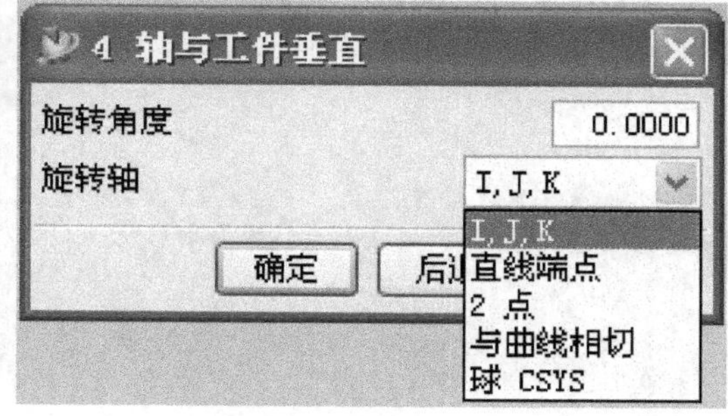

图 5-24　“4 轴与工件垂直”设置对话框

（11）四轴相对于工件　通过第四轴及其旋转角度、前置角度与侧倾角度来定义刀具轴线矢量。即先使刀具轴线从零件几何表面法向基于刀具运动方向朝前或朝后倾斜前置角度与侧倾角度，然后投影到正确的第四轴运动平面，最后旋转一个旋转角度，如图 5-25 所示。

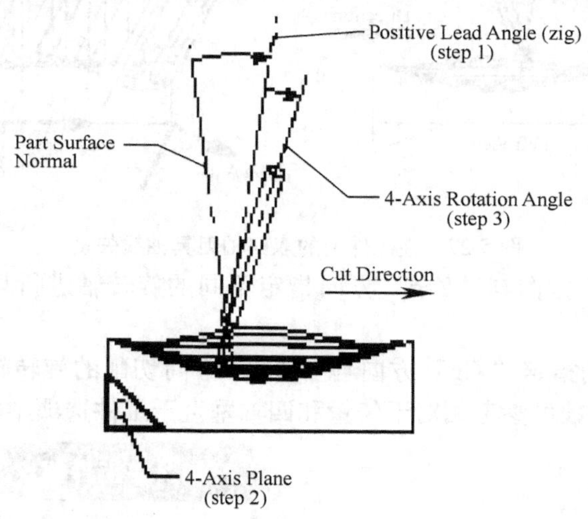

图 5-25　4 轴相对于工件刀具轴线矢量

如图 5-26 所示为指定旋转轴、旋转角度，前置角以及侧倾角的对话框。对话框中的选项可参考刀具轴线相对于矢量和四轴垂直于工件中的说明。

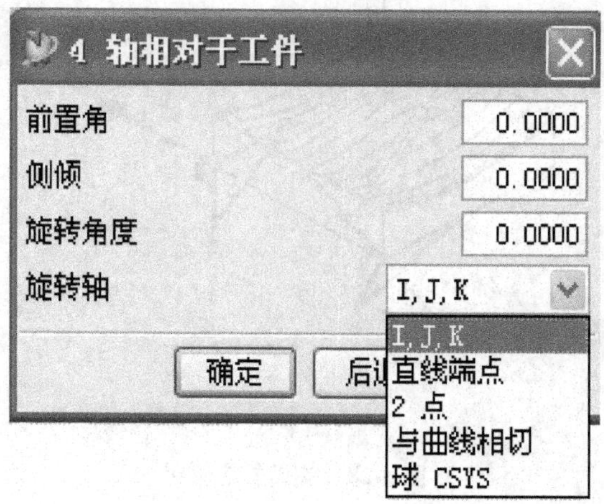

图 5-26　“4 轴相对于工件”设置对话框

（12）在工件上的双四轴　该种刀具轴线控制方法只能用于“Zig-Zag”（“之”字形往复）切削方法，而且分别进行切削。该选项通过指定第四轴及其旋转角度、前置角度、侧倾角度来定义刀具轴线矢量。即分别在“Zig”方向与“Zag”方向，先使刀具轴线从零件几何表面法向，基于刀具运动方向朝前或朝后倾斜前置角度与侧倾角度，然后投影到正确的第四轴运动平面，最后旋转一个旋转角度，如图 5-27、图 5-28 所示。

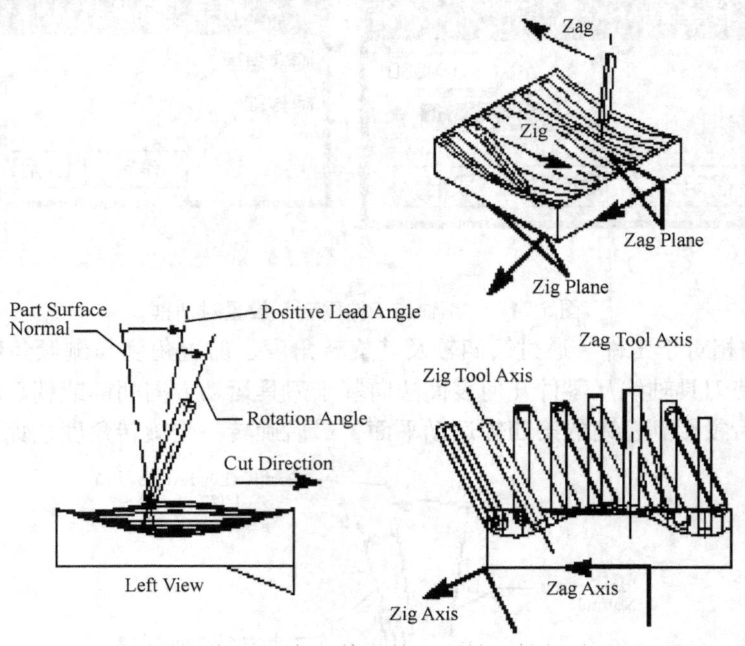

图 5-27　在工件上的双四轴刀具轴线矢量

注意，若在“Zig”方向与“Zag”方向指定不同的旋转轴进行切削，实际上就产生五轴切削操作。

如图 5-29 所示分别指定“Zig”方向与“Zag”方向切削的旋转轴、旋转角度、前置角度以及侧倾角度。各参数可参考相对于矢量和四轴垂直于工件选项中的说明。

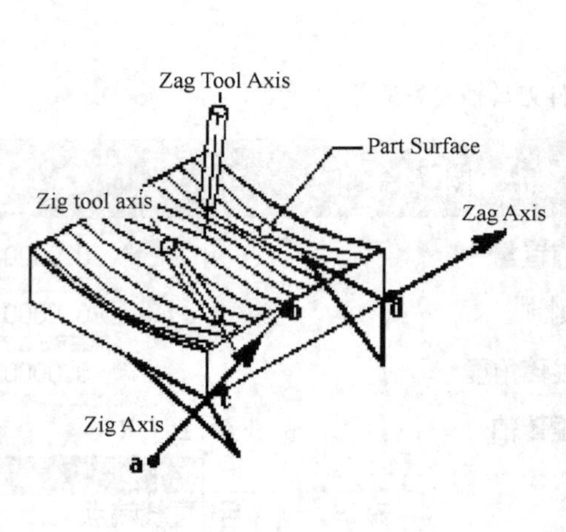

图 5-28　旋转轴定义

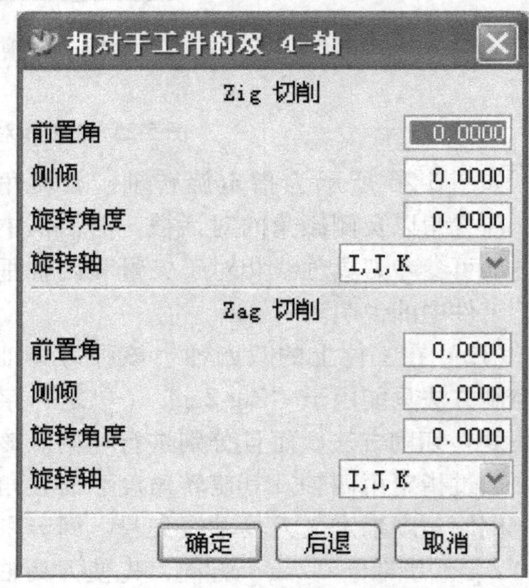

图 5-29　在工件上的双 4 轴设置对话框

（13）垂直于驱动面　在每一个接触点处创建垂直于驱动曲面的可变刀具轴线，刀具轴线是跟随驱动曲面而不是跟随工件几何表面的，所以能够产生更光顺的往复切削运动，如图

5-30 所示。

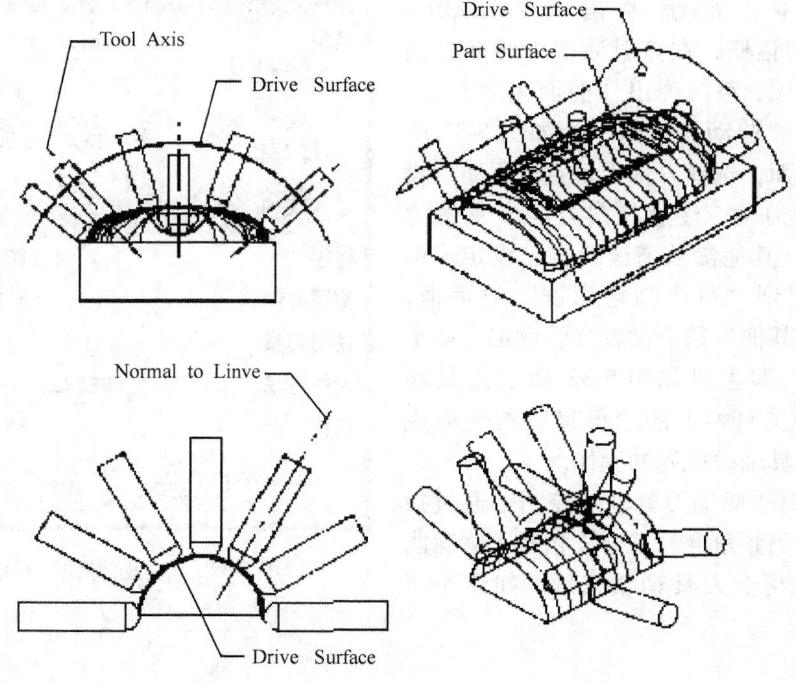

图 5-30　垂直于驱动面刀具轴线矢量

举例说明垂直于驱动面刀具轴线矢量控制方法（前面的垂直于工件刀具轴线控制类似，请读者自己练习）。

操作步骤

第一步，在菜单栏中依次单击“文件”→“打开”菜单，系统弹出打开对话框，选择光盘“chapter5 \ pro2. prt”文件，单击“OK”按钮，调入文件，如图 5-31 所示。

第二步，进入加工模块，创建刀具路径。

① 单击标准工具栏“起始”下的“加工(N)”菜单项，或者按快捷键 <Ctrl + Alt + M> 进入 UG 加工模块。

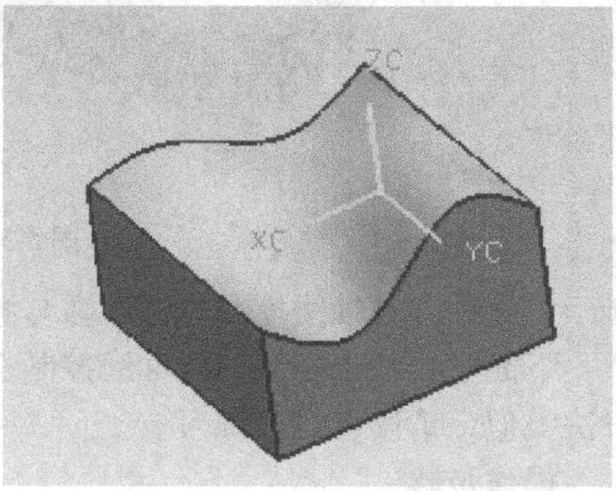

② 在右边的操作导航区单击鼠标右键，选择“几何视图”，右键单击“WORKPIECE”，在弹出菜单中选择“编辑”，在弹出的加工几何对话框“MILL_GEOM”中选择部件按钮，单击按钮 选择 ，系统弹出“工件几何体”对话框，选择图 5-31 所示实体。在“工件几何体”对话框中单击“确定”按钮，系统回到“MILL_GEOM”对话框，单击“确定”按钮，完成几何体的设置。

图 5-31　模型文件

③ 创建刀具。创建一直径为 10mm 的球头刀 D10R5（读者自己完成）。

④ 创建操作。单击加工操作工具条上的“创建操作”按钮，系统弹出“创建操作”

对话框，按图5-32设置对话框参数；单击“确定”按钮，系统弹出“VARIABLE CONTOUR”对话框，在该对话框中驱动方法选择为曲面区域，系统弹出“曲面驱动方法”对话框，设定“驱动几何体”为如图5-31所示实体的上表面，选择刀轴为垂直于驱动，投影矢量选择为刀轴，注意材料方向（本例为实体面向外），其他参数请读者自己设定。单击“确定”回到“可变轴轮廓铣”对话框，该对话框中的其他参数请读者自己设定，单击生成按钮，即生成如图5-33所示刀具路径。单击标准工具栏上的“保存”按钮完成垂直于驱动刀具轴线控制的操作。

图5-32　“创建操作”对话框

（14）相对于驱动刀具轴线控制　通过指定前置角度与侧倾角度，来定义相对于驱动曲面法向矢量的可变刀具轴线矢量，如图5-34所示。此种刀具轴线控制方法参数与相对于工件及相对于矢量刀具轴线控制方法参数含义类似。下面对相对于驱动刀具轴线控制操作举例说明，相对于工件和相对于矢量刀具轴线控制方法类似，请读者自己练习。

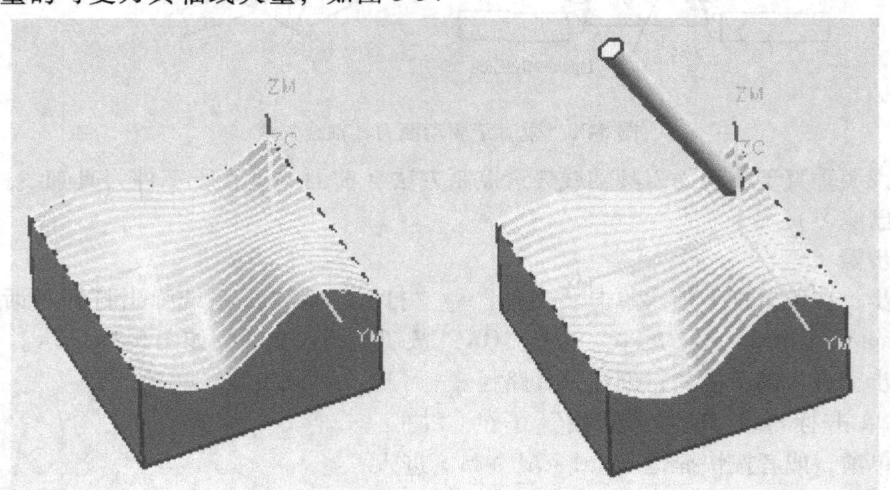

图5-33　垂直于驱动刀具路径

操作步骤

第一步，在菜单栏中依次单击“文件”→“打开”菜单，系统弹出打开对话框，选择光盘“chapter5 \ pro2. prt”文件，单击“OK”按钮，调入文件，如图5-35所示。

第二步，进入加工模块，创建刀具路径。

① 单击标准工具栏“起始”下的“加工（N）”菜单项，或者按快捷键 < Ctrl + Alt + M > 进入UG加工模块。

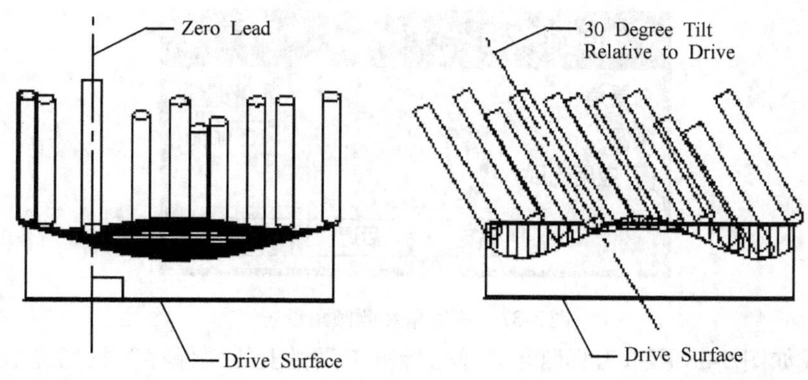

图 5-34 相对于驱动刀具轴线矢量

② 在右边的操作导航区单击鼠标右键，选择“几何视图”，右键单击“WORKPIECE”，在弹出菜单中选择“编辑”，在弹出的加工几何对话框“MILL_GEOM”中选择部件按钮；单击按钮 选择 ，系统弹出“工件几何体”对话框，选择如图 5-35 所示实体；在“工件几何体”对话框中单击“确定”按钮，系统回到“MILL_GEOM”对话框，单击“确定”按钮，完成几何体的设置。

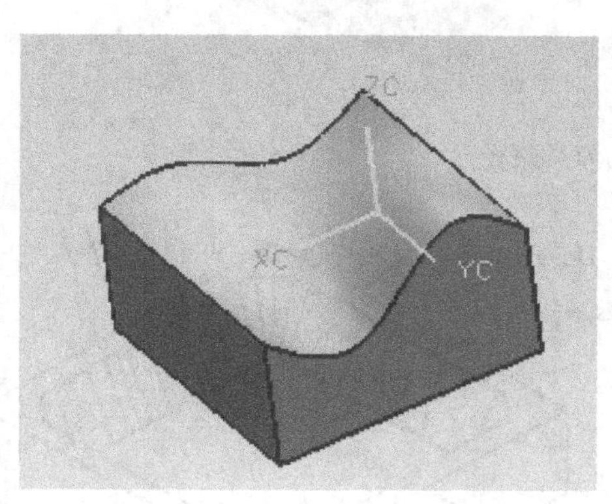

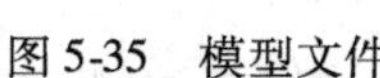
图 5-35 模型文件

图 5-36 “创建操作”对话框

③ 创建操作。单击加工操作工具条上的“创建操作”按钮，系统弹出“创建操作”对话框，按图 5-36 设置对话框参数；单击“确定”按钮，系统弹出“VARIABLE CONTOUR”对话框，在该对话框中驱动方法选择为曲面区域，系统弹出“曲面驱动方法”对话框，设定驱动几何体为图 5-35 所示实体的上表面，选择刀轴为相对于驱动；系统弹出“相对于驱动”对话框，设置前置角为 15 度，侧倾角为 10 度，如图 5-37 所示；投影矢量选择为刀轴，注意材料方向（本例设置为实体面向外），其他参数请读者自己设定；单击“确定”回到“可变轴轮廓铣”对话框，该对话框中的其他参数请读者自己设定，单击生成按

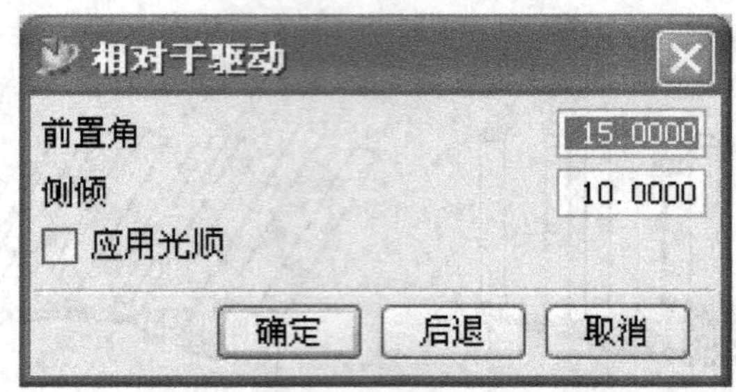

图 5-37　前置角和侧倾角设置

钮，即生成如图 5-38 所示刀具路径。单击标准工具栏上的“保存”按钮完成相对于驱动刀具轴线控制的操作。

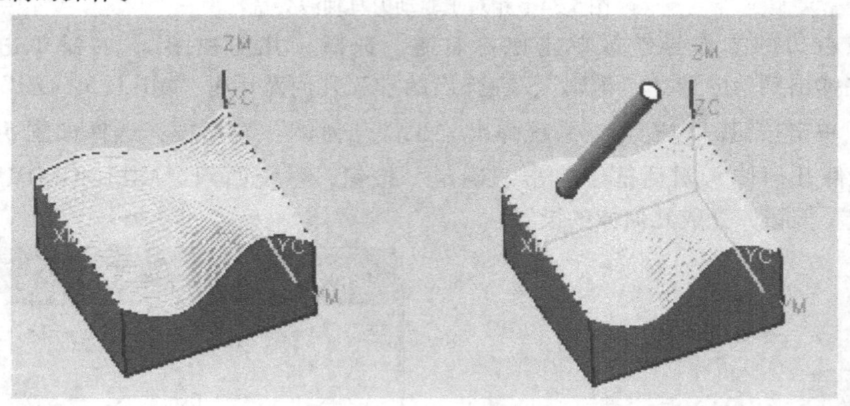

图 5-38　相对于驱动刀具路径

（15）侧刃驱动　用驱动曲面的直纹线来定义刀具轴线矢量，如图 5-39 所示。这种类型的刀具轴线矢量可以使用刀具的侧刃加工驱动曲面，而加工零件几何表面时驱动曲面引导刀具侧刃，零件几何表面引导刀尖。如果没有选用锥度刀，则刀具轴线矢量平行于直纹线；如果选用了锥度刀，则刀具轴线矢量与直纹线成一定角度，但与直纹线共面。当选择了多个驱动曲面时，相邻曲面必须是边缘接边缘。选择了该选项，在图形窗口中显示定义直纹线方向的 4 个箭头，它们是相对于第一个选择的驱动面而言的。可以选择一个方向矢量箭头作为刀具轴线矢量。注意选择的方向矢量箭头应该指向刀柄，如图 5-40 所示。

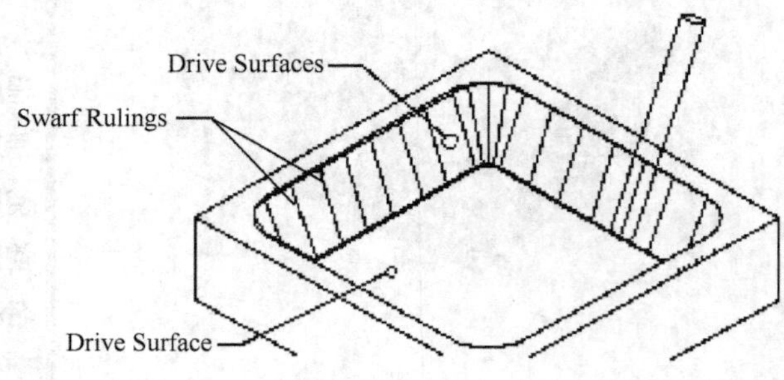

图 5-39　侧刃驱动

如果驱动曲面是三角形时，可能引起刀具倾斜，因为在驱动曲面的顶角处，不能产生矩形网格状驱动点，如图 5-41 所示。

如果拐角或圆角半径小于刀具半径，会使刀具不能沿整个驱动曲面直纹线切削。如图 5-42 所示，在刀具侧刃沿驱动曲面 A 完成直纹切削运动前，刀尖已经与驱动曲面 B 接触，这

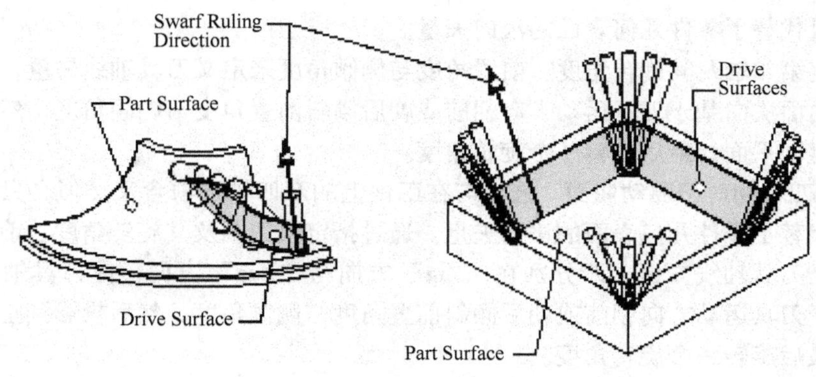

图 5-40　刀具轴线方向

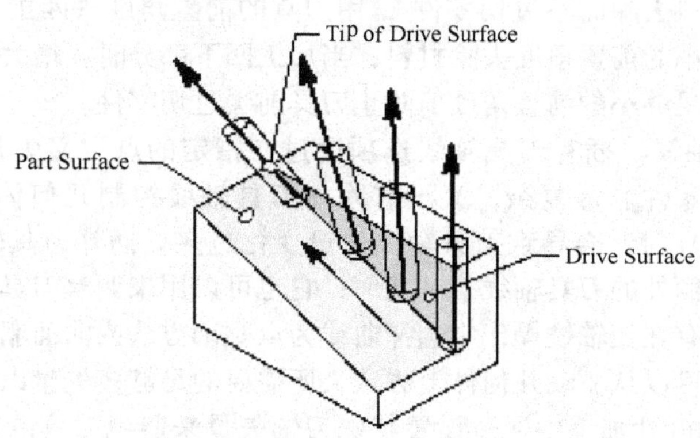

图 5-41　驱动面为三角形

就可能导致在刀具与驱动曲面 B 相切时（即刀具侧刃加工曲面 B），在刀具轴线方向有突然的切入，从而引起过切。

（16）四轴垂直于驱动曲面　与四轴垂直于工件含义类似，只是用驱动曲面的法向矢量代替了零件几何表面的法向矢量。该选项是通过指定旋转轴（即第四轴）及其旋转角度来定义刀具轴线矢量，即刀具轴线先从驱动曲面法向旋转到旋转轴的法向平面，然后基于刀具运动方向朝前或朝后倾斜一个旋转角度。

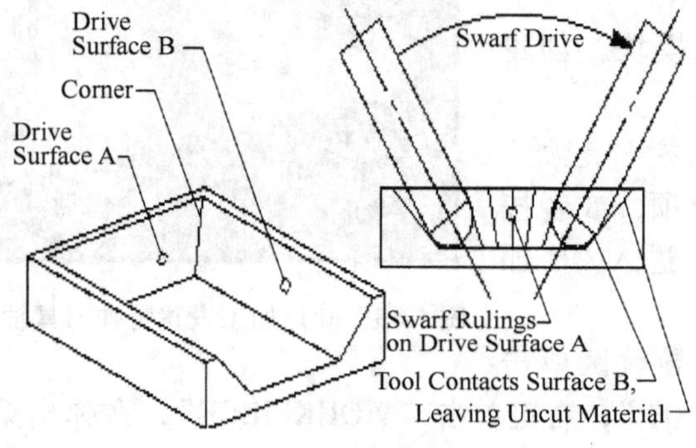

图 5-42　过切现象

（17）四轴相对于驱动曲面　该选项与四轴垂直于工件选项的含义类似，只是用驱动曲面的法向矢量代替了零件几何表面的法向矢量。

通过指定第四轴及其旋转角度、前置角度与侧倾角度来定义刀具轴线矢量，即先使刀具轴线从驱动曲面法向基于刀具运动方向朝前或朝后倾斜前置角度与侧倾角度，然后投影到正确的第四轴运动平面，最后旋转一个旋转角度。

（18）双四轴相对于驱动曲面　选项与在工件上的双四轴选项含义类似，只是驱动曲面的法向矢量代替了零件几何表面的法向矢量。通过指定第四轴及其旋转角度、前置角度和侧倾角度来定义刀具轴线矢量。即分别在“Zig”方向与“Zag”方向，使刀具轴线从驱动曲面法向，基于刀具运动方向朝前或朝后倾斜前置角度与侧倾角度，然后投影到正确的第四轴运动平面，最后旋转一个旋转角度。

（19）优化驱动　对有不同曲面曲率的曲面加工时，优化驱动选项能自动控制刀具轴线，确保最理想的材料去除而不过切零件，用刀具的前置角度去匹配不同的曲面曲率。当加工凸起部分时，用小的前置角度去除材料；当加工凹下部分时，增大前置角度防止刀具后根过切零件，也保持足够小的前置角度值防止刀具前尖过切零件。

（20）插补刀具轴线　插补刀具轴线选项通过在指定的点定义矢量方向来控制刀具轴线。当驱动几何体或零件非常复杂，又没有附加刀具轴线控制几何体（如点、线、矢量、光顺的驱动几何体等）时，会导致刀具轴线矢量变化过多。插补刀具轴线可以进行有效的控制，而不需要构建额外的刀具轴线控制几何；它也可以用来调整刀具轴线，以避免刀具悬空或避让障碍物。只有在变轴铣操作中选择曲线为点驱动方法或曲面驱动方法时，插补刀具轴线选项才可使用。可以从驱动几何体上去定义所需要的足够多矢量以保证光顺刀具轴线移动，如图5-43所示为叶片加工中通过设置特殊刀轴矢量来避免刀具的碰撞。刀具轴通过在驱动几何体上指定矢量进行插补，指定的矢量越多，对刀具轴线就有越多的控制。下面举例说明插补的设置方法。

操作步骤

第一步，在菜单栏中依次单击“文件”→“打开”菜单，系统弹出打开对话框，选择光盘“chapter5\pro3. prt”文件，单击“OK”按钮，调入文件，如图5-44所示。

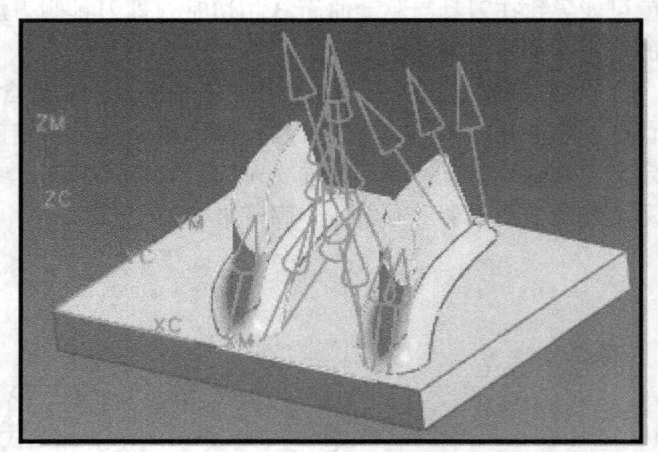

图5-43　叶片加工设置特殊刀具轴线矢量来避免刀具的碰撞

第二步，进入加工模块，创建刀具路径。

①　单击标准工具栏“起始”下的“加工（N）”菜单项，或者按快捷键〈Ctrl + Alt + M〉进入UG加工模块。

②　在右边的操作导航区单击鼠标右键，选择“几何视图”，右键单击“WORKPIECE”，在弹出菜单中选择“编辑”，在弹出的加工几何对话框“MILL_GEOM”中选择部件按钮；单击按钮“选择”，系统弹出“工件几何体”对话框，选择如图5-44所示实体；在“工件几何体”对话框中单击

“确定”按钮，系统回到“MILL_GEOM”对话框，单击“确定”按钮，完成几何体的设置。

③ 创建刀具。创建一直径为 10mm 的球头刀 D10R5（请读者自己完成）。

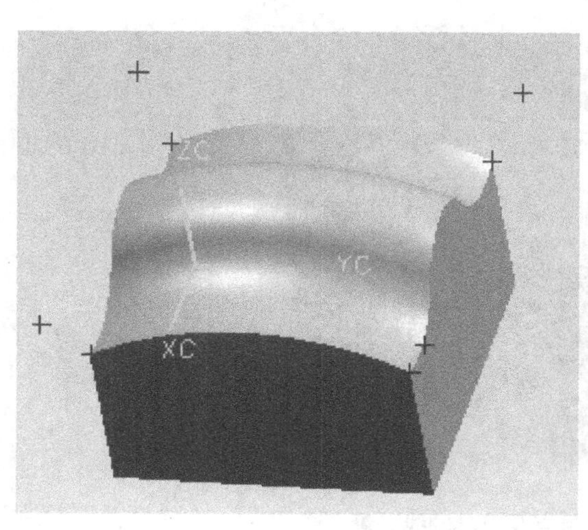

图 5-44 模型文件

图 5-45 创建操作对话框

④ 创建操作。单击加工操作工具条上的“创建操作”按钮，系统弹出“Creae Operation”（创建操作）对话框，按如图 5-45 所示设置对话框参数；单击“OK”按钮，系统弹出“VARIABLE CONTOUR”对话框，在该对话框中驱动方法选择为曲面区域；系统弹出“曲面驱动方法”对话框，设定驱动几何体为如图 5-44 所示实体的上表面，选择刀具轴线为插补；系统弹出“插补刀具轴线”对话框，设置指定为后的下拉框为矢量，如图 5-46 所示，用鼠标选择如图 5-44 所示。左边的点，该点对应的矢量变成白色，如图 5-47 所示；单击“插补刀轴”对话框中的“编辑”按钮，系统弹出“矢量构造器”对话框，如图 5-48 所示，选择两点构造矢量按钮，分别选择如图 5-44 所示左边的两个点，系统便把该点的刀具轴线矢量设置为由这两点构成的矢量；单击“确定”按钮，完成左边点的插补矢量的设置，结果如图 5-49 所示，其他三个点的设置方法一样，请读者自己完成；设置完所有的矢量点后单击“插补刀轴”对话

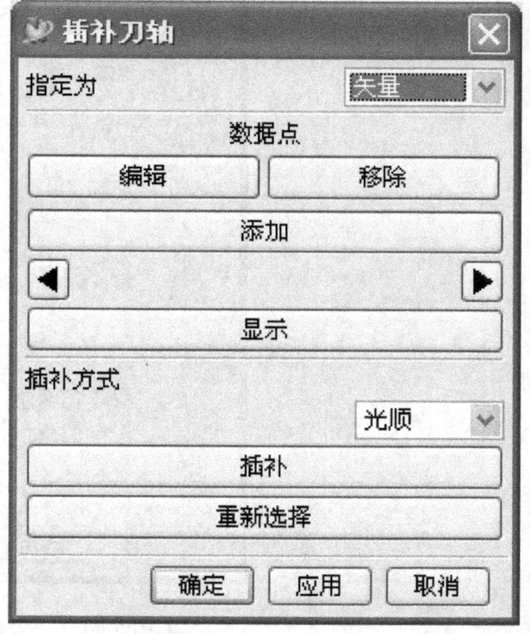

图 5-46 “插补刀轴”对话框

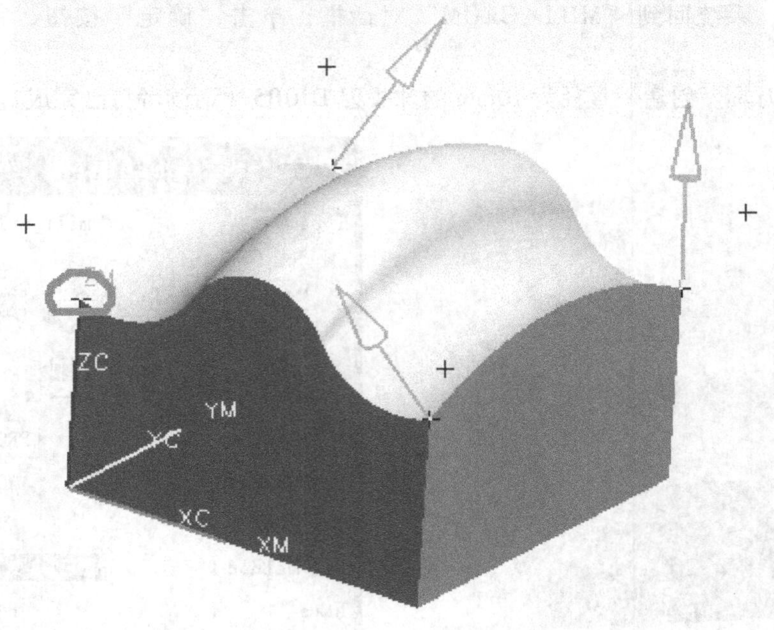

图 5-47　系统默认的矢量点及刀具轴线矢量

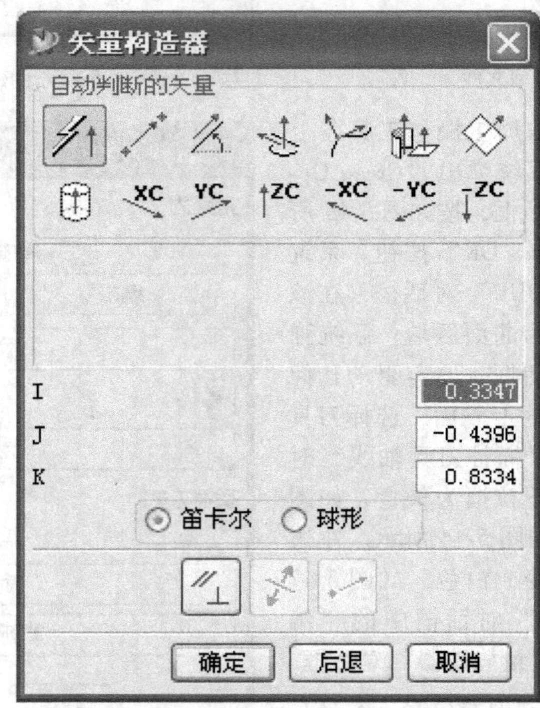

图 5-48　“矢量构造器”对话框

框中的“确定”按钮完成插补刀具轴线矢量的设置；投影矢量选择为刀轴，注意材料方向（本例设置为实体面向外），其他参数请读者自己设定；单击“确定”回到“可变轴轮廓铣”对话框，该对话框中的其他参数请读者自己设定；单击生成按钮，即生成如图 5-50 所示刀具路径；单击标准工具栏上的“保存”按钮完成插补刀具轴线控制的操作。

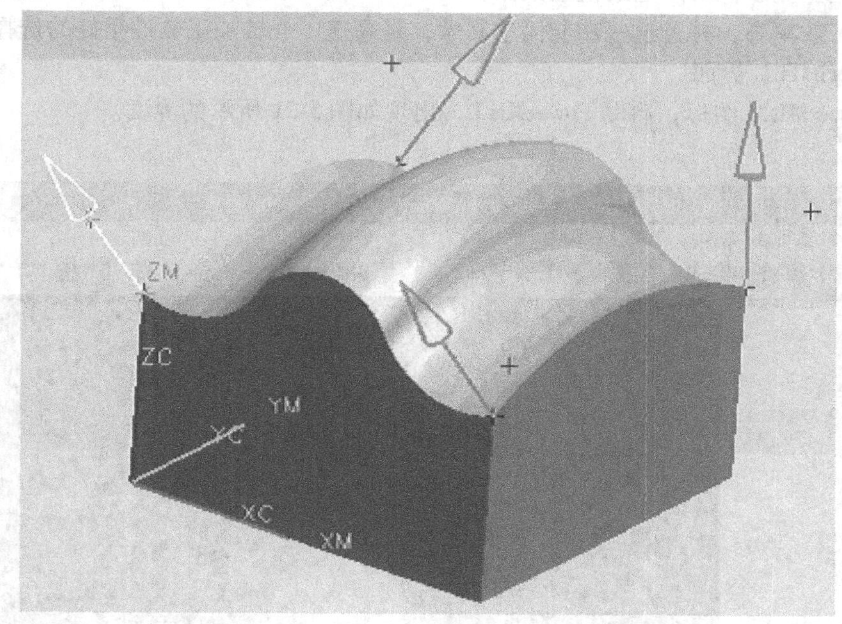

图 5-49　左边点插补矢量的设置

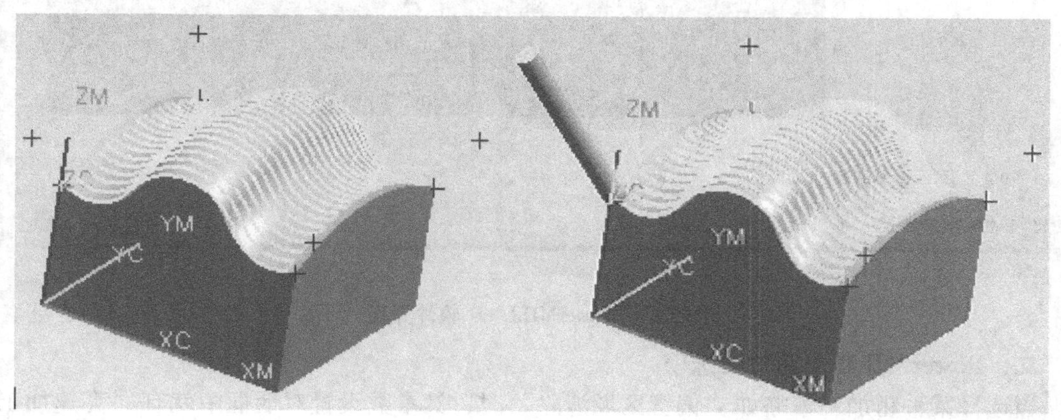

图 5-50　插补刀具路径

第三节　PowerMILL 在高速及五轴联动加工中的应用

一、PowerMILL 软件使用简介

1. 软件简介

PowerMILL 是一独立的加工软件包，它可基于输入模型的数据快速产生无过切刀具路径。PowerMILL 支持由 Delcam 其他产品产生的线框、三角形、曲面和实体模型，也支持通

用格式如 IGES 格式的模型数据。如果购买了 Delcam 转换器 PS – Exchange，PowerMILL 可直接输入由其他主流软件所产生的模型数据，PowerMILL 在高速加工和五轴加工方面都有出色的功能，加工效率高，并且这些功能简单易学，是高速、五轴加工软件很好的选择。

2. PowerMILL 界面

双击 PowerMILL 图标，启动 PowerMILL，出现如图 5-51 所示的界面。

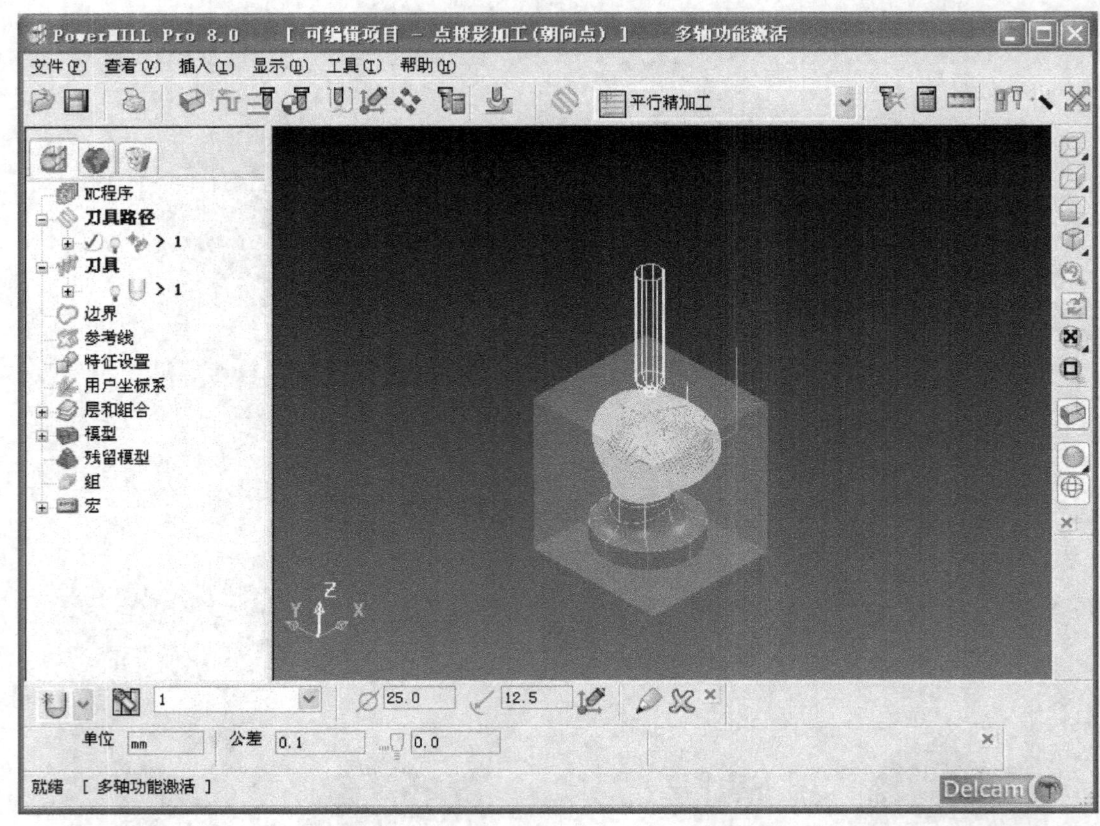

图 5-51　PowerMILL8. 0 软件界面

二、PowerMILL 高速加工选项

当选择某种粗加工策略如“偏置区域清除”时，其参数设置对话框中就有“高速加工”参数区，如图 5-52 所示方框里的参数。这些参数控制高速加工中的尖角位处理、间距连接光顺处理，以及产生适用于高速加工的赛车线加工和自动摆线加工刀具路径等优化处理。高速加工参数区共有四个参数，当参数“类型”为“全部”时，摆线移动是无效的；当高速加工参数区的四个参数都不设置时，其产生的刀具路径如图 5-53 所示。注意刀具路径改变方向时所有的地方都是尖角过渡的，刀具路径行距之间是没有连接的。

（1）轮廓光顺　控制每一切削层内靠近模型轮廓的刀具路径拐弯处作修圆处理，圆弧半径由“拐角半径（TDU）”控制，可以用鼠标拖动滑块，当显示的数值是 0. 100 时，则表示圆弧半径数值等于当前刀具直径乘以 0. 100，如图 5-54 设置，其产生的刀具路径如图 5-55 所示。

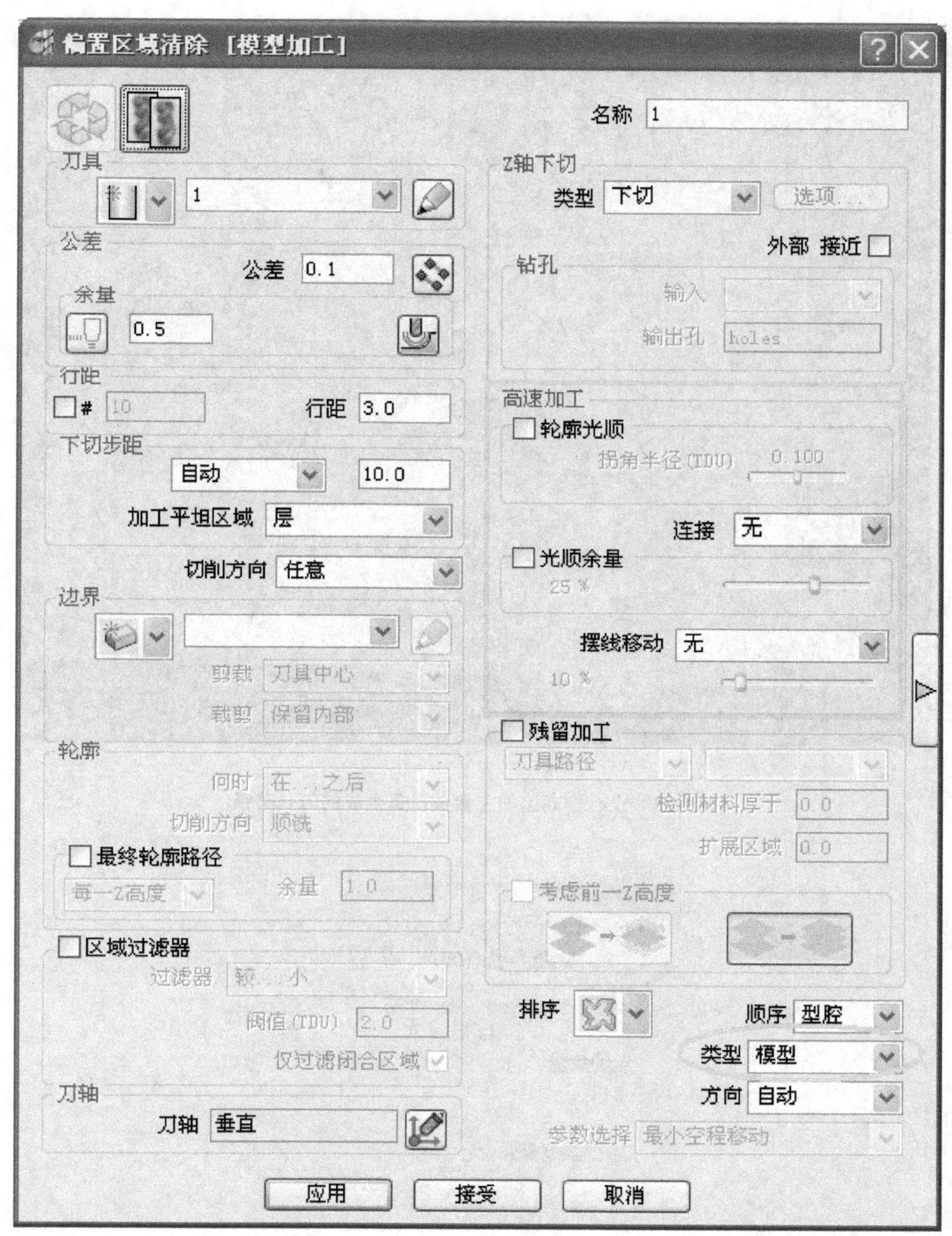

图 5-52　粗加工策略中高速加工参数设置区

在图 5-55 中我们注意到，靠近模型的刀具路径拐弯处都是圆弧过渡了，但内部的刀具路径拐弯处仍然是尖角过渡的（注意图 5-53 和图 5-55 用椭圆框住的刀具路径的对比）。

（2）连接　控制每一切削层内刀具路径行距连接方式，有光顺、直和无三种方式。

图 5-53　没有作高速加工参数设置生成的刀具路径

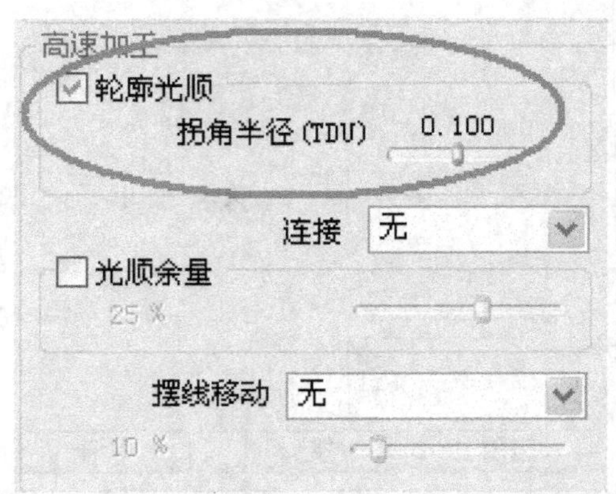

图 5-54　轮廓光顺参数勾选

1）光顺：行距连接方式采用圆弧连接。

2）直：行距连接方式采用直线连接。

3）无：行距连接方式采用抬到安全高度连接。

图 5-55　选择光顺轮廓，拐角半径为 0.100 时产生的刀具路径

实际上前面的刀具路径都是连接参数选择无生成的。当我们连接选择为光顺时产生的刀具路径如图 5-56 所示，注意用椭圆框住的部分就是行距之间圆弧连接的；当连接选择为直时，产生的刀具路径连接跟光顺差不多，但不是用圆弧连接，而是用直线直接连接的。高速加工时连接总是选择光顺，这样可以减少冲击，使加工过程平稳，提高加工质量，保护机床。

（3）光顺余量　控制每一切削层内除了靠近模型轮廓的刀具路径之外的尖角位作圆弧处理，滑块的百分比代表圆弧半径和行距的比值。选择光顺余量，把滑块拉到 20%，如图 5-57 所示，产生的刀具路径如图 5-58 所示。注意所有的刀具路径中拐弯的地方都是圆弧过渡的。

（4）摆线移动　控制每一切削层内刀具路径按摆线移动，有三种选择：全部、限制过载和无。首先我们选择摆线移动的选择项为全部，表示刀具路径将全部用摆线运动以减少刀具载荷，摆线的圆弧大小与刀具直径成比例。如图 5-59 所示摆线移动选择全部，则产生的刀具路径如图 5-60 所示。注意所有的刀具路径都是用摆线移动的。

当摆线移动选择为限制过载，则表示当刀具所承受的载荷大于设置的过载界限时，刀具路径用摆线运动。滑块数值表示刀具所能承受的载荷百分比。图 5-61 所示的设置摆线移动

图 5-56　连接选择为光顺产生的刀具路径

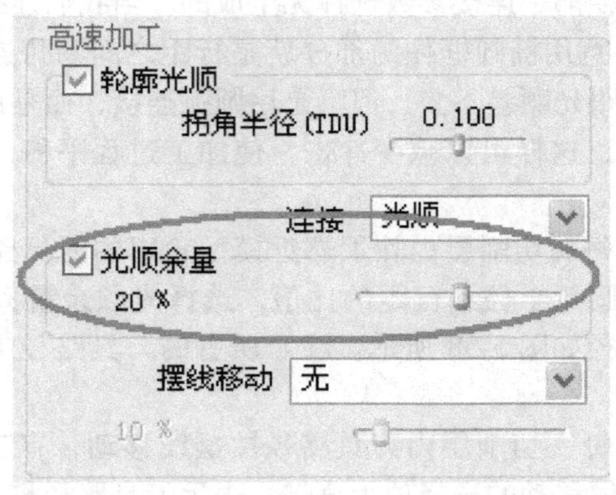

图 5-57　光顺余量设置为 20%

为限制过载，滑块值为 50%，产生的刀具路径如图 5-62 所示。注意部分刀具路径是用摆线运动的。

图 5-58　光顺余量设置为 20% 产生的刀具路径

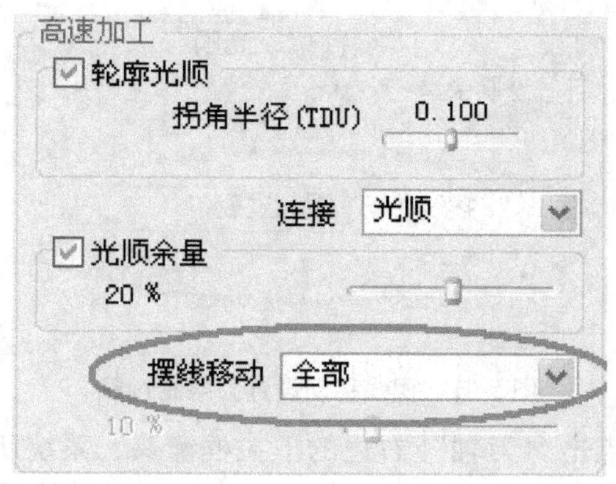

图 5-59　摆线移动设置为全部

三、PowerMILL 多轴刀具轴线控制

1. 刀具轴线设置选项

在主工具栏和刀具工具栏上的按钮是刀具轴线设置命令，单击它就弹出“刀轴”设

图 5-60 摆线移动设置为全部时产生的刀具路径

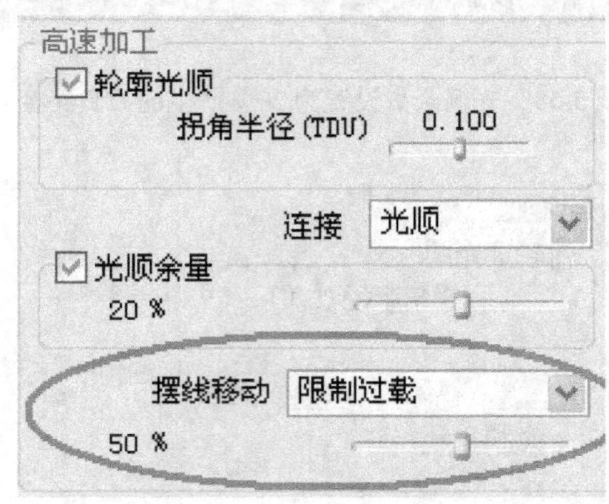

图 5-61 摆线移动设置为限制过载

置对话框。在定义页面，点击“刀轴”右边的下拉框箭头，系统所有的刀具轴线控制方法就显示出来，如图 5-63 所示。同样在精加工策略中也有刀具轴线设置的地方，如图 5-64 所示。在 PowerMILL 里刀具轴线矢量的方向是刀柄指向刀尖跟 UG 定义的方向是相反的，读者要注意这个差别。PowerMILL 现有的刀具轴线定义及设置方法在 UG 里都有相对应的，而指向曲线和自曲线是 PowerMILL 特有的，我们对自曲线刀具轴线控制举例说明，其他的就简单介绍一下概念。

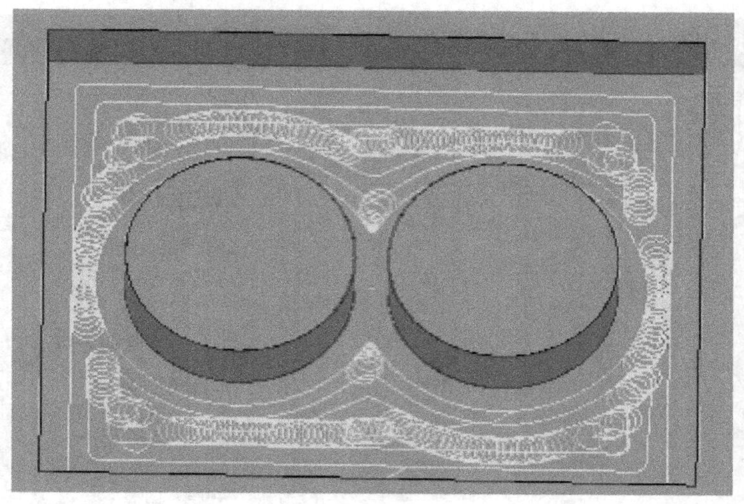

图 5-62　摆线移动设置为限制过载 50% 产生的刀具路径

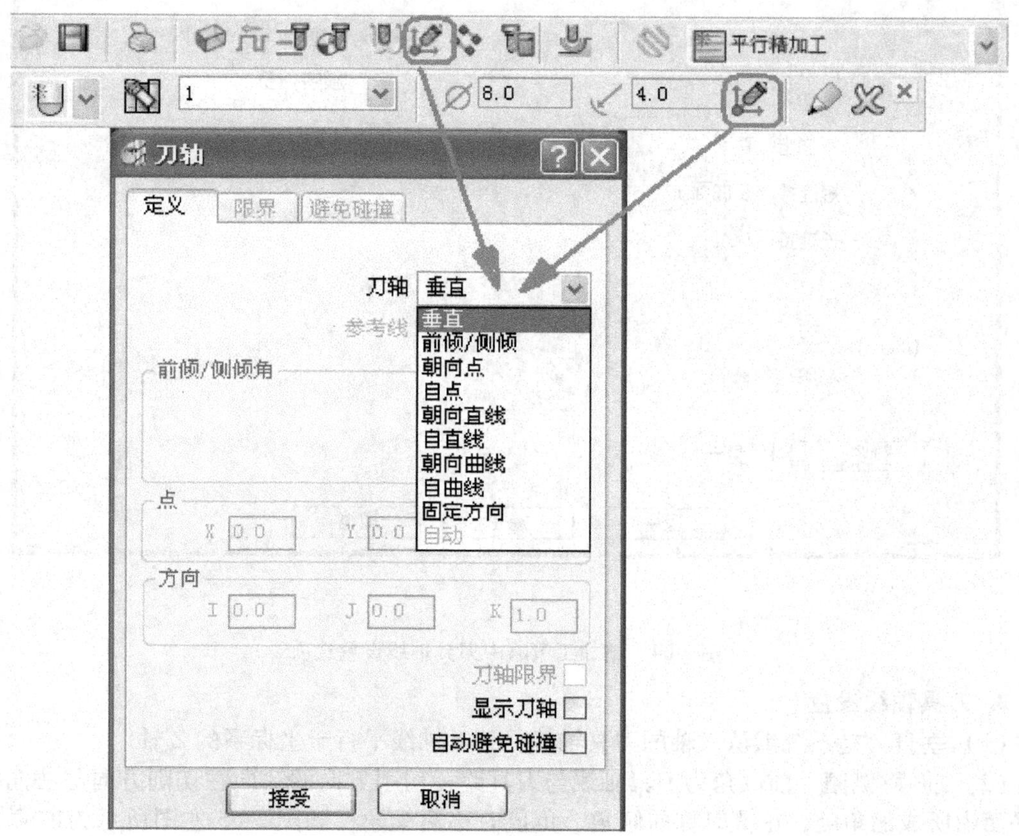

图 5-63　PowerMILL 刀具轴线控制选项

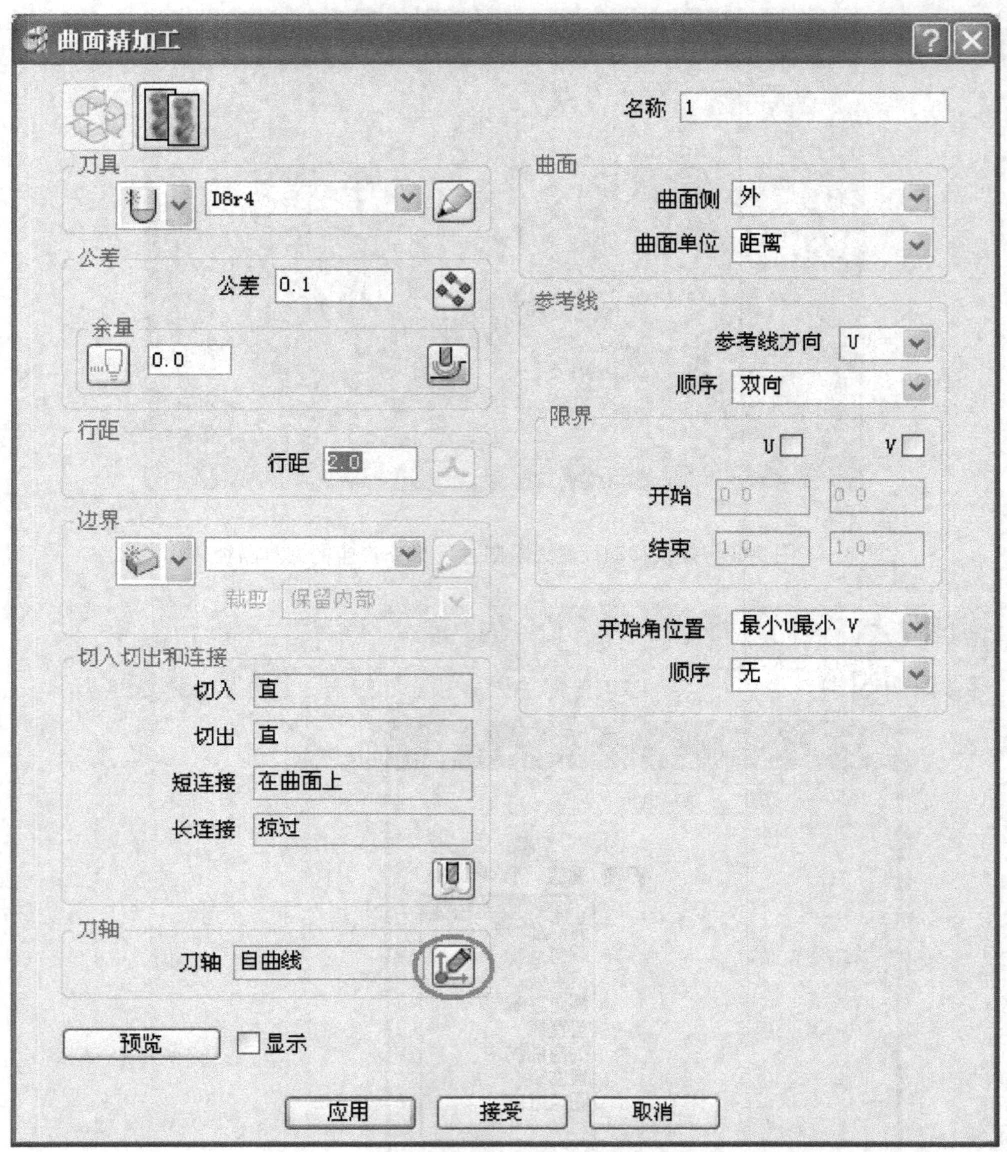

图 5-64　精加工策略中刀具轴线设置选项

2. 刀具轴线设置

（1）垂直　是系统默认三轴的刀具轴线，刀具轴线平行于坐标系的 Z 轴。

（2）前倾/侧倾　前倾角为刀具轴线与刀具路径切削方向的法向在切削方向与法向构成的平面内所成的角度，正值时称前倾角，负值时称后倾角，如图 5-65 左图所示为前倾 30°；侧倾角是刀具轴线与刀具路径的法向在跟切削方向垂直的平面内所成的角度，沿着切削方向看，右倾为正值，左倾为负值，如图 5-65 右图所示为左倾 30°。

（3）朝向点/自点　朝向点是指刀具轴线总是通过一个固定点，并且刀尖总是指向这个

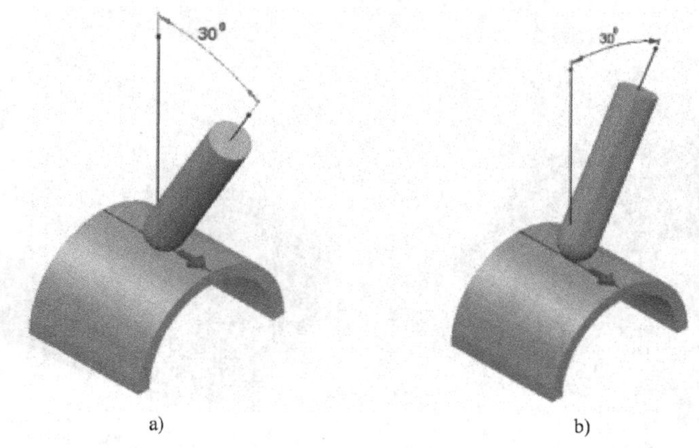

图 5-65　前倾/侧倾刀具轴线定义
a）前倾　b）侧倾

固定点，如图 5-66a 所示；自点是指刀具轴线总是通过一个固定点，并且刀尖总是背离这个固定点，如图 5-66b 所示。

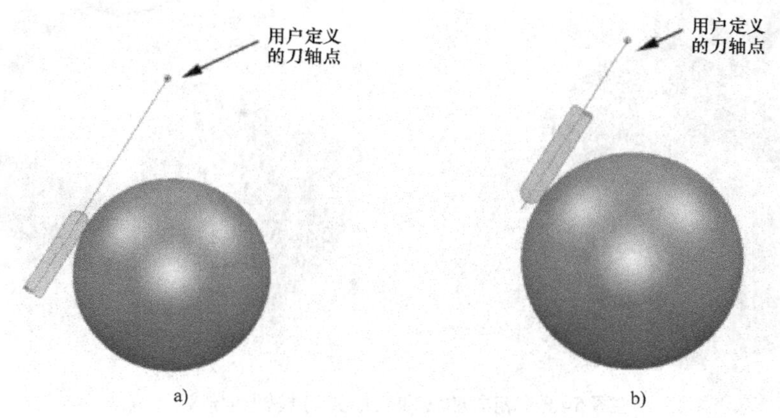

图 5-66　朝向点和自点刀具轴线定义
a）朝向点　b）自点

（4）朝向直线/自直线　朝向直线是指在刀具移动过程中刀尖终指向用户指定的直线并且垂直于该直线，如图 5-67a 所示；自直线是指在刀具移动过程中刀尖始终背离用户指定的直线并且垂直于该直线，如图 5-67b 所示。

（5）朝向曲线/自曲线　朝向曲线是指在刀具移动过程中刀尖终指向用户指定的曲线并且垂直于该曲线，如图 5-68a 所示；自曲线是指在刀具移动过程中刀尖始终背离用户指定的曲线并且垂直于该直线，如图 5-68b 所示。

（6）固定方向　刀具轴线方向由用户指定一个矢量方向，刀具移动过程中刀具轴线始终平行于该矢量方向，如图 5-69 所示。

3. 自曲线刀具轴线控制举例

操作步骤

1）启动 PowerMILL，调入模型。单击菜单“文件”→“输入模型”，系统弹出“输入模型”对话框，在该对话框中“文件类型”选择系统默认的“Delcam Models（＊.dgk,

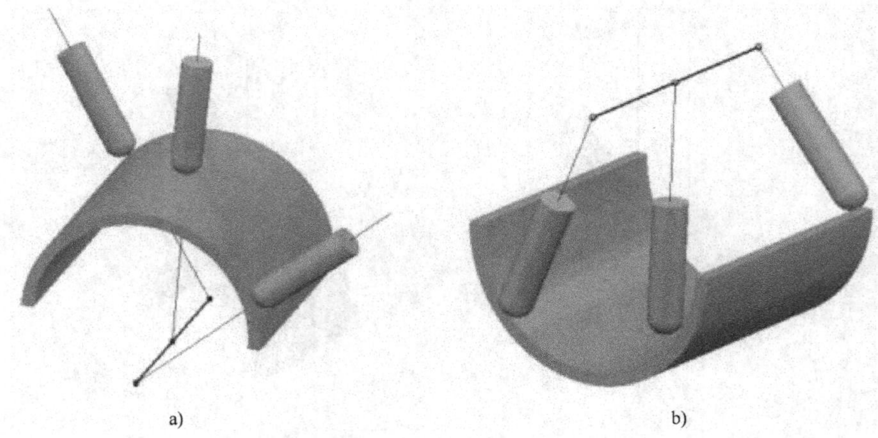

图 5-67　朝向直线和自直线刀具轴线定义
a）朝向直线　b）自直线

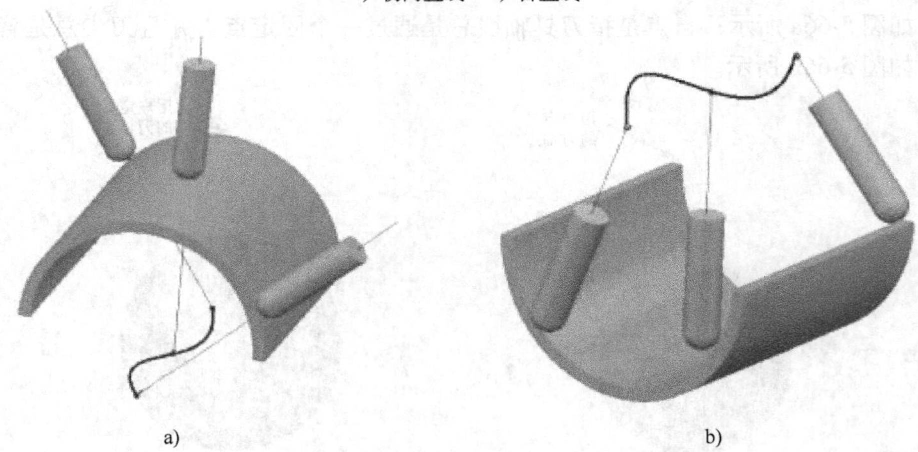

图 5-68　朝向曲线和自曲线刀具轴线定义
a）朝向曲线　b）自曲线

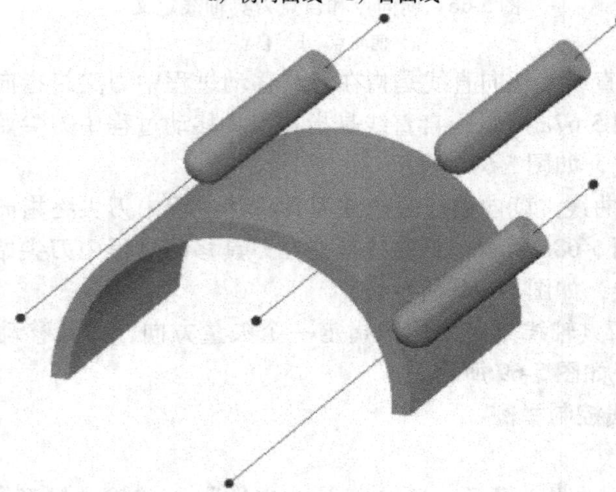

图 5-69　固定方向刀具轴线定义

…)”，文件名为光盘“chapter5/luoxuanmian. dgk”，单击“打开”，模型文件被调入软件。

2）建立直径为8mm的球头刀D8R4（用户自己完成）。

3）建立圆柱形毛坯。单击主工具栏毛坯按钮，系统弹出“毛坯”定义对话框，“由…定义”选择为“圆柱体”，单击按钮［计算］，系统自动计算并生成一圆柱体毛坯，如图5-70所示，单击“接受”完成毛坯定义。

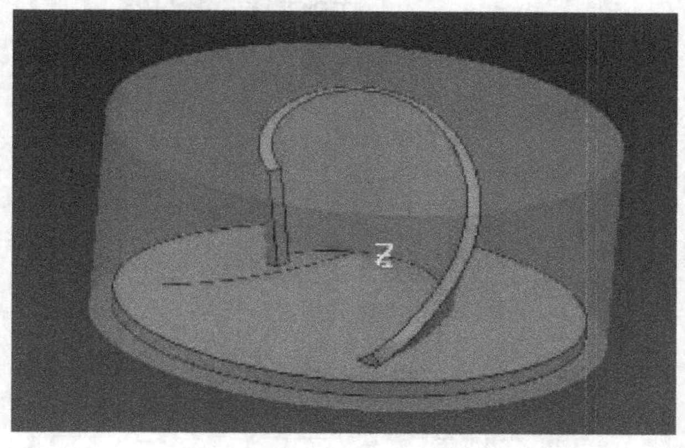

图5-70　定义的毛坯

4）建立参考线1。单击参考工具栏上的文件打开按钮，选择光盘文件“chapter5/curvetool. dgk”，调入参考曲线，如图5-71所示。

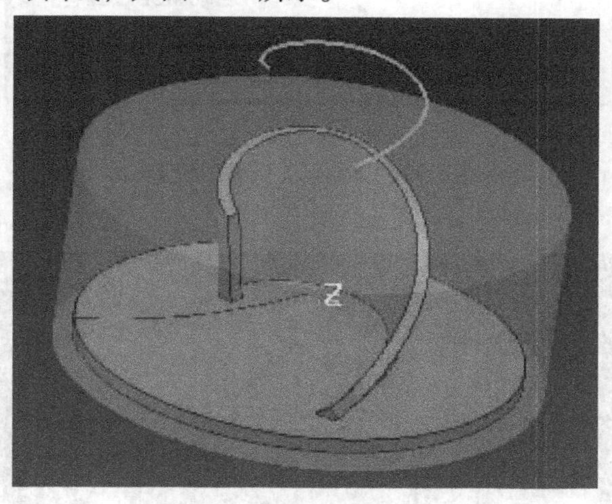

图5-71　参考曲线

5）建立曲面精加工策略。单击主工具栏加工策略按钮，系统弹出“新的”加工策略对话框，选择精加工页面的“曲面精加工”策略，单击“接受”按钮，系统弹出如图5-64所示“曲面精加工”对话框；单击刀具轴线设置按钮，系统弹出“刀轴”设置对话框，刀具轴线选择自曲线，如图5-72所示；当选择了自曲线，下面便出现一个“参考线”下拉选择框，选择参考线1，单击“接受”完成刀具轴线设置。选择如图5-73所示的加工面，其他参数如图5-64所示设置，单击“应用”按钮，系统计算并生成如图5-74所示的加工刀具路径。单击主工具栏保存按钮，以项目名“curvetoolaxial”保存项目。

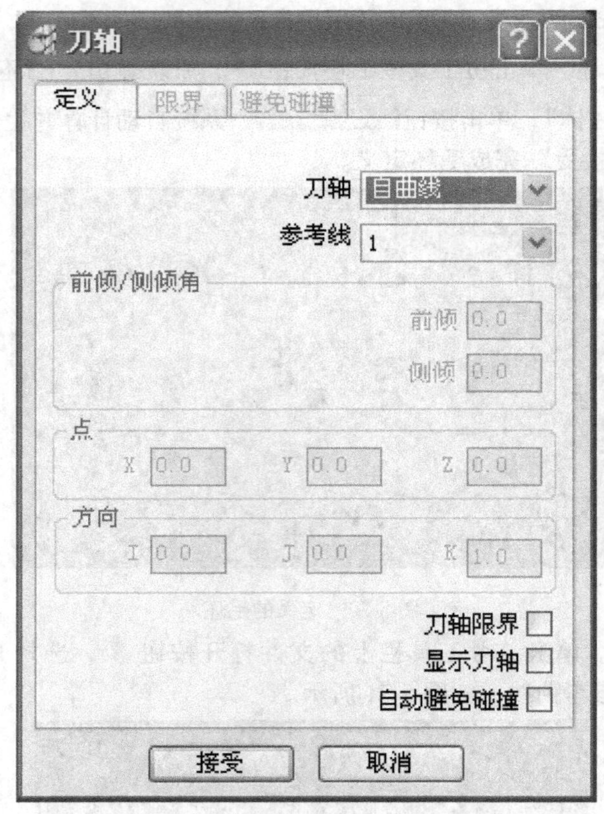

图 5-72　自曲线刀具轴线设置

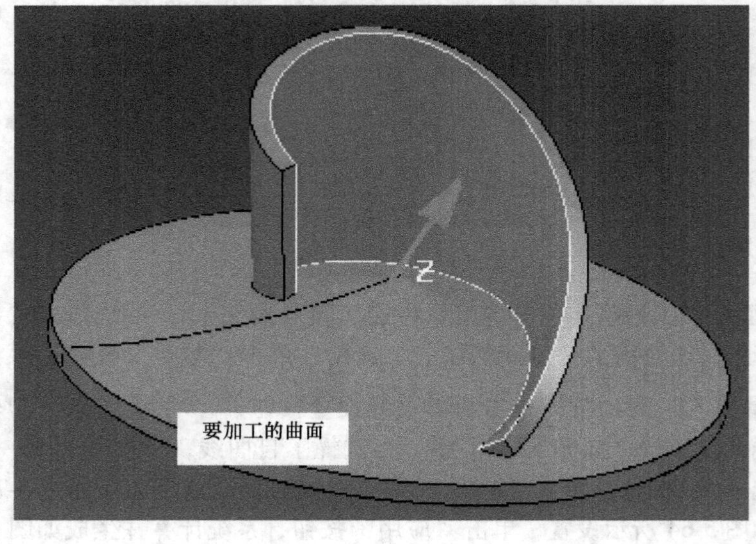

图 5-73　加工曲面

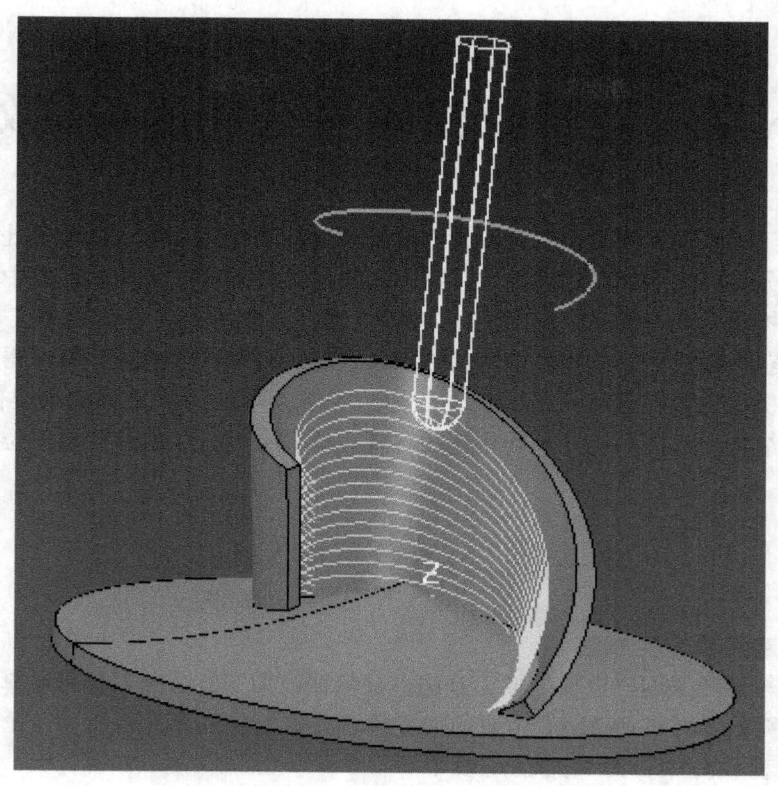

图 5-74　由自由曲线刀具轴线生成的刀具路径

第六章　多轴数控编程软件的后置处理

在数控加工编程中，将刀位轨迹的计算过程称为前置处理。为了使前置处理通用化，并与后置处理相分离，按照相对运动原理，将刀位轨迹计算统一在工件坐标系中进行，而不考虑具体机床结构及其指令格式，从而简化前置处理，并使得前、后处理分工明确，各司其职。因此，要获得数控机床能够读取的最终加工程序，还需要将前置计算所得的刀位数据转换成针对具体机床的数控程序代码，该过程称为后置处理。后置处理起到类似“译码”的作用，使不同结构、不同厂家、不同用途的各式各样的数控机床能够读取刀位文件的加工信息。

第一节　刀具路径与 NC 程序

一、刀具路径和刀轨文件

数控编程软件根据用户选择的加工方法，并依据该加工方法的刀具路径算法计算出刀具路径，图 6-1 所示为由 PowerMILL 生成的偏置区域清除粗加工刀具路径。

在数控编程软件中，刀具路径是多个信息的集成，包括刀具路径名称、加工方法、刀具的尺寸信息、毛坯尺寸信息，刀位点的运动轨迹，加工参数（主轴转速、进给速度、进刀退刀路线及各种加工工艺参数）等。图 6-2 所示就是图 6-1 所示刀具路径的信息树结构。

在编程过程中，我们可以对一些不符合加工要求或者不能达到所需要的最佳效果的刀具路径进行编辑，使修改后的刀具路径具有最佳切削效果，提高加工效率和加工质量。刀具路径的编辑有多种操作，复制、剪切、旋转、移动、镜像等，合理地利用刀具路径的各种编辑操作，可以更简单和高效地生成我们需要的刀具路径。

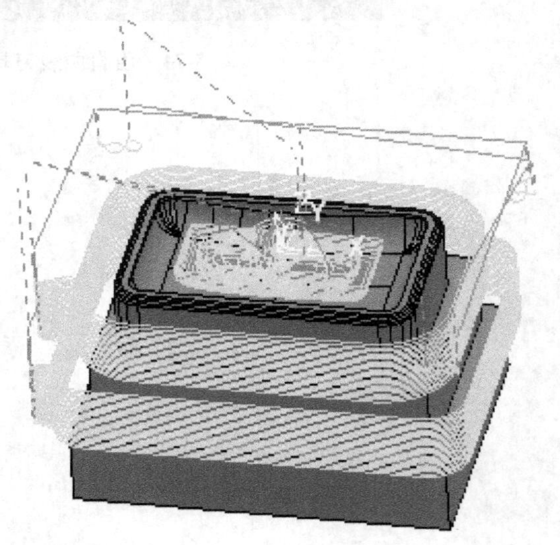

图 6-1　PowerMILL 偏置区域清除粗加工刀具路径

二、NC 程序

NC 程序是数控机床控制器所能接受和识别的数控指令代码，用于数控机床的零件加工。NC 程序可以手工编写，也可以通过计算机辅助制造（CAM）编程软件生成。

1. NC 程序结构

一个完整的 NC 程序由若干个程序段组成，每个程序段又由若干个代码字组成，每个代码字则由字母（地址符）和数字（有些数字还带有符号）组成。下面为一打孔数控小程序

（FANUC 系统）：

```
%                       ；传送程序开始
O0001                   ；程序号
N10 G90 G55             ；建立工件坐标系
N20 T1 M6               ；换刀
N30 S1200 M3            ；主轴正传，转速 1200r/min
N40 G0 X50.0Y50.0       ；快速平移至孔的上方
N60 G43 Z10.0 H1        ；快速下刀至孔的正上方 10mm 的位置
N70 Z2.0                ；快速下刀至 2mm 处
N80 M8                  ；开启切削液
N90 G01 Z-10 F50        ；以进给速度加工至孔底
N100 G00 Z200           ；快速抬刀至 200mm 处
N110 M02                ；程序结束，主轴停转，切削液关闭，加工结束
%                       ；传送程序结束
```

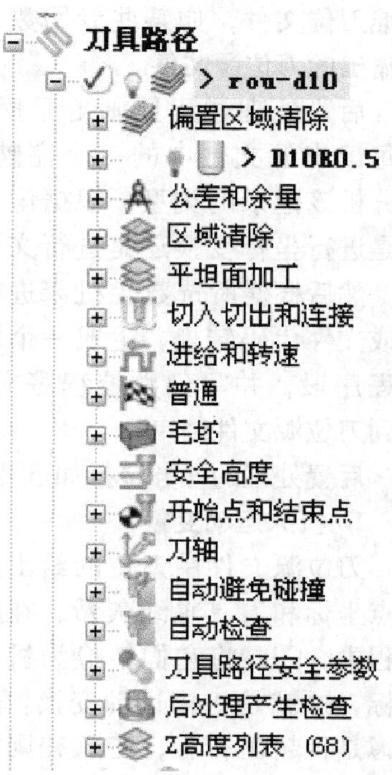

图 6-2　刀具路径树结构

2. 准备功能（G 代码）

准备功能由字母 G 和跟随其后的两位数字组成，一共有 100 个 G 代码（G00～G99），用来规定刀具和工件的相对运动轨迹（即指令插补功能）、加工坐标系、坐标平面、刀具补偿、坐标偏置等多种加工操作。G 代码分为两种模式：模态指令和非模态指令。在后置处理器中用到的 G 代码要根据具体的数控系统的指令集来设置。

3. 辅助功能（M 代码）

辅助功能由字母 M 和跟随其后的两位数字组成，一共有 100 个 M 代码（M00～M99），主要用于数控机床的开关量控制，如主轴的正、反转，切削液的开、关，工件的夹紧、松开，程序结束等，在后置处理器中用到的 M 代码要根据具体的数控系统的指令集来设置。

三、后置处理

数控机床的所有运动和操作都是执行指定的数控指令的结果，完成一个零件的数控加工一般需要连续执行一连串的数控指令，即数控程序。手工编程方法根据零件的加工要求与所选数控机床的数控指令集编写数控程序，直接输入数控机床的数控系统。这种方法对于简单二维零件的数控加工是非常有效的，一般熟练的数控机床操作者根据工艺要求便能完成。自动编程方法则不同，经过刀具轨迹计算产生的是刀位源文件，而不是数控程序。因此，这时需要设法把刀位源文件转换成指定数控机床能执行的数控程序，采用通信的方式或 DNC 方式输入数控机床的数控系统，才能进行零件的数控加工。

把刀位源文件转换成数控机床能执行的数控程序的过程可用如图 6-3 所示的框图表示。

根据刀位文件的格式，可将刀位文件分为两类：一类是符合 IGES 标准的标准格式刀位文件，如各种通用 APT 系统及商品化的 CAD/CAM 编程系统输出的刀位文件；另一类是非

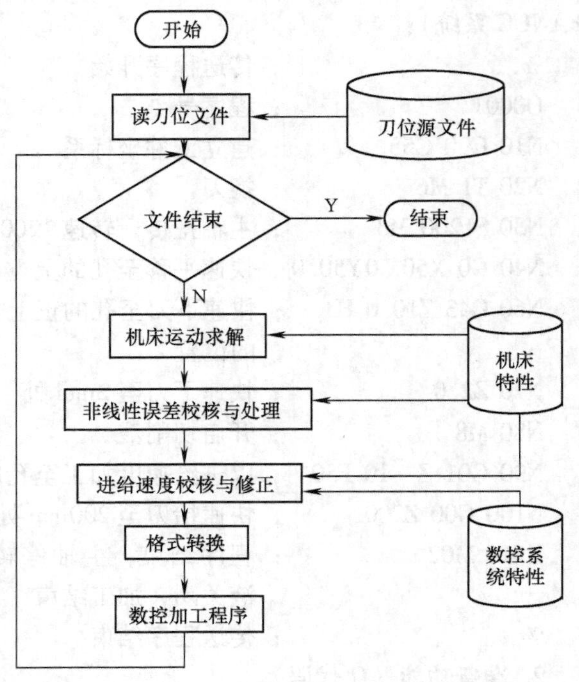

图 6-3　后处理流程框图

标准刀位文件，如某些专用数控编程系统输出的刀位源文件。

后置处理过程原则上是解释执行，即每读出源文件中的一个完整的记录，便分析该记录的类型，根据记录类型确定是进行坐标变换还是进行文件代码转换，然后根据所选数控机床进行坐标变换或文件代码转换，生成一个完整的数控程序段，并写到数控程序文件中去，直到刀位源文件结束。

后置处理的任务包括如下几点：

1. 机床运动变换

刀位源文件中刀位的给出形式为刀位点坐标和刀具轴线矢量，在后置处理过程中，需要将它们转换为机床的运动坐标，这就是机床运动变换。这期间要考虑是否超出行程，若超程则需重新选择或对编程工艺作相应修改。此外，为提高加工精度，还要考虑机床结构误差，在加工程序上给予补偿修正。

2. 非线性运动误差校验

前置刀位计算中使用离散直线来逼近工件轮廓，加工过程中，只有当刀位点实际运动为直线时才与编程精度相符合。多坐标加工时，由于旋转运动的非线性，由机床各运动轴线性合成的实际刀位运动会严重偏离编程直线，因此应对误差进行校验，若超过允许误差应作必要修正。

3. 进给速度校验

进给速度是指刀具切触点或刀位点相对于工件表面的速度。多轴加工时，由于回转半径的放大作用，其合成速度转换到机床坐标时会使平动轴的速度变化很大，超出机床伺服能力或机床、刀具的负荷能力，因此应根据机床伺服能力（速度、加速度）及切削负荷能力进行校验修正。

4. 数控加工程序生成

根据数控系统规定的指令格式将机床运动数据转换成机床程序代码。

第二节　后置处理器的设置

目前，商业化的 CAM 编程软件都开发了跟编程软件相配套的后置处理器。所谓的后置处理器，就是一个具有集成编辑环境的可视化程序，如 UG 的 Post Builder，PowerMILL 的 PM-Post，建立一个新的后置处理文件和对已有后置处理文件中参数的修改都是很方便的。本节介绍 Post Builder 和 PM-Post 软件的常用参数的含义和设置方法，使读者对后置处理软件有个完整的了解并掌握其参数的设置方法。

一、UG 后置处理器的设置

1. Post Builder 建立一个新的三轴铣床后处理文件

（1）Post Builder 界面简介　启动 Post Builder，即用鼠标单击桌面上的“开始”→“所有程序”→“UGS NX4.0”→“Post Tools”→“Post Builder”菜单项就可以启动 Post Builder。启动后的 Post Builder 界面如图 6-4 所示，整个界面很简单，共有四个部分，从上到下依次是标题行、下拉菜单行、工具栏行和提示行。

图 6-4　Post Builder 界面

标题行提供 Post Builder 软件的版本信息，如 Version 3.4.1。下拉菜单行有下拉菜单 File（文件）、Options（选项）、Utilities（实用工具）和 Help（帮助）。工具栏行有 2 个工具条，每个工具条有 3 个命令按钮。其中，左边的是文件工具条，有（新建）、（打开）和（保存）命令按钮；右边的是帮助工具条，有（鼠标即时提示）、（条目说明）和（帮助手册）命令按钮。

提示行显示当前操作和下一步操作提示。

下面对各个下拉菜单作简要介绍：

File 下拉菜单中有 New（新建）、Open（打开）、Save（保存）、Save as（另存为）、Close（关闭）、Exit（退出）及 Recently Opened Posts（最近打开过的后处理文件列表）菜单项，如图 6-5 所示。

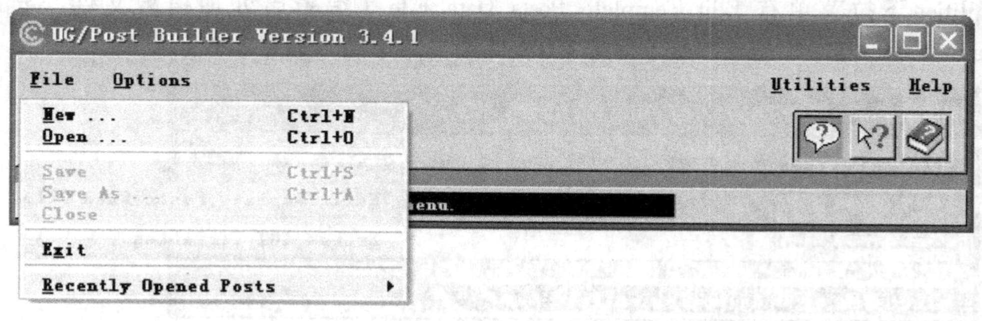

图 6-5　文件下拉菜单中的菜单项

Options 下拉菜单中有 Validate Custom Commands（用户命令有效性检查）和 Backup Post（备份后处理文件）菜单项，并且这两个菜单项都还有子菜单项，如图 6-6 所示是检查用户命令菜单项的子菜单项，有四个子项，分别是 Unknown Commands（未知命令）、Unknown Blocks（未知段）、Unknown Addresses（未知地址）、Unknown Formats（未知格式）菜单项。在某个菜单项前打上勾，就表示系统自动启动了该菜单的检查功能。例如，用户给 Unknown

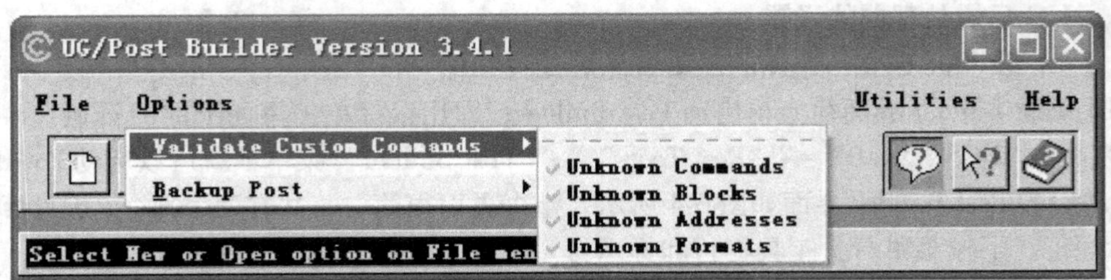

图 6-6　选项下拉菜单中检查用户命令菜单项的子菜单项

Command 菜单前面打勾，用户建立新后处理文件或者修改已经存在的后处理文件中输入命令时，系统会自动检查用户输入的命令的有效性，也就是说如果用户输错了命令，系统会告知用户输入的命令不正确，其他的菜单项也是一样的，Post Builder 软件启动后这四个有效性检查菜单都是打勾的，就是默认状态都是要检查的。如图 6-7 所示是备份后处理文件菜单项的子菜单项，有三个子项，分别是 Backup Original（备份原始的文件）、Backup Every Save（备份每次保存）和 No backup（没有备份）菜单项。其中，Backup Original 和 No backup 没有差别，都是只保存最新的文件，也就是保存后只有一个原始文件；而 Backup Every Save 则每保存一次，系统除了保存最新的文件外，还把上次的文件作备份也保存起来，保存一次，就会生成一个备份文件。

图 6-7　选项下拉菜单中备份后处理文件菜单项的子菜单项

Utilities 下拉菜单有 Edit Template Posts Data File（编辑后处理模板文件 Template_post. dat）Browse MOM Variables（浏览 MOM 变量）菜单项，如图 6-8 所示。

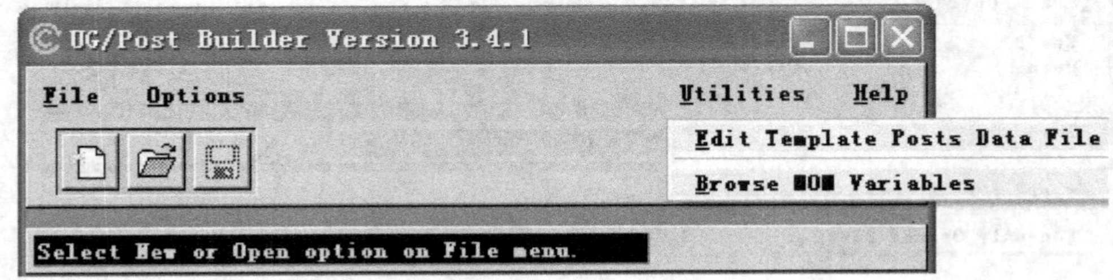

图 6-8　实用工具下拉菜单中的菜单项

Help 下拉菜单有 Balloon Tip（鼠标即时提示）、Context Sensitive Help（条目说明）、User's Manual（用户手册）、About Post Builder（关于后处理器）和 Release Notes（版本信息），如图 6-9 所示。

（2）建立一个新的三轴铣床后处理　要建立一个以南京四开电子企业有限公司

图 6-9　实用工具下拉菜单中的菜单项

SKY2003 数控系统为应用对象的三轴雕铣机床后处理，建立过程如下所述。

步骤 1，建立新的后处理

单击文件工具栏图标□或从 File 下拉菜单中选择“New”命令，系统会产生“Create New Post Processor”对话框，按如图 6-10 所示设置对话框，椭圆框中的参数表示要修改的或选择的。设置完对话框后单击“OK”按钮，系统进入参数设置界面。

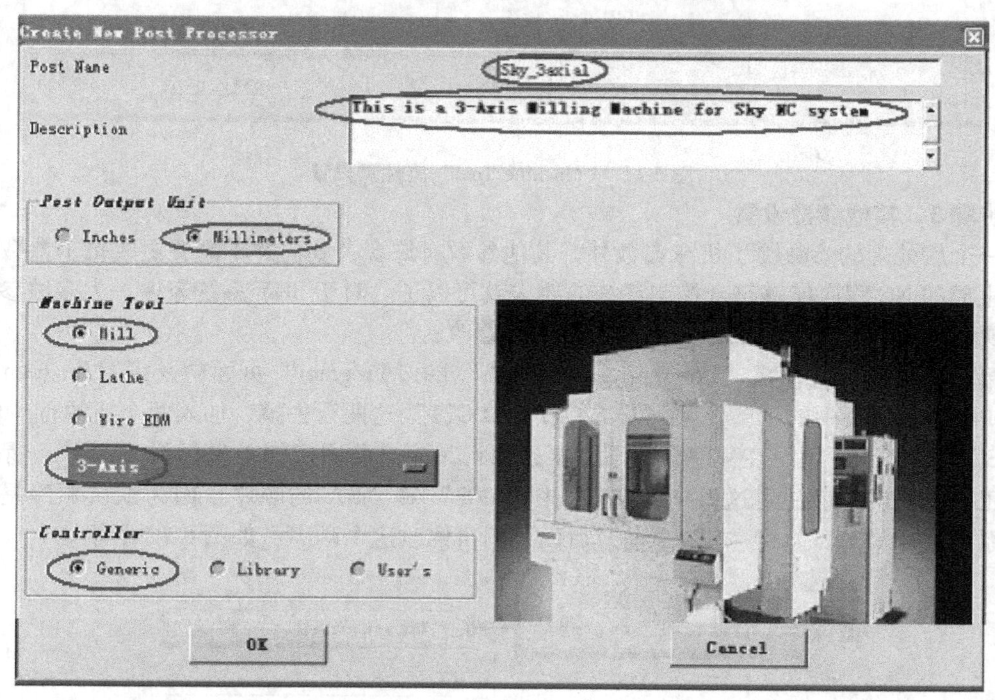

图 6-10　建立新的后处理对话框

步骤 2，机床参数设置

如图 6-11 所示，单击“Machine Tool”参数页，在该页下单击“General Parameters”节点，在右边的参数区设置参数，椭圆框中是要修改的，其他参数不用修改。

到此，最重要的机床参数设定已经完成。由于 SKY 系统要求的程序格式基本符合国际标准，如果马上使用这个后处理，那么生成的 NC 程序只需修改程序头的格式就可以在机床上使用了。但是，为了使生成的程序不需作任何修改就能直接使用，还有一些参数需要设定。

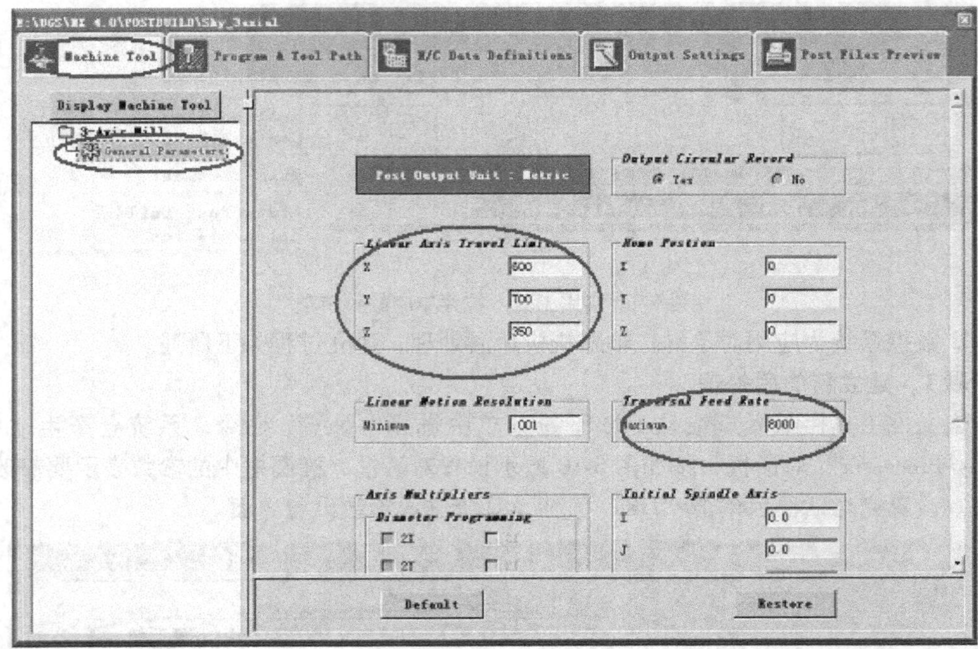

图 6-11 “Machine Tool”属性页设置

步骤 3，其他参数设置

一个后处理的参数除了机床参数外，其他参数有许多，我们并不需要更改每个参数，只要使生成的 NC 程序能够符合控制系统的要求就可以了。对于 SKY 系统来说，大多数参数使用默认值就可以，只需要对以下六项参数进行修改：

第一项参数修改，在“Program & Tool Path”的“Program”页面中，将“Program Start Sequence”程序头中的“%”和“G40 G17 G90 G71”这两行去掉，加入两个新的行“G54”和“S M03”。SKY 系统在程序开头不需要这两行，而需要固定加工坐标系“G54”，保证主轴在工作时正转。应注意这里“M03 S”中“M03”和“S”的顺序，因为默认顺序是错误的，系统要求“M03”在“S”之前，后面我们再修改这个顺序，如图 6-12 所示。

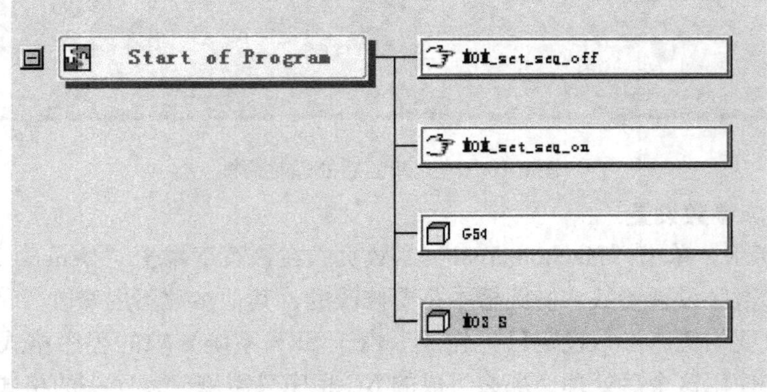

图 6-12　程序头设定

第二项参数修改，在“Program & Tool Path”的“Program”页面中，将“Operation Start Sequence”操作头中“Auto Tool Change”自动换刀的所有行删除。这种雕铣机床没有自动换刀功能，因此去掉自动换刀的指令。

第三项参数修改，在“Program & Tool Path”的“Program”页面中，将“Program End Sequence”程序尾中的“%”这行删除，在“M02”前加入一行“M05 M09”，如图6-13所示。同时确保程序运行结束后，主轴和切削液关闭。

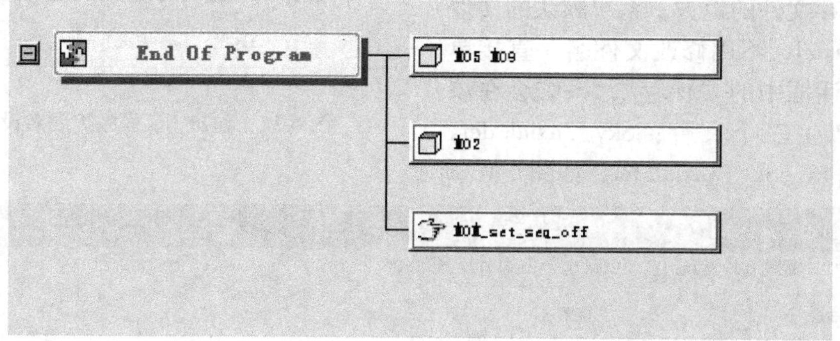

图6-13　程序尾设定

第四项参数修改，单击“G Codes”子属性页，修改两个参数：Inch Mode（英制）改为20，Metric Mode（米制）改为21，其他参数不用修改，改完后的参数如图6-14所示。

Tool Length Adjust Plus	43	Cycle Retract (MANUAL)	99
Tool Length Adjust Minus	44	Reset	92
Tool Length Adjust Off	49	Feedrate Mode IPM	94
Inch Mode	20	Feedrate Mode IPR	95
Metric Mode	21	Feedrate Mode FRN	93
Cycle Start Code	79	Spindle CSS	96
Cycle Off	80	Spindle RPM	97
Cycle Drill	81	Return Home	28
Cycle Drill Dwell	82	Feedrate Mode MMPM	94

图6-14　“G Codes”参数设定

第五项参数修改，在“Program & Tool Path”的“Word Sequencing”页面中，将“S”和“M03”的位置互换。回到“Program & Tool Path”下“Program”页面的“Program Start Sequence”中，可以发现“S M03”行变为了“M03 S”，顺序已经改变为符合系统要求的了。

第六项参数修改，在“Output Setting”的“Other Options”页面中，将“N/C Output Files Extension”改为“NC”，如图6-15所示。SKY系统默认读取的加工程序后缀名为

“. NC”。

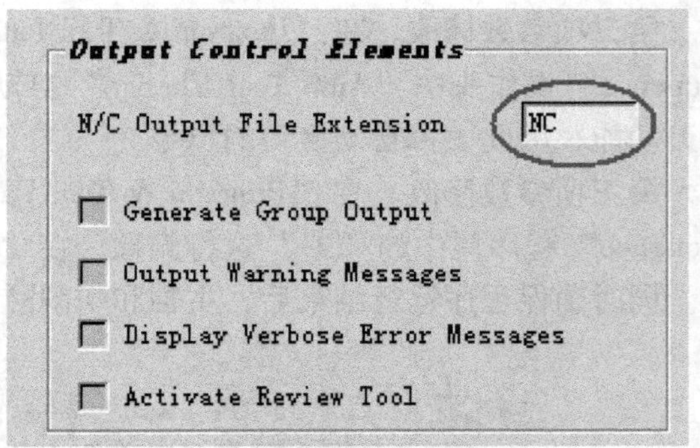

图 6-15　输出 NC 程序扩展名设定

步骤 4，保存后处理文件

单击工具条的按钮或“File”下拉菜单中的“保存”命令，选择 UG 的安装文件夹中的“E：\ UGS \ NX 4.0 \ MACH \ resource \ postprocessor”（假设 UG 安装在 E 盘）作为保存文件的地方。系统默认的文件名是 Sky_3axial，不用修改文件名，直接单击在保存对话框中的“保存”，系统会在该文件夹下产生三个文件：Sky_3axial. def，Sky_3axial. pui，Sky_3axial. tcl，如图 6-16 所示。

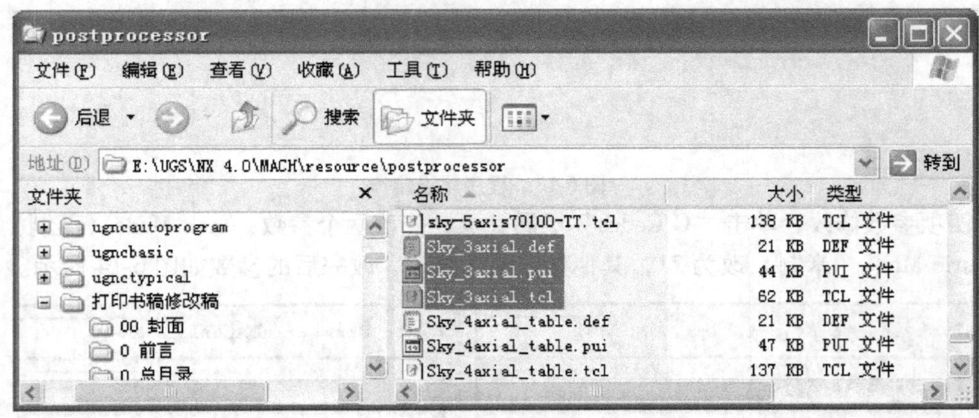

图 6-16　后处理保存后产生的三个文件

. def 文件：定义 NC 输出格式。

. pui 文件：可以让 Post Builder 再次打开后处理并修改参数。

. tcl 文件：处理事件生成器发送过来的事件，并提供处理方式。

步骤 5，把新生成的三轴 Sky_3axial 后处理加入后处理模板文件 template. dat 中

在“Utilites”下拉菜单中选择“Edit Template Posts Data File”命令，如图 6-17 所示，系统弹出模板对话框，高亮选择“OPERATION_LIST”然后单击“New”按钮，系统弹出“Open”对话框，如图 6-18 所示，选择前面保存的“Sky_3axial. pui”后处理文件，单击“Open”按钮，如图 6-19 所示，选择的后处理文件被加入到“template_post. dat”文件中。

2. Post Builder 主要参数介绍

用 UG/Post Builder 可以新建一个后处理，或者打开一个已有的后处理。在这个后处理中，共有五个参数页要定义，分别是 Machine Tool（机床）、Program and Tool Path（程序和刀轨）、NC Data Definitions（NC 数据格式）、Output Settings（输出设定）、Post Files Preview（后置文件预览），在每页主要参数里又有许多子项参数要设定。这五个主要参数页中，Machine Tool 是最重要的参数页，它定义了机床的结构、机床各个轴的运动关系，是这个后处理内容的核心。其他参数页主要由机床使用的控制系统决定，它们的作用是保证输出 NC 程序中 G 代码的格式符合机床控制系统的兼容性要求。出于篇幅的原因，我们主要介绍

Machine Tool 机床参数页的参数,其他参数页通过实例让读者自己领悟或参考其他资料。下面介绍 Machine Tool 机床参数页的参数。

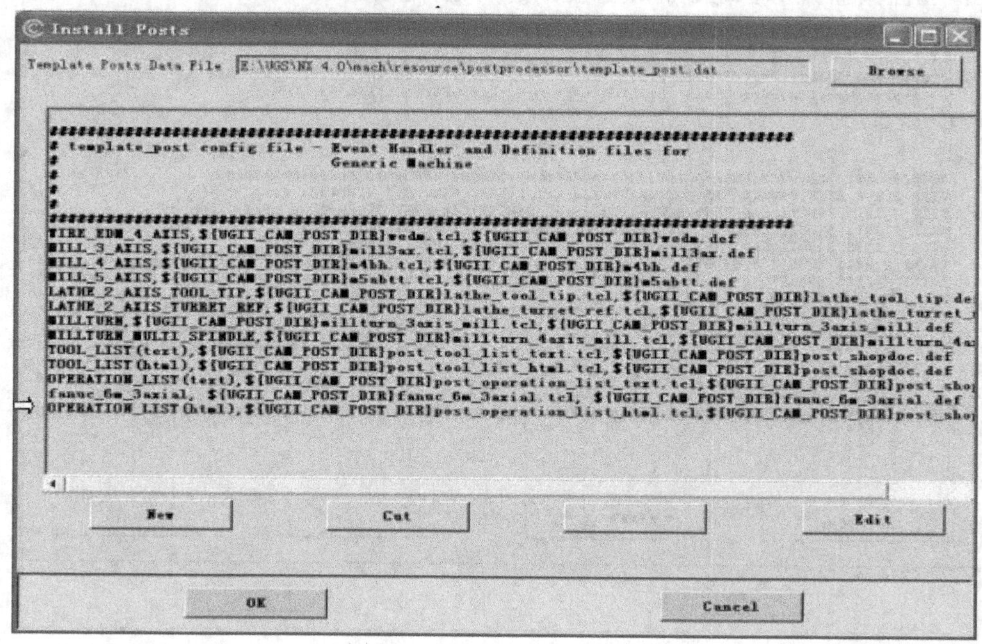

图 6-17　template_post. dat

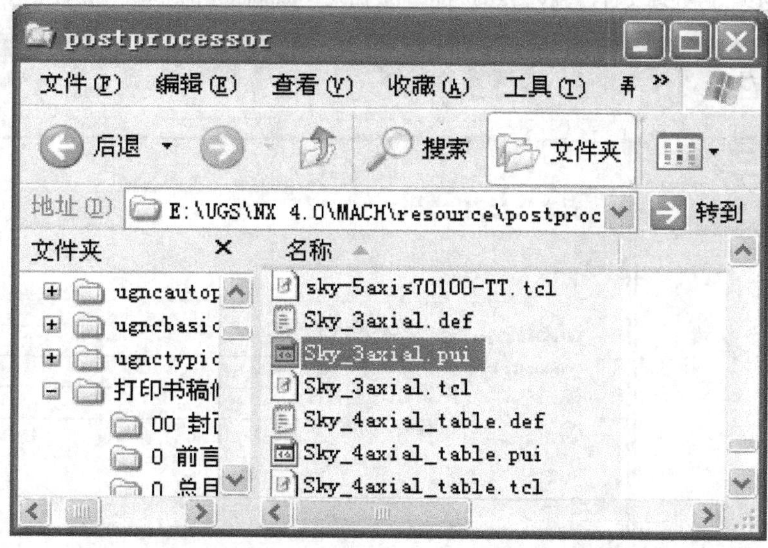

图 6-18　“Open”对话框

如图 6-20 所示，该机床参数页设定分为两个区域，左边为树状结构区，右边为参数设定区，树状结构区中可选择机床参数的子选项。树状结构区有一个根节点“5-Axis Mill”（四轴机床为 4-Axis Mill，三轴机床为 3-Axis Mill），在根节点下有若干个子节点：“General Parameters”——通用参数、“Fourth Axis”——第四轴、“Fifth Axis”——第五轴。第五轴只有五轴机床有，第四轴只有四轴和五轴机床有，三轴机床只有通用参数。

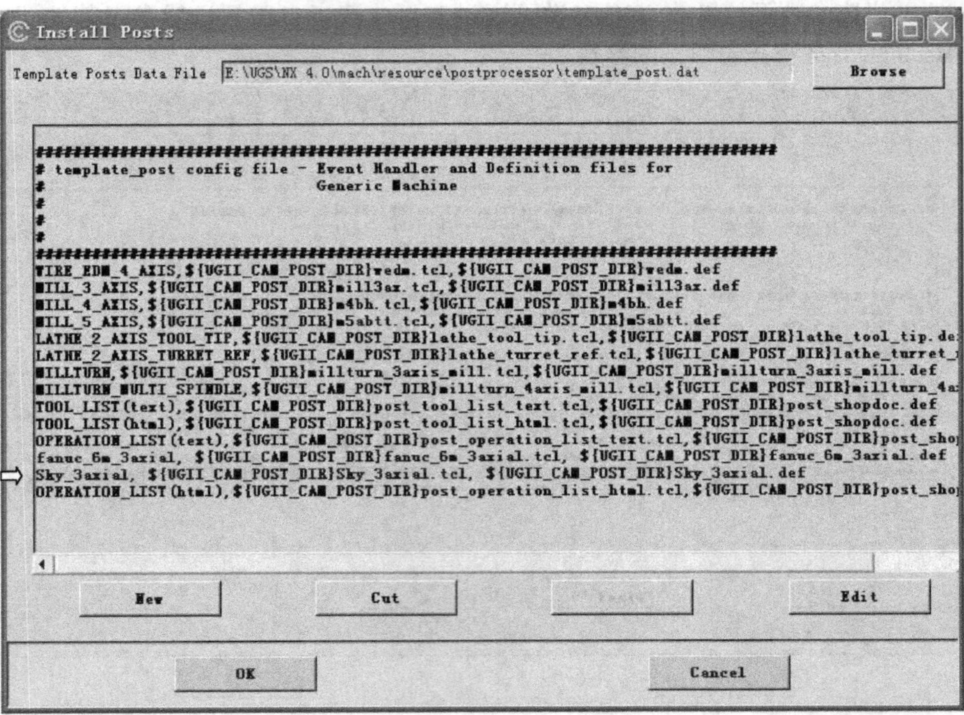

图 6-19　后处理文件“Sky_3axial. pui”被加入“template_post. dat”模板文件中

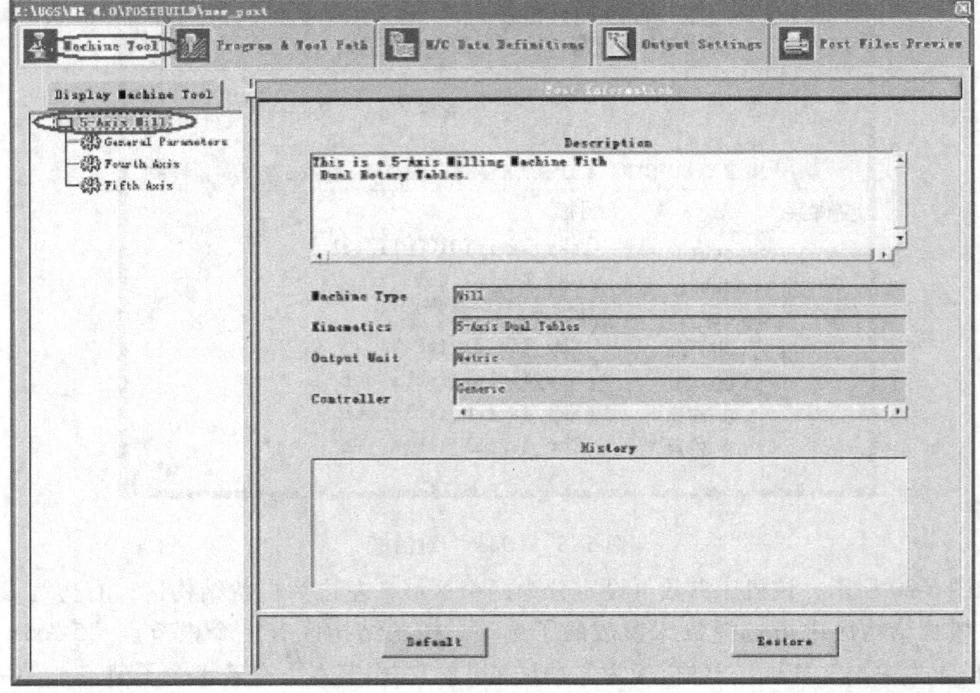

图 6-20　“Machine Tool”机床参数页——“5-Axis Mill”根节点

如图6-20所示，单击左边树状节点的“5 - Axis Mill”根节点，则右边显示Post Information（后处理信息），包括“Description”（机床描述）、“Machine Type”（机床类型）、“Output Unit”（输出单位）等内容。这些内容在新建机床时已经设定好，这里可以检查、修改，通常该节点不用修改。

如图6-21所示，单击左边树状结构的“General Parameters”节点，右边参数区显示了该机床的通用参数，这些参数包含了机床的基本信息，不管是三轴机床还是多轴机床，都需要设定好这些参数：

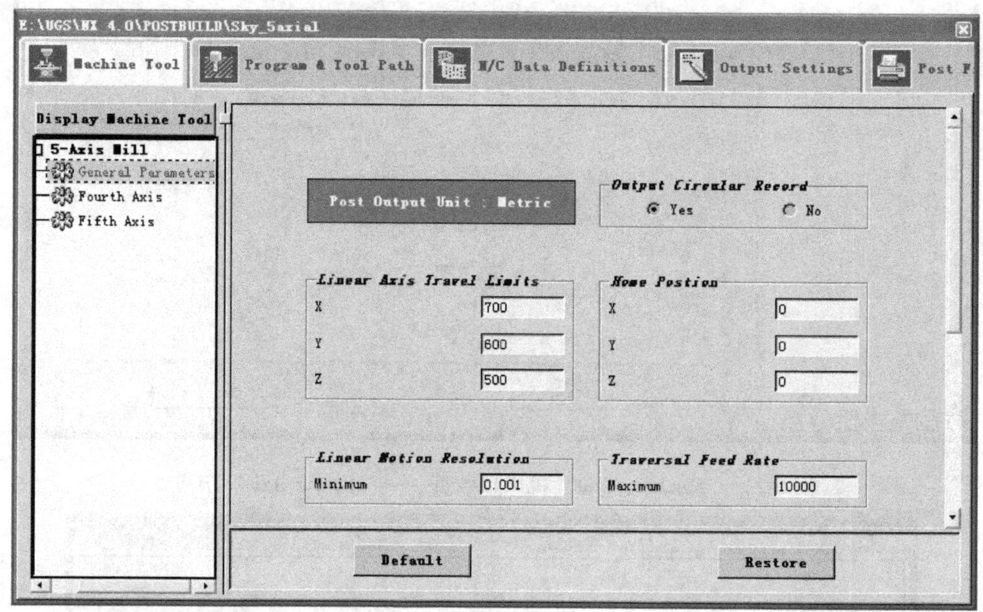

图6-21　“Machine Tool”机床参数页——“General Parameters”节点

Output Circular Record（圆弧刀轨输出）　选择“Yes”或者“No”确定是否让这个后处理输出圆弧运动，即在输出的程序中是否有G02或G03指令。默认值为“Yes”，一般不需要更改；若设为“No”，则刀轨中的圆弧运动将在后处理时自动转换为直线插补即G01输出。

Linear Axis Travel Limits（直线轴行程限制）　分别设定X轴、Y轴、Z轴三个直线轴的行程限制。应将后处理中三个直线轴的行程限制设定为小于等于实际机床行程的数值。

Home Postion（机床回零位置）　默认X轴、Y轴、Z轴三个轴的回零位置均为0，一般不需要更改。

Linear Motion Resolution（直线插补最小分辨率）　应按照实际机床的最小移动量设定该数值。

Traversal Feed Rate（机床进给率）　这里只设定最大值“Maximum”，使用米制单位的机床，进给率的单位为“mm/min”，将实际机床的最高进给率数值填入这里即可。

“General Parameters”节点其他参数不需要设定，所以这里就省略了。

如图6-22所示，单击左边树状结构区中的“Fourth Axis”或“Fifth Axis”，右边参数区显示多轴参数，第四轴和第五轴参数的内容大多数是一致的，这里放在一起说明。

Rotary Axis（旋转轴）　单击按钮 Configure ，系统弹出如图6-23所示的旋转轴设

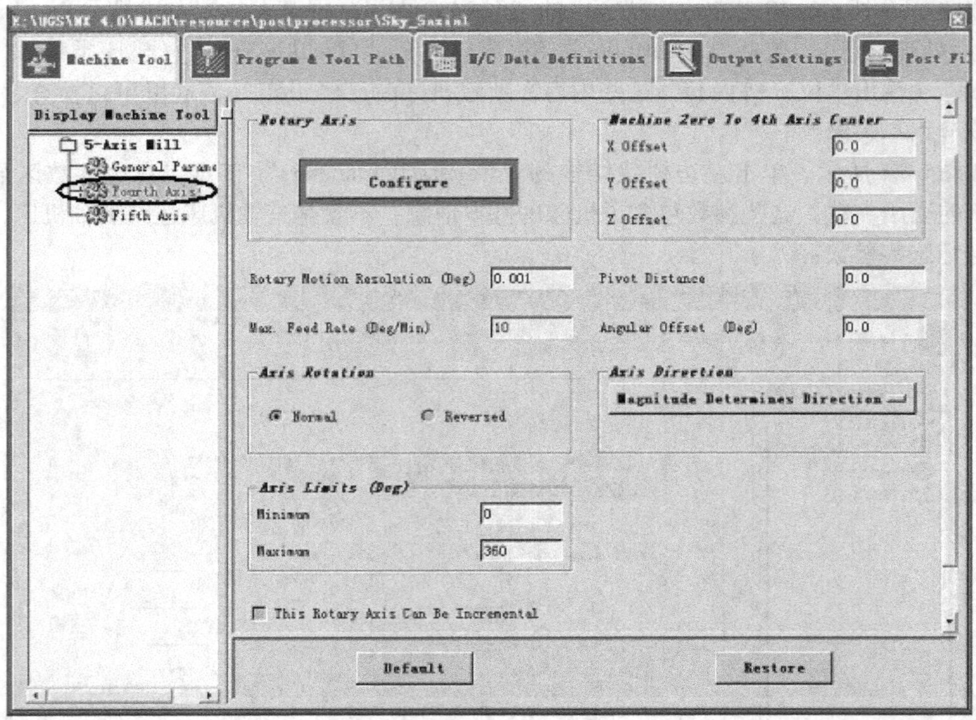

图 6-22　“Machine Tool” 机床参数页——“Fourth Axis” 节点

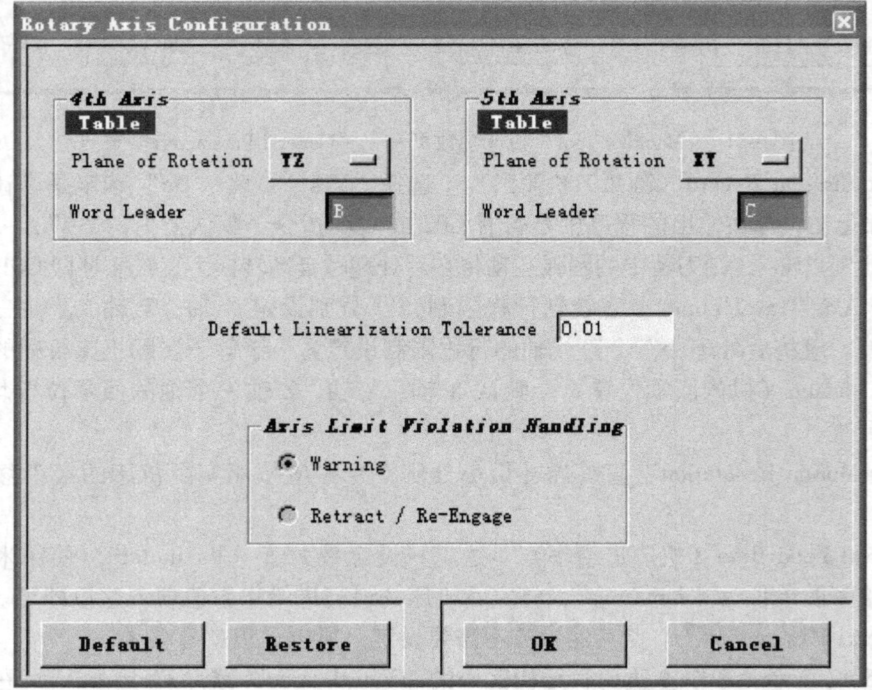

图 6-23　“Fourth Axis” 节点 “configure” 按钮设置旋转轴对话框

置对话框，包括以下内容：

plane of Rotation（旋转平面）　定义该旋转轴的旋转平面，常用的为 XY 平面、YZ 平面、ZX 平面三个主平面。如果机床旋转轴为特殊的，旋转平面不是以上三个平面中的一个，则选择“Other”，用向量来指定旋转平面的法向。本例五轴后处理是双转台机床，第四轴旋转平面是 YZ 平面（即旋转轴跟 X 轴平行），第五轴旋转平面是 XY 平面（即旋转轴跟 Z 轴平行）。

Word Leader（字头）　就是设定代表这个旋转轴的字母。默认第四轴为 A，第五轴为 B，应根据机床实际使用的旋转轴字母设定。本例第四轴是 B，第五轴是 C。

Default Linearization Tolerance（默认线性公差）　控制多轴插补精度。

Axis Limit Violation Handing（转轴超限处理方式）　有两个选项。选择“Warning”（警告），当刀轨运动中有发生旋转轴超限时，程序继续正常输出，只是产生出错信息警告；选择“Retract/Re-Engage”（退刀再进刀），当刀轨运动中有发生旋转轴超限时，自动退刀再进刀来处理超限问题。

再回到第四轴参数设置：

Rotary Motion Resolution（Deg）（旋转轴分辨力，单位为°）　控制系统可分辨力的最小转角。默认值为 0.001，一般不需要更改。

Max. Feed Rate（Deg/Min）（最大进给率，单位为°/min）　这个数值应按照实际机床所支持的旋转轴最大进给率来设定，以确保后处理生成的程序安全执行。

Axis Rotation（转向）　根据 ISO 规定来定义旋转轴的方向，“Normal”为正方向，“Reversed”是反方向。

Axis Direction（转轴方向）　有两个选项。默认值“Magnitude Determines Direction”是由数值大小决定方向，正负号表示不同的位置。如 B-90 和 B90 相差 180°，顺时针向角度大的方向旋转，逆时针向角度小的方向旋转；“Sign Determines Direction”是符号决定方向，如 B-90 和 B90 是同一位置，B-90 是逆时针方向转到 B90 位置，B90 是顺时针方向转到 B90 位置。大多数情况下，不用正负号来决定旋转方向，因此，一般不改变此选项的默认值，就选择“Magnitude Determines Direction”。

Axis Limits（Deg）（转轴角度限制，单位为°）　定义转轴可编程的最大和最小角度。如果行程限制范围小于 360°，按实际行程设定；如果行程没有限制，可以连续旋转，有两种情形。当 Axis Direction 选择“Magnitude Determines Direction”时，可将“Minimum”（最小值）设为 −359.999，“Maximum”（最大值）设为 359.999；当 Axis Direction 选择“Sign Determines Direction”时，设定“Minimum”（最小值）为 0，“Maximum”（最大值）为 360。

This Rotary Axis Can Be Incremental（转轴增量方式）　选中复选框，则这个旋转轴转角可以采用增量方式输出。

Pivot Distance（摆长）　定义摆头旋转中心到主轴端面的距离。没有摆头的机床，此数值应设为 0。

Angular Offset（Deg）（角度偏置，单位为°）　设定刀具轴线零角度与机床转轴零角度之间的角度偏置。多数情况下，该数值设为 0，这个角度偏差由加工坐标系来补偿，即把刀具轴线零度位置时的转角角度设为加工坐标系零位。

Machine Zero to 4th Axis Center（机床零点与第四轴中心偏差）　定义第四轴旋转中心相

对于机床零点的偏差。这个数据应根据厂家提供的机床结构参数设定，或根据实际测量值设定。

4th Axis Center to 5th Axis Center（第四轴中心与第五轴中心偏差） 第四轴和第五轴的转轴可能不相交，这里定义两个旋转轴之间的偏心量。这个数据应根据厂家提供的机床结构参数设定，或根据实际测量值设定。

Display Machine Tool（显示机床结构简图） 在定义好机床参数后可以按此键，显示机床结构简图，方便检查；若没有简图显示，则说明该结构的机床比较特殊，UG系统没有内置这种机床的简图。

Default 将所有参数设定的数值或选项，还原成系统默认值。

Restore 将所有参数设定的数值或选项，还原成未修改前的值。

由于我们一般将Controller（控制器）选用为Generic（通用的），生成的NC程序是符合国际标准的。完成了机床参数的设定，建造这个后处理的最重要工作就已经完成了。使用这个后处理生成的NC程序，已经基本符合机床的使用要求，只是有可能在G代码的格式上与机床控制系统的要求不完全吻合，还需要对生成NC程序的开头、结尾、暂停、自动换刀部分进行手动修改，使之完全符合机床控制系统的要求。要想后处理生成的程序完全符合机床控制系统的要求，而不需要进行任何人工的修改直接使用，就要进一步设定好后处理主要参数里其他页面的子项参数，读者可参阅前面的实例。

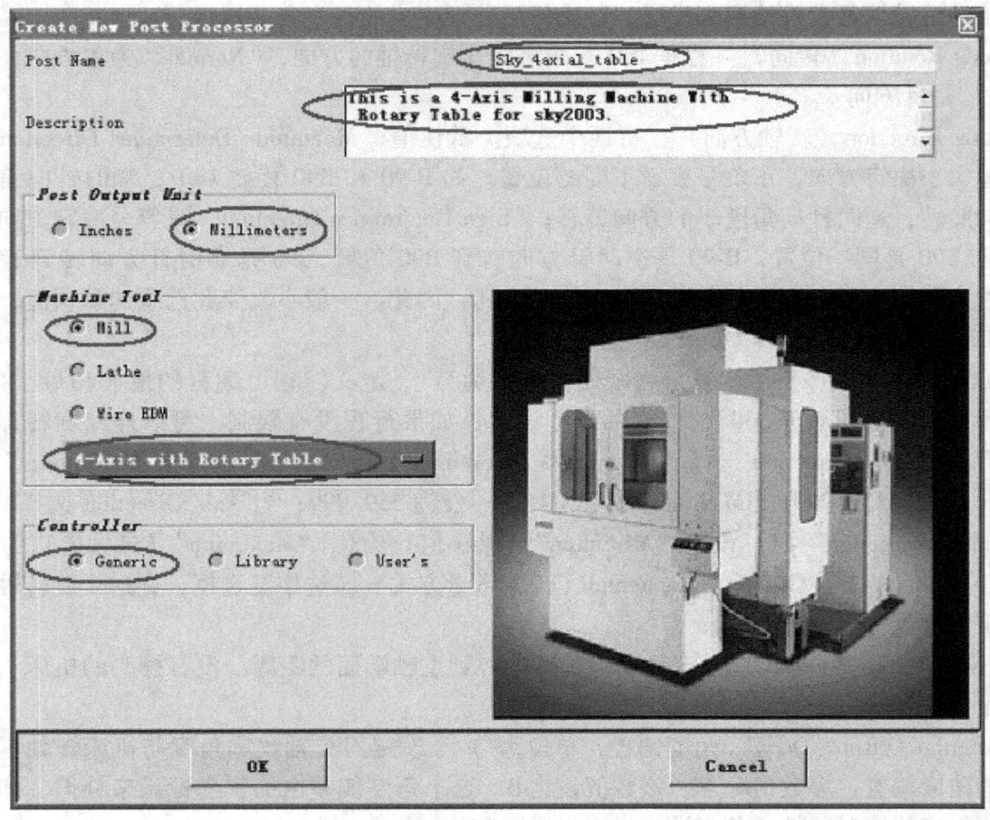

图6-24 建立新的后处理对话框

3. 多轴铣床后处理实例

例 1 建立 SKY 带转台四轴雕铣机后处理

使用 UG/Post Builder 为 SKY 四轴雕铣机建立一个后处理，首先需要分析机床，其主要内容包括：机床结构和控制系统。SKY 四轴雕铣机，使用 SKY6070 雕铣机床，附加旋转轴装置，其旋转轴为 Y 轴，旋转平面为 ZX 平面；该机床采用的是 SKY2003 系列控制系统。根据 SKY2003 系统的说明书就可以建立后处理了。

步骤 1，建立新的后处理

单击文件工具栏图标或从“File”下拉菜单中选择“New”命令，系统会产生“Create New Post Processor”对话框，按如图 6-24 所示设置新建后处理对话框。设置完对话框后单击“OK”按钮，系统进入参数设置界面。

步骤 2，机床参数设置

如图 6-25 所示，首先单击“Machine Tool”参数页，在该页下单击“General Parameters”节点，在右边的参数区设置参数，椭圆框中是要修改的，其他参数不用修改。

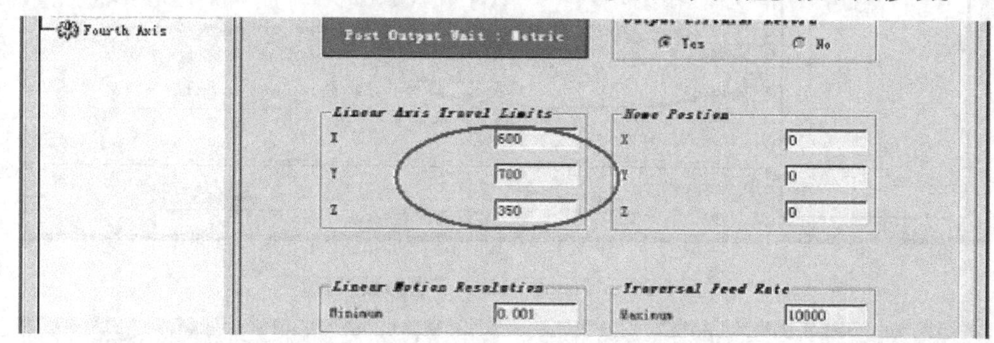

图 6-25 “Machine Tool”属性页设置

其次，再设置“Fourth Axis”节点参数，如图 6-26 所示，其他参数采用默认值。到此主要工作已经完成，后面的步骤跟前面 SKY 三轴雕铣机床的后处理完全一样，请读者参考前面的 SKY 三轴雕铣机床后处理的例子。

例 2 建立 FAUNC 带转头四轴铣机后处理

由于建立后处理的过程都很类似，下面的所有例子就简化过程。本例的数控系统是 FAUNC 0i-MC，机床主轴带一个摆头 B 轴，绕着 Y 轴旋转，摆长为 120.55mm

第一步，单击，按如图 6-27 所示设置新建后处理对话框。设置完对话框后单击“OK”按钮，系统进入参数设置界面。

第二步，设置机床参数，设置如图 6-28 所示参数。

第三步，单击“Fourth Axis”节点，按如图 6-29 所示设定参数，其他参数采用默认值。

第四步，在“Program & Tool Path”的“Program”页面，将“Program Start Sequence”程序头中的“G40 G17 G90 G71”这行去掉，加入两个新的行“G90 G54”和“S M03”（图 6-30）。

第五步，在“Program & Tool Path”的“Program”页面，将“Operation Start Sequence”操作头中，“Auto Tool Change”自动换刀的所有行删除。该机床没有自动换刀功能，因此去掉自动换刀的指令。

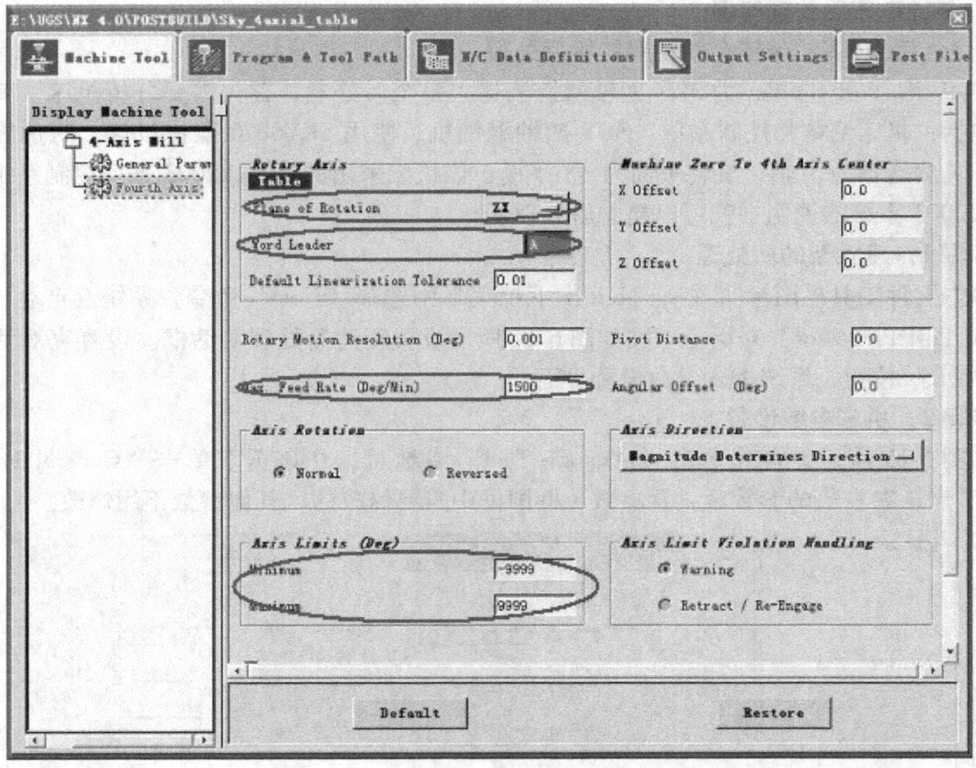

图 6-26　“Fourth Axis”节点参数设置

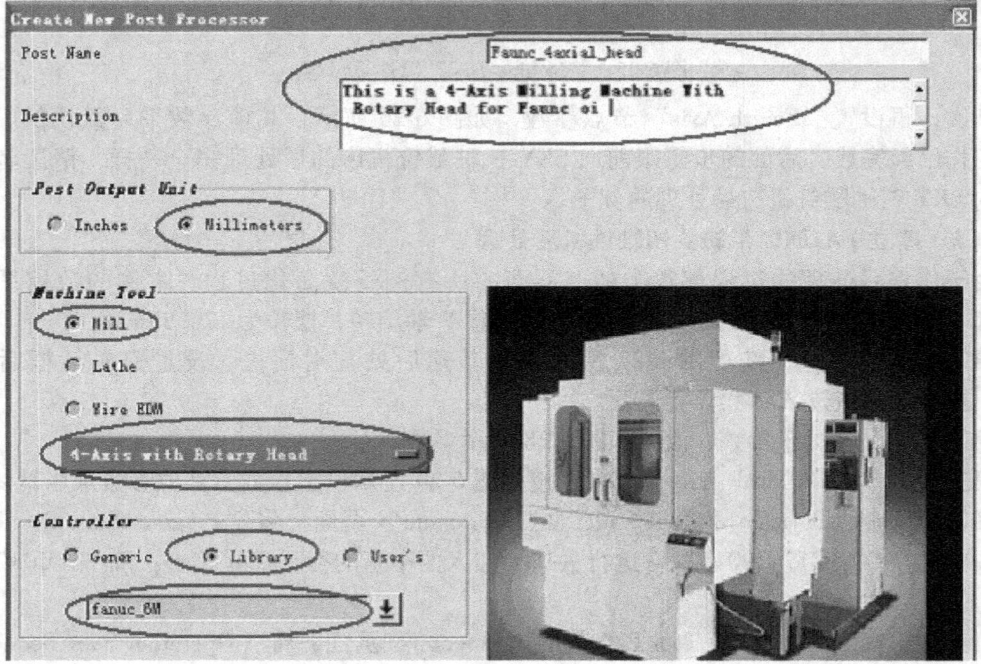

图 6-27　建立新的后处理对话框

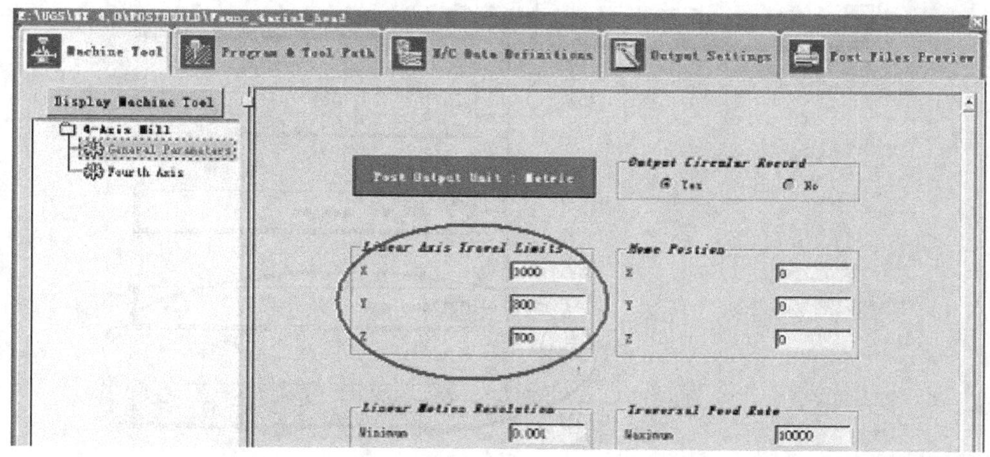

图 6-28 “Machine Tool”属性页设置

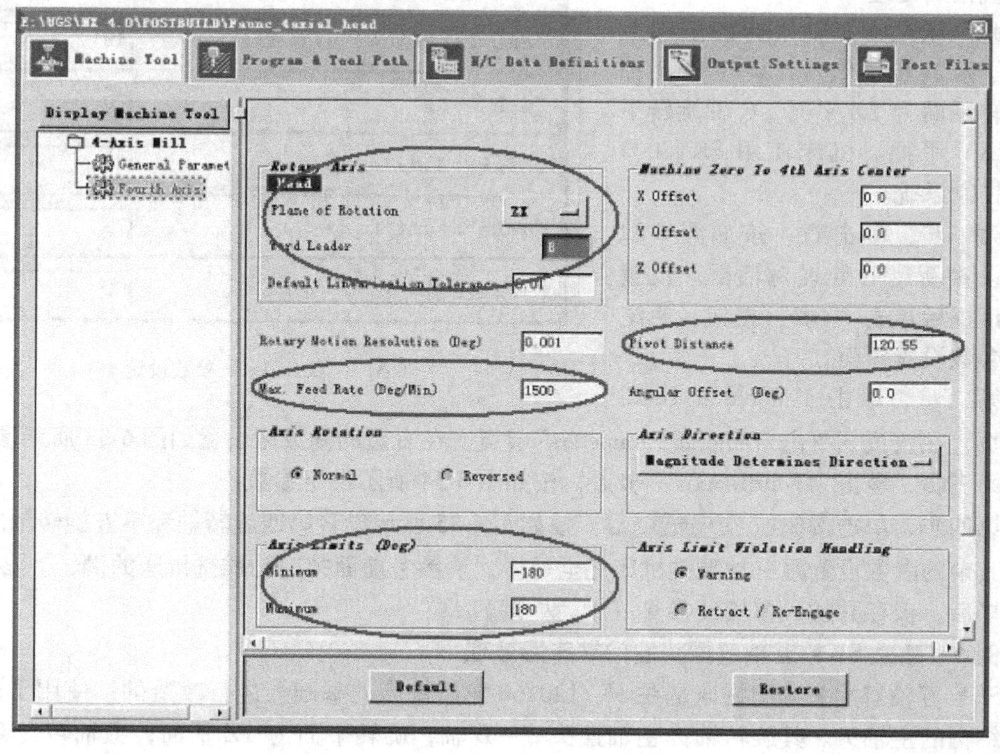

图 6-29 “Fourth Axis”节点参数设置

第六步，单击“G Codes”子属性页，修改两个参数，“Inch Mode”（英制）改为 20，“Metric Mode”（米制）改为 21，其他参数不用修改，改完后的参数如图 6-31 所示。

至此参数设定完成，保存并加入模板（参见三轴后处理的例子）。

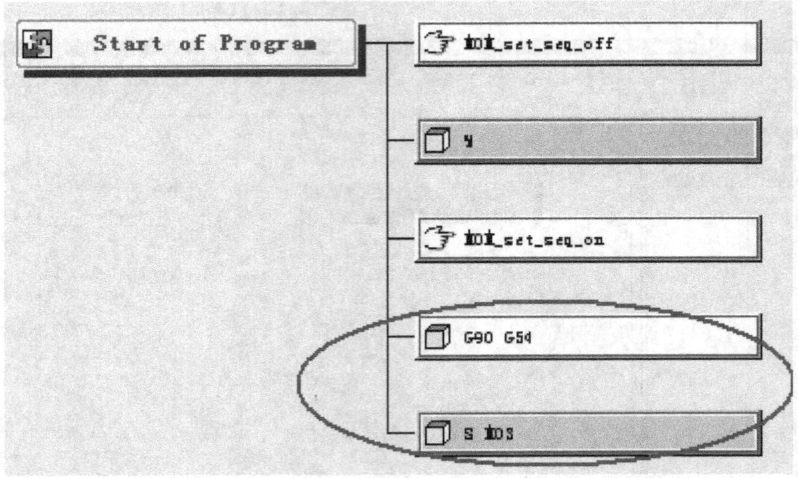

图6-30 程序头设定

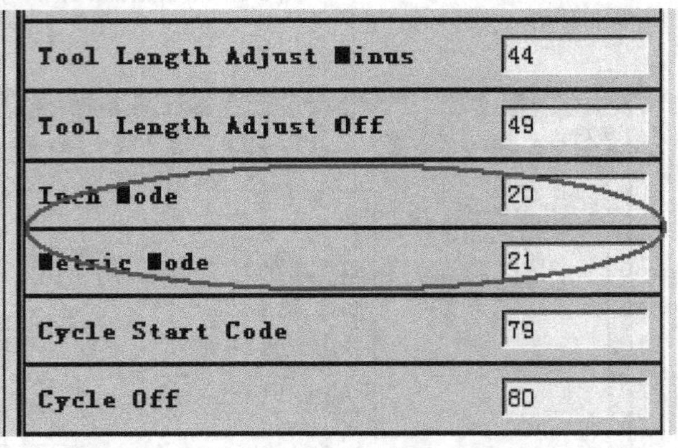

图6-31 “G Codes”参数设定

例3 建立SKY五轴双转台高速雕铣机后处理

此机床是在三轴机床的基础上附加了双旋转工作台，旋转轴B轴的旋转平面为YZ平面，C轴旋转平面为XY平面。机床使用SKY2003系列控制系统。

第一步，单击，按如图6-32所示设置新建后处理对话框。设置完对话框后单击“OK”按钮，系统进入参数设置界面。

第二步，单击“Machine Tool”参数页，在该页下单击“General Parameters”节点，在右边的参数区设置如图6-33所示参数。

第三步，单击“Fourth Axis”节点，按如图6-34所示设定参数。

第四步，单击按钮 Configure ，按如图6-35所示设置第四旋转轴和第五旋转轴。

其余的参数设置跟三轴雕铣机床完全一样，请参考前面的三轴雕铣机床的例子。参数设定完毕后，保存并加入模板（参见三轴后处理）。

例4 建立SKY五轴双摆头龙门铣床后处理

SKY五轴双摆头龙门铣床是在SKY120160龙门铣床的基础上进行改造的，使用了旋转-摆动结构的主轴头。其旋转轴为主轴摆头——B轴，旋转平面为YZ平面，主轴转台C轴，旋转平面为XY平面，且两旋转轴之间、旋转轴和机床零位之间均存在偏心量。控制系统与其他SKY机床相同，仍使用SKY2003系列。

第一步，单击，按如图6-36所示设置新建后处理对话框。设置完对话框后单击“OK”按钮，系统进入参数设置界面。

第二步，单击“Machine Tool”参数页，在该页下单击“General Parameters”节点，在

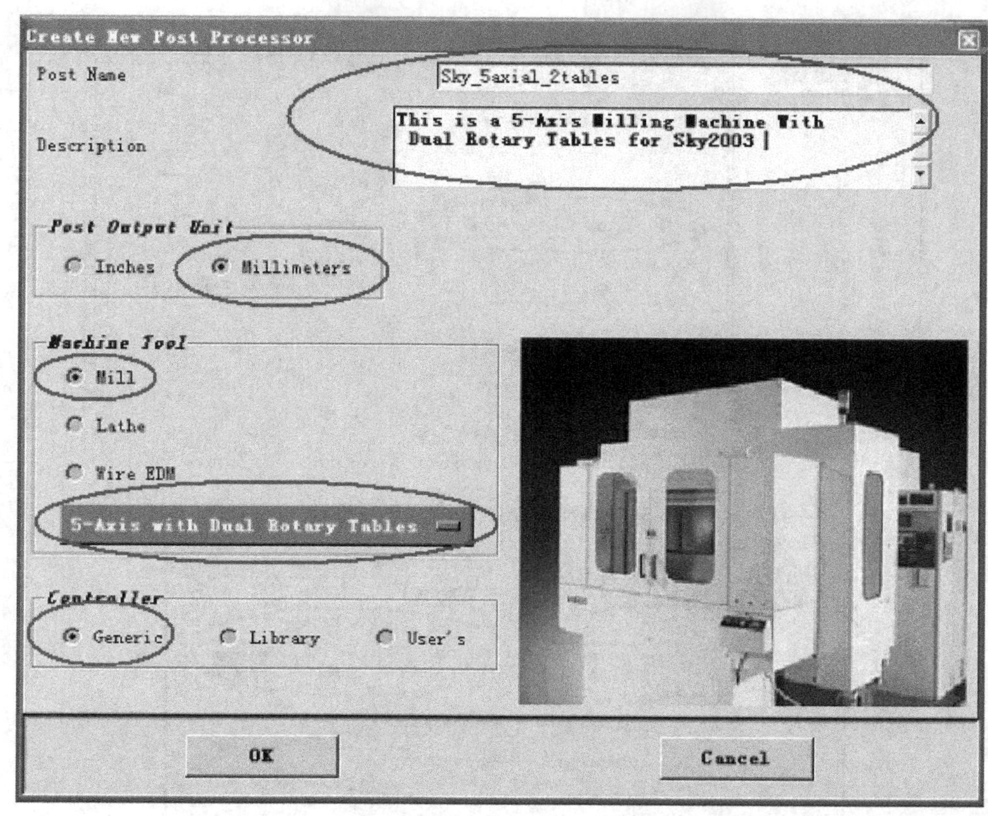

图 6-32　建立新的后处理对话框

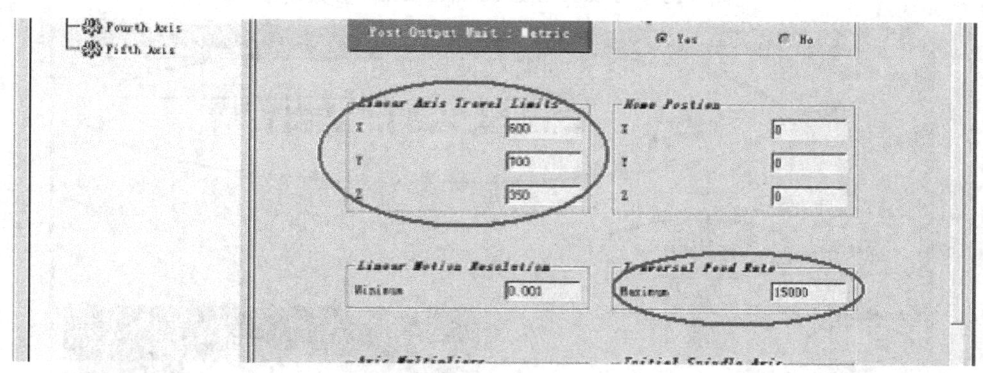

图 6-33　“Machine Tool” 属性页设置

右边的参数区设置如图 6-37 所示参数。

第三步，单击 “Fourth Axis” 节点，按图 6-38 所示设定参数。

第四步，单击按钮 Configure ，按如图 6-39 所示设置第四旋转轴和第五旋转轴。

第五步，单击 “Fifth Axis” 节点，按图 6-40 所示设定参数。

其余的参数设置跟三轴雕铣机床完全一样，请参考前面的三轴雕铣机床的例子。参数设定完毕后，保存并加入模板。

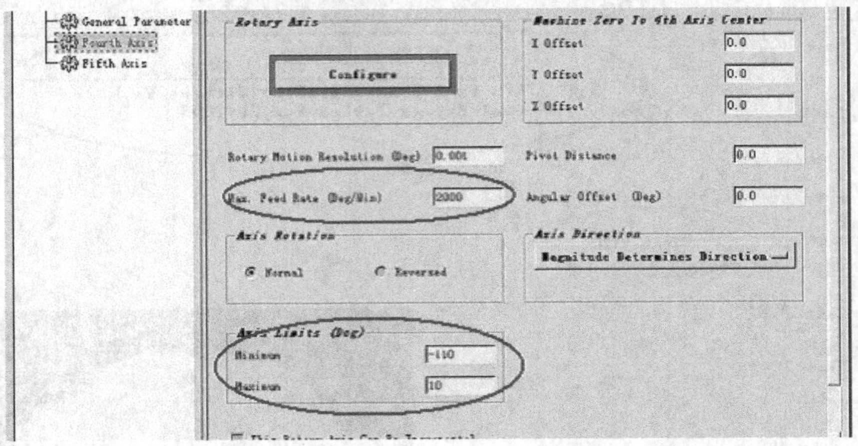

图 6-34 “Fourth Axis” 节点参数设置

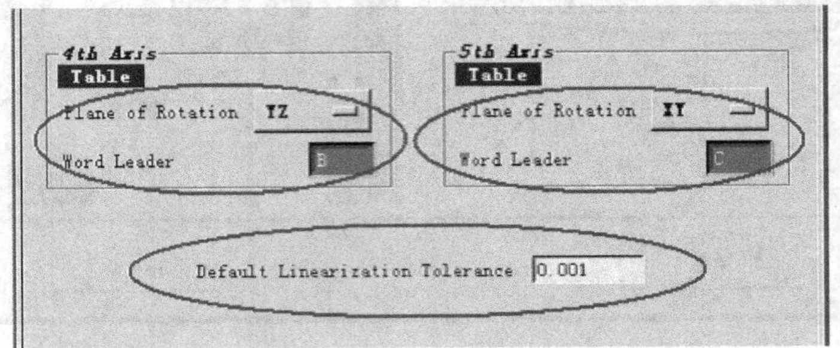

图 6-35 “Rotary Axis configuration” 参数设置

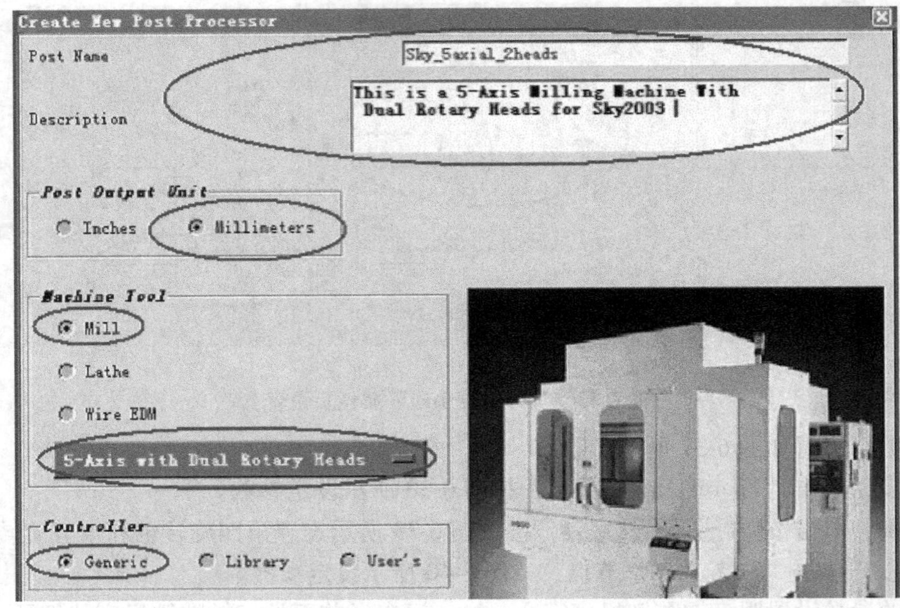

图 6-36 建立新的后处理对话框

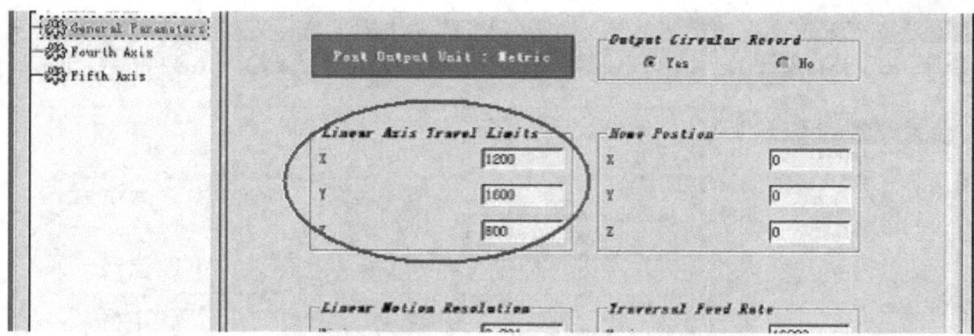

图 6-37　“Machine Tool” 属性页设置

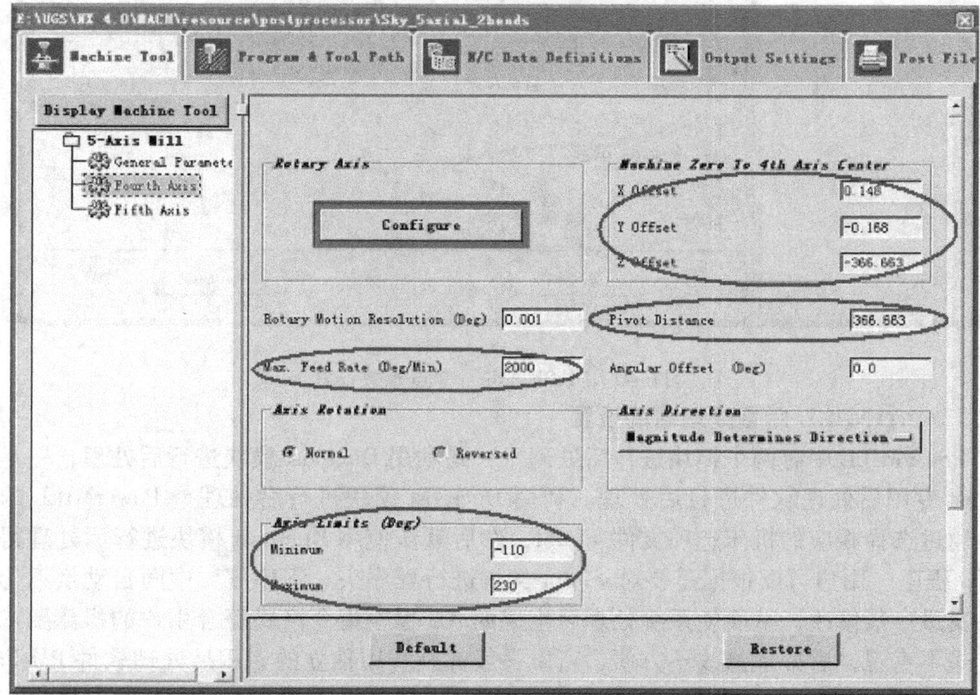

图 6-38　“Fourth Axis” 节点参数设置

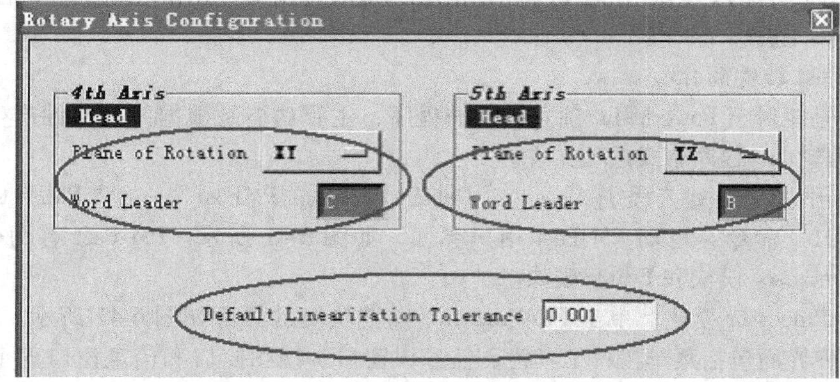

图 6-39　“Rotary Axis configuration” 参数设置

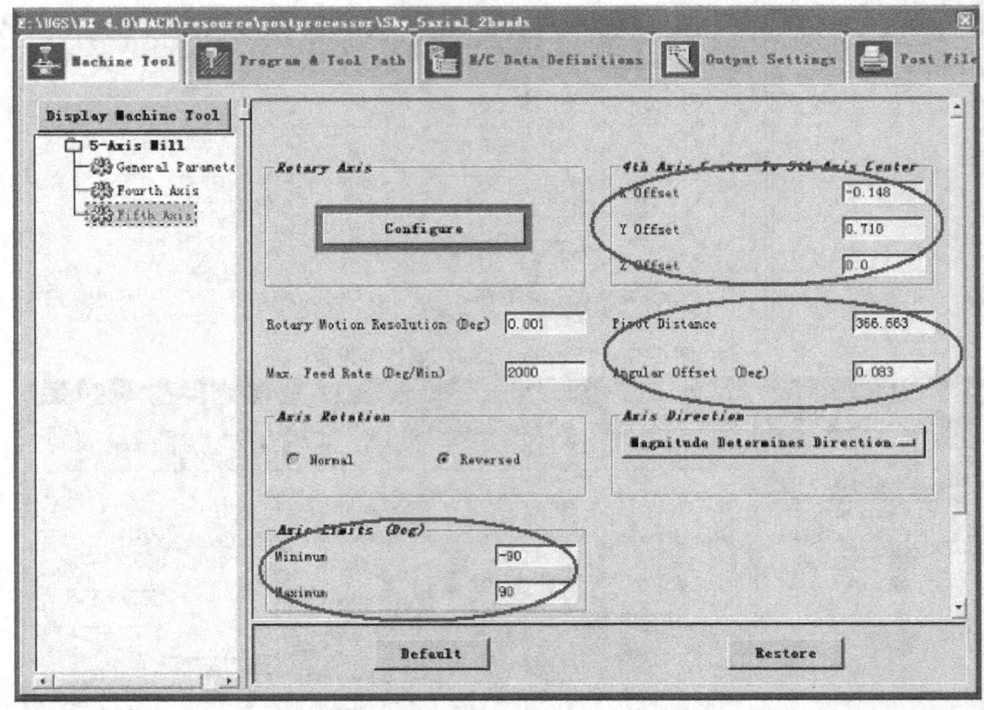

图 6-40 “Fifth Axis”节点参数设置

二、PowerMILL 后置处理器的设置

在 PowerMILL 中有两个模块进行后处理，一是利用 Ductpost 模块进行后处理，一是利用 PM－Post 专用后处理软件进行后处理。利用 Ductpost 模块进行后处理是 PowerMILL 的默认模式。通过选择相应的机床选项文件 *.opt，然后默认使用 Ductpost 模块进行后处理得到相应的 NC 程序。用户可以根据需要对 *.opt 文件进行程序头、程序尾、中间自动换刀等固定格式的变量参数修改，从而使系统处理后生成的 NC 程序指令格式符合用户的机床要求。但这种方式不直观，后处理修改不方便，所以一般都是利用独立的专用后处理软件 PM-Post 进行后处理。利用 PM－Post 专用后处理软件进行后处理模式是在 PowerMILL 中先输出一个刀位文件（*.cut 文件），然后开启 PM-Post 程序，读取刀位文件，按相应的 NC 程序选项文件格式输出 NC 程序。

1. PM-Post 软件简介

PM-Post 是相对于 PowerMILL 独立运行的程序，主要功能是根据刀位文件产生 NC 程序以及新建和编辑 NC 程序格式选项文件。

单击“开始”→“程序”→“Delcam”→“PMPost”→“PMPost4501”→“PMPost4.5.01”命令，启动 PM-Post 用户界面，如图 6-41 所示。PM-Post 有两个功能块，分别是 PostProcessor 模块和 Editor 模块。

（1）PostProcessor 模块　单击 PostProcessor 功能块时的界面如图 6-41 所示。PostProcessor 功能块用户界面包括菜单栏、工具栏、任务树窗口、视图窗口和信息窗口五个部分，控制 NC 程序的生成。

PostProcessor 的菜单栏里的命令和工具栏的命令基本上一样。这些命令项（工具栏上有

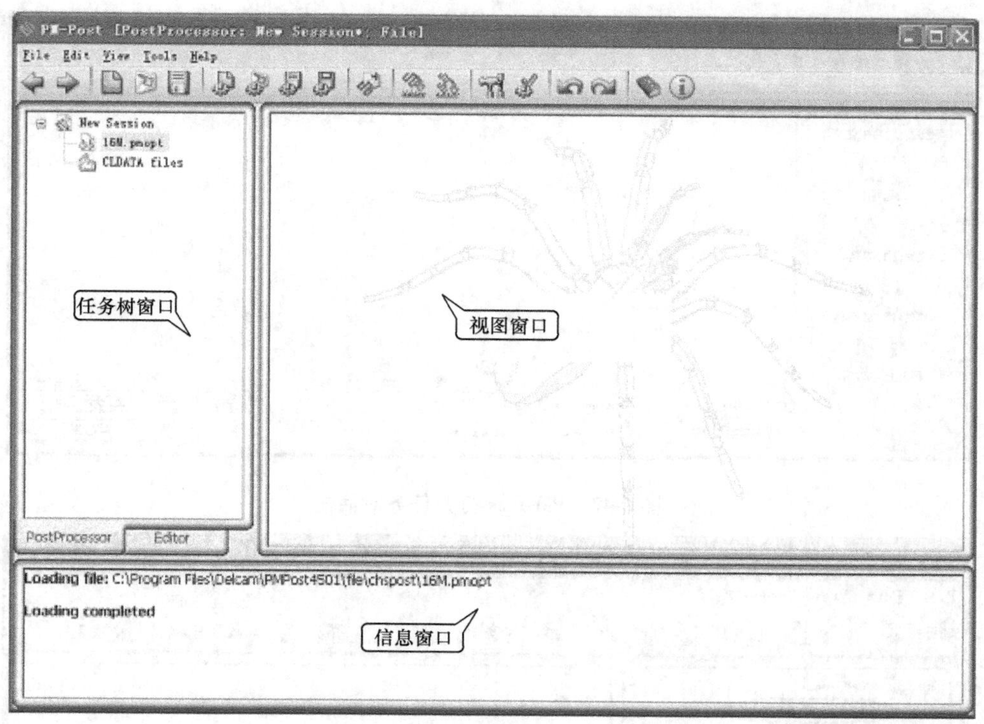

图 6-41　PM-Post 用户界面

对应的命令按钮）主要包括新建任务（New Session）、打开（Open Session）和保存（Save Session）；NC 程序格式选项文件“Option Files”的新建（New Option File）、打开（Load Option File）、保存（Save Option File），刀具路径文件“CLDATA files”的添加（Load CLDATA File），单个刀具路径文件的后处理（Prosess）、所有刀具路径文件的后处理（Process All）；选项参数设置（Options）等。

任务树窗口显示当前任务包含的所有 NC 程序格式选项文件“Option Files”和刀具路径文件“CLDATA files”，以及由刀具路径文件所生成的 NC 程序。信息窗口显示用户操作 PostProcessor 模块的每一个命令。

在此，介绍一下任务（Session）的概念。所谓任务，就是任务树窗口中所有文件的组合，包括所有的 NC 程序格式选项文件“Option Files”、刀具路径文件“CLDATA files”，以及由刀具路径文件所生成的 NC 程序。一个任务可以包含一个或多个 NC 程序格式选项文件、刀具路径文件和 NC 程序，也可以不包含某种文件，甚至不包含任何文件的空任务。任务文件的后缀名是 pmp。

1）打开一个已经存在的任务。在工具栏上单击打开任务按钮，系统弹出打开对话框，定位到 PM-Post 安装文件夹的“X：\…\Delcam\PMPost4501\file\examples”（X 为安装盘符，“X：\…\Delcam\PMPost4501”为 PM-Post 的安装文件夹）。在该文件夹下有两个文件，一个是“example_1. pmp”（任务文件），另外一个是“raster_simple. cut”（刀具路径文件），如图 6-42 所示选择“example_1. pmp”任务文件，单击“打开（O）”按钮，系统就把“example_1”任务调入软件中。如图 6-43 所示，我们看到该任务中的 NC 格式选

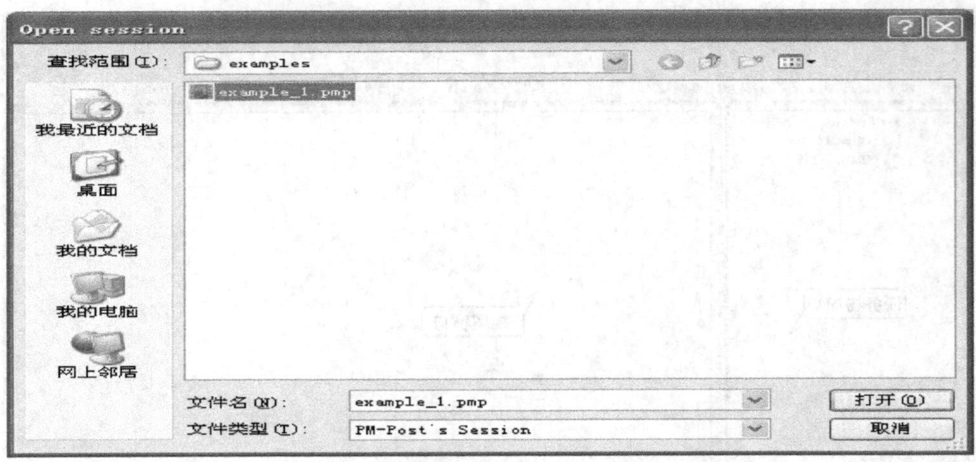

图 6-42　PM-Post 打开任务对话框

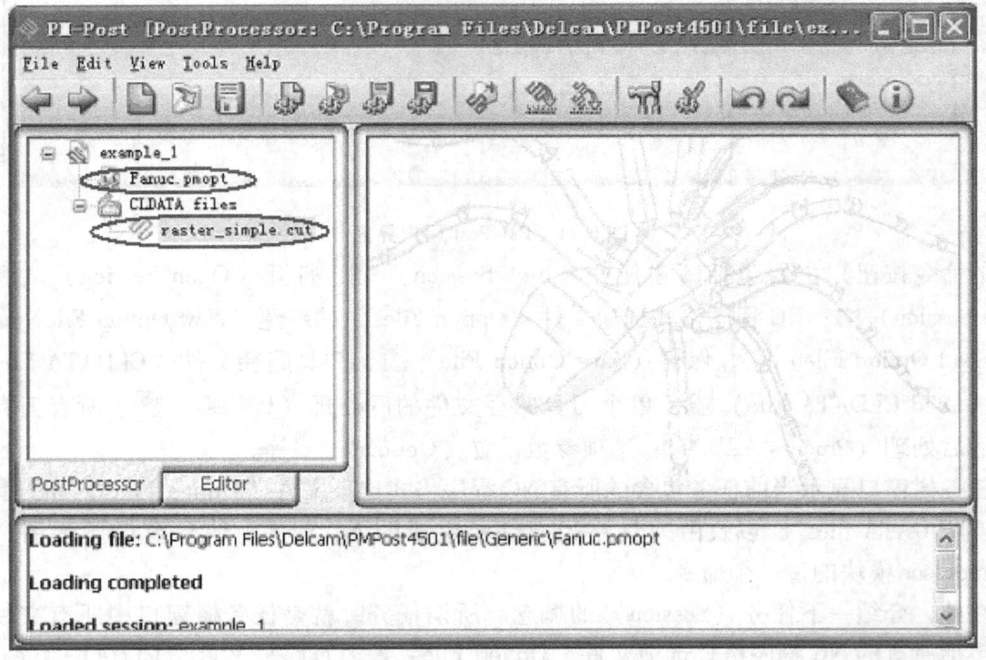

图 6-43　PM-Post 打开一个已经存在的任务后任务树窗口信息

项文件是用的系统安装自带的“Fanuc. pmopt”文件，在刀具路径文件节点我们看到是“raster_simple. cut”。单击单个刀具路径文件后处理按钮，系统就会读取刀具路径文件“raster_simple. cut”，按照“Fanuc. pmopt”格式要求生成“raster_simple_Fanuc. tap”数控程序。双击“raster_simple_Fanuc. tap”文件，在右边的视图窗口就会显示该数控程序的内容，如图 6-44 所示。

2）新建一个任务。当我们启动 PM-Post 软件后，系统会自动产生一个新的任务，新任务的名字默认为“New Session”；或者在任何时候单击新建任务按钮，系统也会产生一个名字同样是“New Session”的新任务，当我们保存这个任务时可以改变默认的任务名字。

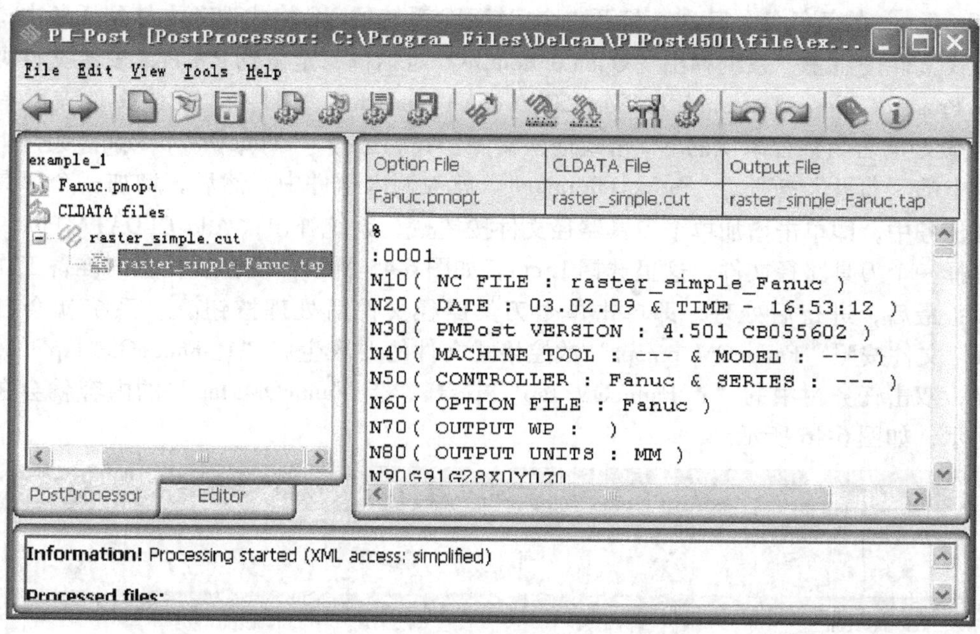

图 6-44　PM-Post 生成的数控程序

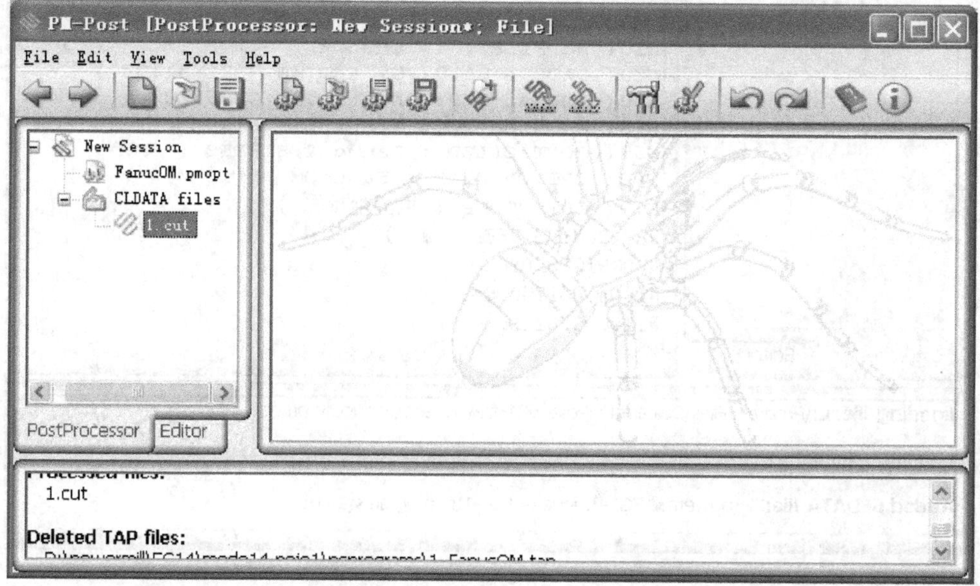

图 6-45　PM-Post 调入 NC 格式选项文件和刀具路径文件

这时的任务是空的，没有格式选项文件和刀具路径文件。PM-Post 主要有两个功能，一个功能是建立一个满足用户机床要求的 NC 格式选项文件，另一个功能是把刀具路径文件转换成 NC 程序。新建了一个任务后我们就可以新建或打开一个 NC 格式选项文件，再添加一个刀具路径文件，然后就可以进行后处理。后处理结束后，单击任务保存按钮，用户就可以用自己的名字将任务保存到硬盘。

3）NC 程序的生成。首先，新建一个任务，单击新建任务按钮，系统产生一个名为

"New Session"的新任务；其次，打开一个 FANUC 系统的 NC 格式选项文件到任务中，单击打开格式文件按钮，系统弹出"Open optionfile"对话框，定位到 PM-Post 安装文件夹中的"C：\ Program Files \ Delcam \ PMPost4501 \ file \ Generic"文件夹，在该文件夹下有很多 Delcam 做好的著名数控系统的 NC 格式选项文件，我们选择"FanucOM. pmopt"文件，单击对话框中的"打开"按钮，"FanucOM. pmopt"就被调入软件中；然后，增加一个刀具路径文件到任务中，即单击增加单个刀具路径文件按钮，系统弹出"Add CLDATA File"对话框，选择一个刀具路径文件，这里选择 1. cut，如图 6-45 所示，现在后处理的准备工作都已经完成；最后，进行后处理，即单击单个刀具路径文件后处理按钮，系统就会自动把"1. cut"文件按照"FanucOM. pmopt"数控格式文件的要求生成"1_FanucOM. tap"数控加工程序，双击任务树中的"1_FanucOM. tap"节点，"1_FanucOM. tap"的内容就会在视图窗口显示，如图 6-46 所示。

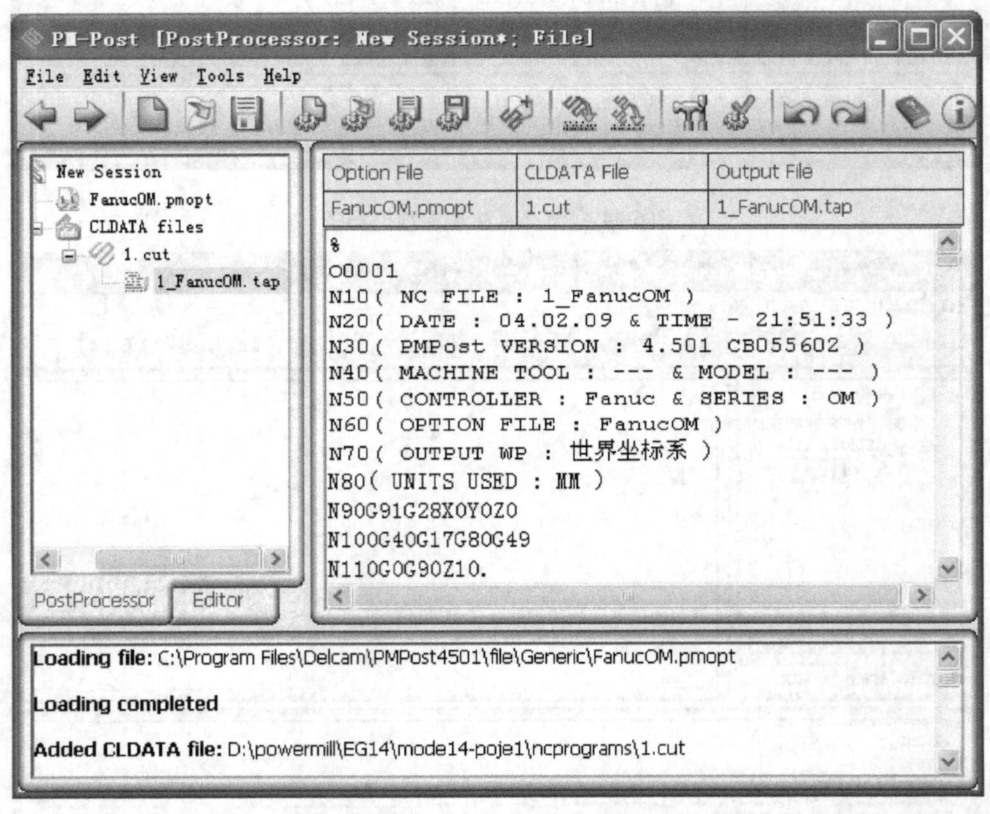

图 6-46　PM-Post 生成 NC 程序

（2）Editor 模块　在 PostProcessor 功能块中新建或打开一个 NC 程序格式选择文件后，单击 Editor 功能块，视图窗口就会显示当前的 NC 格式选项文件中选中的树节点的内容，如图 6-47 所示。跟 PostProcessor 功能块的界面完全一样，Editor 功能块只是显示的内容不一样而已。原来显示任务树的窗口现在显示格式文件的文件结构，即文件树结构；视图窗口则显示左边选中的文件树中的节点对应的内容；信息窗口仍然显示用户操作 Editor 功能块的命令。Editor 功能块控制 NC 格式选项文件的新建、打开、保存以及 NC 格式选项文件的编辑。

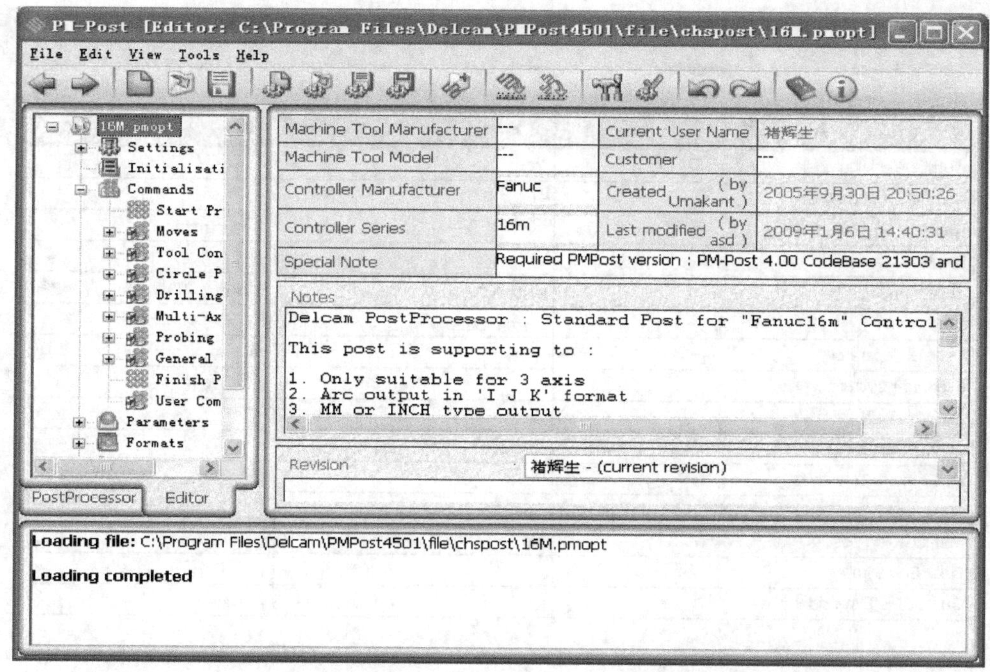

图 6-47　Editor 用户界面

在 Editor 功能块中只能对 NC 格式选项文件进行操作。PM-Post 软件最主要的功能是建立一个满足用户要求的 NC 格式选项文件，有两种常用的方法：其一是直接新建一个 NC 格式选项文件，由用户根据机床数控系统的要求进行设置，很多内容都要由用户填写或修改；其二是先打开一个跟用户机床系统比较接近的 PM-Post 已经设置好了的 NC 格式选项文件，然后再对该文件进行修改，以满足用户机床数控系统的要求，这样的工作量会小些。

（3）NC 格式选项文件的参数及修改　在整个后处理工作中，建立或选择一个合适的 NC 格式选项文件是最关键的，而要做好这个工作，就要对 NC 格式选项文件有所认识，即文件结构和各个参数的含义。限于篇幅，下面我们修改一个已存在的格式文件以满足用户机床的要求来说明格式文件的建立和修改。

我们要建立的一个格式文件满足这样的一个机床：四轴的加工中心，第四轴为绕 X 轴的旋转工作台，旋转角度为 0°～360°且没有任何限制，有刀库，可以自动换刀，机床使用的系统为 FANUC 0i。

单击“开始”→“程序”→“Delcam”→“PMPost”→“PMPost4501”→“PMPost4.5.01”命令，启动 PM-Post 程序，单击“Editor”功能块，在工具栏单击格式文件打开按钮，系统弹出“格式文件打开”对话框，选择后处理软件安装目录中的“C：\Program Files\Delcam\PMPost4501file\Generic\FanucOM.pmop”文件，把该文件调入程序中，然后单击格式文件另存按钮，选择用户的一个文件目录，在另存文件对话框中的文件名输入“Fanuc_0i_4axial_table”，再单击保存对话框中“保存”按钮，一个名字叫“Fanuc_0i_4axial_table.pmopt”文件就保存在用户选择的目录中。

单击“Settings”→“Global Constants”，只改一个参数 Output File Extension，输入“NC”，如图 6-48 所示。

Global Constants

Constant Name	Value	Extra
Output Block Number	Yes	
Number Of Start Block	10	
Maximum Block Number	999999	Unlimited
Block Increment	10	
Time Format	System Time	Preview: 10:03:27
Date Format	System Date	Preview: 02/21/09
Decimal Separator	.	
Exponent Letter		
Output Linear Units	As Input	
Output Angular Units	Degrees	
NC Program Tolerance	.001	Use CLDATA Tolerance
Command Items Separator		
Trim Leading Spaces	No	
Block End Symbol		
Output File Extension	NC	

图 6-48　修改过的“Global Constants”参数设置界面

单击“Settings”→“Feed Rate Configuration”，按如图 6-49 所示修改最大快移速率和最大加工移动速率。

Feed Rate Configuration

Minimum Feed Rate	1
Maximum Rapid Feed Rate	20000
Maximum Cutting Feed Rate	10000

图 6-49　修改过的“Feed Rate Configuration”参数设置界面

单击“Settings”→“Arcs and Splines”，按如图 6-50 所示设置参数。

单击“Settings”→“Machine Kinematics”，按如图 6-51 所示设置参数。

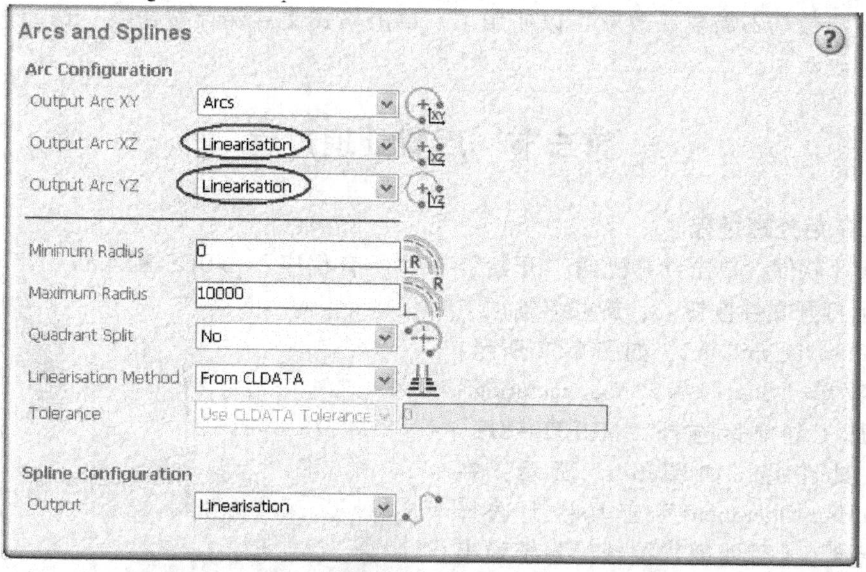

Arcs and Splines
Arc Configuration
Output Arc XY
Arcs
Output Arc XZ
Linearisation
Output Arc YZ
Linearisation
Minimum Radius
0
Maximum Radius
10000
Quadrant Split
No
Linearisation Method
From CLDATA
Tolerance
Use CLDATA Tolerance
0
Spline Configuration
Output
Linearisation

图 6-50　修改过的“Arcs and Splines”参数设置界面

Machine Kinematics
Check
Kinematic Model
4-Axis Table
Import
Export
Kinematics Preview
MTD Path
Kinematics Chain
Linear Axis
Y
Edit
Linear Axis
Z
Edit
Linear Axis
X
Edit
Head Attach Point
Rotary Axis
A
Edit
X
Y
Z
Vector
1
0
0
Origin
0
0
0
Min
Initial
Max
Limits
-999999
0
999999
Table Attach Point

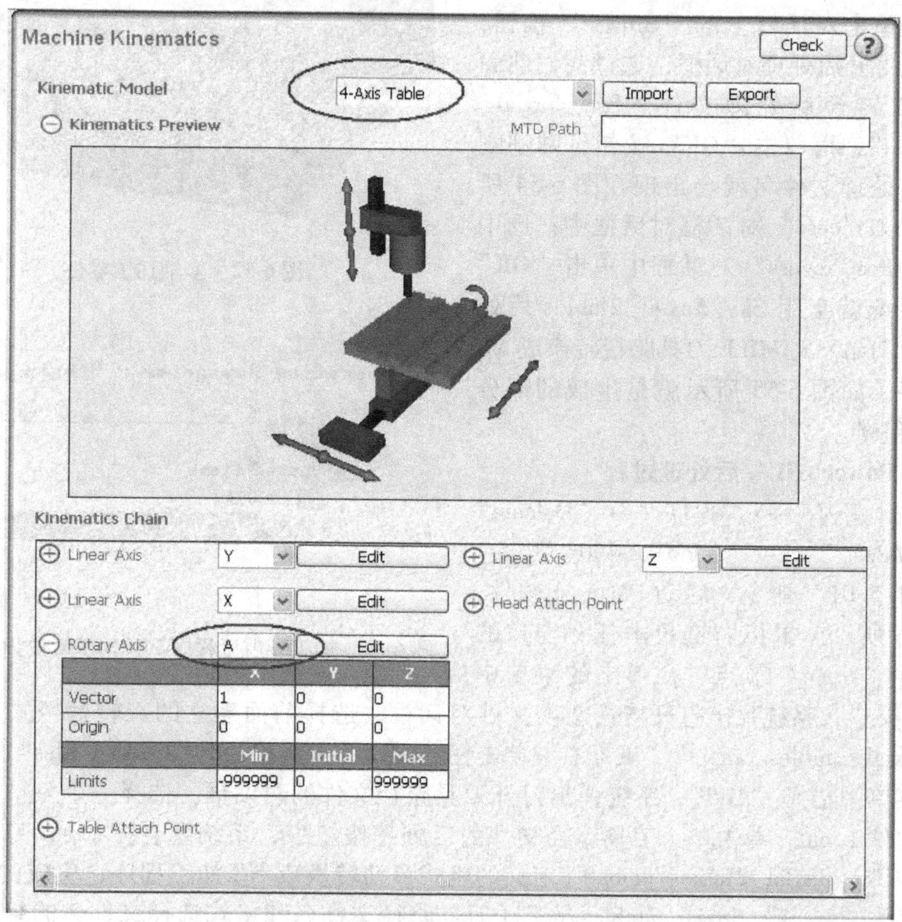

图 6-51　修改过的“Machine Kinematics”参数设置界面

其他的参数都不需要修改就可以使用了。单击格式文件保存按钮，修改过的格式文件就保存在硬盘中。

第三节　后置处理过程

一、UG 后处理过程

启动 UG 软件，单击计算机的“开始”→“所有程序”→UGS NX4.0→NX 4.0，单击主工具栏上打开文件按钮，旋择多轴加工的零件 multi-axis_mill. prt，如图 6-52 所示；单击下拉菜单“Start”→“Manufacturing”系统，在加工导航区选择“MULTI-AXIS_MILL”刀具路径，如图 6-53 所示；在“Manufacturing Operations”工具栏上选择“Post Process”（后处理）按钮，系统弹出如图 6-54 所示的“Post Process”（后处理）对话框；单击对话框上的“Browse”按钮，系统弹出打开后处理对话框，选择我们前面建立的双转台后处理文件“Sky_5axial_2tables. pui”，再单击“OK”按钮，则刚刚选择的后处理文件名就会出现在图 6-54 所示的“PostProcess”对话框对话框中；选中它，在“PostProcess”对话框中单击“OK”按钮，系统就会用 Sky_5axial_2tables 后处理把 MULTI-AXIS_MILL 刀具路径转换成 NC 加工程序，如图 6-55 所示就是生成的部分 NC 加工程序。

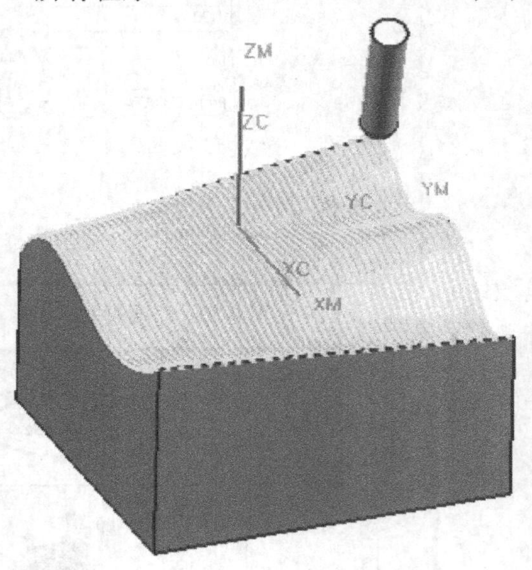

图 6-52　多轴加工零件

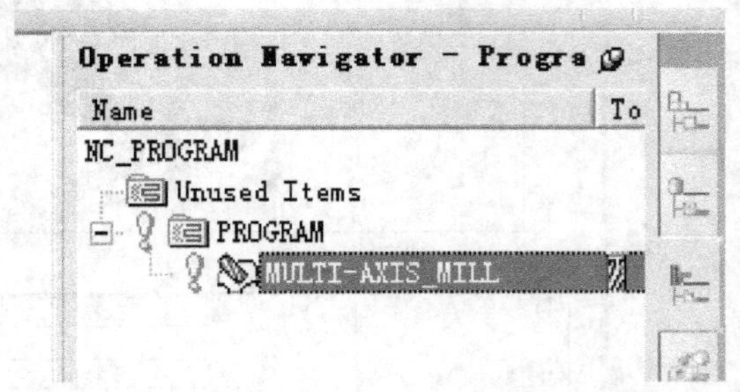

图 6-53　加工导航区程序 PROGRAM 的刀具路径

二、PowerMILL 后处理过程

单击“开始”→“程序”→“Delcam”→“PMPost”→“PMPost4501”→“PMPost4. 5. 01”命令，启动 PM-Post 软件，如图 6-56 所示。鼠标右键单击任务窗口的格式文件“None”节点，在弹出的菜单中选择“Open”，系统弹出打开格式选项文件对话框，选择前面建立的双转台格式选项文件“Sky_5axial_2tables. pmopt”，鼠标右键单击任务窗口的刀具路径“CLDATA files”节点，在弹出的菜单中选择“Add”，系统弹出打开刀具路径文件的对话框，选择一个多轴加工的刀具路径文件 1. cut，单击单个刀具路径文件的后处理按钮，系统就会把 1. cut 刀具路径文件按照“Sky_5axial_2tables. pmopt”定义的格式自动转换成 NC 加工程序，生成的 NC 加工程序名字为“1_Sky_5axial_2tables. nc”（刀具路径文件名和格式选择文件名的组合，中间加一个下划线），双击这个文件名，该文件的内容就会显示在视图窗口中，如图 6-57 所示。

Postprocess
Available Machines
MILLTURN
MILLTURN_MULTI_SPINDLE
TOOL_LIST (text)
TOOL_LIST (html)
OPERATION_LIST (text)
fanuc_6m_3axial
chs_generic
OPERATION_LIST (html)
Browse...
Output
File Name
D:\exe\7\multi-axis_mill
Browse...
Units
Post Defined
List Output
OK
Apply
Cancel

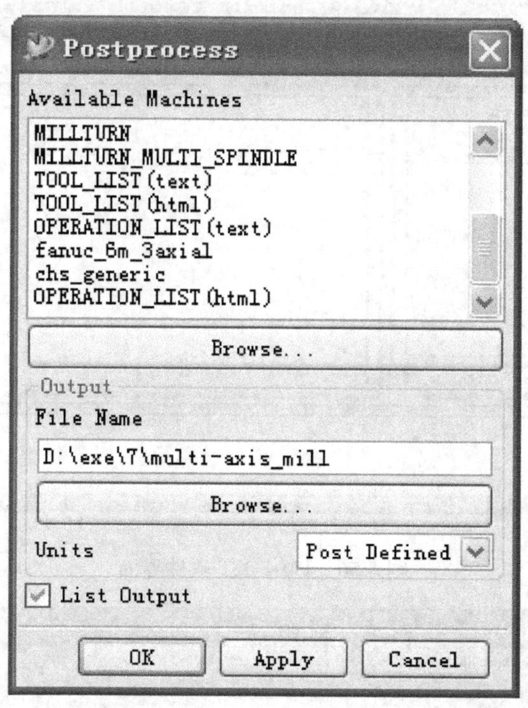

图 6-54　“PostProcess” 对话框

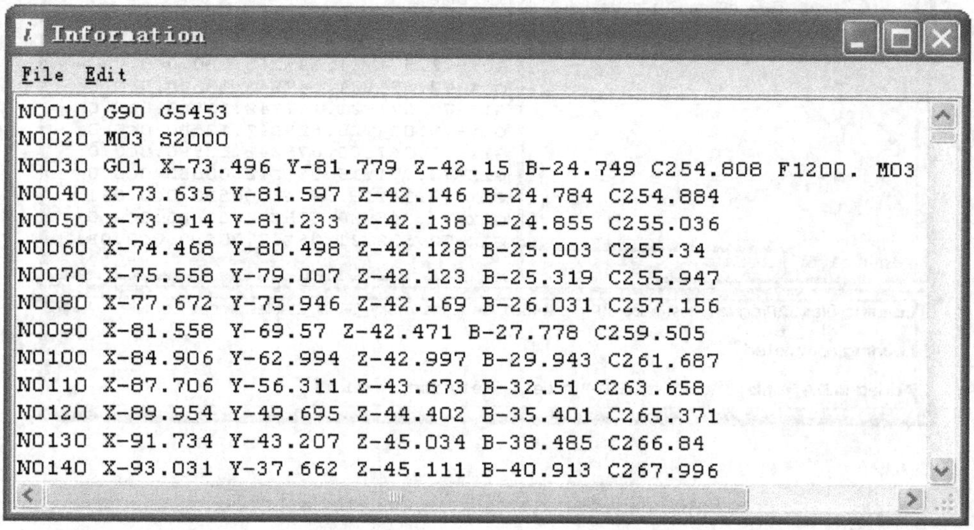

Information
File　Edit
N0010 G90 G5453
N0020 M03 S2000
N0030 G01 X-73.496 Y-81.779 Z-42.15 B-24.749 C254.808 F1200. M03
N0040 X-73.635 Y-81.597 Z-42.146 B-24.784 C254.884
N0050 X-73.914 Y-81.233 Z-42.138 B-24.855 C255.036
N0060 X-74.468 Y-80.498 Z-42.128 B-25.003 C255.34
N0070 X-75.558 Y-79.007 Z-42.123 B-25.319 C255.947
N0080 X-77.672 Y-75.946 Z-42.169 B-26.031 C257.156
N0090 X-81.558 Y-69.57 Z-42.471 B-27.778 C259.505
N0100 X-84.906 Y-62.994 Z-42.997 B-29.943 C261.687
N0110 X-87.706 Y-56.311 Z-43.673 B-32.51 C263.658
N0120 X-89.954 Y-49.695 Z-44.402 B-35.401 C265.371
N0130 X-91.734 Y-43.207 Z-45.034 B-38.485 C266.84
N0140 X-93.031 Y-37.662 Z-45.111 B-40.913 C267.996

图 6-55　成生的部分加工程序

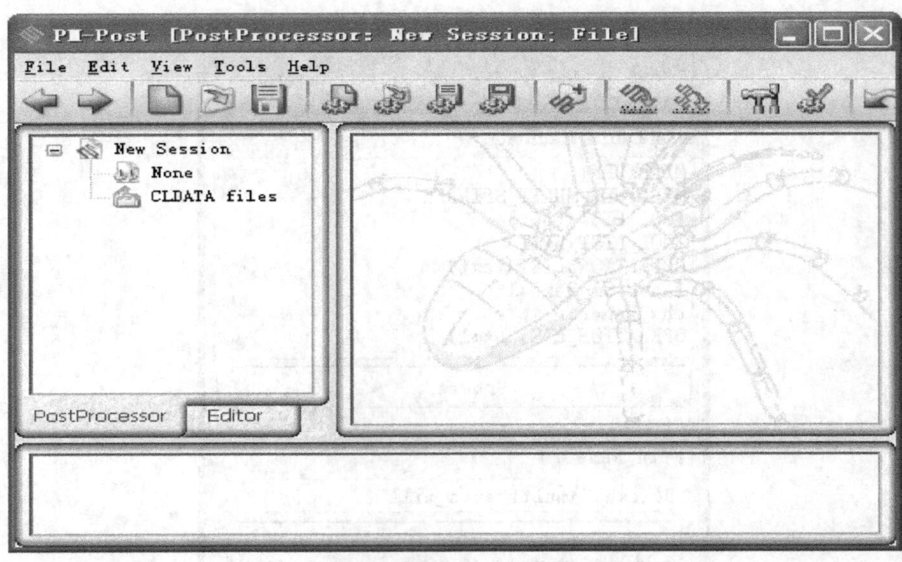

图 6-56　PM-POST 软件界面

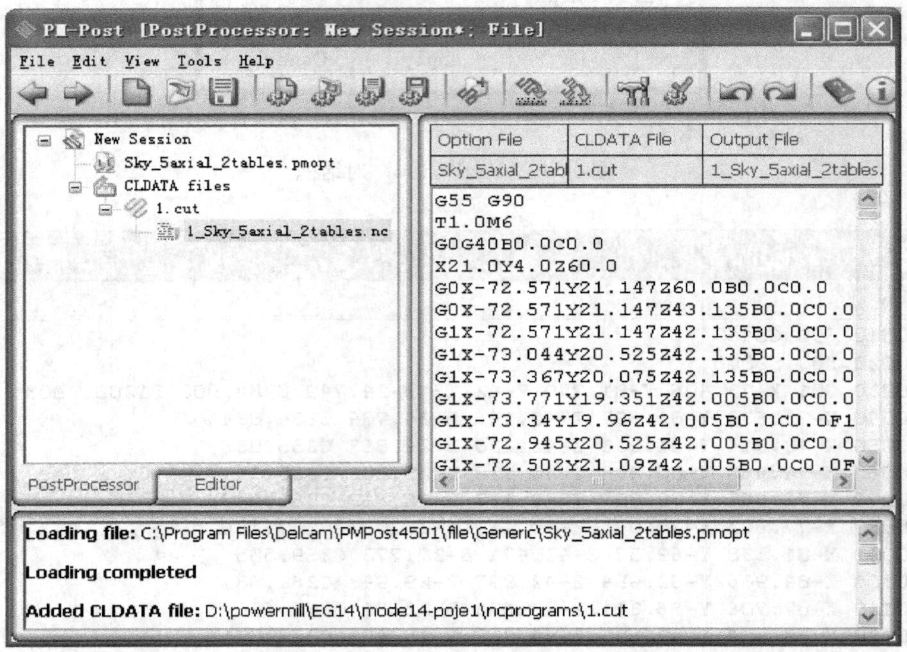

图 6-57　后处理结束后双击 NC 程序后的程序界面

第七章　高速切削加工实例

高速加工的应用范围很广，第二章已有详细的介绍，本章用3个实例来说明高速加工数控程序的编制方法。实例一“螺旋薄壁零件加工”是发挥高速加工的小切削力特点；实例二“深槽大去除余量零件加工”是高速加工薄层、快速进给去除大余量加工的典型应用；实例三“兔子凸模加工”是高速加工在模具制造中的典型应用。

第一节　螺旋薄壁零件加工实例

一、螺旋薄壁零件加工工艺分析

1. 零件特性分析

如图7-1所示为零件的三维图。该零件为螺旋形薄壁零件，壁的深度为20mm，厚度为1mm，底座为截面是80mm×80mm的正方形，用来装夹工件。该零件的加工难点是要保证螺旋薄壁的形状精度。采用高速精加工时，切削变形小，加工表面质量高。

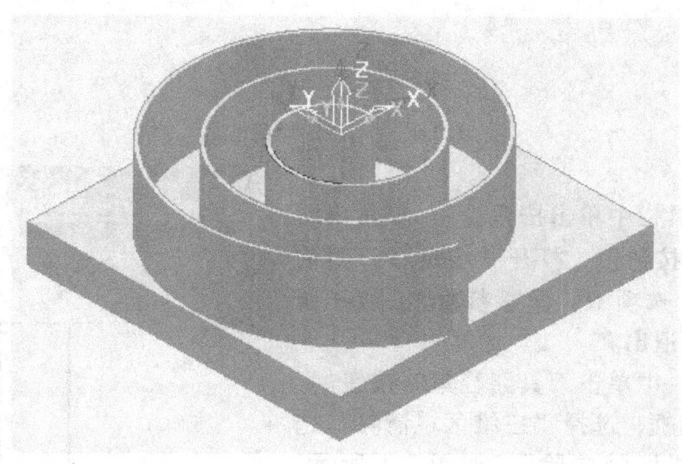

图7-1　螺旋薄壁零件的三维图

2. 工艺方案

（1）粗加工　ϕ10mm的面铣刀，采用“偏置区域清除模型”的刀具路径，去除螺旋形薄壁零件的外面、内壁大部分余量。

（2）精加工　ϕ4mm的面铣刀，采用“等高精加工”的刀具路径，切掉剩余余量。

二、利用PowerMILL软件生成加工程序

1. 输入螺旋薄壁零件并定义毛坯

1）打开PowerMILL操作界面，单击菜单“文件”→“输入模型”，打开“输入模型”

对话框，文件类型选择“Unigraphics（*.prt）”，文件名选择光盘“chapter7\luoxuanblade.prt”，单击“打开”按钮，即可输入如图7-1所示的螺旋薄壁零件模型。

2）在主工具栏中单击毛坯按钮，打开“毛坯”对话框，在“限界”选项中输入其长、宽、高3个方向的极限坐标，如图7-2所示。将“透明度”滑块移至最左侧，这时可看到灰色半透明的毛坯，将螺旋零件罩住，单击“接受”，完成毛坯设置。

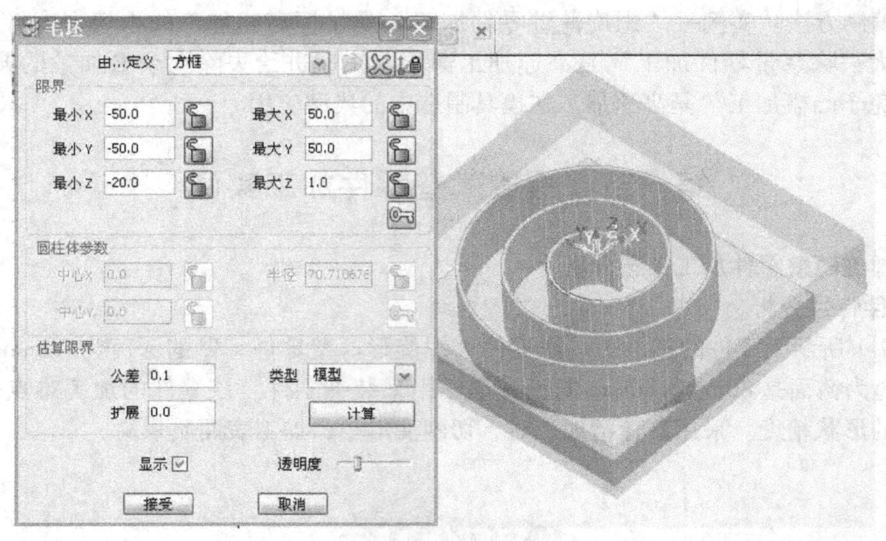

图7-2 “毛坯”对话框

2. 粗加工

1）在刀具工具栏中单击按钮，显示出所有刀具图标，单击按钮，打开“端铣刀”[⊖]对话框，选择“刀尖”选项卡，设置参数如图7-3所示，单击“关闭”退出。

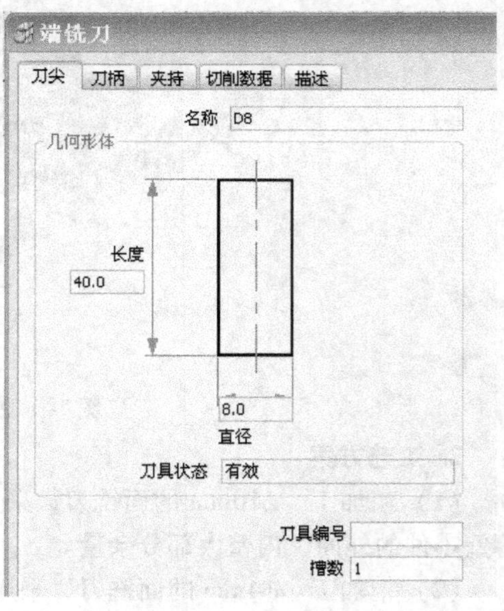

图7-3 “端铣刀”对话框

2）在主工具栏中单击刀具路径策略按钮，打开“新的”对话框，选择“三维区域清除”选项卡，选择“偏置区域清除”，如图7-4所示，“偏置区域清除”对话框中的设置如图7-5所示。

3）在主工具栏中单击“进给和转速”按钮，打开“进给和转速”对话框，设置参数如图7-6所示，单击“接受”按钮，退出该对话框。

4）在主工具栏中单击按钮，打开“快进高度”对话框，按图7-7所示设置参数后，单击“接受”按钮，退出对话框。

⊖ 软件截图显示原因，此处保留“端铣刀”，实际即指“面铣刀”，后同。——编者注

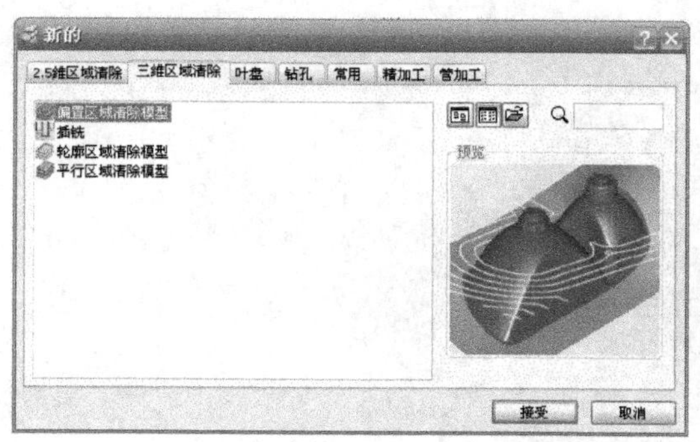

图 7-4　“新的”对话框

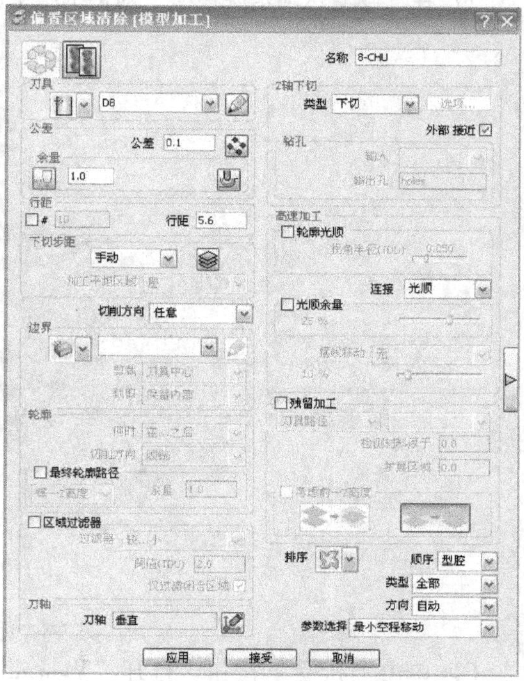

图 7-5　“偏置区域清除”对话框

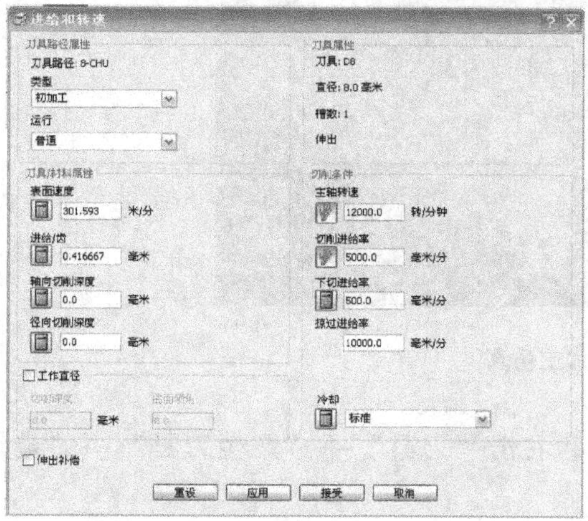

图 7-6　粗加工“进给和转速”对话框

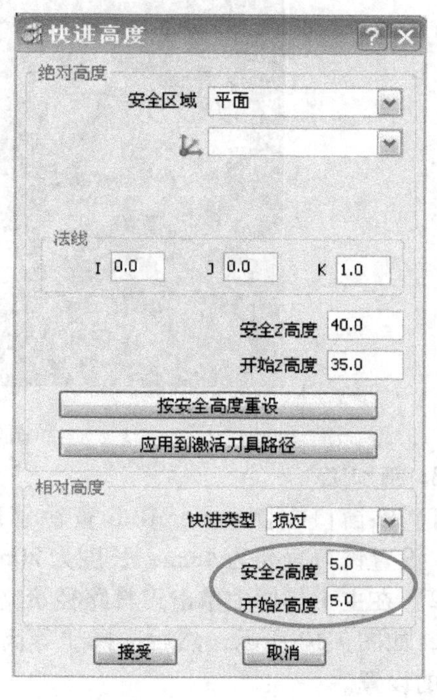

图 7-7　“快进高度”对话框

5）在“偏置区域清除模型”对话框中单击“应用”按钮，得到如图 7-8 所示的刀具路径。

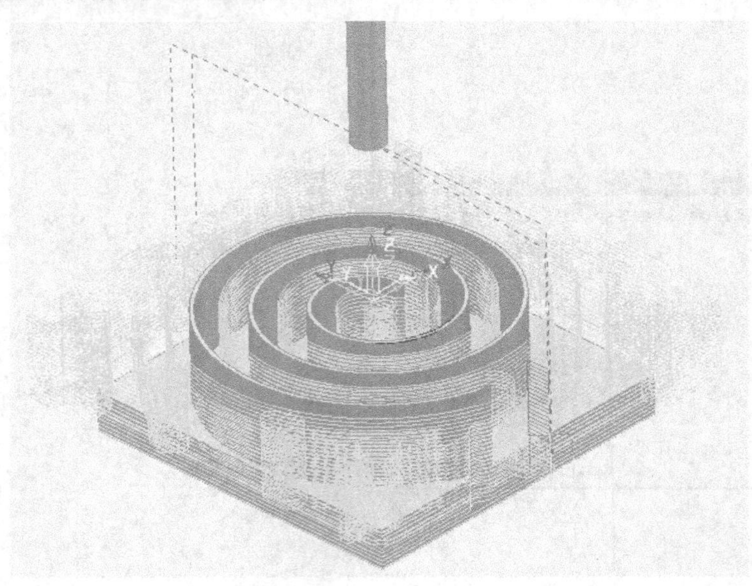

图 7-8　粗加工刀具路径

6）单击“接受”按钮。打开“ViewMill”工具栏，开始仿真，如图 7-9 所示。

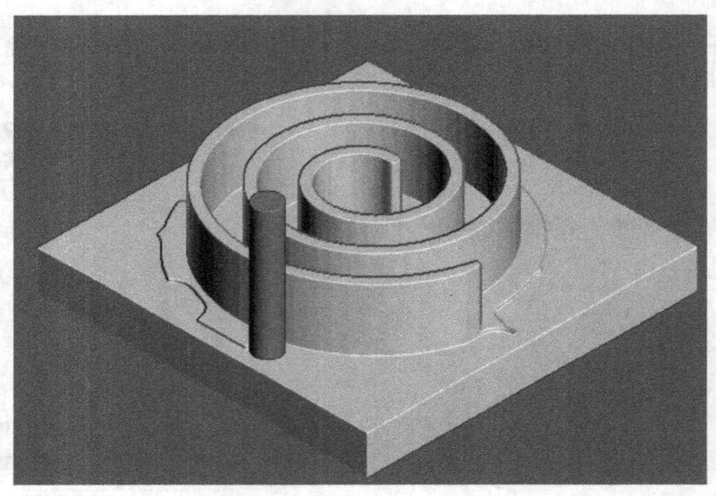

图 7-9　粗加工仿真

3. 精加工

1）在窗口左侧 PowerMILL 资源管理器中，右击“刀具”→“产生刀具”→“端铣刀”，设置铣刀直径为 4mm，长度为 20mm。

2）在主工具栏中单击刀具路径策略按钮，打开“新的”对话框，选择“精加工”选项卡，如图 7-10 所示，然后选择“等高精加工”，在“等高精加工”对话框中作如图 7-11 所示的设置。

3）在主工具栏中单击进给和转速按钮，打开“进给和转速”对话框，设置如图 7-12 所示参数后，单击“接受”按钮，退出该对话框。

图 7-10　“精加工”选项卡

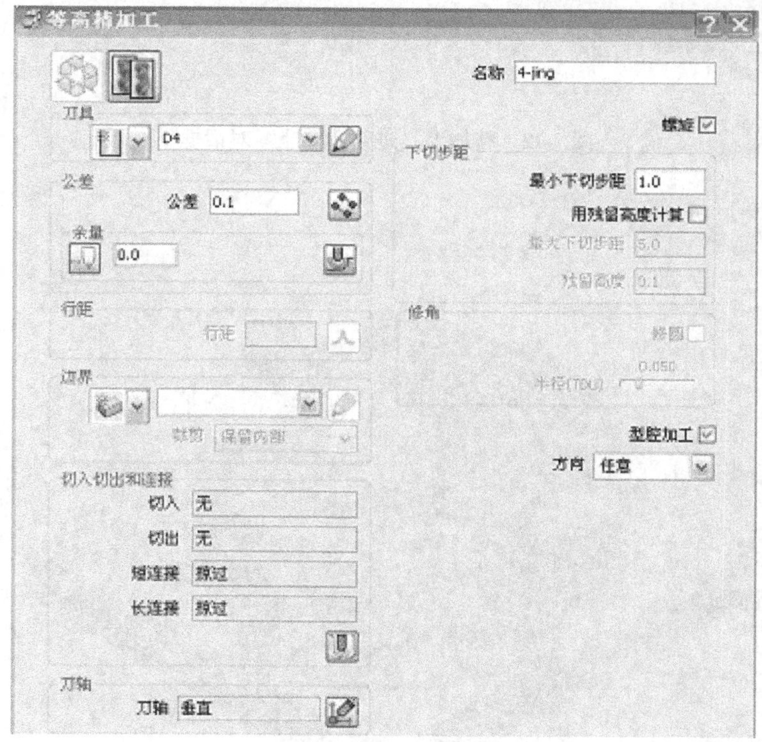

图 7-11　“等高精加工”对话框

4）在“等高精加工”对话框中，单击“应用”按钮，得到如图 7-13 所示的刀具路径，单击“接受”按钮。

4. 利用 PowerMILL 软件生成加工程序

1）在窗口左侧 PowerMILL 资源管理器中，右击“NC 程序”，在弹出的快捷菜单中，选

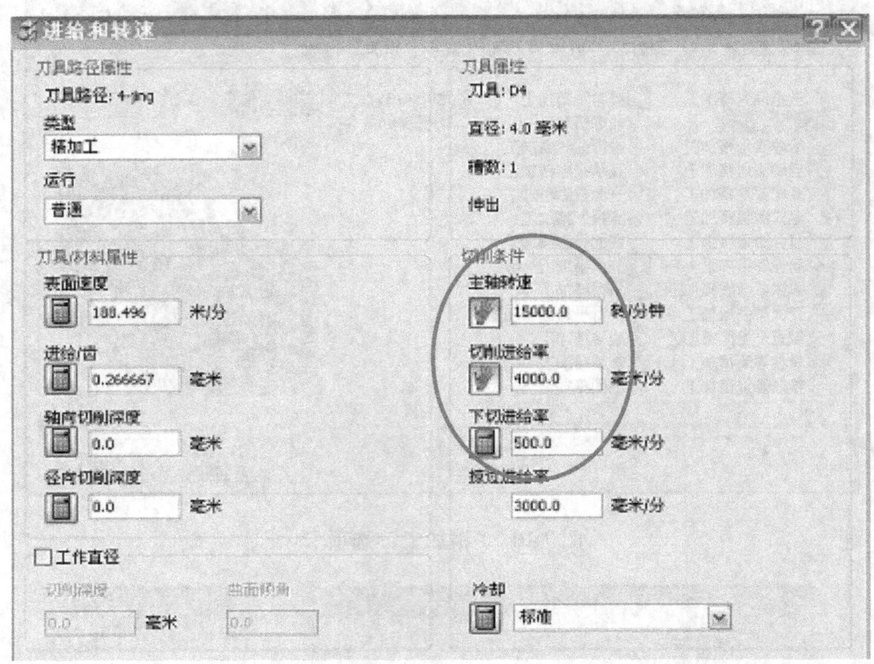

图 7-12　精加工“进给和转速”对话框

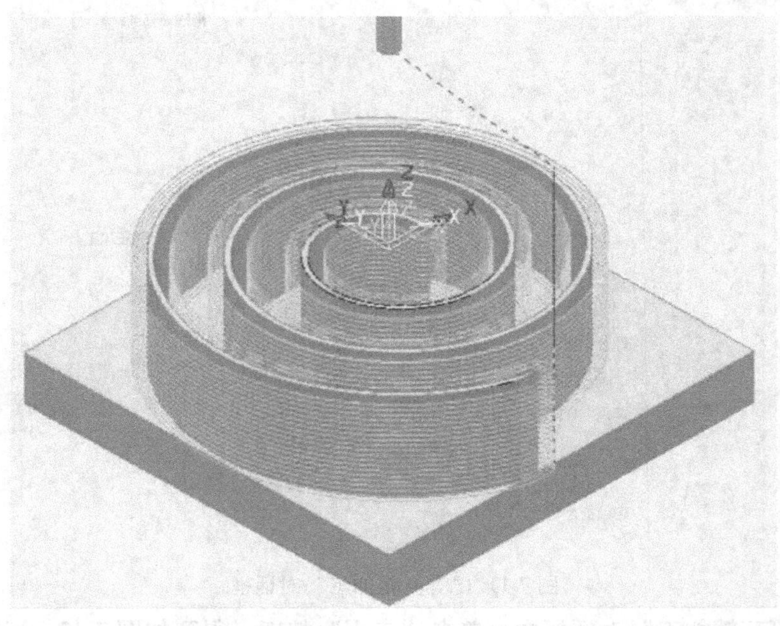

图 7-13　精加工刀具路径

择“产生 NC 程序”，如图 7-14 所示。

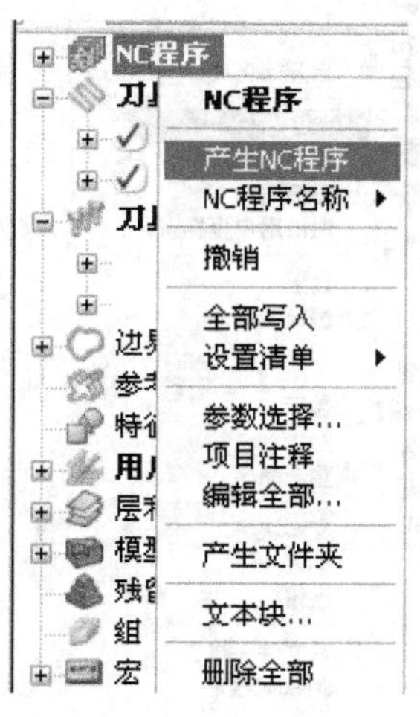

图 7-14　NC 程序快捷菜单

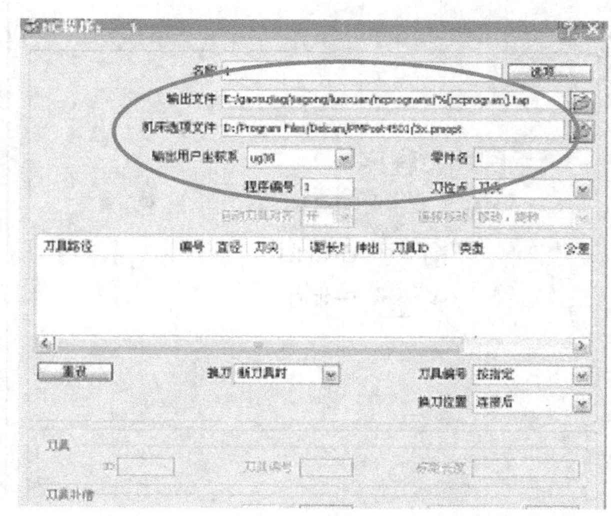

图 7-15　“NC 程序”对话框

2）单击“产生 NC 程序”后，弹出“NC 程序”对话框，如图 7-15 所示。在此对话框中，“输出文件”用于设置 NC 程序输出的路径，“机床选项文件”用于选择对应的后置文件，“输出用户坐标系”用于选择对应的加工坐标系。

3）单击“应用”并“接受”后，右键单击各刀具路径，在弹出的快捷菜单中选择“增加到”→“NC 程序”，如图 7-16 所示。

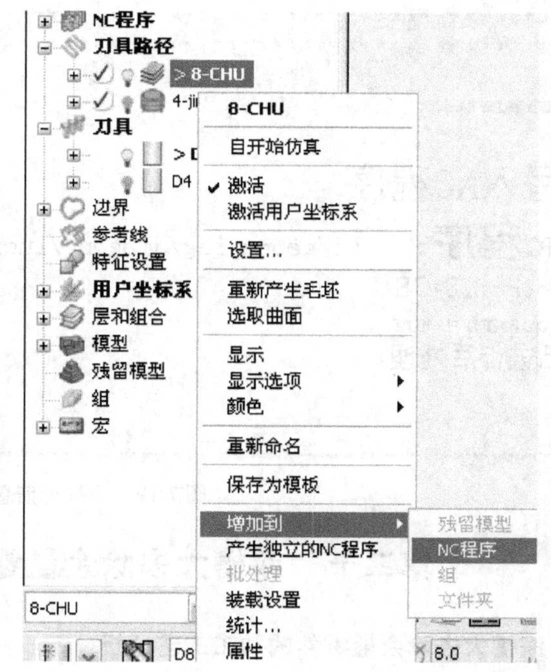

图 7-16　增加各刀具路径的 NC 程序

4）粗、精加工刀具路径的 NC 程序都被增加到 NC 程序 1 的子目录下，如图 7-17 所示。右键单击 NC 程序 1，在弹出的快捷菜单中选择“写入”，如图 7-18 所示，即开始对程序进行后处理。

5）后处理结束后显示信息如图 7-19 所示。从“NC 程序”所显示的路径中，可以找到 1. tap 文件，用记事本打开，就可以得到该螺旋薄壁零件的粗、精加工的程序。

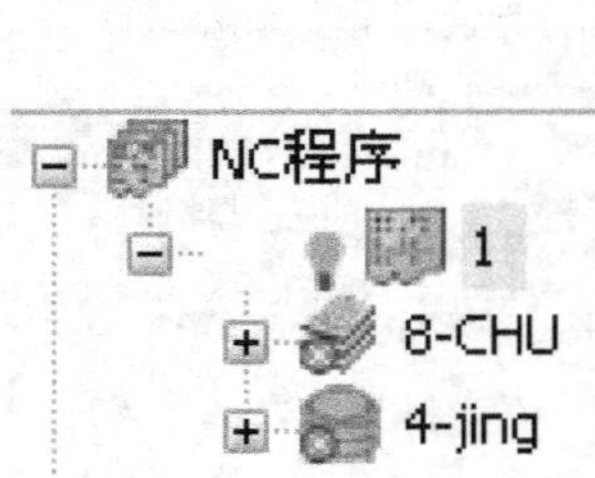

图 7-17　各刀具路径的 NC 程序

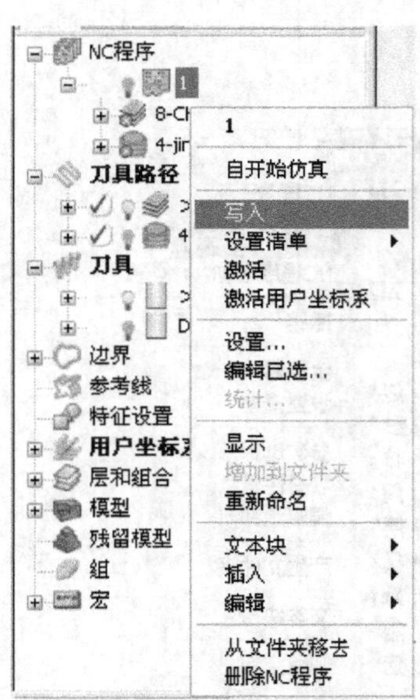

图 7-18　对 NC 程序进行后处理

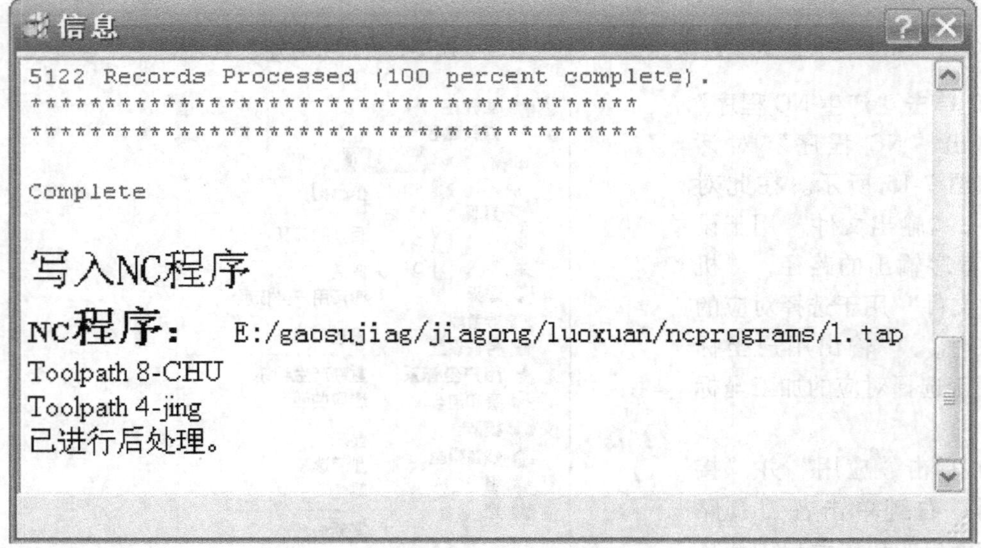

图 7-19　后处理信息

第二节　深槽大去除余量零件的加工实例

一、深槽大去除余量零件的加工工艺分析

1. 零件特性分析

深槽大去除余量零件的三维图如图 7-20 所示。它是在长方体上开槽，其中有三个带拔模角圆形深槽，需切除的余量很大，为了保证该零件的加工精度，提高切削效率，采用高速加工。

2. 工艺方案

（1）粗加工　ϕ20mm、R3mm 的刀尖圆角立铣刀，采用“偏置区域清除模型”的刀具路径，去除该零件内的大部分余量。

（2）二次开粗加工　ϕ10mm 的球头刀，采用“偏置区域清除模型”的刀具路径，加工出三个锥形深槽。

（3）清角精加工　ϕ6mm、R0.5mm 的刀尖圆角立铣刀，采用“交叉等高精加工”的刀具路径，对电吹风凹模进行清角精加工。

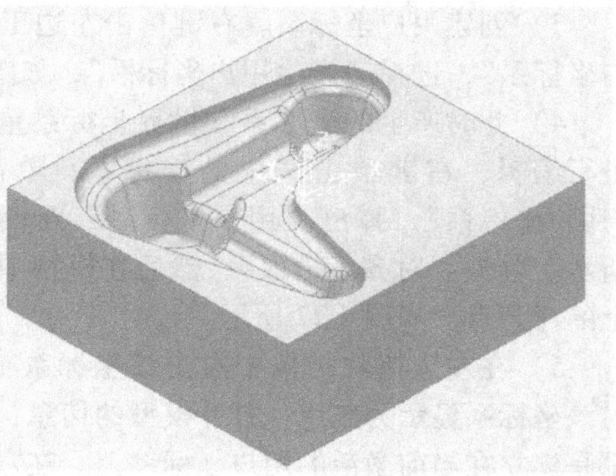

二、利用 PowerMILL 软件生成加工程序

1. 输入深槽零件并进行初步设置

1）打开 PowerMILL 操作界面，单击菜单“文件”→“输入模型”，打开“输入模型”对话框，文件类型选择“Unigraphics（*.prt）”，文件名选择光盘“chapter7\shencao.prt”，单击“打开”按钮，即可输入如图 7-20 所示的零件模型。

图 7-20　深槽大去除余量零件的三维图

2）分析模型。在右边“查看”工具栏中单击最小阴影半径按钮（图 7-21），模型显示如图 7-22 所示，红色部分为当前使用的刀具半径不能够被加工的部分。可通过单击菜单“显示”→“模型”，弹出“模型显示选项”对话框，如图 7-23 所示，在“最小刀具半径”中当前的系统默认设置为“10”，我们将其改为“3”，单击“接受”按钮，模型显示如图 7-24 所示，表明使用 ϕ6mm 的刀具完全可以加工。

图 7-21　查看阴影工具条

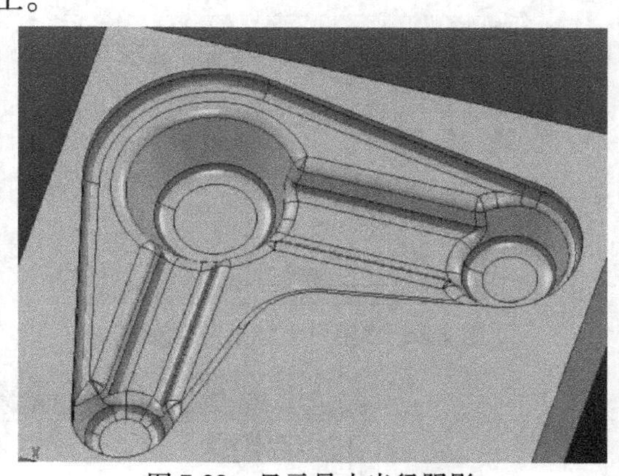

图 7-22　显示最小半径阴影

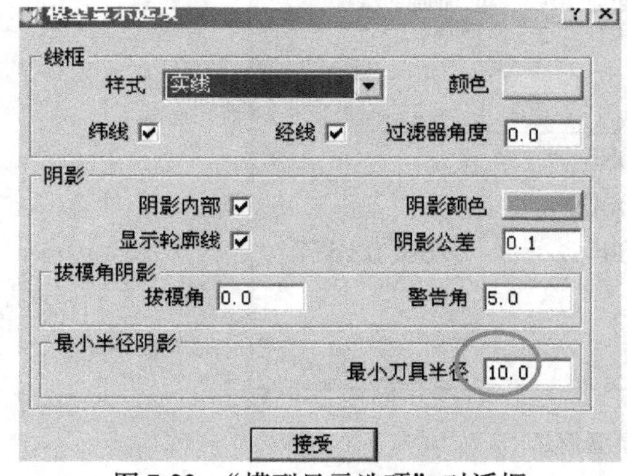

图 7-23　“模型显示选项”对话框

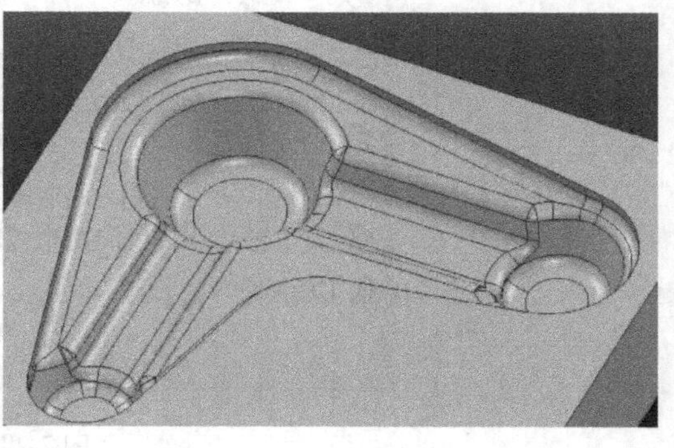

图 7-24　修改半径后无阴影

3）创建用户坐标系。右键单击左边工具树中的“用户坐标系”，选择“产生用户坐标系”，如图 7-25 所示。

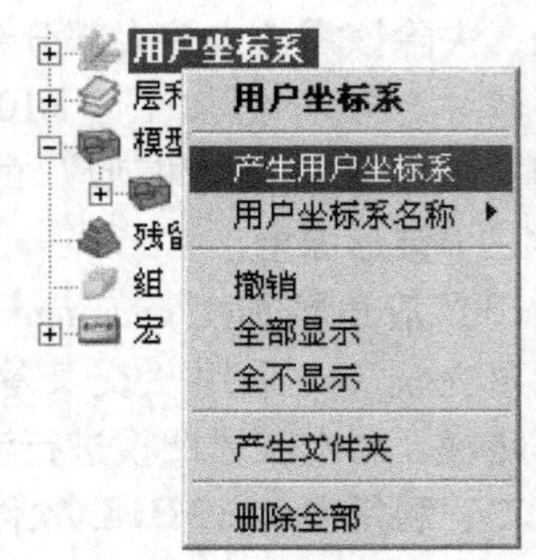

图 7-25　产生用户坐标系

4）此时产生的坐标系和世界坐标系重合。如果需要进行编辑，右键单击产生的坐标系，单击“编辑”→“用户坐标系”，弹出“用户坐标系”对话框，如图 7-26 所示。单击“对齐于拾取”，然后在模型中选取最高平面上的任意点，如图 7-27 所示。

5）在左边树状结构中右击该坐标系 1，激活它，此时该坐标系显示为红色。打开模型的信息，所有参数数值都是建立在当前激活的用户坐标系上。在左边树状结构中右键单击“模型”→“属性”，弹出模型信息，如图 7-28 所示。

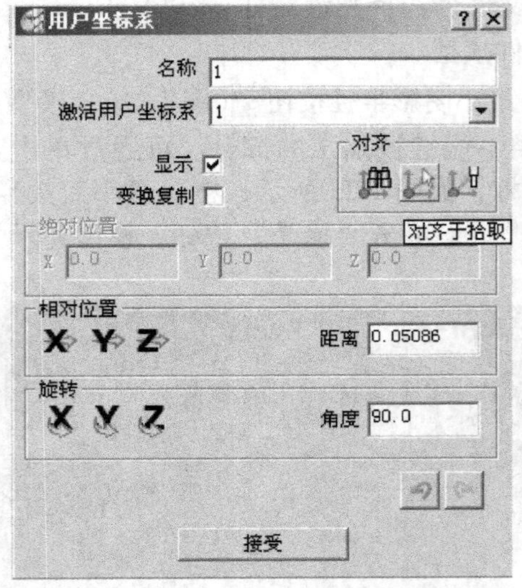

图 7-26 “用户坐标系”对话框

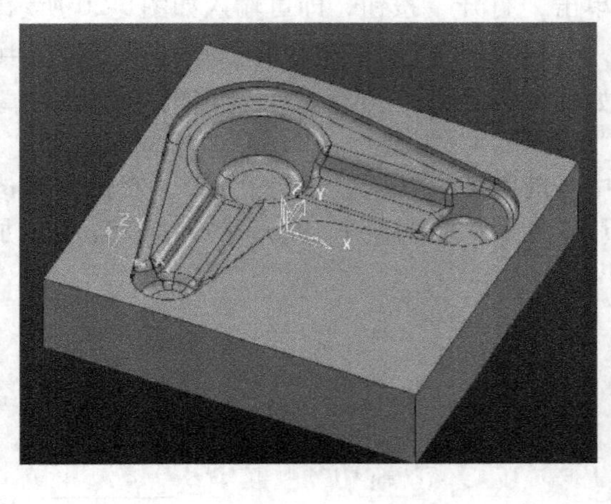

图 7-27　在模型上选择用户坐标系

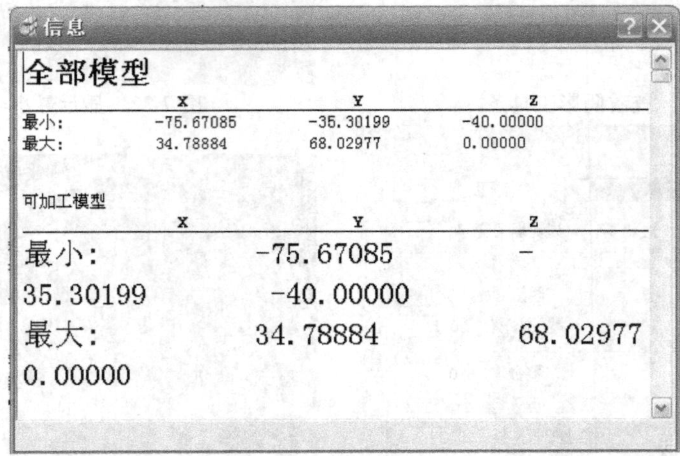

图 7-28　模型信息

6）通过对 X、Y、Z 的移动和旋转设置，使模型信息如图 7-29 所示。用户坐标系在模型中的位置如图 7-30 所示，红色显示为用户坐标系。

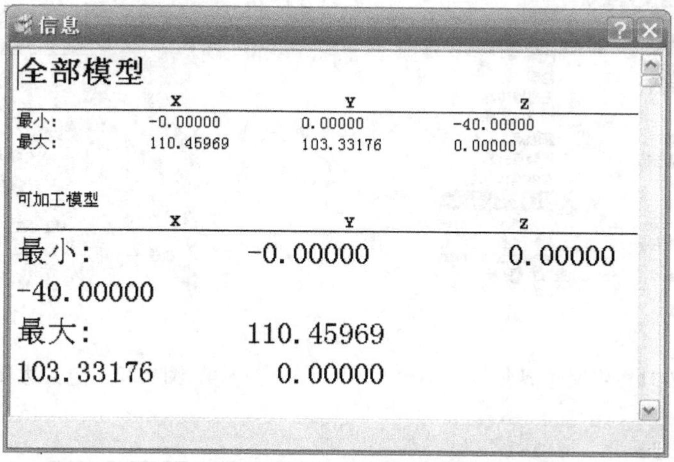

信息

全部模型

	X	Y	Z
最小：	-0.00000	0.00000	-40.00000
最大：	110.45969	103.33176	0.00000

可加工模型

	X	Y	Z
最小：	-0.00000	0.00000	-40.00000
最大：	110.45969	103.33176	0.00000

图 7-29　移动用户坐标系后显示的模型信息

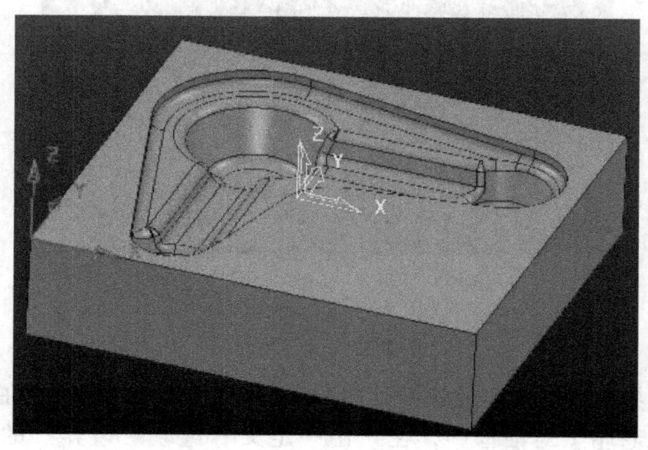

图 7-30　用户坐标系在模型上的最终位置

2. 创建毛坯

1）毛坯是产生刀具路径的前提，用“边界”的方式创建。首先需要创建一条边界线。右键单击左边数状结构“边界”→“定义边界”→“用户定义”，如图 7-31 所示，弹出“用户定义边界”对话框，如图 7-32 所示。

2）选取模型的上面，然后单击模型按钮，可产生如图 7-33 所示的边界。

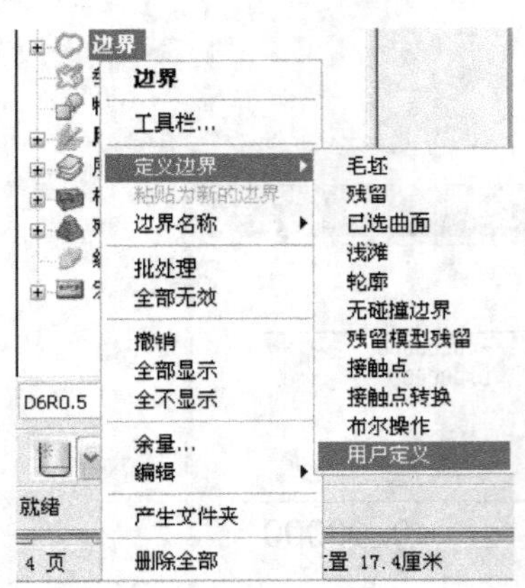

图 7-31　定义边界

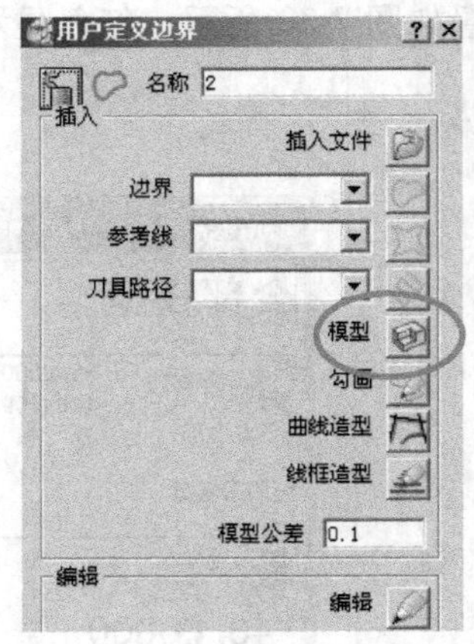

图 7-32　定义边界对话框

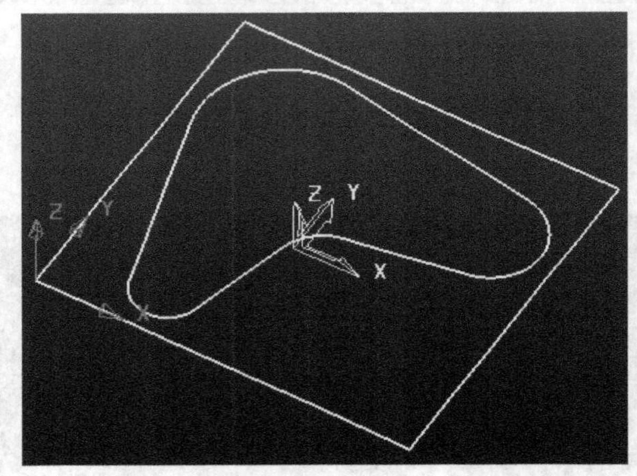

图 7-33　毛坯边界

3）右键单击边界名，在弹出的快捷菜单中激活已经产生的边界，在主工具栏单击毛坯按钮，在弹出“毛坯”对话框中，在“由…定义”选取“边界”的选项，计算并勾选“显示”，如图 7-34 所示。

此时毛坯设置完成，单击“接受”按钮便产生毛坯，如图 7-35 所示。

3. 设置快进高度

单击主工具栏快进高度按钮，弹出“快进高度”对话框，如图 7-36 所示。在对话框中可以设置“安全 Z 高度”和“开始 Z 高度”，直接输入高度数值，或“按安全高度重设”。设置好安全高度后，单击“接受”按钮。

4. 产生刀具

1）右键单击左边树状结构“刀具”→“产生刀具”，选择“刀尖圆角端铣刀”，如图

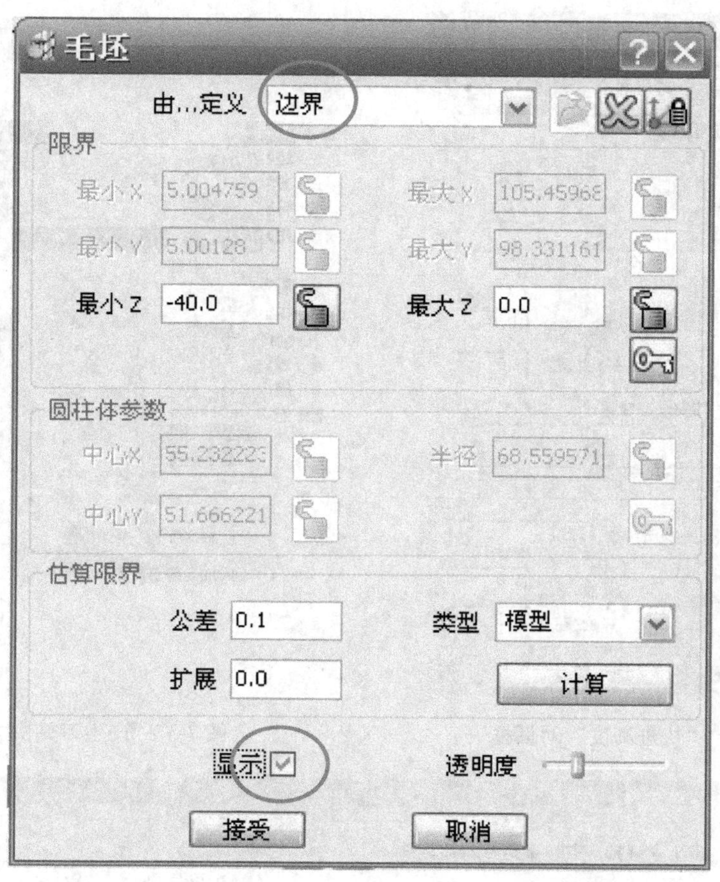

图 7-34　“毛坯”对话框

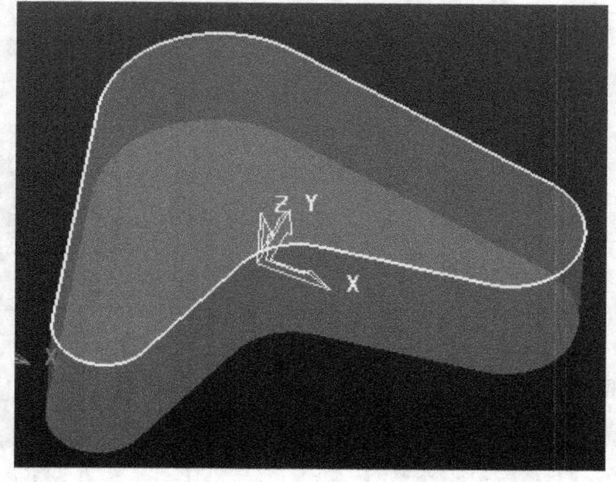

图 7-35　毛坯三维图

7-37 所示。

2）在弹出的“刀尖圆角端铣刀”对话框，选择“刀尖”选项卡，进行如图 7-38 所示设置。

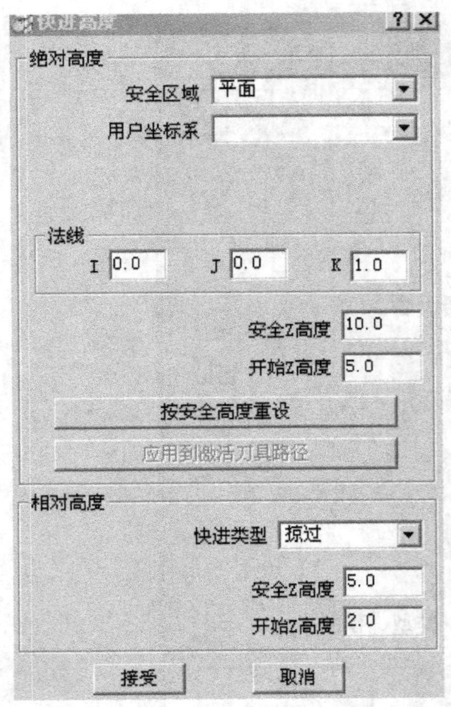

图 7-36 “快进高度”对话框

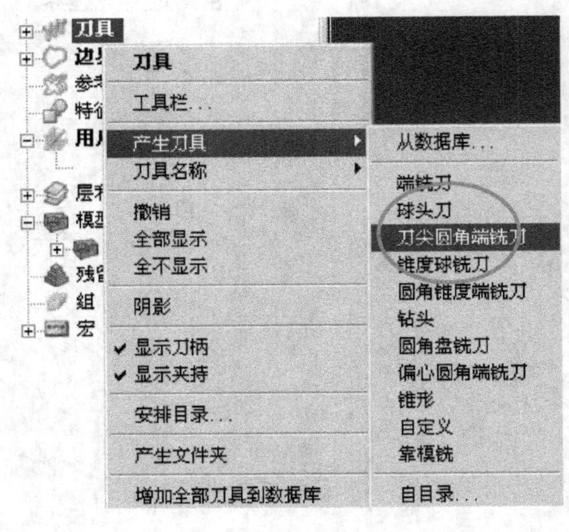

图 7-37 产生刀具快捷菜单

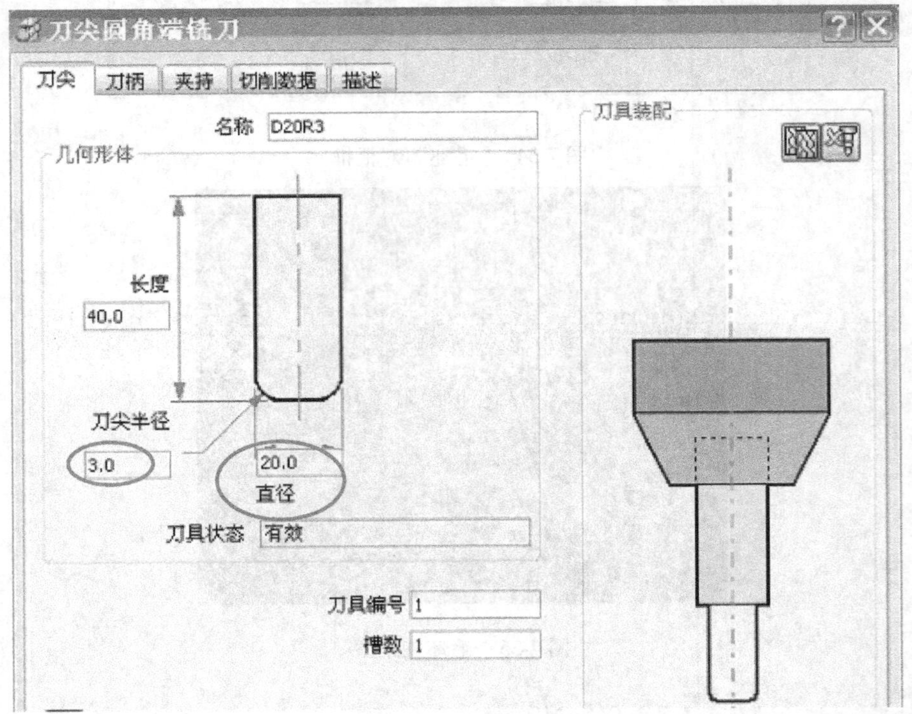

图 7-38 D20R3 端铣刀

3）按照同样的方法继续产生 B10 球头刀（图 7-39）和 D6R0.5 牛鼻刀。

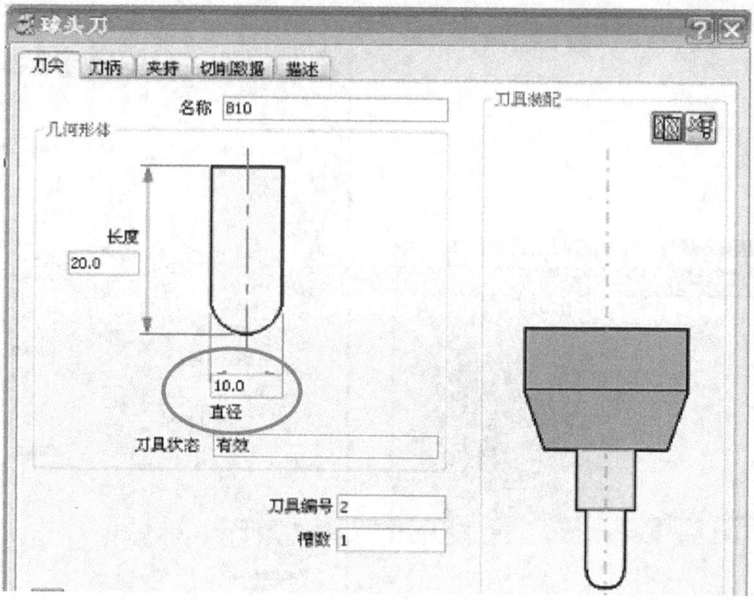

图 7-39　B10 球头刀

5. 进给和转速设置

单击主工具栏的按钮 ，单进给和转速进行设置，单击“应用”，并“接受”，如图 7-40 所示。

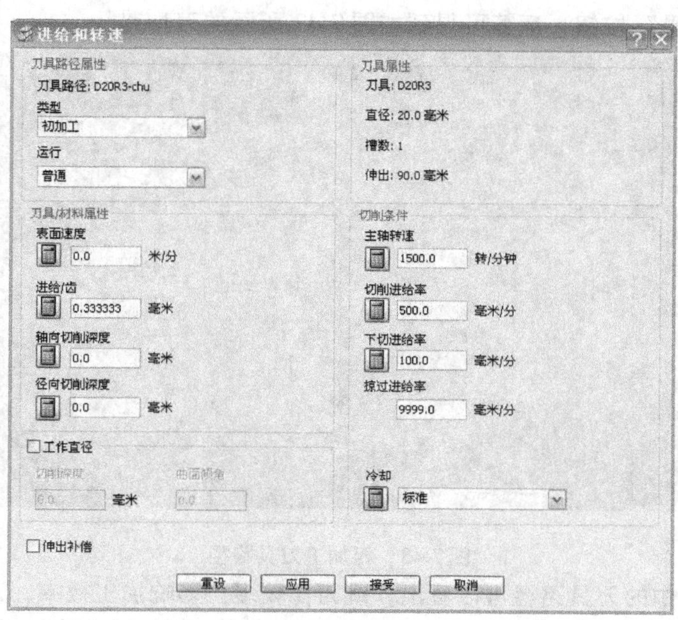

图 7-40　“进给和转速”对话框

6. 创建刀具路径

（1）粗加工　单击主工具栏刀具路径策略按钮 ，弹出“新的”对话框，如图 7-41 所示。选择“三维区域清除”选项卡中的“偏置区域清除模型”，在弹出的对话框中作如图 7-42 所示的设置。

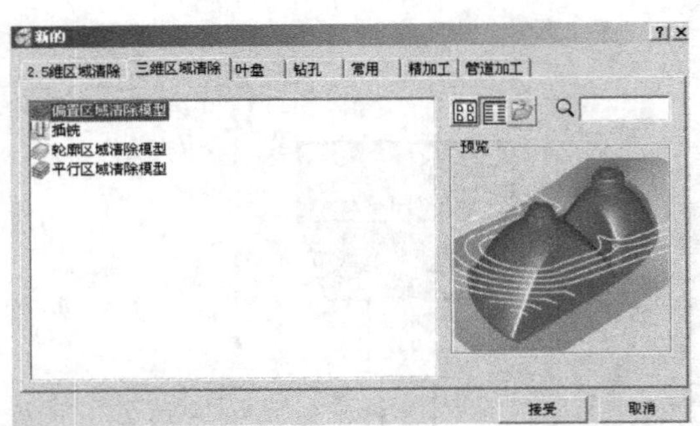

图 7-41　“新的”对话框

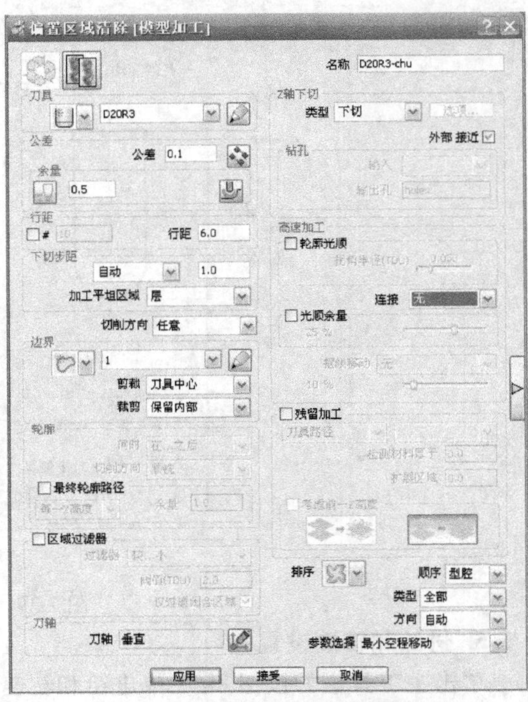

图 7-42　“偏置区域清除”对话框

1）单击“接受”按钮，运算可得到如图 7-43 所示的刀具路径。

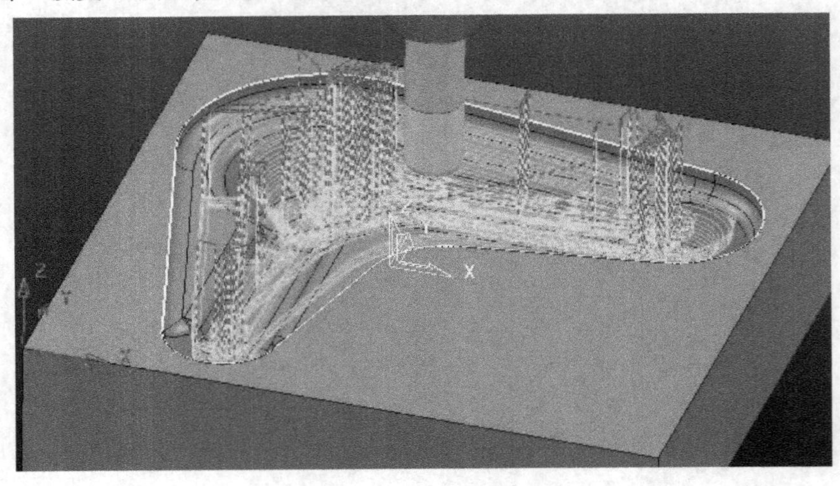

图 7-43　粗加工刀具路径

2）从图 7-43 中的刀具路径可以看出，跳刀比较多，影响加工效率，这是由于刀具路径偏置部分的连接影响。在“偏置区域清除”对话框中的“高速加工”，将“连接”设置为“光顺”，如图 7-44 所示。

3）再单击“应用”按钮，重新计算刀具路径，便得到如图 7-45 所示的刀具路径。

（2）仿真　单击 viewmill 工具栏中的按钮，开启仿真，或右键单击所计算出的刀具路径，选择“自开始仿真”，如图 7-46 所示。单击“仿真”工具栏的运行按钮 ▷，开始仿真，得到如图 7-47 所示的粗加工仿真。

（3）二次粗加工　在粗加工所使用的刀具直径比较大，导致一些局部材料没有完全地被切除掉，为了确保精加工时切削量的均匀，需要二次粗加工（残留加工）。

1）产生残留模型。残留模型是通过当前激活的刀具路径，计算出加工后的模型状态。右键单击左边树状结构的“残留模型”选择“产生残留模型”，如图 7-48 所示。

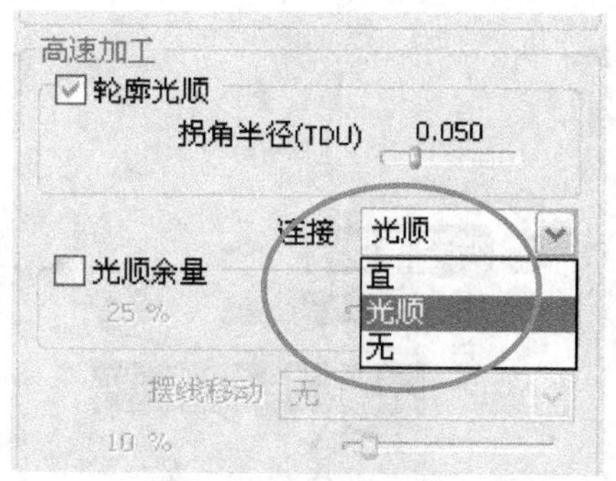

图 7-44　刀具路径光顺处理

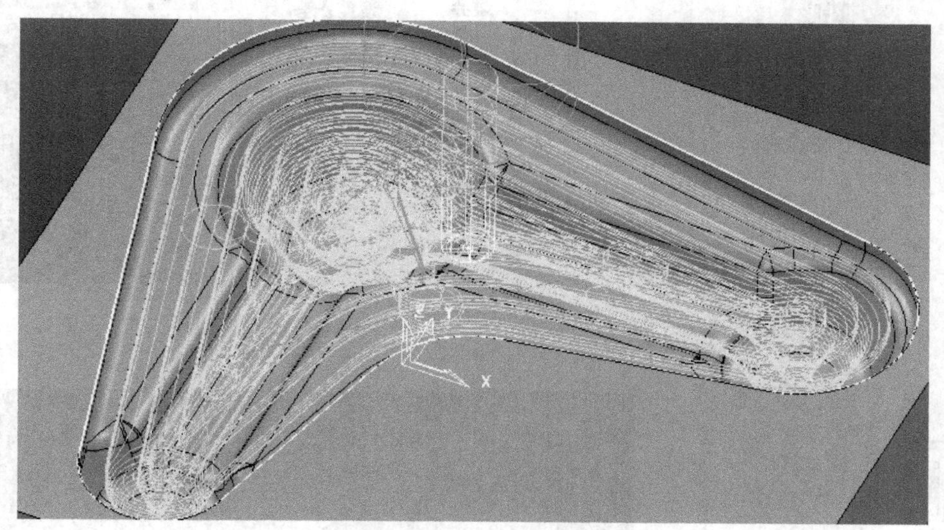

图 7-45　光顺后的粗加工刀具路径

2）右键单击产生出的“残留模型 1”→“应用”→“激活刀具路径在先”，如图 7-49 所示。再右键单击“残留模型 1”→“计算”，如图 7-50 所示，通过计算后得到如图 7-51 所示残留模型，紫红色显示的即为残留模型。

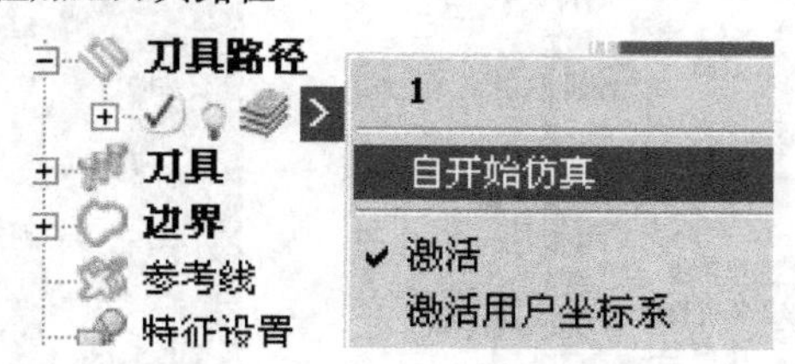

图 7-46　仿真菜单

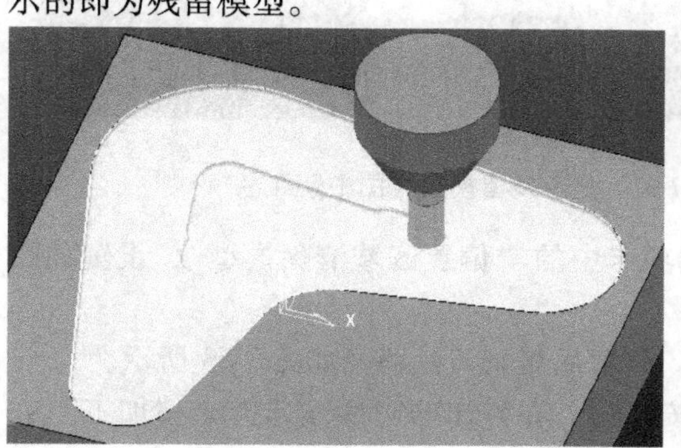

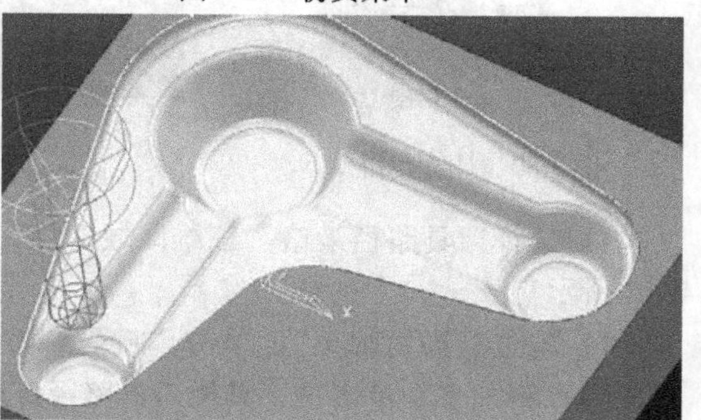

图 7-47　粗加工仿真

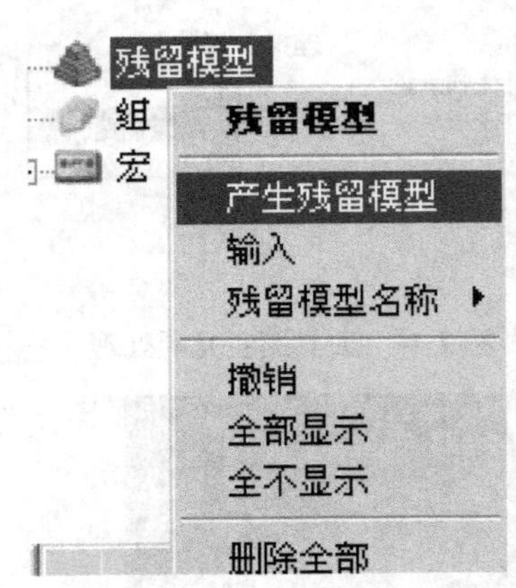

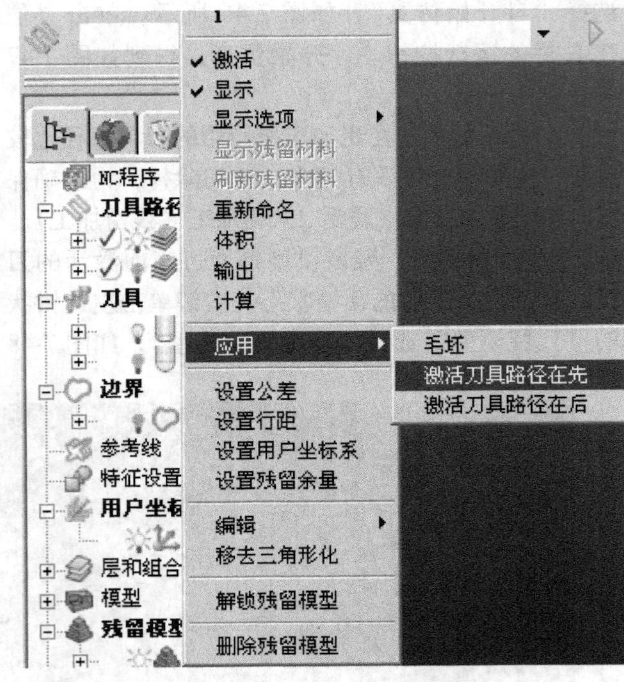

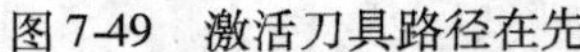

图 7-48　产生残留模型　　　　图 7-49　激活刀具路径在先

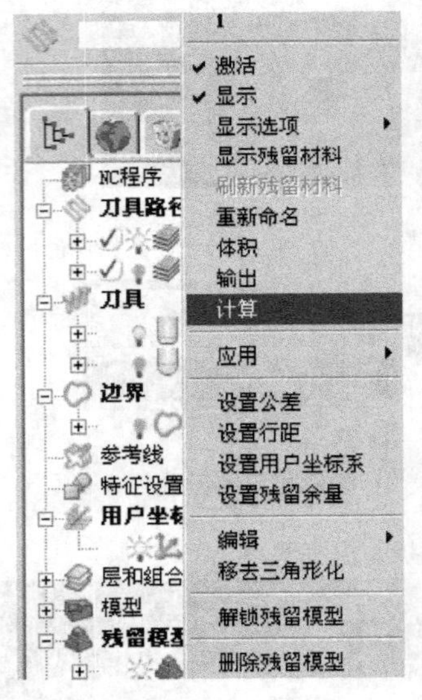

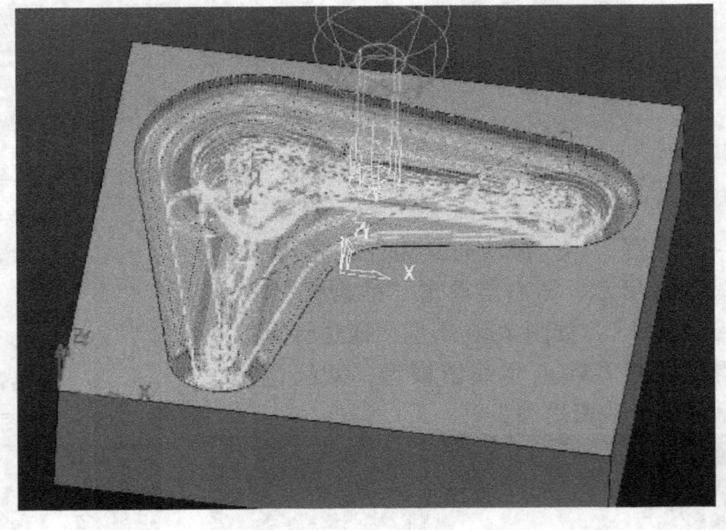

图 7-50　计算残留模型　　　　图 7-51　显示残留模型（图中紫红色）

3）选择刀具路径策略“三维区域清除”选项卡中的“偏置区域清除模型”，设置如图 7-52 所示。

4）勾选“残留加工”，单击“接受”按钮，计算后得到刀具路径如图 7-53 所示。

（4）精加工　单击主工具栏刀具路径策略按钮，在弹出的对话框选择“精加工”→“交叉等高精加工”，如图 7-54 所示。

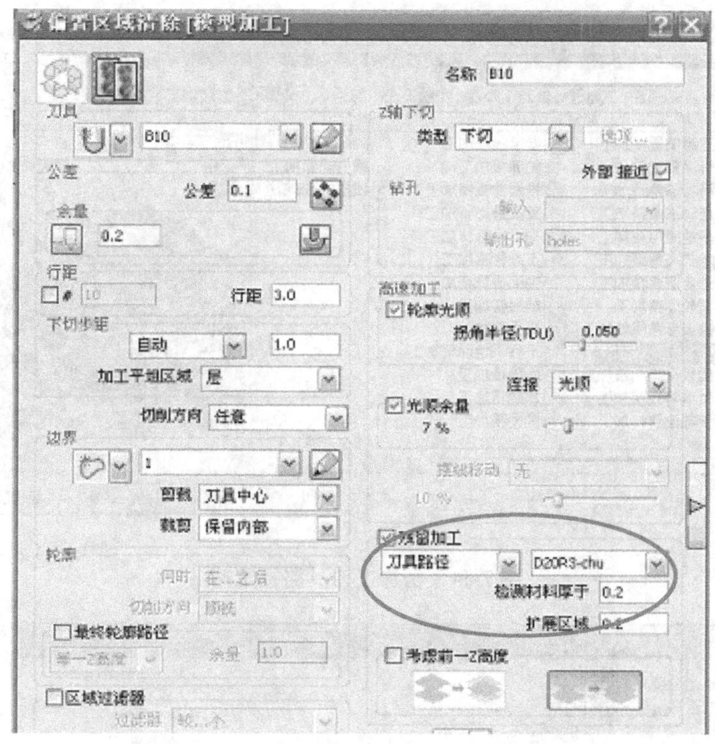

图 7-52　二次粗加工刀具路径策略

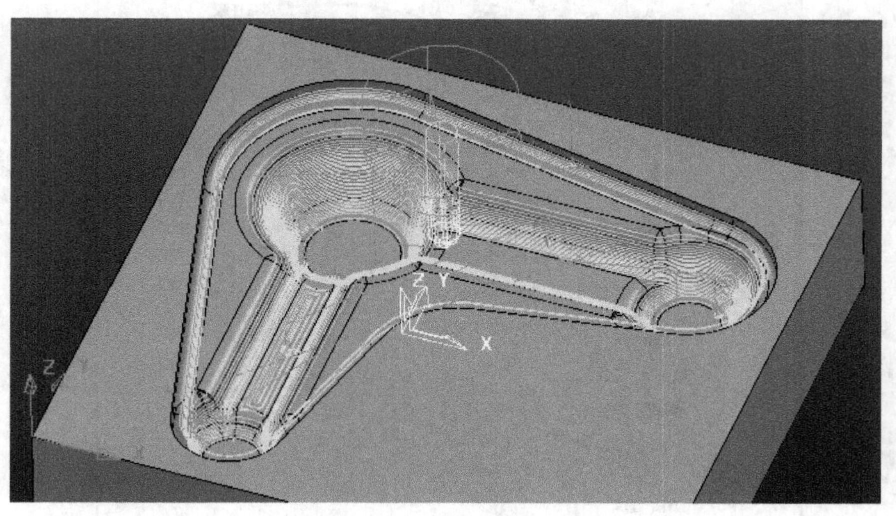

图 7-53　二次粗加工刀具路径

1）在“交叉等高精加工”对话框中设置如图 7-55 所示，勾选“使用单独的浅滩行距”，并对“浅滩行距”进行设置。

2）为了优化刀具路径，减少刀具在切削过程中的抬刀次数，可对“切入切出和连接”进行设置。在主工具栏中单击切入切出和连接按钮，弹出“切入切出和连接”对话框中，在“连接”选项卡中，将“短”设置为“在曲面上”，如图 7-56 所示。

图 7-54　精加工刀具路径策略

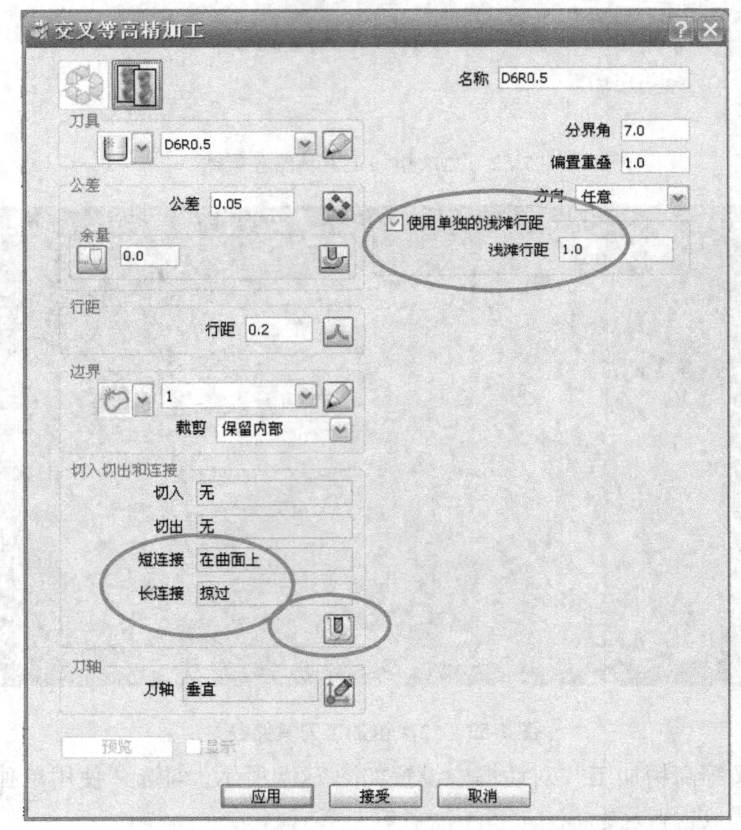

图 7-55　“交叉等高精加工”对话框

3）单击“应用”并“接受”，计算后产生刀具路径如图 7-57 所示。

4）仿真加工后结果如图 7-58 所示。

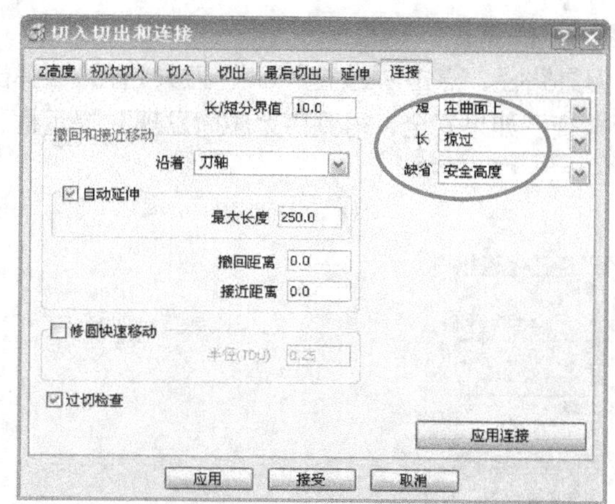

图 7-56 “切刀切出和连接”对话框

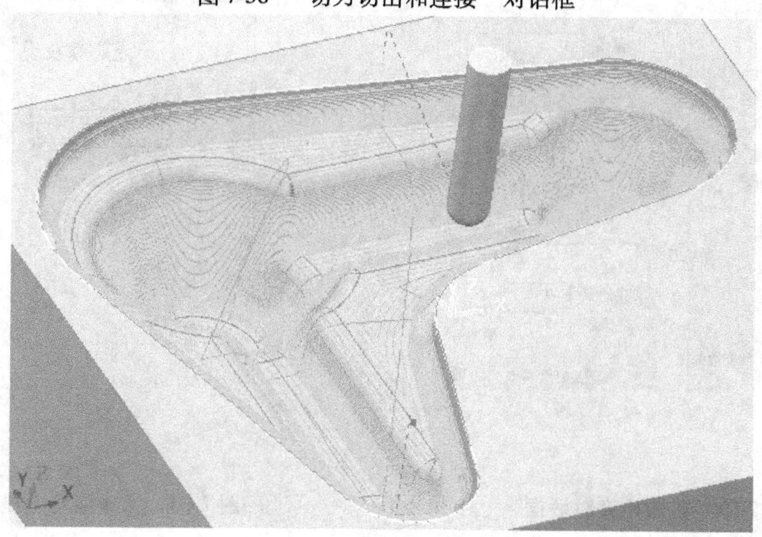

图 7-57 精加工刀具路径

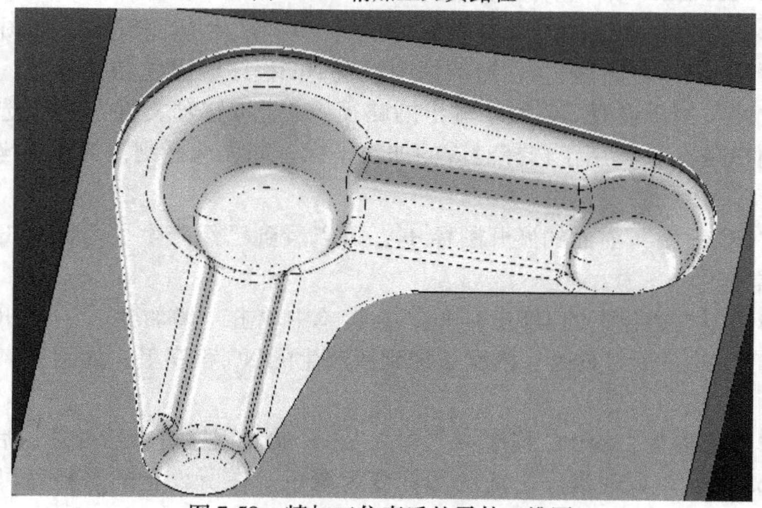

图 7-58 精加工仿真后的零件三维图

7. 刀具路径碰撞检查

右键单击编辑后的各刀具路径，点击“检查”→“刀具路径”，弹出对话框，设置如图 7-59 所示后单击“应用”进行检查。如果安全，得到“无碰撞发现”提示框，如图 7-60 所示。

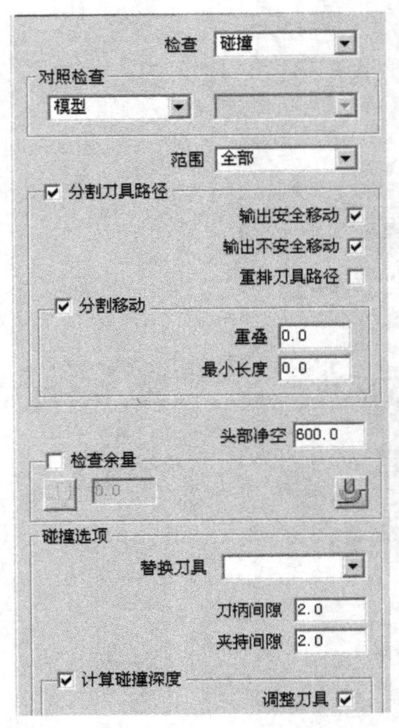

图 7-59　碰撞检查对话框

图 7-60　无碰撞发现提示框

8. 利用 PowerMILL 软件生成加工程序

1）右键单击左边树状结构，点击“NC 程序”→“产生 NC 程序”，如图 7-61 所示。

2）弹出“NC 程序对话框”，在对话框中设置 NC 程序输出的相关参数，设置如图 7-62 所示，“输出文件”用于设置 NC 程序输出的路径，“机床选项文件”用于选择对应的后置文件，“输出用户坐标系”用于选择对应的加工坐标，如无选择则认为世界坐标系为加工坐标系。

3）单击“NC 程序”前面的展开图标[+]，可以看到已经产生了名称为 1 的程序，并激活，此程序为空程序。

4）右键单击刀具路径下的 D20R3-chu，在菜单中单击“增加到”→“NC 程序”，如图 7-63 所示，将产生的三个刀具路径依次添加到所产生的 NC 程序里，如图 7-64 所示为添加后结果。

5）右键单击名称为 1 的 NC 程序→“写入”，开始对程序进行后处理，后处理结束后显示信息如图 7-65 所示。此时程序 1 前的图标变为绿色。在所设置的路径里可找到刀具路径后处理文件，用记事本打开，可得到深槽大去除余量零件的自动加工程序。

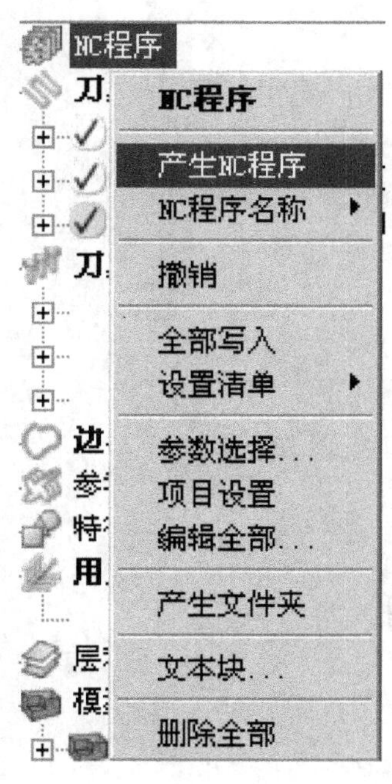

图 7-61　产生 NC 程序菜单

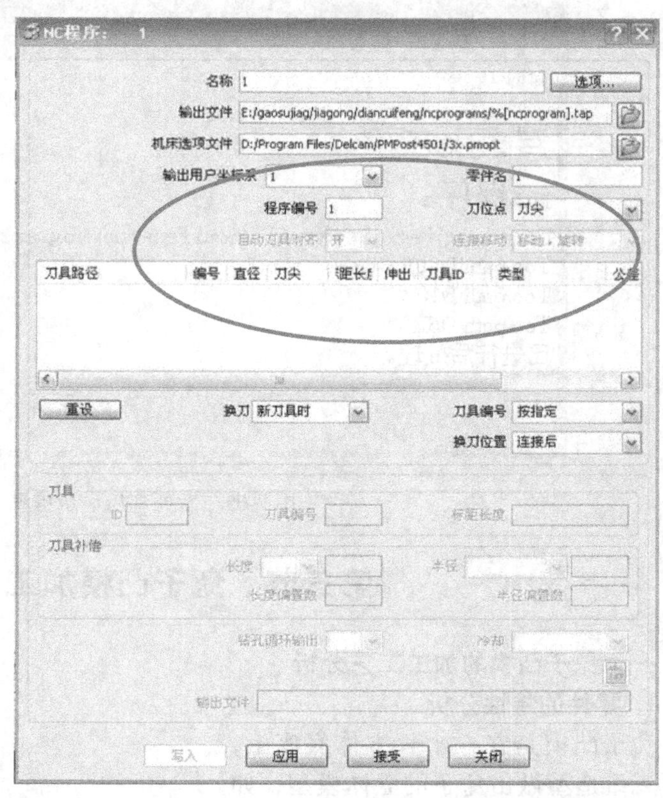

图 7-62　“NC 程序”对话框

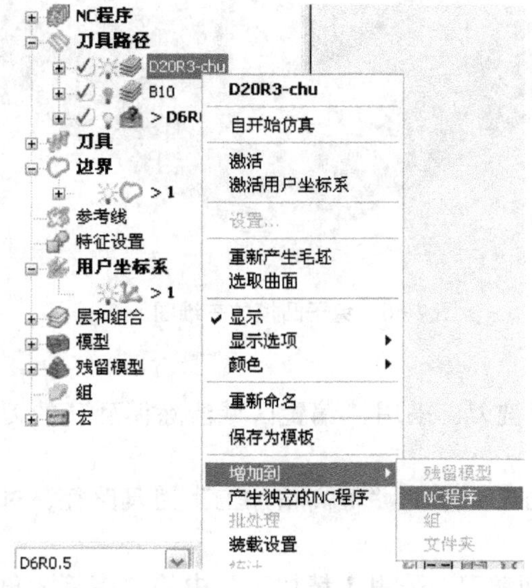

图 7-63　将刀具路径增加到 NC 程序

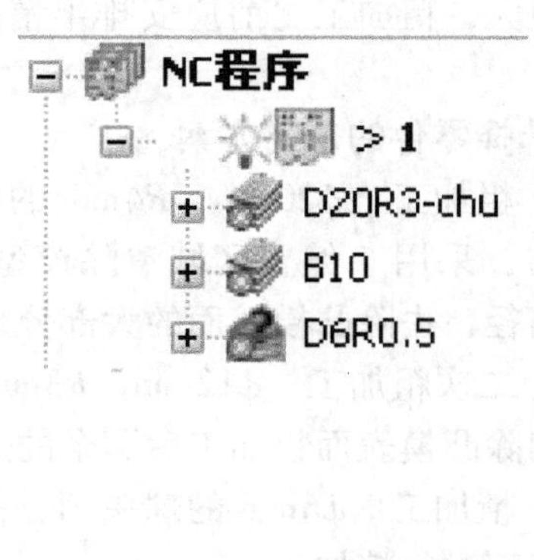

图 7-64　NC 程序树状图

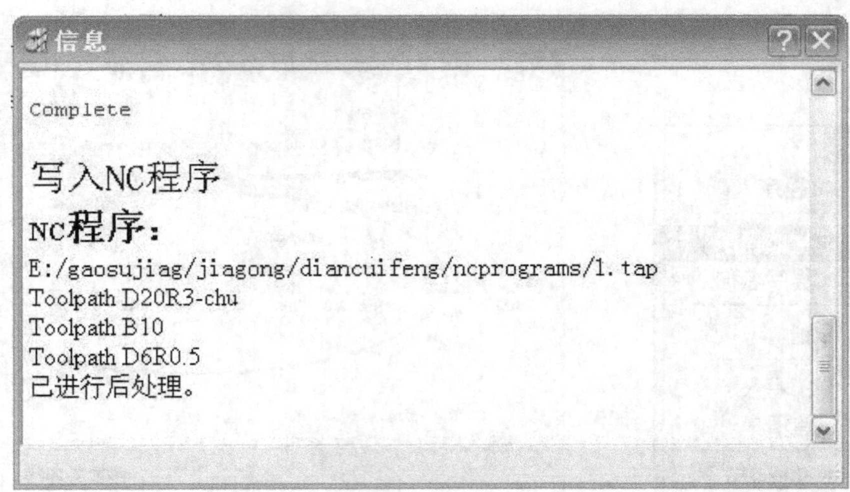

图 7-65　后处理后显示信息

第三节　兔子凸模加工实例

一、兔子凸模的加工工艺分析

1. 零件的特性分析

兔子凸模是在一个长方体底座上，通过三维造型做出兔子的立体模型，如图 7-66 所示。底座为加工实体模型时提供装夹位置，保证加工时夹持稳定。模型的上面是自由曲面，工件选用铝材。为了提高曲面的加工质量和加工效率，应选择高转速、大切削速度。此外，还应设置较小的步距宽度。由于切削余量很大，精加工之前应安排半精加工。

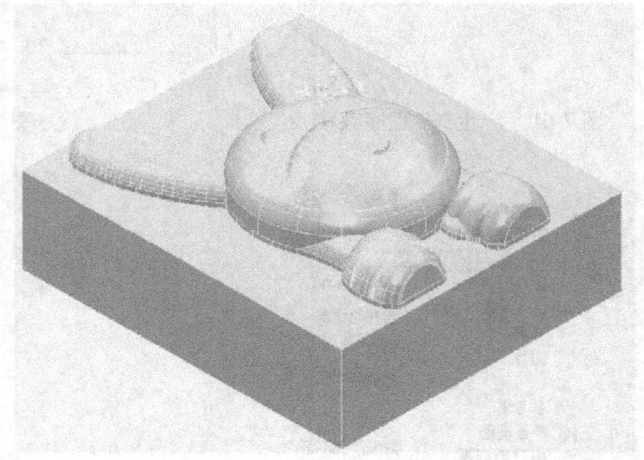

图 7-66　兔子凸模的三维图

2. 选择零件的工艺方案

（1）粗加工　ϕ20mm、R4mm 的圆角面铣刀，采用“偏置区域清除模型”的刀具路径，去除凸模上面的大部分余量。

（2）二次粗加工　ϕ12mm、R3mm 的圆角面铣刀，采用“偏置区域清除模型”的刀具路径，切除凸模表面粗加工后剩余的余量。

（3）精加工　ϕ6mm 的球头刀，采用“精加工”中的“等高精加工”刀具路径，对兔子凸模表面进行精加工。

（4）清角精加工　ϕ4mm、R0.5mm 的圆角面铣刀，采用“精加工”中的“多笔清角精加工”刀具路径，对零件各拐角处进行清角精加工。

二、利用 PowerMILL 软件生成加工程序

1. 调入文件并定义毛坯

1）打开 PowerMILL 操作界面，单击菜单“文件”→“输入模型”，打开“输入模型”对话框，文件类型选择“Unigraphics（*.prt）”，文件名选择光盘“chapter7 \ rabbit. prt”，单击“打开”按钮，即可输入兔子模型。

2）在主工具栏中单击“毛坯”按钮，打开“毛坯”对话框，在“限界”选项中输入其长、宽、高三个方向的极限坐标，将“透明度”滑块移至最左侧，这时可看到兔子凸模被透明的毛坯罩住，如图 7-67 所示。单击“接受”，完成毛坯设置。注意毛坯的宽度设置略大于底座的宽度。

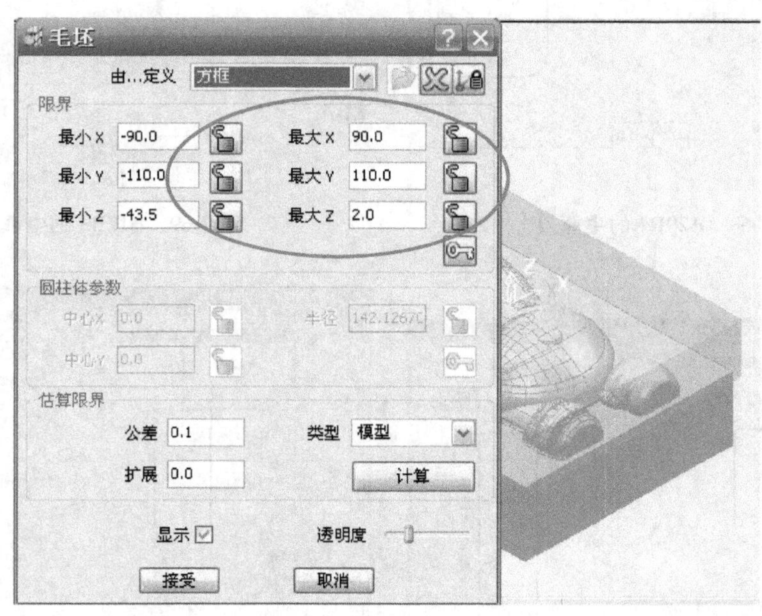

图 7-67　定义毛坯

2. 产生刀具

1）在刀具工具栏中单击按钮，显示出所有刀具图标，单击按钮，打开“刀尖圆角端铣刀”对话框，设置参数如图 7-68 所示，单击“关闭”退出。

2）按照同样的方法，产生另外三把刀具，设置参数如图 7-69、图 7-70、图 7-71 所示，设置完成后单击“关闭”退出。

3. 粗加工

1）在主工具栏中单击“刀具路径策略”按钮，打开“新的”对话框，选择“三维区域清除”选项卡，单击“偏置区域清除模型”，参数设置如图 7-72 所示。

2）在主工具栏中单击进给和转速按钮，打开“进给和转速”对话框，设置参数如图 7-73 所示，单击“接受”退出该对话框。粗加工时切除余量大，主轴转速和进给率设置小一点。

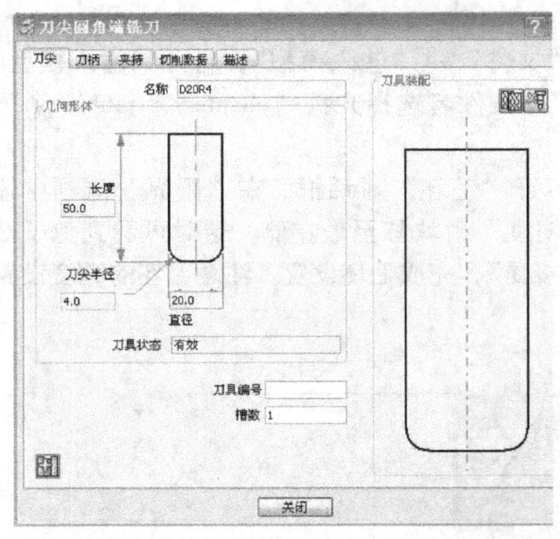

图 7-68　ϕ20R4 的牛鼻刀

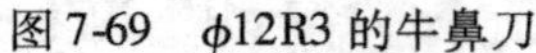

图 7-69　ϕ12R3 的牛鼻刀

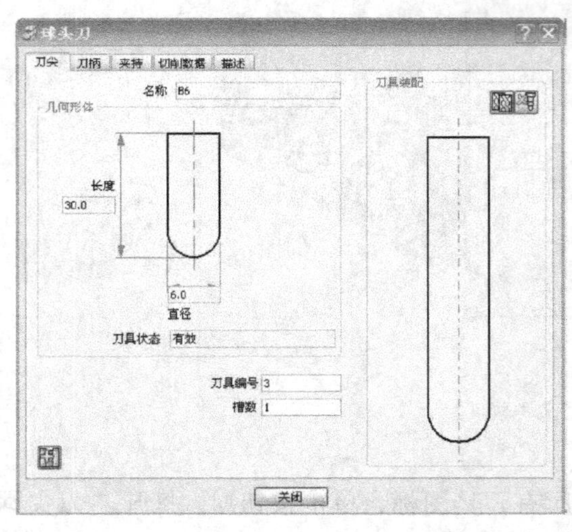

图 7-70　B6 的球头刀

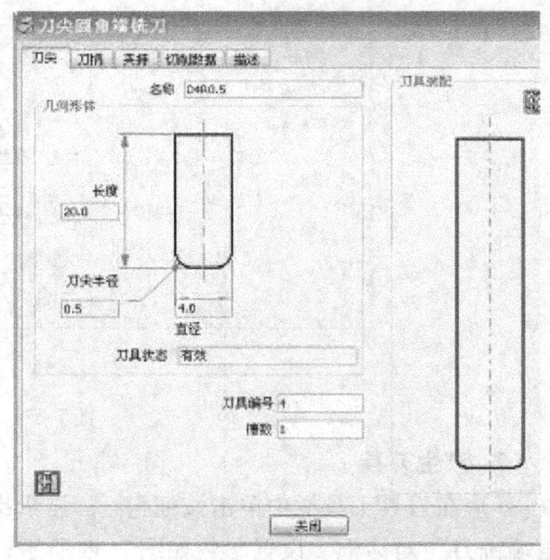

图 7-71　ϕ4R0.5 的牛鼻刀

3）在主工具栏中单击按钮，打开“快进高度”对话框，按如图 7-74 所示。设置参数后，单击“接受”退出对话框。

4）在粗加工刀具策略对话框中单击“应用”，并“接受”，得到的刀具路径如图 7-75 所示。

4. 二次粗加工

1）按照第二节电吹风凹模二次粗加工时产生残留模型的方法，产生兔子凸模粗加工后的残留模型 1，如图 7-76 所示。

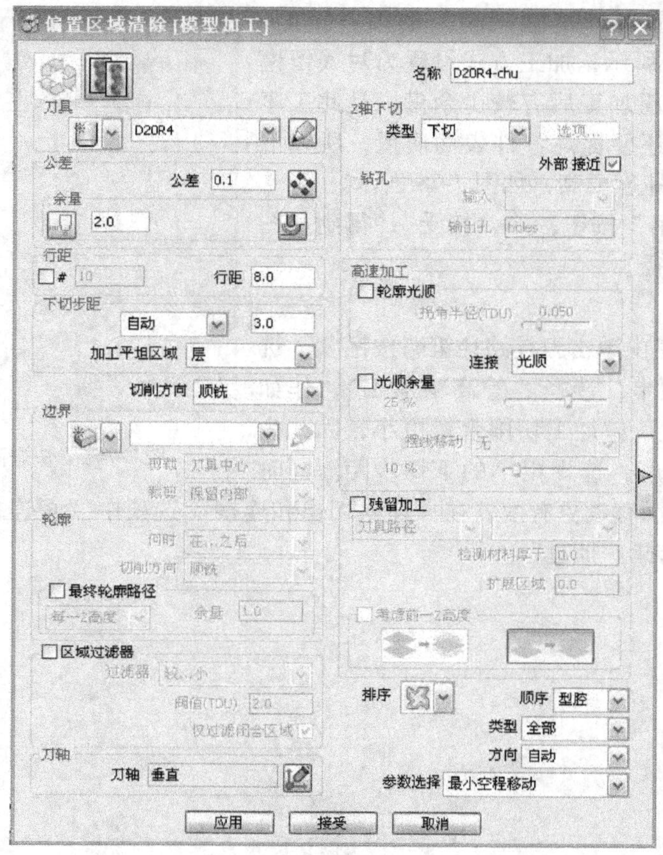

图 7-72 粗加工刀具策略

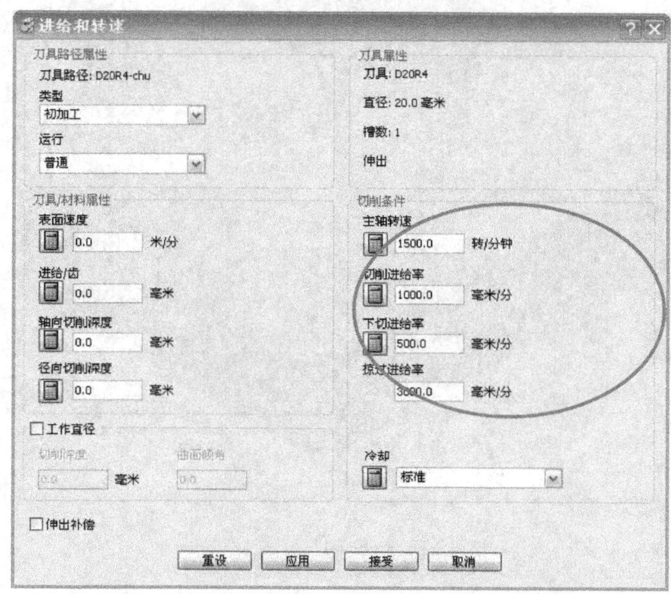

图 7-73 粗加工“进给和转速”对话框

2）选择“偏置区域清除模型”的刀具策略，设置参数如图 7-77 所示，加工方式设置为对残留模型 1 的残留加工。粗加工后有较少余量，且此工序中除了切除余量，还要提高零件表面质量，所以下切步距要小，切削速度要高，如图 7-78 所示。

3）单击“应用”按钮，并“接受”，得到如图 7-79 所示的刀具路径。

5. 精加工

1）在主工具栏中单击刀具路径策略按钮，选择“精加工”选项卡，选择“等高精加工”，作如图 7-80 所示的设置。精加工切削余量更小，因此为保证零件的表面精度，选择更小的下切步距。同时为使刀具在零件表面移动更有效，在“切入切出和连接”选项中“短连接”选择“在曲面上”，“长连接”选择“掠过”。

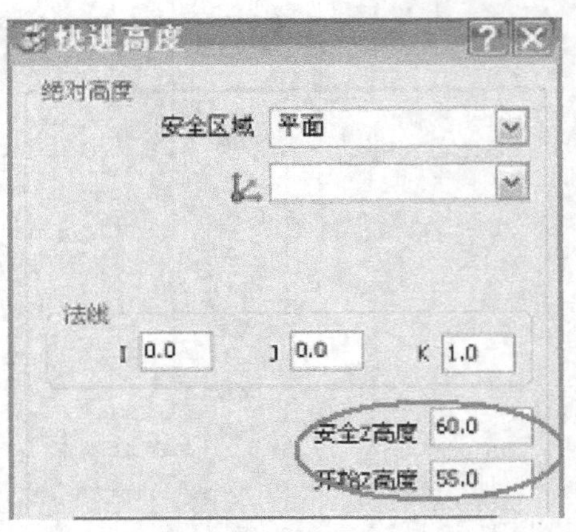

图 7-74　“快进高度”对话框

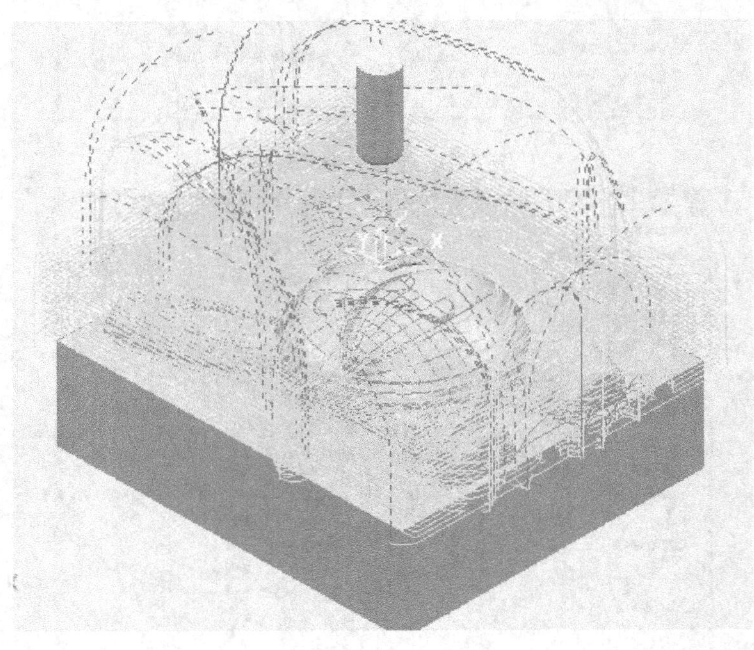

图 7-75　粗加工刀具路径

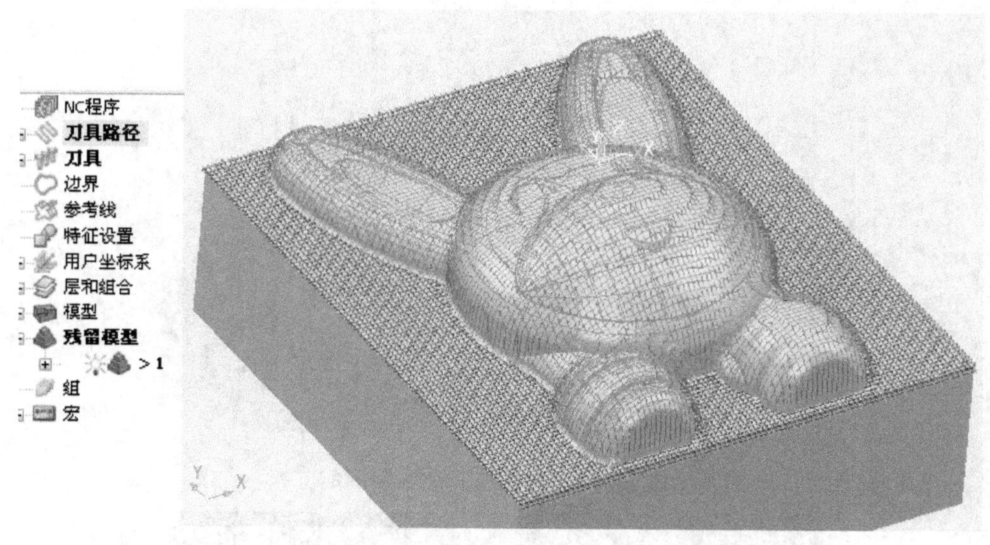

图 7-76　粗加工后的残留模型

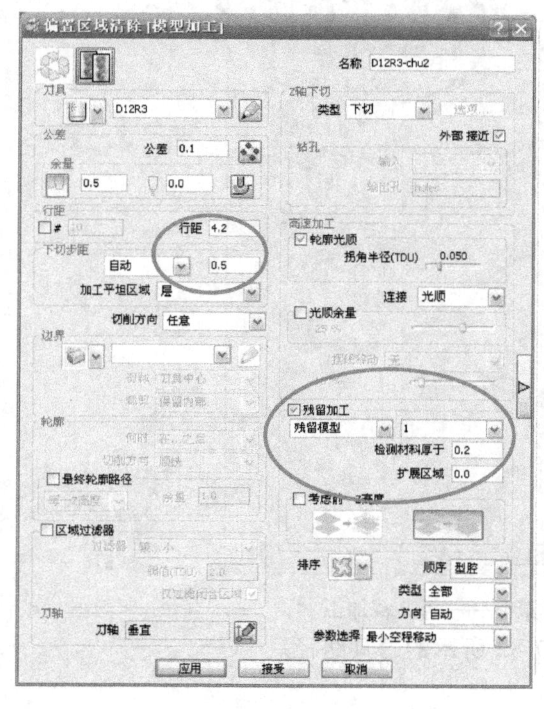

图 7-77　二次粗加工刀具策略

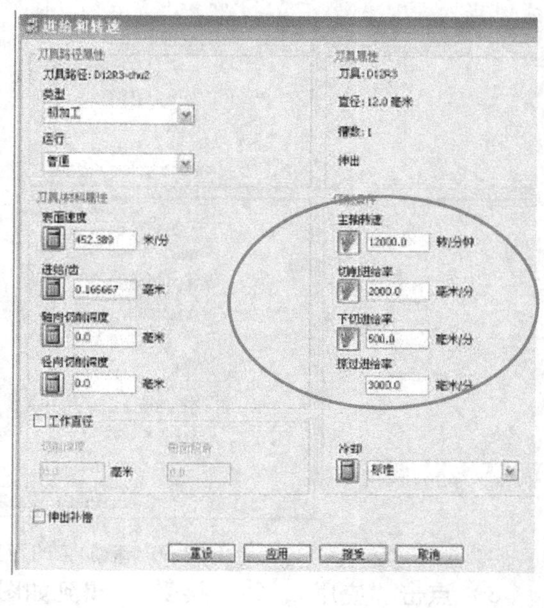

图 7-78　二次粗加工的进给与转速

2）在“进给和转速”对话框中，设置参数如图 7-81 所示，单击“应用”按钮，并“接受”退出对话框。

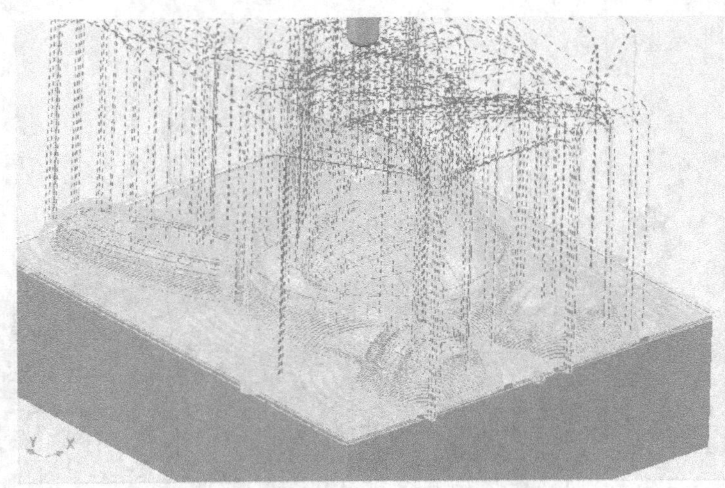

图 7-79　二次粗加工的刀具路径

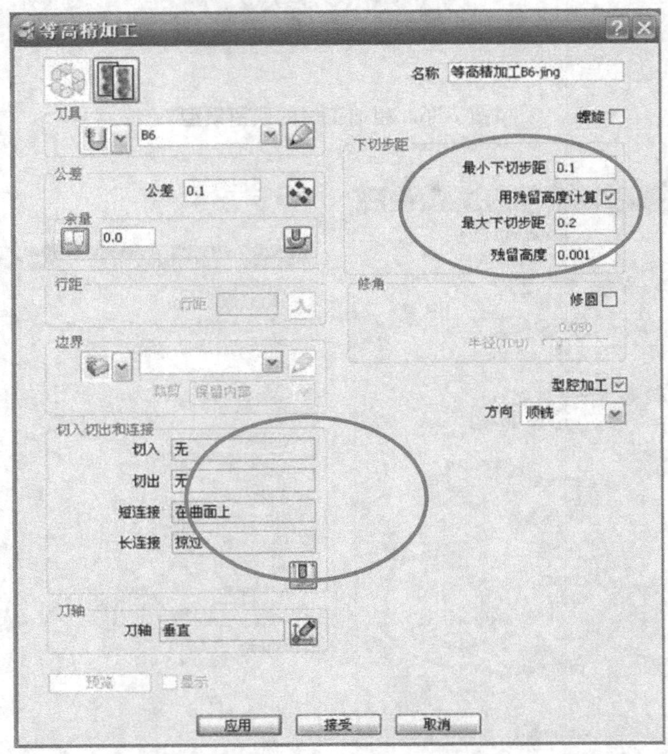

图 7-80　精加工的刀具策略——等高精加工

3）点击“应用”，并“接受”，得到如图 7-82 所示的刀具路径。

6. 清角精加工

1）在主工具栏中单击刀具路径策略按钮，在“精加工”选项卡中，选择“多笔清角精加工”，对零件各拐角处进行清根处理，设置如图 7-83 所示。

2）进给与转速与精加工相同。单击“应用”并“接受”，得到如图 7-84 所示的刀具路径。

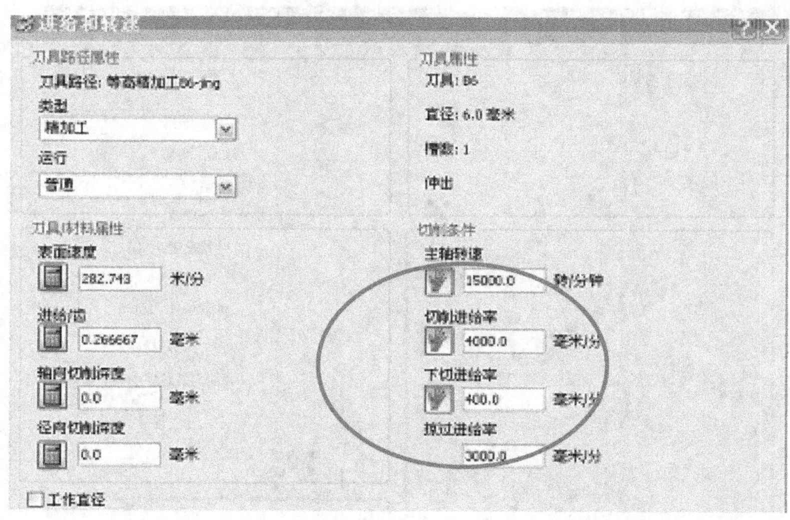

图 7-81　精加工时的进给与转速

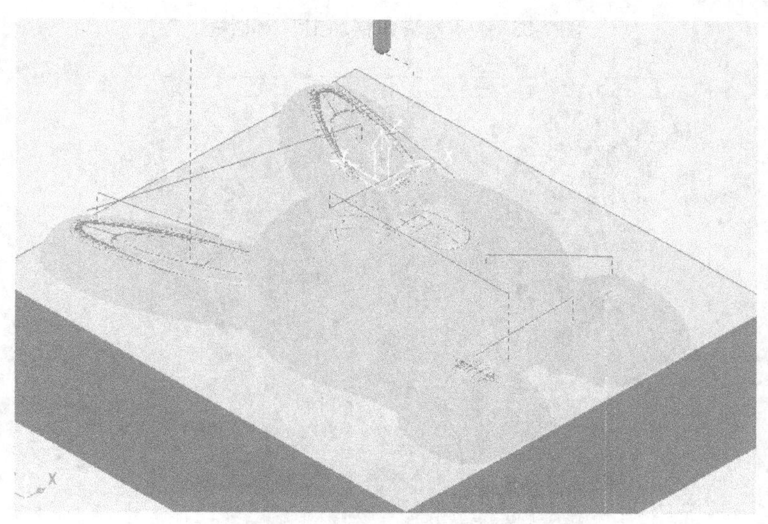

图 7-82　精加工的刀具路径

7. 仿真加工

右键单击各刀具路径，在弹出的快捷菜单中选择“自开始仿真”，结果如图 7-85 所示。

8. 利用 PowerMILL 软件生成加工程序

1）右键单击左边树状结构“NC 程序”下“刀具路径”中的“D20R4-chu”→“产生独立的 NC 程序”，如图 7-86 所示。

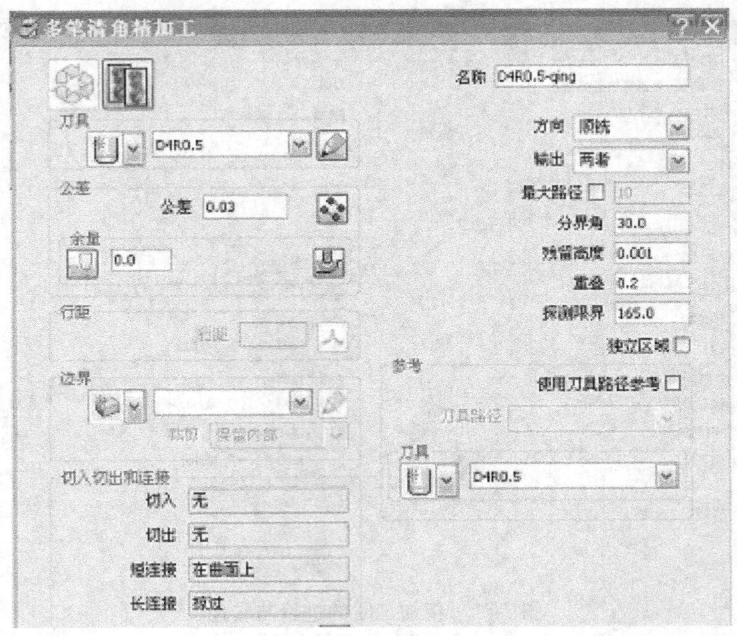

图 7-83 “多笔清角精加工”对话框

图 7-84　多笔清角精加工刀具路径

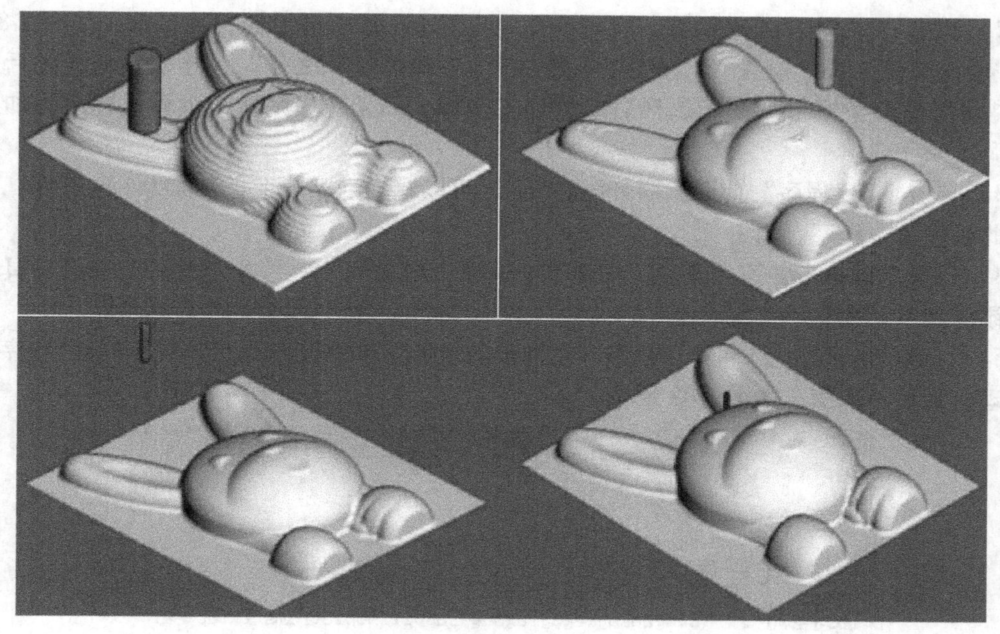

图 7-85　兔子凸模四道工序仿真图

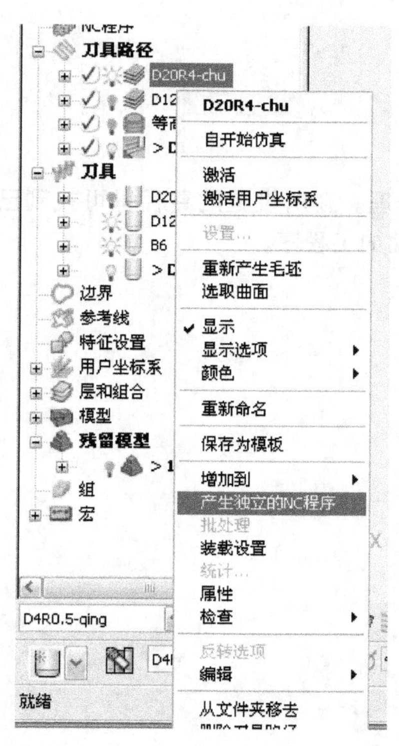

图 7-86　产生 NC 程序菜单

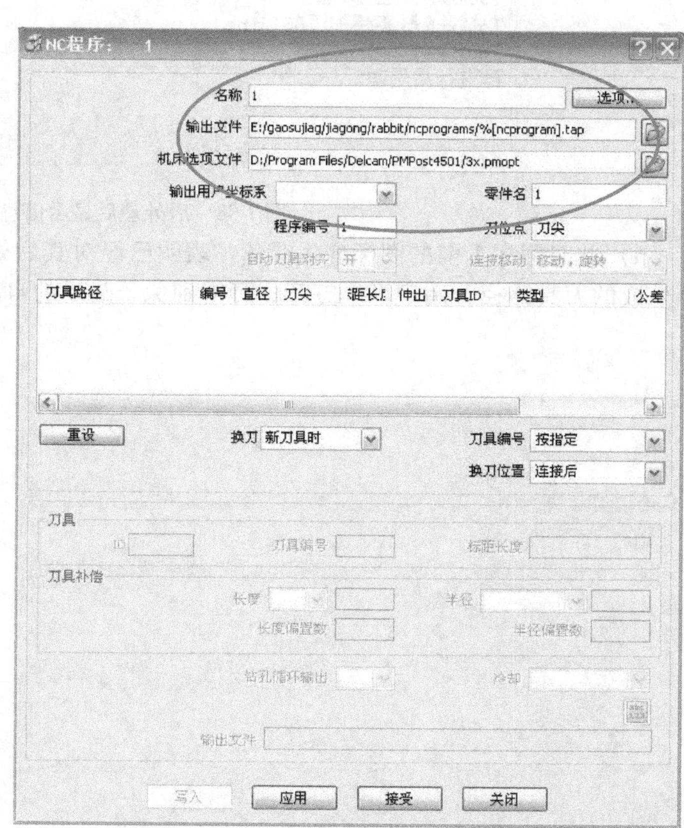

图 7-87　“NC 程序 1”对话框

2）弹出“NC 程序”对话框，在对话框中设置 NC 程序输出的相关参数，如图 7-87 所示。“输出文件”用于设置 NC 程序输出的路径，“机床选项文件”用于选择对应的后置文件，“输出用户坐标系”用于选择对应的加工坐标，如无选择则认为世界坐标系为加工坐标。

3）单击“NC 程序”前面的展开图标[+]，可以看到已经产生了名称为 1 的程序，并激活，此程序为空程序。

4）依次右键单击各刀具路径，在菜单中选择“增加到”→“NC 程序”，将各刀具路径依次添加到 NC 程序 1 中。

5）右键单击名称为 1 的 NC 程序，在弹出的快捷菜单中选择“写入”，开始对程序进行后处理，最后显示信息如图 7-88 所示。

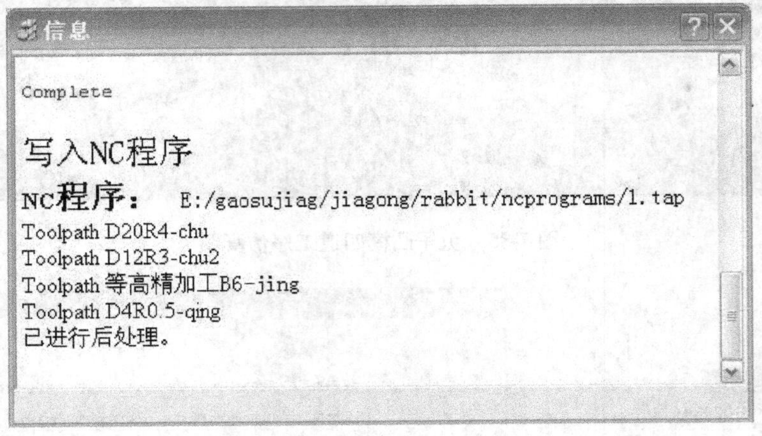

图 7-88　后处理后显示信息

6）此时程序 1 前的图标变为绿色，表明已经对其后处理。在所设置的路径里可找到已经生成的刀具路径，用记事本打开，可得到兔子凸模的自动加工程序。

第八章 四轴联动加工实例

多轴加工中最多的就是四轴和五轴联动加工，本章介绍四轴联动加工程序编制方法。实例一“空间凸轮”是四轴加工的典型零件；实例二“柱面图案”是更一般的四轴零件，其加工方法可以应用在很多类似的零件加工中，具有很好的范例作用。

第一节 空间凸轮加工实例

一、空间凸轮加工工艺分析

如图 8-1 所示为空间凸轮零件的三维图。

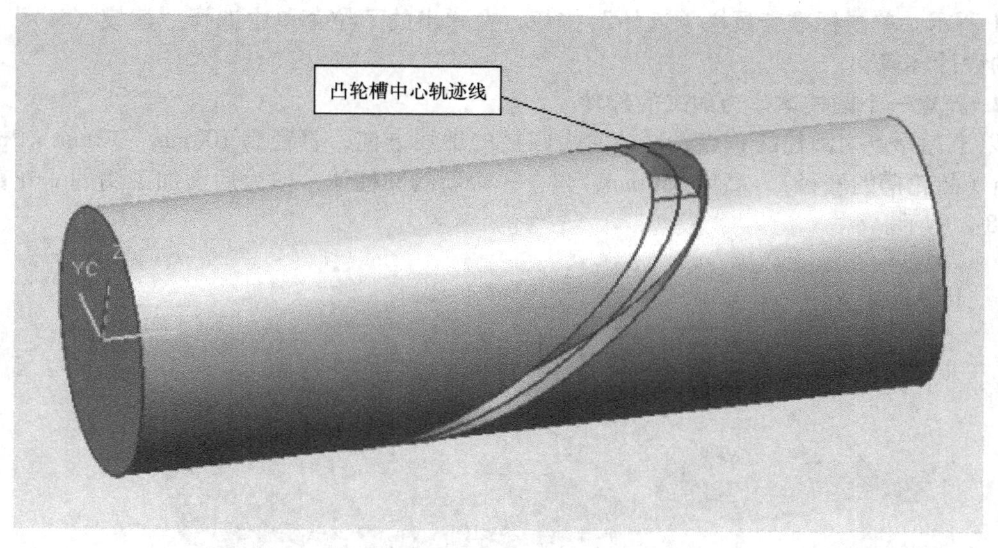

图 8-1 空间凸轮零件的三维图

1. 零件特性分析

空间凸轮是这样一个零件：在圆柱体上开出等宽的槽，槽深一致，滚子在槽中运动，当凸轮绕轴线转动一周时，槽中的滚子就沿轴向作一次往复运动，从而实现圆周运动到直线往复运动的转变。滚子从最左边运动到最右边的沿轴向的距离就是凸轮的工作行程，这是必须保证的，是凸轮的最关键的参数。由凸轮副的工作特性可知，滚子轴线必须定位在凸轮的轴线上，滚子既不能做前后运动，也不能做上下运动，只能沿凸轮轴线左右运动。由此我们可以得到凸轮的加工方法：用刀具代替滚子，刀具保持在 Y 坐标方向和 Z 坐标方向不动，只沿着 X 坐标方向运动，凸轮装夹在转动工作台做旋转运动，刀具按照凸轮槽中心轨迹线运动，凸轮槽就被加工出来。本例中零件的具体尺寸：圆柱直径为 100mm，轴向长度是 300mm，槽宽是 20mm，槽深是 12mm，工作行程是 120mm。凸轮材料为球墨铸铁。

2. 编程特点和难点分析

1）在零件中要做出凸轮槽中心轨迹线，这是编程的参考线。

2）CAM 只需要做出一道程序，即以凸轮槽中心线做出程序，整个加工的完成利用数控系统的主程序和子程序的特性。

3）用不同的刀具实现粗、精加工，槽的侧面是工作面，要保证精度和光顺。

3. 加工方案

1）ϕ19mm 立铣刀沿凸轮槽的多轴曲线驱动加工，用主、子程序实现多道加工。

2）ϕ20mm 立铣刀精加工。

二、利用 UG 软件生成加工程序

1. 启动 UG 调入凸轮零件

单击计算机“开始”→“所有程序”→“UGS 4.0”→“NX4.0”，启动 UG 程序，单击工具栏上的打开文件按钮，在系统弹出的“打开部件文件”对话框中定位到光盘“chapter8 \ Camug. prt”文件，单击对话框中的“OK”按钮，圆柱凸轮零件被调入 UG，如图 8-1 所示。单击标准工具栏“起始”按钮，在弹出的下拉菜单中选择“建模（M）”进入 UG 的设计环境。

2. 新建一个圆柱体作为加工的部件

以坐标原点为圆柱的基点，X 轴向为圆柱的轴线方向，直径为 100mm - 12mm × 2mm = 76mm（凸轮槽的底径），高为 350mm，建立一个新的圆柱体，作为后面加工用的 part 部件，如图 8-2 所示。

图 8-2　新建一个圆柱体

3. 进入加工环境

单击工具栏“起始”按钮，在弹出的下拉菜单中选择“加工（N）”进入 UG 的加工环境，系统弹出“加工环境”对话框，在“CAM 会话配置”下拉列表中选择“cam_general”，在“CAM 设置”下来列表中选择“Mill_Multi-axis”，单击“初始化”按钮系统进入加工环境。

4. 确定加工坐标系和工件

从图形窗口右边的资源条中选择“操作导航器”，并锚定在图形窗口右边，在操作导航区空白处单击鼠标右键，在弹出的下来菜单中选择“几何视图”，在几何视图中选择“MCS_MILL”，单击鼠标右键并选择“编辑”，把加工坐标系原点移到凸轮的左端面中心上

（轴线跟端面的交点），XM 轴指向轴线方向如图 8-3 所示。右键单击“MCS_MILL”下的“WORKPIECE”（工件）并选择“编辑”，系统弹出“MILL_GEOM”对话框，如图 8-4 所示，单击部件图标，再单击“选择”按钮，系统弹出“工件几何体”对话框，过滤方式选择体，如图 8-5 所示。用鼠标选择图形区的新建的 ϕ76mm×350mm 的圆柱体，如图 8-6 所示，单击“确定”按钮完成部件的选择。在“MILL_GEOM”对话框中单击毛坯图标，再单击“选择”按钮，系统弹出“毛坯几何体”对话框，在“选择选项”下选择“部件的偏置”按钮，在偏置后面的文本框中输入 12（12 为槽的深度，这样毛坯的直径跟圆柱凸轮的外圆柱面的直径一致），如图 8-7 所示，单击“确定”按钮，完成毛坯的选择。系统回到“MILL_GEOM”对话框，单击“确定”按钮，完成“WORKPIECE”的设置工作。

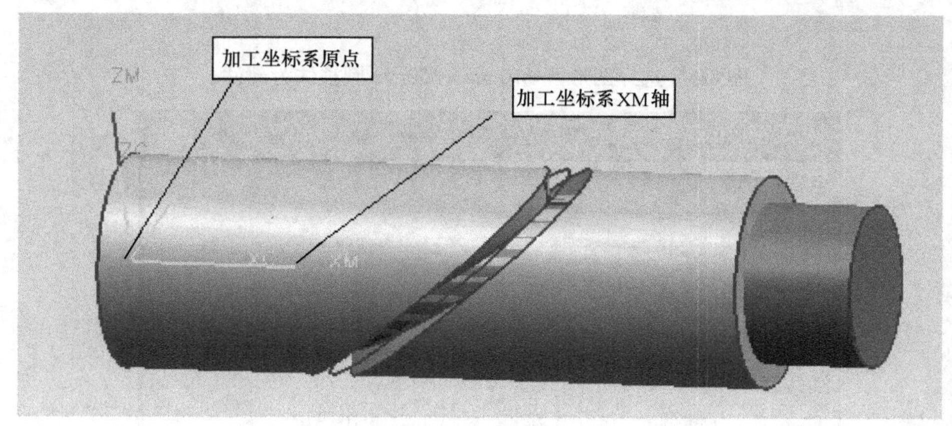

图 8-3　确定加工坐标系

图 8-4　“MILL_GEOM”对话框

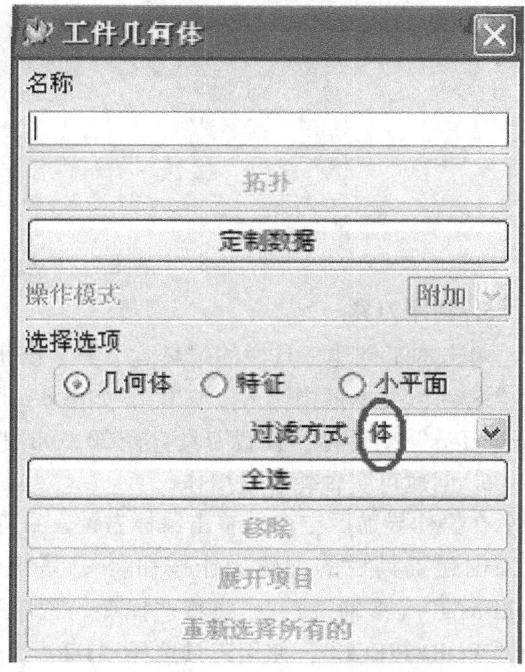

图 8-5　“工件几何体”对话框

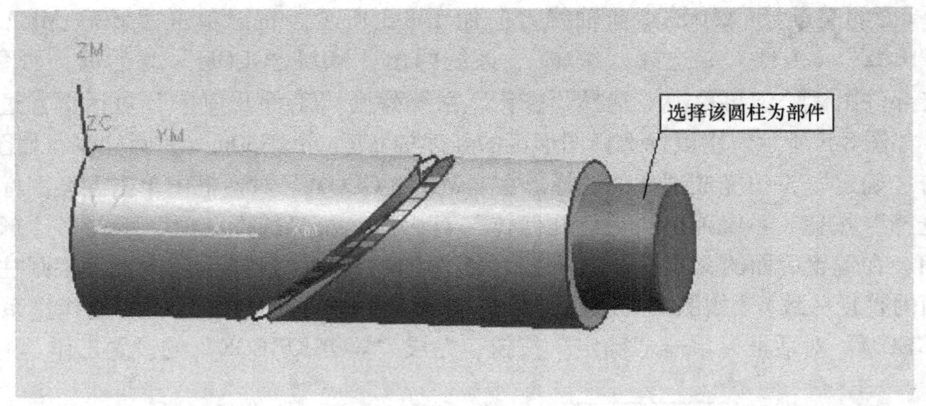

图 8-6　选择图形区 ϕ76mm × 350mm 圆柱体为部件

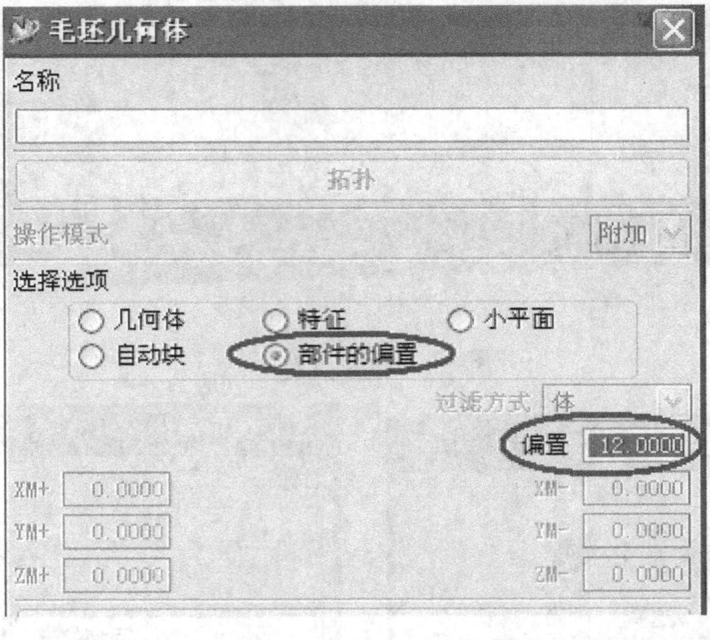

毛坯几何体
名称
拓扑
操作模式　附加
选择选项
几何体　特征　小平面
自动块　部件的偏置
过滤方式　体
偏置　12.0000
XM+ 0.0000　XM- 0.0000
YM+ 0.0000　YM- 0.0000
ZM+ 0.0000　ZM- 0.0000

图 8-7　“毛坯几何体”对话框

5. 创建刀具

单击加工创建工具栏的“创建刀具”按钮，系统弹出“创建刀具”对话框，选择，在“名称”文本框中输入“D20”，如图 8-8 所示，单击“确定”，系统弹出“Milling Tool-5 Parameters”对话框，设置刀具直径 20，如图 8-9 所示，其他参数用默认值。

6. 创建可变轴轮廓铣操作

在操作导航区空白处单击鼠标右键，在弹出的下来菜单中选择“程序顺序视图”，单击加工创建工具栏的创建操作按钮，系统弹出“创建操作”对话框，类型选择“mill_multi-axis”（多轴铣），子类型选择，程序下拉列表框选择“PROGRAM”，使用几何体选择“WORKPIECE”，使用刀具选择“D20”，使用方法选择“MILL-FINISH”，名称文本框中输入“D20_MILL”，如图 8-10 所示，单击“确定”按钮，系统弹出“VARIABLE_

CONTOUR”（可变轴轮廓铣）对话框，如图 8-11 所示。

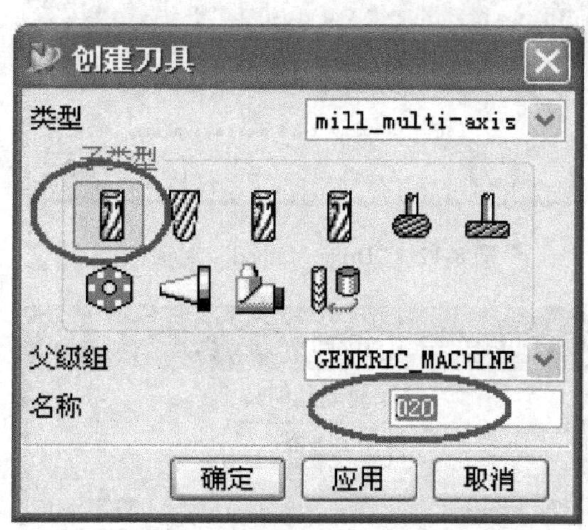

图 8-8　创建刀具对话框

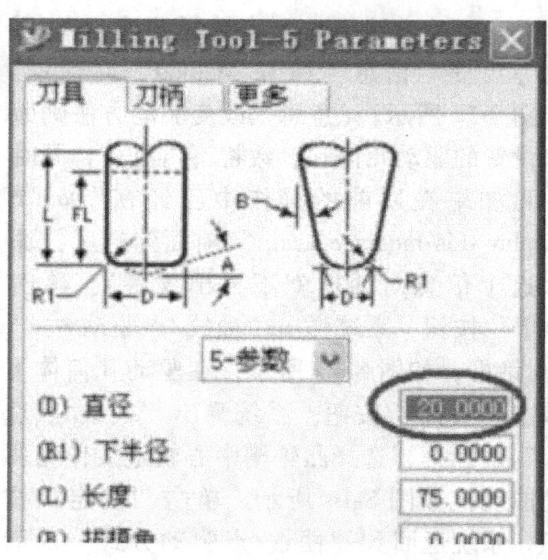

图 8-9　“Milling Tool-5 Parameters”对话框

图 8-10　“创建操作”对话框

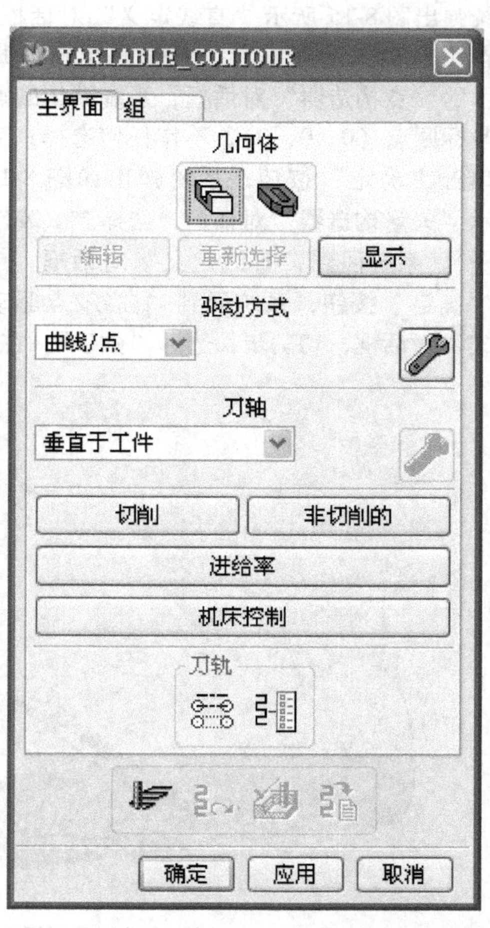

图 8-11　“VARIABLE_CONTOUR”对话框

7. 设置驱动方法

在驱动方法下拉列表选择曲线/点，系统弹出提示信息“Drive Method”对话框，如图 8-12 所示。(意思是改变驱动方法则原来设置的驱动几何和参数将不再有效，同时注意如果在以前的操作中已经在“Don’n display this message again”前面勾选了，那么这个信息对话框就不再出现了)。单击“OK”按钮，系统弹出“曲线/点驱动方式”对话框，如图 8-13 所示，在驱动几何体下单击“选择”按钮，系统弹出“曲线/点选择”对话框，选择凸轮槽中心轨迹线作为驱动曲线，如图 8-14 所示。单击“确定”按钮，系统返回到“曲线/点驱动方式”对话框，投影矢量下拉列表选择“指向直线”，系统弹出图 8-15 所示“直线定义”对话框，选择“点和矢量”按钮，系统弹出图 8-16 所示的“点构造器”对话框，系统默认的点是坐标原点（0，0，0），不作任何选择，直接单击“确定”按钮，系统弹出如图 8-17 所示“矢量构造器”对话框，选择 xc（X 轴矢量)，系统回到“直线定义”对话框。单击“确定”按钮，系统回到“曲线/点驱动方式”对话框，切削步长选择“数字”，在“数字”文本框中输入 100，如图 8-18 所示。表

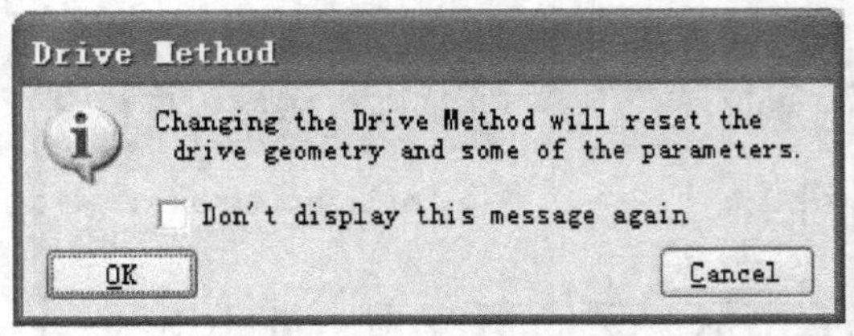

图 8-12　“Drive Method”对话框

图 8-13　“曲线/点驱动方式”对话框

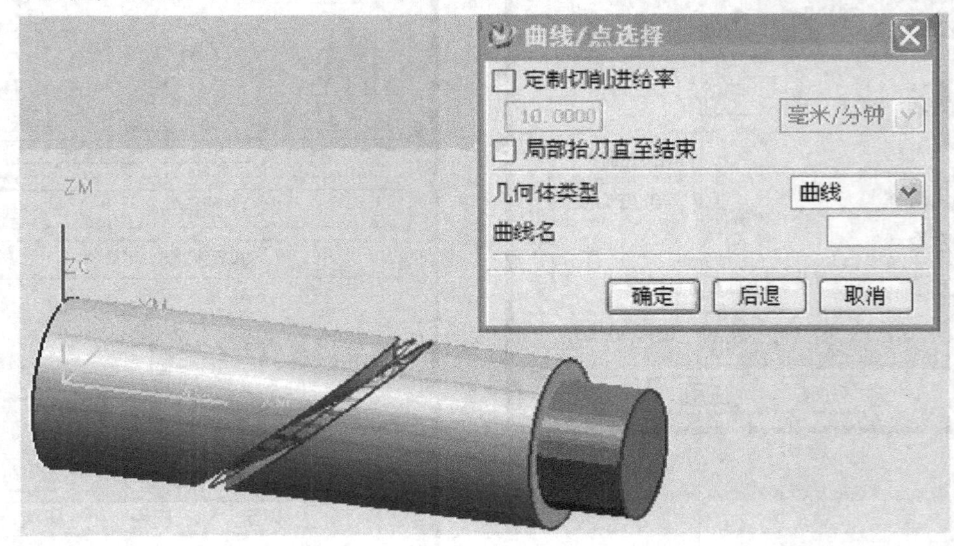

图 8-14　“曲线/点选择”对话框及选择凸轮槽中心轨迹线作为驱动曲线

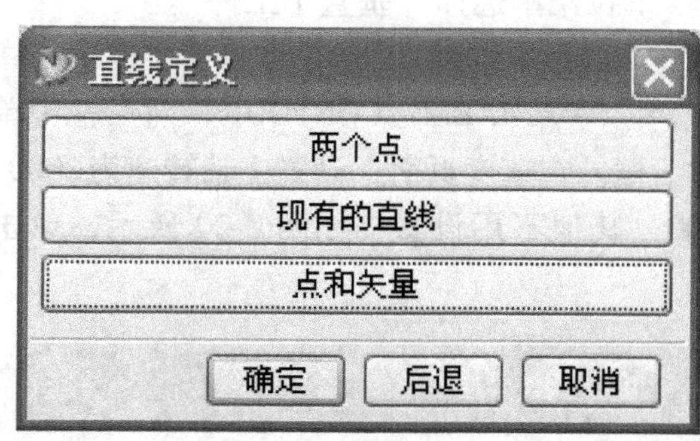

图 8-15　“直线定义”对话框

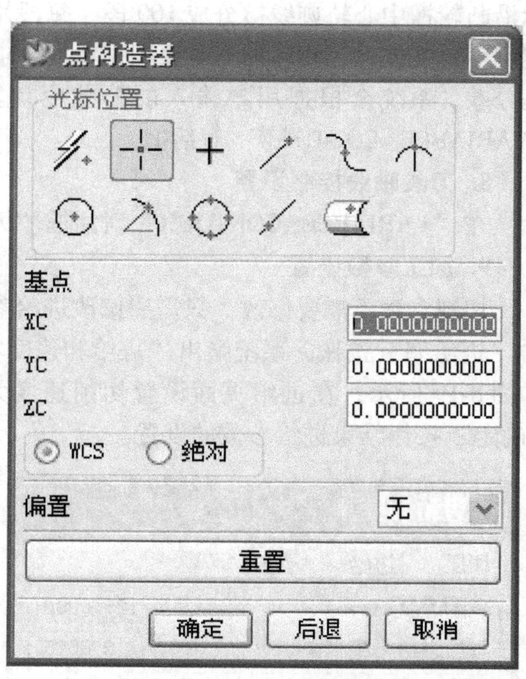

图 8-16　“点构造器”对话框

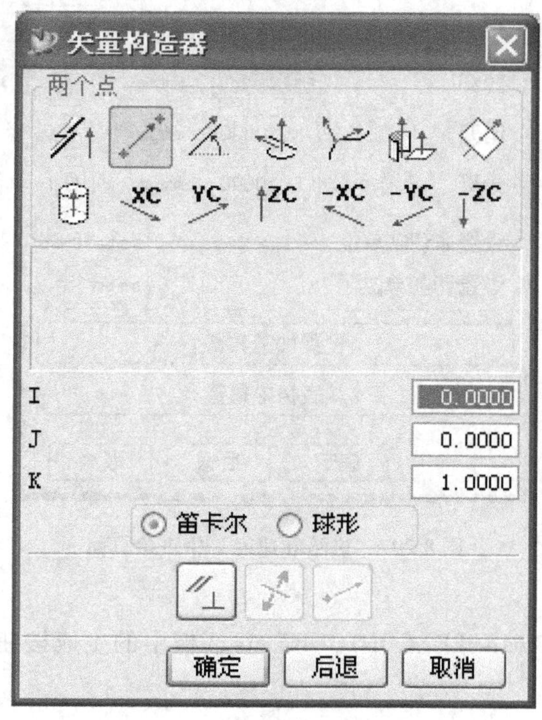

图 8-17　“矢量构造器”对话框

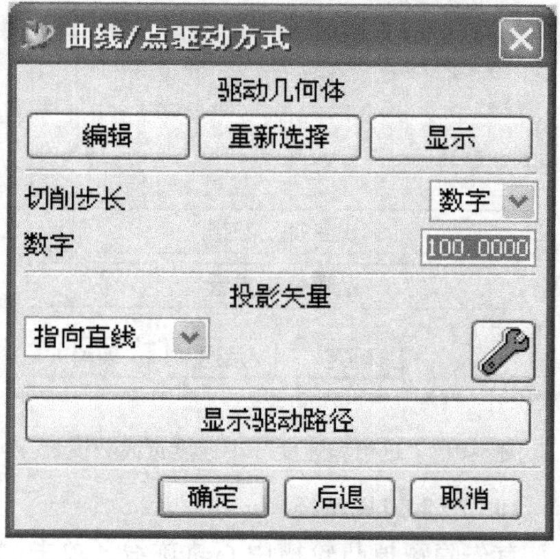

图 8-18　设置完成后的曲线驱动对话框

示沿凸轮槽中心轨迹线被分成100段，每段用直线指令输出；这个数字越大，其精度越高，但程序量也越大，实际加工时要根据精度要求和机床的精度综合考虑；切削步长还有一个值是公差，系统会根据用户输入的公差值计算切削步长。单击“确定”按钮，系统回到“VARIABLE_CONTOUR”对话框。

8. 刀具轴线控制设置

在“VARIABLE_CONTOUR”对话框“刀轴”下拉菜单选择“垂直于工件”。

9. 加工参数设置

切削参数不需要修改，只需要修改进给参数。在“VARIABLE_CONTOUR”对话框中单击“进给率”按钮，系统弹出“进给和速度”对话框。在速度页面，设置主轴转速为2000，如图8-19所示；在进给页面设置切削速度为500，其他不用设置，如图8-20所示，单击“确定”按钮结束进给参数的设置。

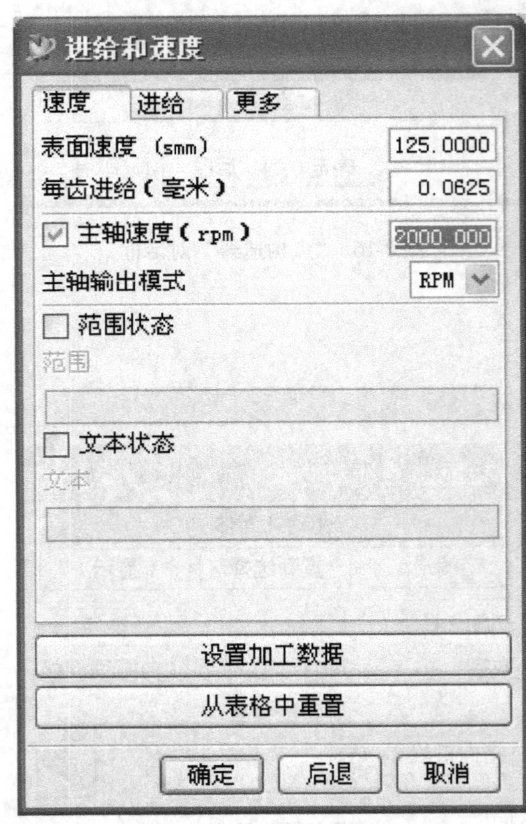

图8-19　“进给和速度”中速度页面数设置

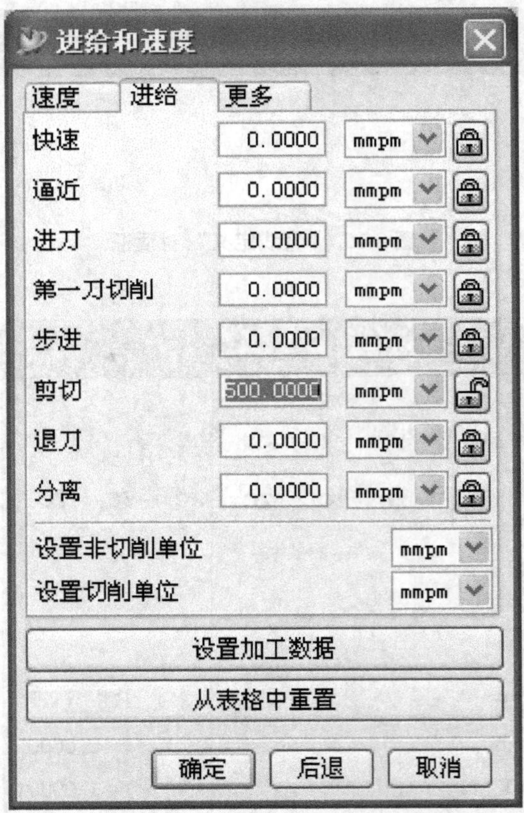

图8-20　“进给和速度”中进给页面

10. 产生刀具路径

首先隐藏掉凸轮槽中心轨迹线，单击“VARIABLE_CONTOUR”对话框中的生成按钮，刀具路径是在槽的底部，如图8-21所示。

11. 动态验证刀轨

单击“VARIABLE_CONTOUR”对话框中的确认按钮，系统弹出“可视化刀轨轨迹”

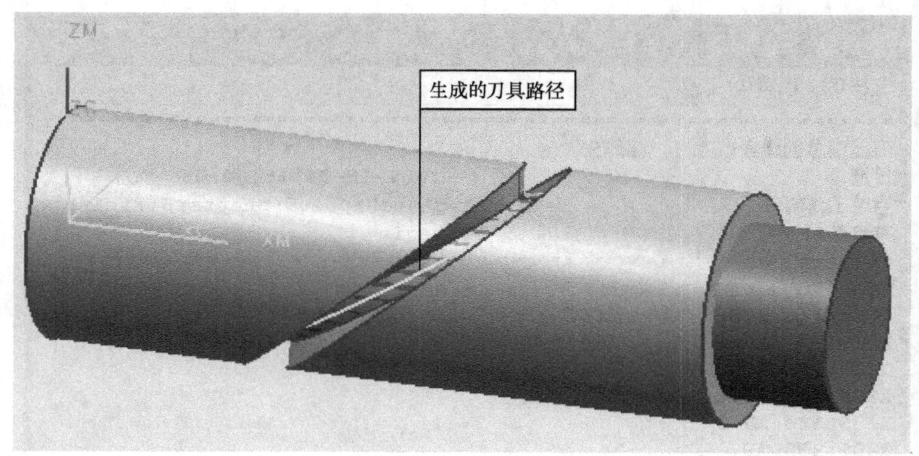

图 8-21　可变轴曲面轮廓铣生成的刀具路径

对话框，选择“3D 动态”页面，单击播放按钮▶，系统会动态仿真加工过程，仿真结果如图 8-22 所示。仿真完成单击“确定”按钮，系统回到“VARIABLE_CONTOUR”对话框，单击“确定”按钮，结束刀具路径的生成。

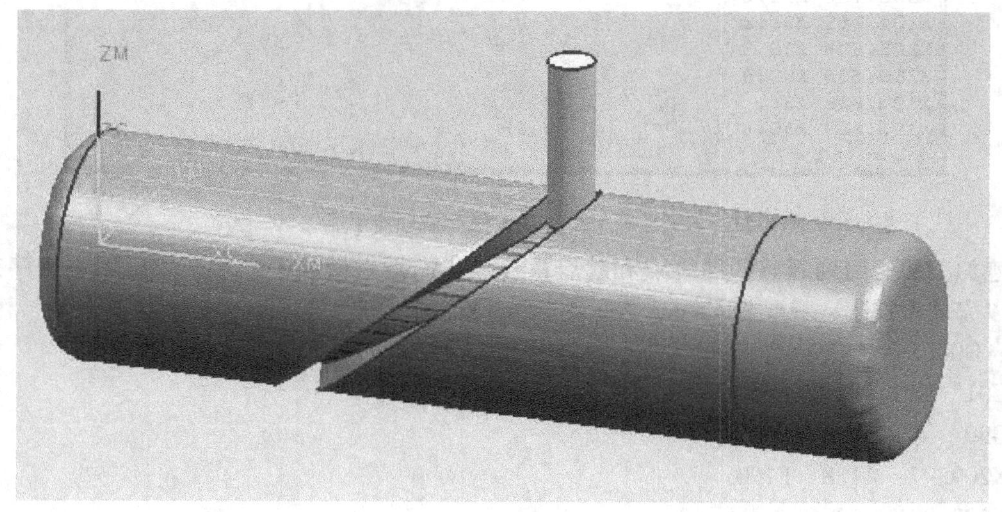

图 8-22　仿真结果

12. 后处理生成 NC 加工程序

在操作导航区选中 D20_MILL 刀具路径，在加工操作工具栏选择“Post Process”（后处理）按钮，系统弹出“后处理”对话框，在“可用机床”的列表中选择“Sky_4axial_table”（带旋转工作台四轴机床后处理），在“文件名”下输入“...\Camug. NC”，单击“确定”按钮，系统生成文件名为“Camug. NC”的数控程序，程序信息如图 8-23 所示。在文件菜单中选择另存文件，用文件名“Cam_Finish. prt”保存空间凸轮文件。

13. 整个加工程序

（1）粗加工程序　由后处理器生成的沿凸轮槽中心轨迹线加工的程序是一道精加工程序，起点为 X=210，Y=0，刀具直接下到槽底 Z=38，第四轴的角度为 A=0，刀具沿槽中

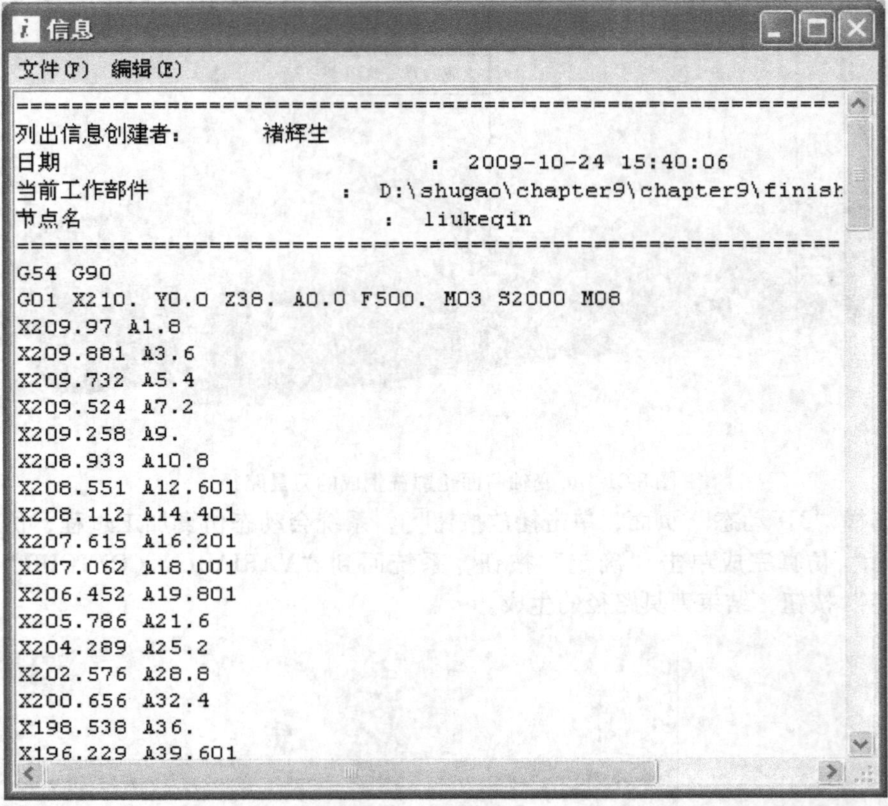

图 8-23　刀具路径 D20_MILL 经后处理器生成的 NC 程序

心轨迹加工后又回到起点，即终点和起点重合。我们把它做成子程序，然后用主程序来调用，以完成粗加工，只要把 Camug. NC 适当修改就行，子程序如下：

```
: O0001
G01   G91   Z-2   F50
G90
X209.97   A1.8   F100.
X209.881   A3.6
X209.732   A5.4
……………………………
X209.881   A356.4
X209.97   A358.2
X210.  A0.0
M99
```

主程序只要调用子程序就行，主程序如下：

```
G54   G90
G00   Z100
M03   S2000   M08
```

```
G01  X210.  Y0.0  Z52.0  A0.0  F500.
Z50.0  F50.
M98  P0001  L6
G00  Z200.
M05  M09
M02
```

（2）ϕ20mm 立铣刀精加工程序　由后处理器生成的沿凸轮槽中心轨迹线加工的程序是ϕ20mm 立铣刀精加工程序，内容如下：

```
G54  G90
G00  Z100
M03  S2000  M08
G01  X210.  Y0.0  A0.0  F500.
Z38.  F100.
X209.97  A1.8
X209.881  A3.6
………………………
X209.881  A356.4
X209.97  A358.2
X210.  A0.0
M05  M09
M02
```

（3）ϕ19mm 钻头钻孔程序　在加工的起点首先钻一个孔，这样立铣刀加工就很方便，程序如下：

```
G54  G90
G00  Z100
M03  S2000  M08
G01  X210.  Y0.0  Z52.0  A0.0  F500.
Z38.0  F50
G00  Z200
M05  M09
M02
```

三、空间凸轮实际加工过程

1. 毛坯准备

圆柱凸轮的加工最后一道工序就是凸轮槽的加工，所以毛坯的准备由其他工序完成。

2. 刀具准备

ϕ19mm 钻头；ϕ19mm 立铣刀；ϕ20mm 立铣刀

3. 装夹工件到机床

装夹时，圆柱体的一端在第四轴的三爪自定心卡盘上，另一端用顶尖顶住，保证圆柱轴线方向跟 X 轴方向一致，并且圆柱的轴线跟第四轴的回转轴线重合。

4. 建立工件坐标系

通过对刀，把工件坐标系建在圆柱体的左端面中心上，即左端面与回转轴线的交点。

5. 加工

第一步　起动机床，起动机床电气系统，再启动数控系统，调入前面做好的所有程序到系统。

第二步　钻孔，把 ϕ19mm 的钻头装到刀柄上，把刀柄装到机床主轴上，调钻孔程序，机床系统放到自动加工状态，按机床自动循环按钮，机床进入钻孔加工。注意进给倍率，如有需要适当调整进给倍率，加工结束后观察一下孔的位置和深度，如果跟我们设想的一致，钻孔就完成了。

第三步　粗加工，卸下主轴上的刀柄，卸下 ϕ19mm 的钻头，装上 ϕ19mm 的立铣刀到刀柄，把刀柄装到机床主轴上，调粗加工程序，按机床自动循环按钮，机床进入粗加工。注意机床的进给倍率，如需要适当调整，粗加工时每刀的进给量是 2mm，子程序被调用 6 次，粗加工完成后槽深应该是 12mm。程序加工结束后用游标深度尺测量槽深，如有问题，查找原因；如果没有问题，就可以精加工了。

第四步　精加工，卸下主轴上的刀柄，卸下 ϕ19mm 的立铣刀，装上 ϕ20mm 的立铣刀到刀柄，把刀柄装到机床主轴上，调精加工程序，按机床自动循环按钮，机床进入精加工。注意机床的进给倍率，如需要适当调整，程序结束后程序加工结束后用游标卡尺测量槽宽。如果在精度范围内，卸下工件，任务完成；如果有问题，查找原因。

第二节　柱面图案加工实例

一、柱面图案加工工艺分析

如图 8-24 所示为梅花滚筒零件的三维图。

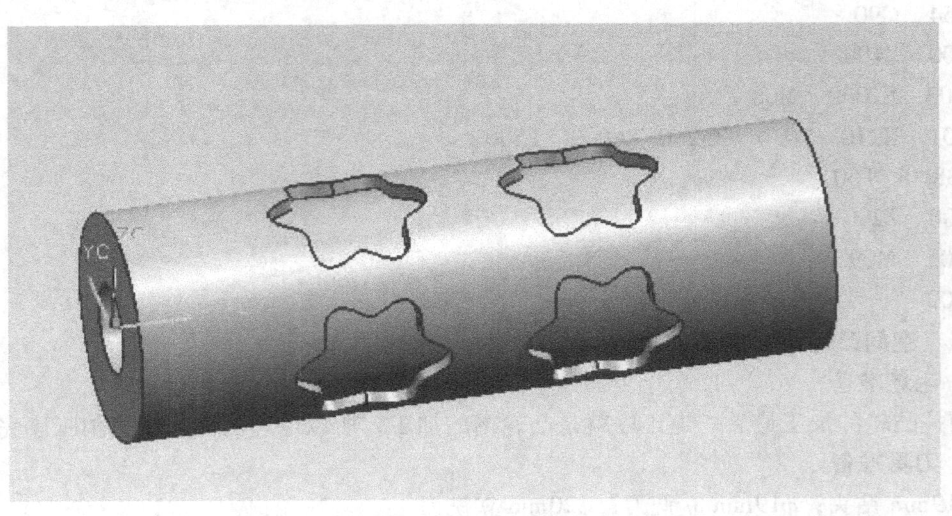

图 8-24　梅花滚筒零件的三维图

1. 零件特性分析

梅花滚筒是印染上用的一种常见零件，在圆柱体上开出梅花图案，并且按规律排列。本例要加工的滚筒沿轴向有 2 列梅花图案，在圆柱面圆周方向上是 4 个梅花图案，一共是 8 个相同的梅花图案均匀分布在圆柱体表面。印染滚筒都是成对的，两个滚筒之间夹紧要印染的布，当一对滚筒绕各自轴线转动一周时在布上就印染出一组图案。两个滚筒的加工原理相同，我们只选择其中的一个滚筒来加工。本例中零件的具体尺寸：圆柱直径为 100mm，轴向长度是 300mm，梅花图案深度是 6mm，梅花图案中心到端面的距离是 100mm，轴向两个梅花图案的中心之间的距离也是 100mm，周向为均匀分布，梅花滚筒材料为 45 钢。

2. 编程特点和难点分析

1）UG 开粗时梅花图案的侧面和底面无法加工到。

2）梅花图案的侧面加工没有参考的几何要素，需要用户做出必要的参考几何要素。

3）用不同的刀具实现粗、精加工。

3. 加工方案

1）用 ϕ8mm 球头刀开粗。

2）用 ϕ6mm 立铣刀精加工梅花图案的底面和侧面。

二、利用 UG 软件生成加工程序

1. 启动 UG 调入梅花滚筒零件

单击计算机“开始”→“所有程序”→“UGS 4.0”→“NX4.0”，启动 UG 程序，单击工具栏上的打开文件按钮，在系统弹出的打开部件对话框中定位到光盘“chapter8\Plumug.prt”文件，单击对话框中的“OK”按钮，梅花滚筒零件被调入 UG，如图 8-24 所示。单击标准工具栏“起始”按钮，在弹出的下拉菜单中选择“建模（M）”，进入 UG 的设计环境。

2. 建立毛坯体和加工参考几何

（1）新建毛坯体　以坐标原点为圆柱的基点，X 轴向为圆柱的轴线方向，建立一个直径为 100mm，高为 150mm 的新的圆柱体，作为后面加工用的毛坯部件，如图 8-25 所示。

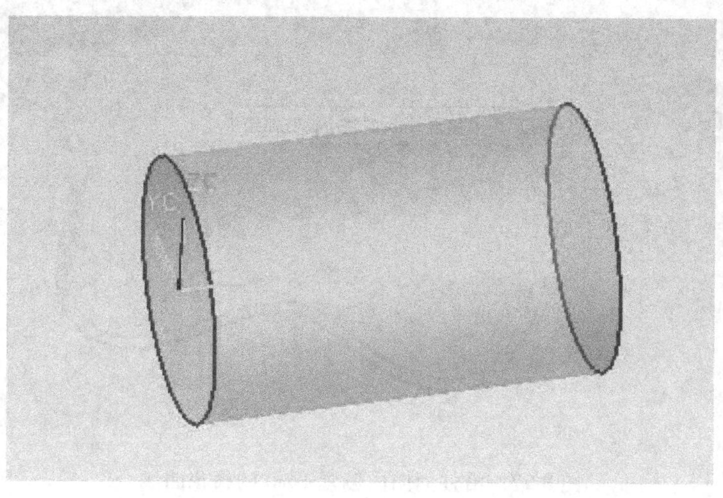

图 8-25　新建的毛坯圆柱体（零件被隐藏）

（2）新建偏置曲线　单击在曲面上偏置按钮，系统弹出“Offset in Face”对话框，在该对话框中单击增加/去除面按钮，选择圆柱体的外表面为偏置面，如图 8-26 所示，单

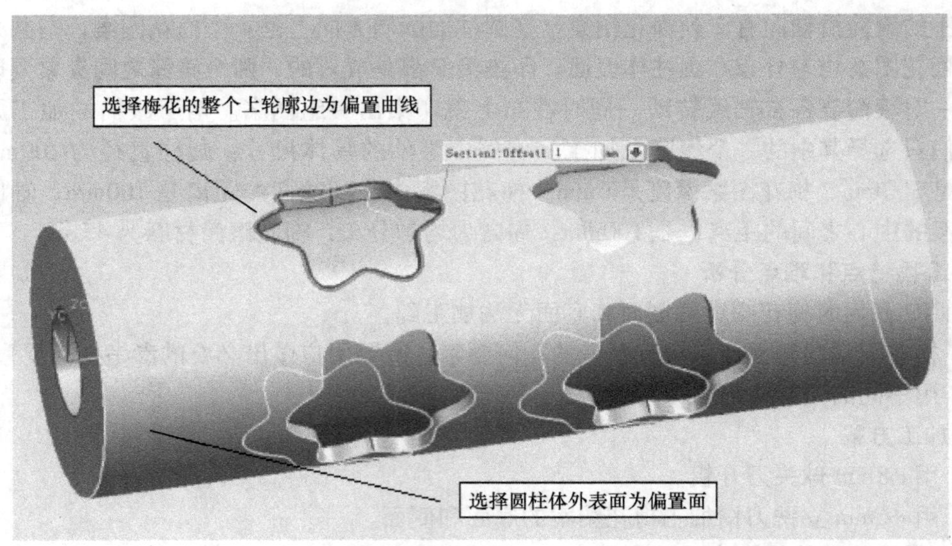

图 8-26　向内偏置 1mm 曲线选择的曲面和曲线

击偏置曲线按钮，选择梅花图案的上轮廓边为偏置曲线，在“Section1 Offset1”文本框中输入 1，偏置方向为向内，单击“确定”按钮，系统就会生成一个沿圆柱面向内偏置 1mm 的梅花曲线，如图 8-27 所示。同样的方法再生成向内偏置 3mm 的一条梅花曲线，如图 8-28 所示。

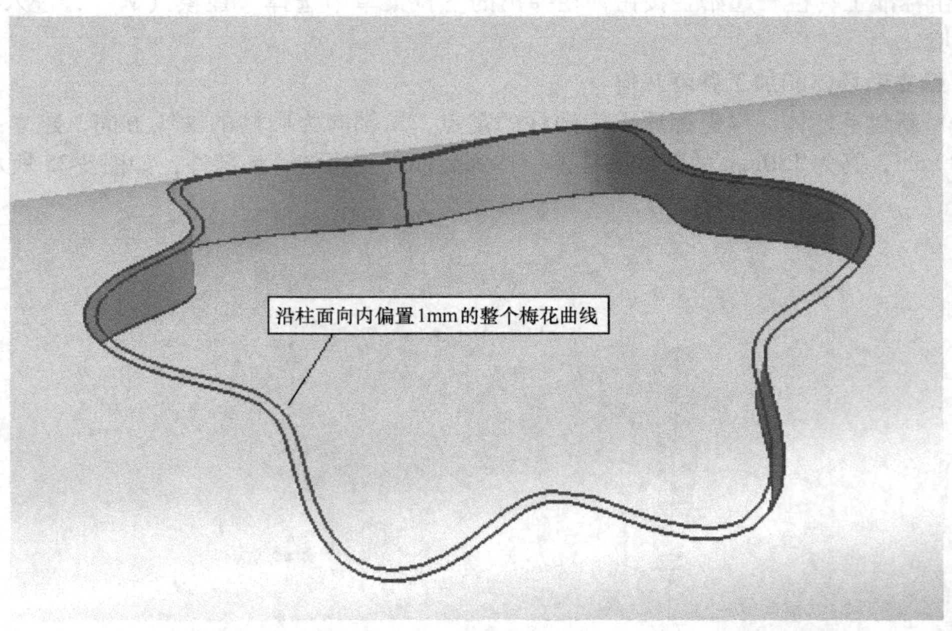

图 8-27　沿柱面向内偏置 1mm 的梅花曲线

（3）新建零件参考圆柱体　以坐标原点为圆柱体的基点，X 轴方向为圆柱体的轴线方向，建立一个直径为 88mm（梅花底面的直径），长度为 320mm 的圆柱体，如图 8-29 所示。

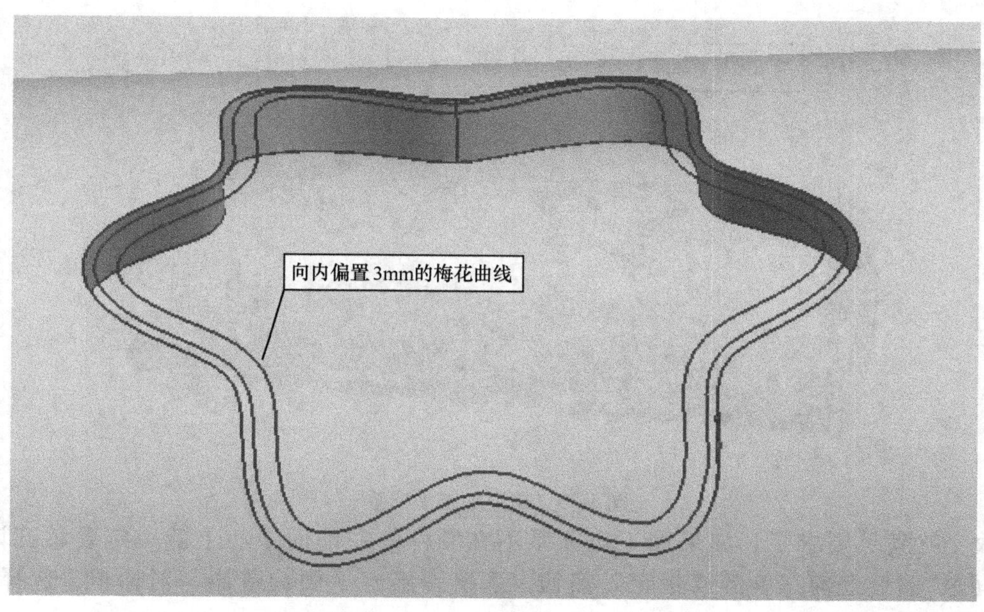

图 8-28　沿柱面向内偏置 3mm 的梅花曲线

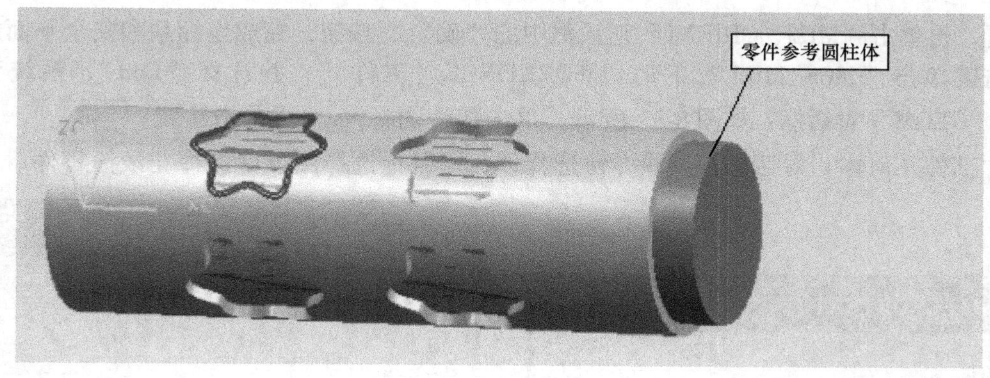

图 8-29　新建的零件参考圆柱

3. 进入加工环境

单击工具栏“起始”按钮，在弹出的下拉菜单中选择“加工（N）”，进入 UG 的加工环境，系统弹出“加工环境”对话框。在“CAM 会话配置”下拉列表中选择“cam_general”，在“CAM 设置”下拉列表中选择“Mill_Multi-axis”，单击“初始化”按钮，系统进入加工环境。

4. 确定加工坐标系、工件和安全平面

如图 8-30 所示为梅花滚筒零件坐标系。

从图形窗口右边的资源条中选择“操作导航器”，并锚定在图形窗口右边，在操作导航区空白处右击鼠标，在弹出的下拉菜单中选择几何视图，在几何视图中选择“MCS_MILL”，单击鼠标右键并选择“编辑”，系统弹出“MILL_ORIENT”对话框，如图 8-31 所示，把加工坐标系原点移到梅花滚筒的左端面中心上（轴线跟端面的交点），XM 轴指向轴线方向如图 8-30 所示，UG 加工坐标系初始位置是和零件坐标系重合的，故本例的加工坐标系不要作

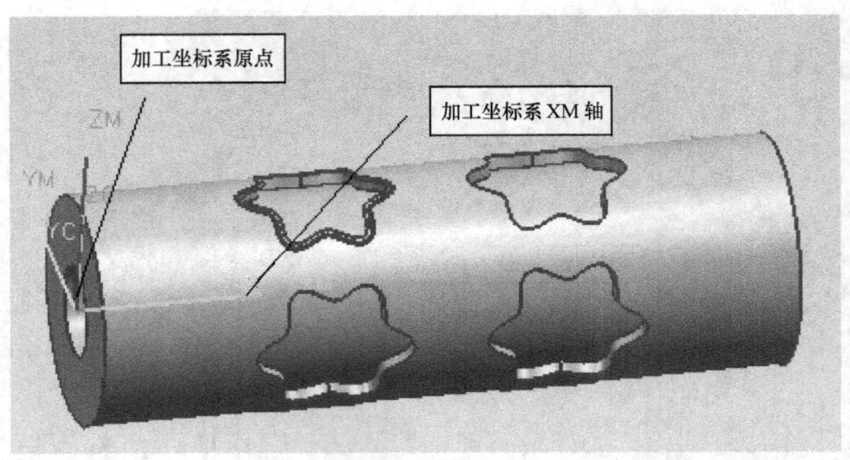

图 8-30　确定加工坐标系

任何改变就满足要求了。如果加工坐标系不在零件的左端面中心上就一定要移到该点。在“间隙”前打上勾，单击“指定”按钮，系统弹出“平面构造器”对话框，选择图标 XC-YC，在“偏置”文本框中输入 60，如图 8-32 所示，单击“确定”按钮，完成安全平面的设置，再单击“MILL_ORIENT”对话框中的“确定”按钮，完成坐标系和安全平面的设置。右键单击“MCS_MILL”下的“WORKPIECE（工件）”，并选择“Edit”，系统弹出“MILL_GEOM”对话框，如图 8-33 所示，单击部件图标，再单击按钮 选择，系统弹出“部件几何体”对话框，过滤方法选择体，用鼠标选择图形区的梅花滚筒零件，如图

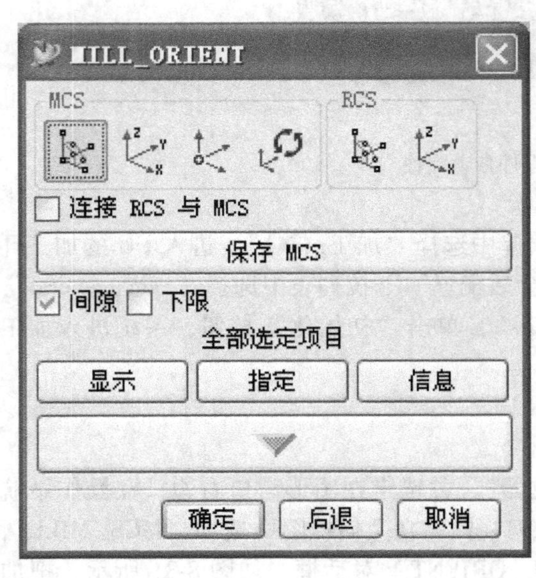

图 8-31　“MILL_ORIENT”对话框

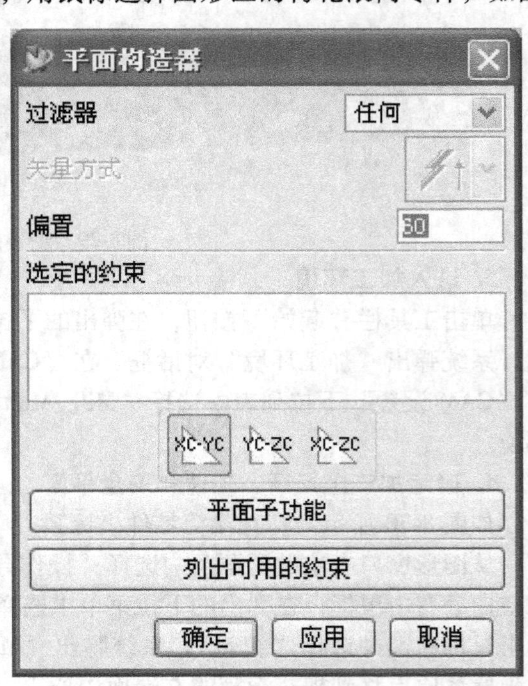

图 8-32　“平面构造器”对话框

8-34 所示，单击“确定”按钮完成 Part 的选择，在“MILL_GEOM”对话框中单击毛坯图标，再单击按钮 选择 ，选择前面建立的 ϕ100mm × 150mm 的毛坯圆柱体（注意这个圆柱体轴向长度只有梅花滚筒的一半），单击“确定”按钮，完成毛坯的选择，如图 8-35 所示。系统回到“MILL_GEOM”对话框，单击“确定”按钮，完成“WORKPIECE”的设置工作。

图 8-33　MILL_GEOM 对话框

5. 创建永久边界

单击菜单中“工具”→“边界”，系统弹出“边界管理器”对话框，如图 8-36 所示，单击“创建”按钮，系统弹出“创建边界 B1”，如图 8-37 所示。单击“Boundary Plane-XC-YC”按钮，系统弹出“平面”设置对话框，设置平行于 XY 平面，距离 XY 平面 51mm，即 Z 坐标为 51 的那个平面为永久边界所在的平面，如图 8-38 所示，单击“确定”按钮，系统回到“创建边界 B1”对话框。单击“成链”按钮，系统弹出一个“创建边界”对话框并进入选择曲线状态，用鼠标选取前面已经偏置 1mm 的那条偏置曲线，如图 8-39 所示，在“创建边界 B1”对话框中连续按两次“确定”按钮，边界 B1 生成，如图 8-40 所示，单击“边界管理器”对话框的“取消”按钮，永久边界创建完成。

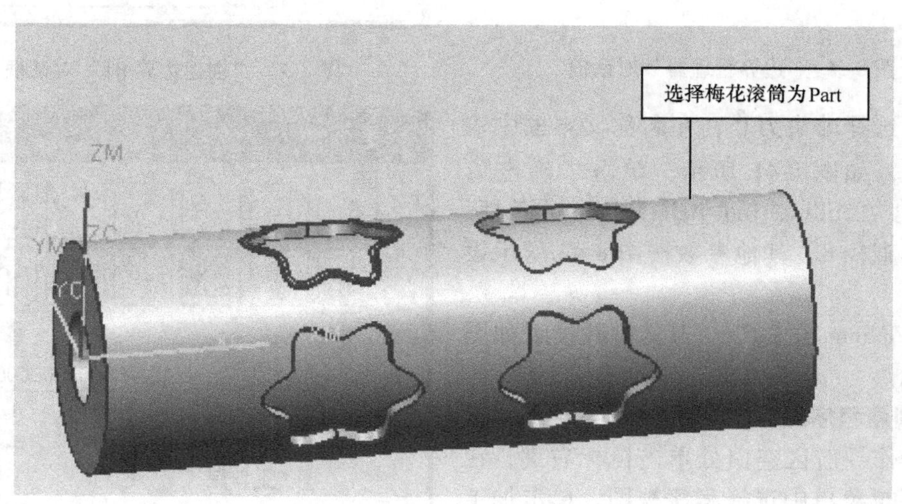

图 8-34　选择图形区梅花滚筒为 Part

6. 创建刀具

（1）ϕ8mm 球头刀　单击加工创建工具栏的创建刀具按钮，系统弹出“创建刀具”

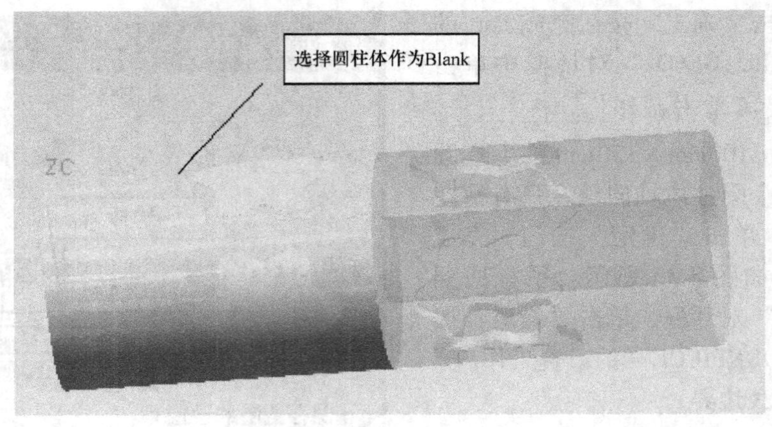

图 8-35　毛坯体的选择

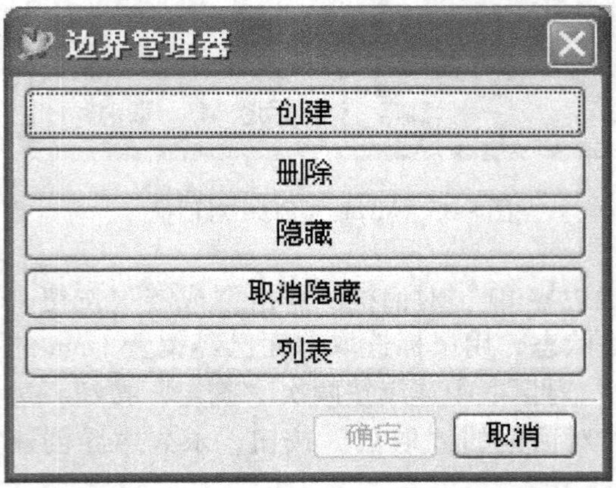

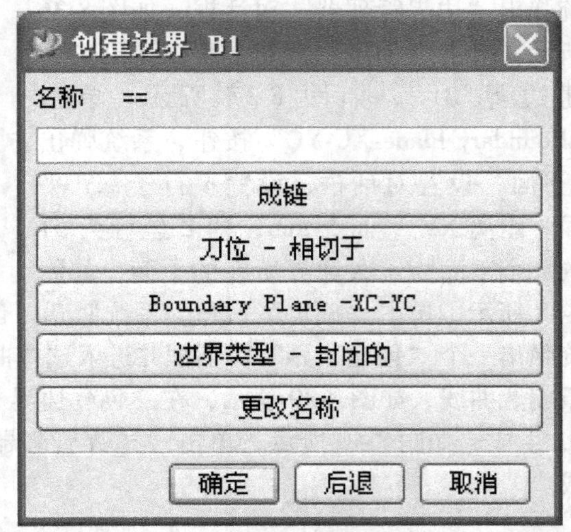

图 8-36 “边界管理器”对话框

图 8-37 “创建边界 B1”对话框

对话框，选择球头刀，在名称文本框中输入“B8”，如图 8-41 所示，单击“确定”，系统弹出“Milling Tool-Ball Mill”对话框，设置刀具直径 8，其他参数按图 8-42 所示设置。

（2）ϕ6mm 立铣刀　刀具参数设置如图 8-43 所示。

7. 创建程序组

在操作导航区空白处单击鼠标右键，在弹出的下拉菜单中选择程序视图，单击加工创建工具栏的创建程序按钮，系统弹出“创建程序”对话框，如图 8-44 所示，类型选择“mill_multi-axis”，父级组选择“NC_

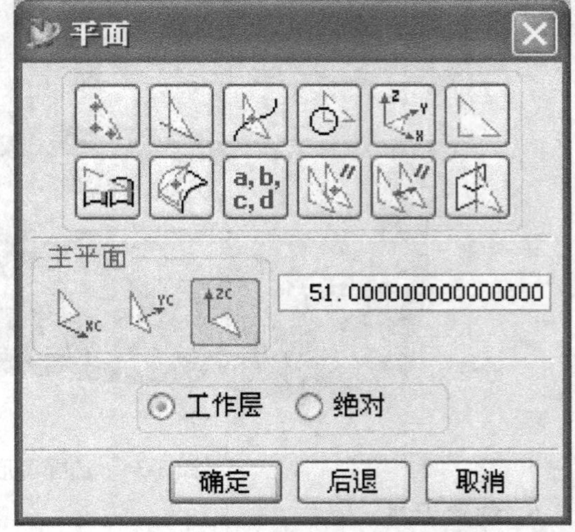

图 8-38 “平面”设置对话框

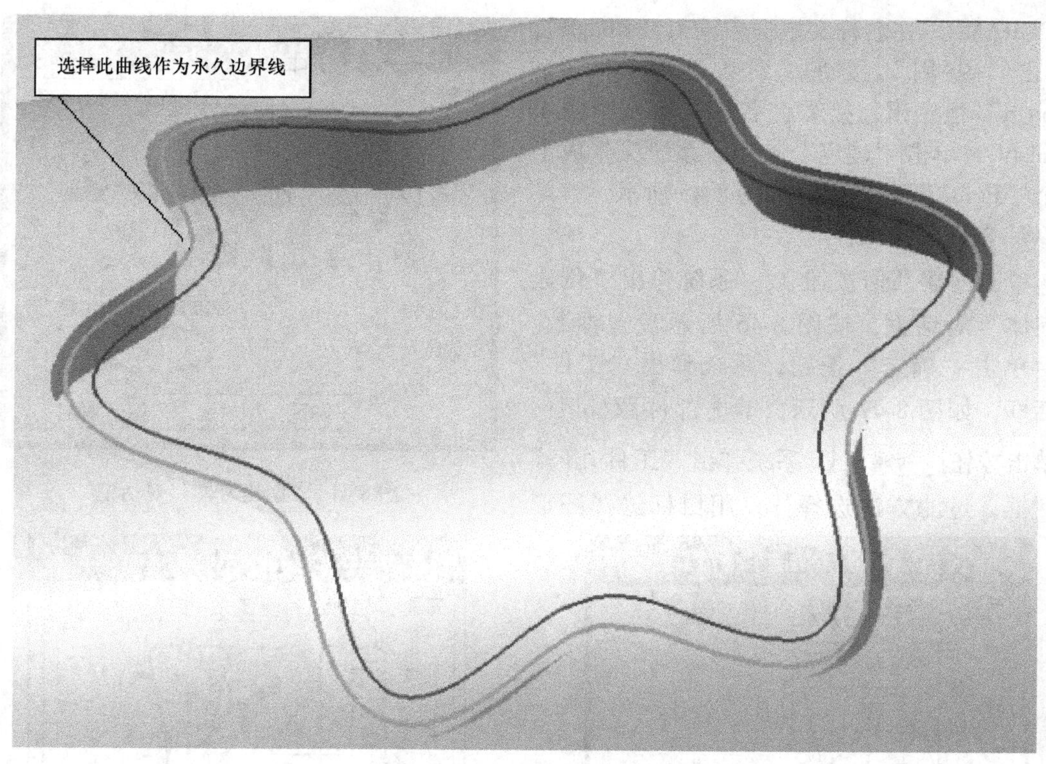

图 8-39　选择偏置了 1mm 的那条偏置线作为永久边界

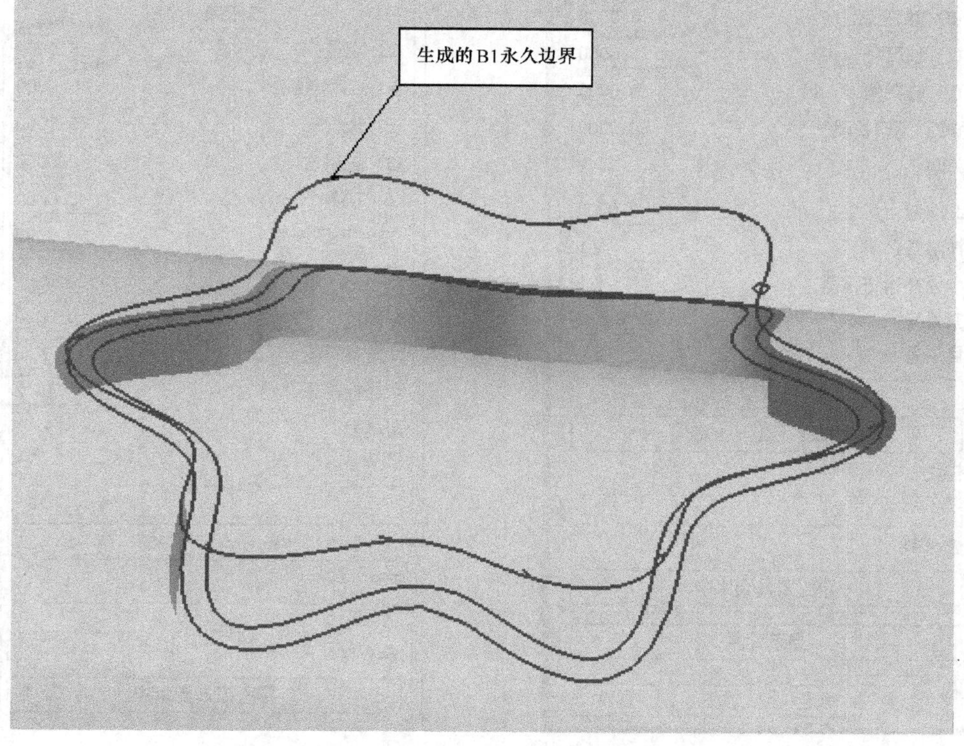

图 8-40　由偏置 1mm 的梅花曲线生成的 B1 永久边界

PROGRAM”，在名称文本框中输入“Rough”，单击“应用”按钮，系统生成了一个“Rough”程序组；接着在名称文本框中输入“Finish”，单击“确定”按钮，系统又生成了一个“Finish”程序组，如图8-45所示。

8. 创建新的工件

单击创建几何按钮，系统弹出“创建几何体”对话框，按图8-46所示设置参数。然后单击“确定”按钮，系统弹出“工件”对话框，如图8-47所示，单击部件图标，再单击按钮 选择 ，系统弹出“工件几何”对话框，过滤方法选择体，用鼠标选择图形

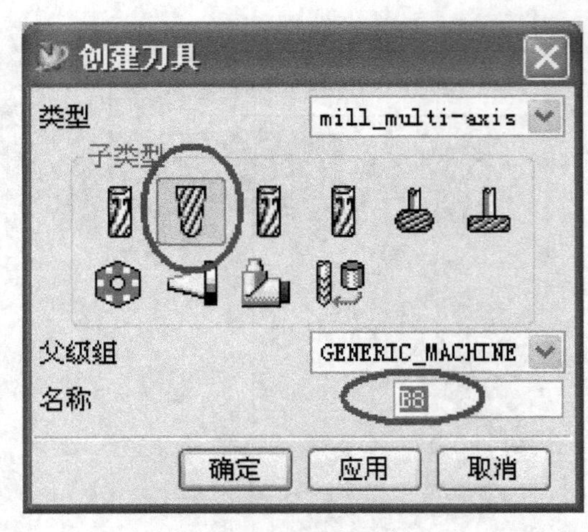

图8-41 “创建刀具”对话框

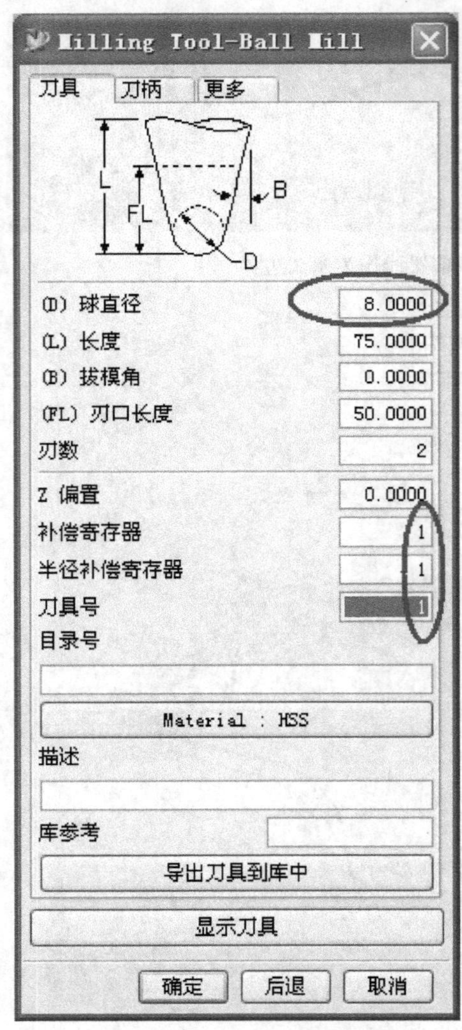

图8-42 ϕ8mm球头刀参数设置

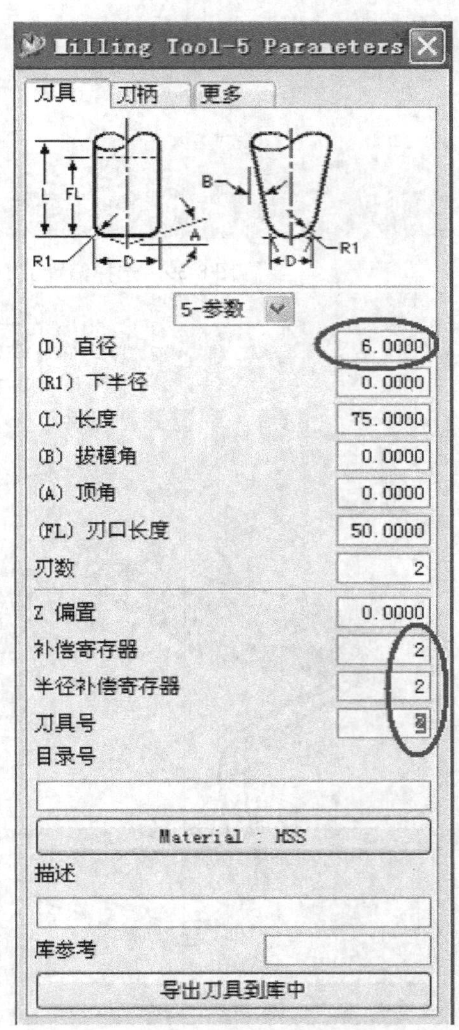

图8-43 ϕ6mm立铣刀参数设置

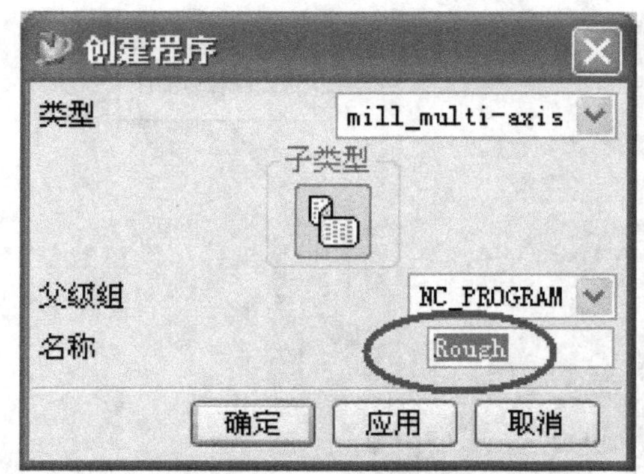

图 8-44　“创建程序”对话框

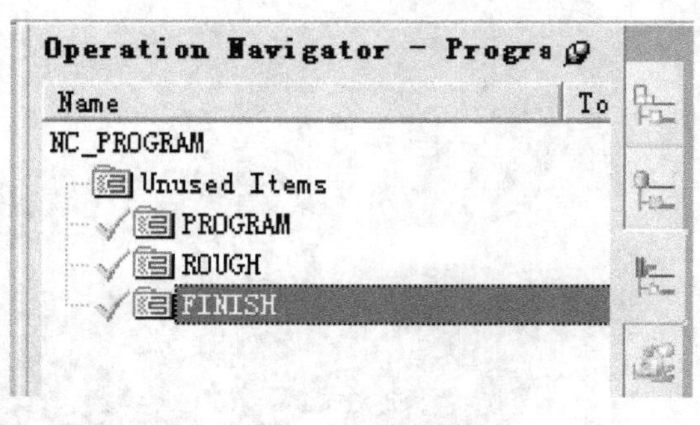

图 8-45　生成的程序组

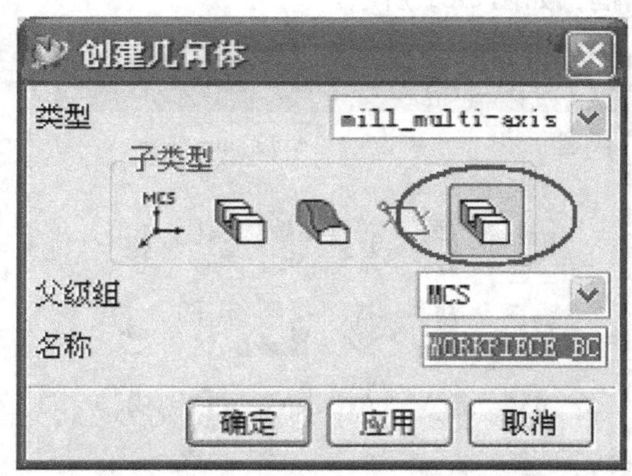

图 8-46　“创建几何体”对话框

图 8-47　工件设置对话框

区中已建立的参考圆柱体（ϕ88mm×320mm），如图 8-48 所示，单击“确定”按钮完成部件的选择；在“工件”对话框中单击毛坯图标，再单击按钮 选择 ，系统弹出“毛坯几何体”对话框，在“选择选项”下选择“部件的偏置”单选按钮，在偏置后面的文本框中输入 6（6 为梅花图案的深度，这样毛坯的直径跟梅花滚筒的外圆柱面直径一致），如图 8-49 所示，单击“确定”按钮，完成毛坯的选择。系统回到“工件”对话框，单击“确定”按钮，完成工件“WORKPIECE_BC”创建工作。

9. 创建型腔铣刀具路径

单击加工创建工具栏的创建操作按钮，系统弹出“创建操作”对话框，类型选择“mill_contour”（轮廓铣），子类型选择“CAVITY_MILL”（型腔铣），程序下拉列表框

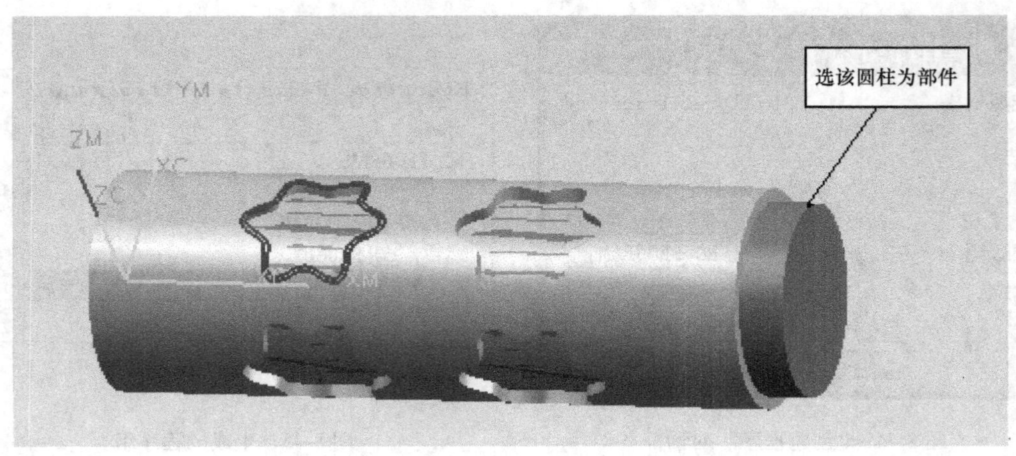

图 8-48　新工件“WORKPIECE_BC”中的零件

选择“ROUGH”，使用几何体选择“WORKPIECE”，使用刀具选择“B8”，使用方法选择“MILL_SEMI_FINISH”，名称文本框中输入“B8_CAV”，如图 8-50 所示，单击“确定”按钮，系统弹出“CAVITY_MILL”（型腔铣）对话框，如图 8-51 所示。

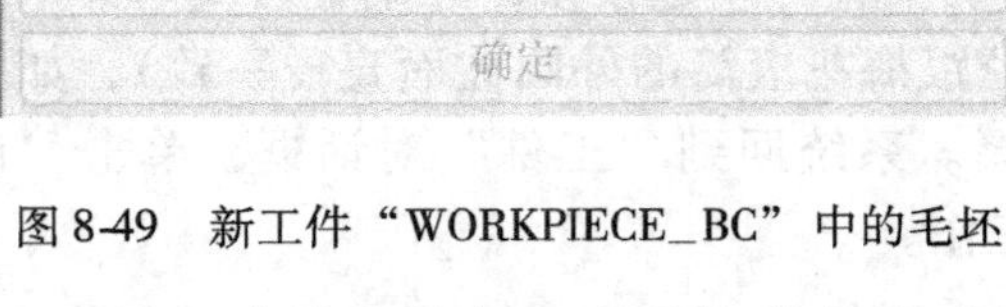

图 8-49　新工件“WORKPIECE_BC”中的毛坯

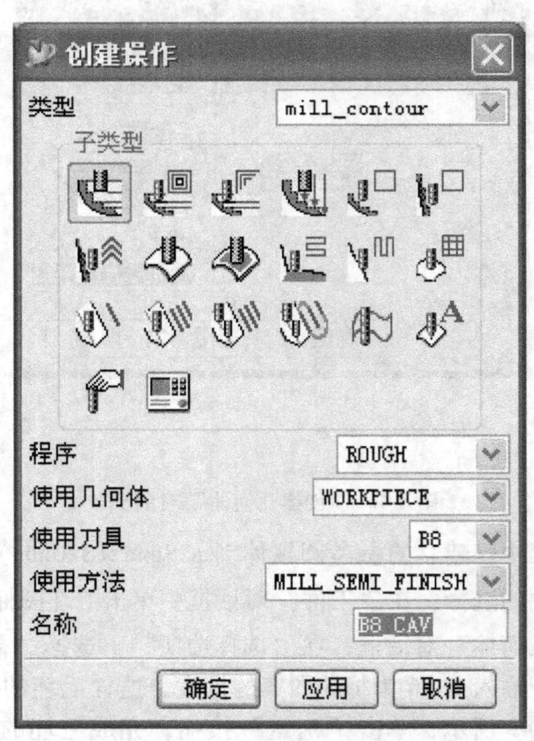

图 8-50　“创建操作”对话框

单击“方法”按钮，在系统弹出的“进刀/退刀”对话框中设置传递方式为安全平面，其他采用默认值。单击“进给率”按钮，在系统弹出的“进给和速度”对话框中设置速度页面中主轴速度为 2000，进给页面中剪切为 100。单击“CAVITY_MILL”对话框中的刀具路径生成按钮，系统计算并生成刀具路径如图8-52所示。注意，梅花滚筒只有Z轴正上方的左边的梅花图案被铣削，其他的梅花图案都没有被铣削，原因是毛坯只做了一半，即左边的半个，右边没有毛坯，系统自然不会在右边计算刀具路径。另外，由于型腔铣是固定轴铣，也就是刀具轴线是平行于Z轴的，故滚筒的侧面和底面的梅花图案是铣不出的，其他的梅花图案我们用程序变换的方法来完成。

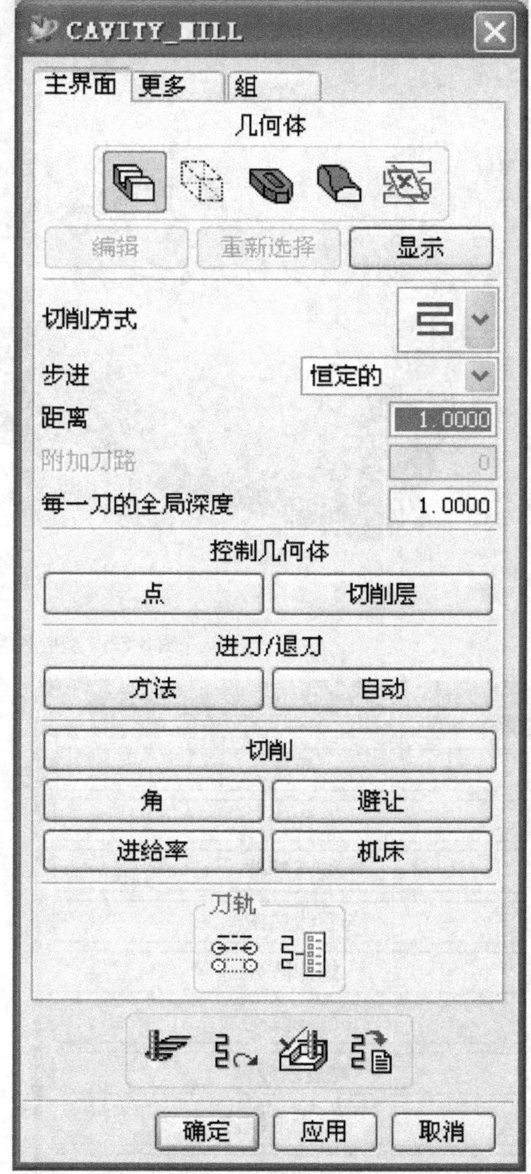

图8-51　“CAVITY_MILL”对话框

10. 整个梅花滚筒粗加工刀具路径的生成

操作导航区设置为程序视图，右键单击“ROUGH”下的“B8_CAV”刀具路径，在弹出的下拉菜单中选择“对象”→“变换”，系统弹出“CAM变换”对话框，如图8-53所示，单击“平移”按钮，系统弹出“变换”对话框，如图8-54所示，单击“增量”按钮，系统弹出增量设置对话框，如图8-55所示，在“DXC”文本框中输入100，单击“确定”按钮，系统弹出变换类型选择对话框，如图8-56所示，单击“复制”，系统弹出变换结果确认对话框，如图8-57所示，同时在图形区显示了复制的刀具路径，如图8-58所示。用户如果对操作结果没有异议，就单击“接受”按钮，在程序组“ROUGH”下产生了“B8_CAV_COPY”刀具路径。

按住〈Ctrl〉键的同时用单击鼠标左键“B8_CAV”和“B8_CAV_COPY”，把两个刀具路径都选中，再单击鼠标右键，在弹出的下拉菜单中选择“对象”→“变换”，系统弹出“CAM变换”对话框（图8-53），单击“绕直线旋转”按钮，系统弹出直线选择方式对话框，如图8-59所示，单击“点和矢量”按钮，系统弹出点构造器，选择坐标原点（0，0，0），单击“确定”按钮，系统弹出矢量构造器，选择XC矢量，系统弹出旋转角度对话框，如图8-60所示，在“角度”文本框输入90，单击“确定”按钮，系统弹出变换操作对话框，如图8-56所示，单击“Multiple copies”（多重复制），系统弹出复制数设置对话框（图8-61），在数字文本框中输入3，单击“确定”按钮，系统就复制了三组刀具路径，在图形区显示了复制的结果，如图8-62所示，同时在操作导航区程序组“ROUGH”生成了“B8_CAV_COPY_1”、

ZM
YM
YC
ZC

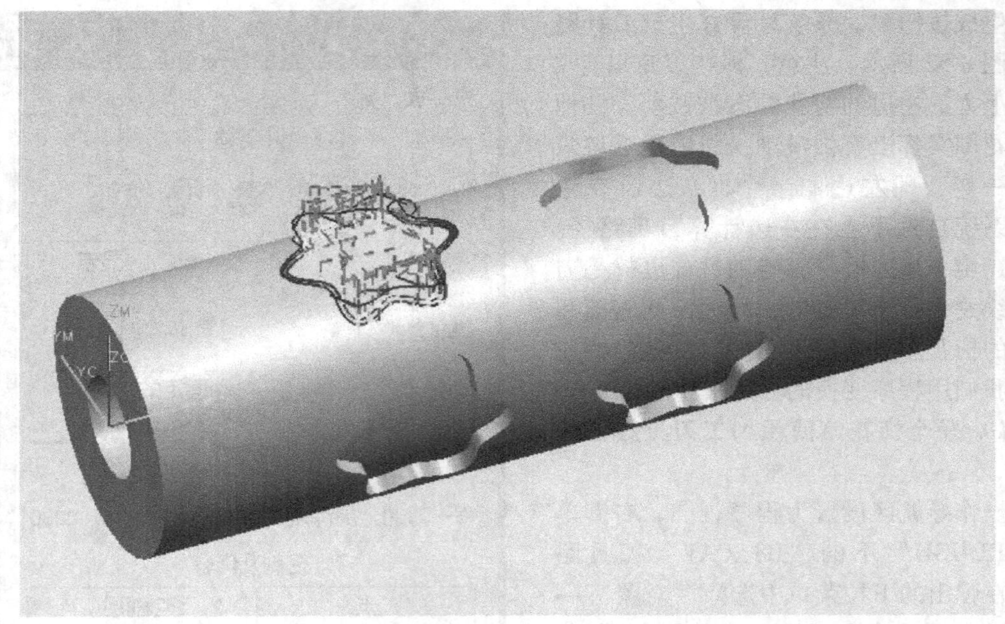

图 8-52　型腔铣生成的刀具路径

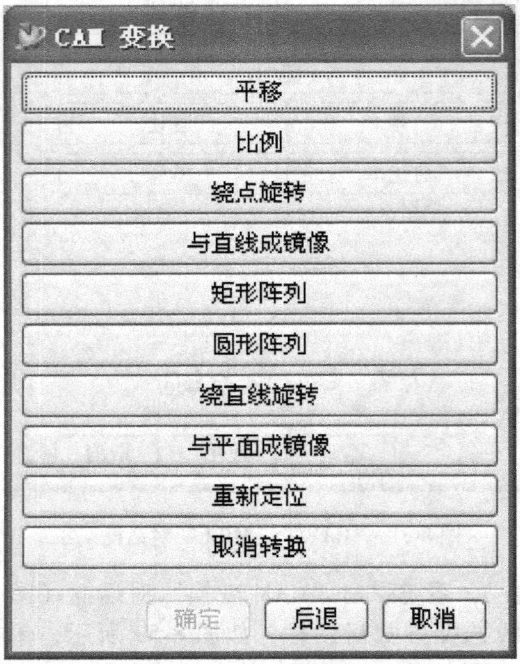

CAM 变换
平移
比例
绕点旋转
与直线成镜像
矩形阵列
圆形阵列
绕直线旋转
与平面成镜像
重新定位
取消转换
确定
后退
取消

图 8-53　“CAM 变换”对话框

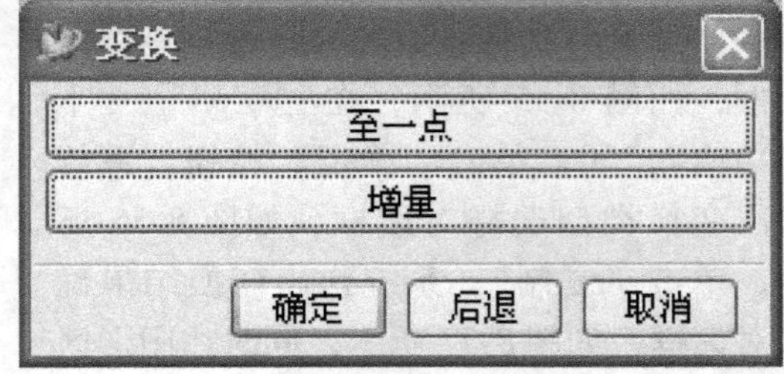

变换
至一点
增量
确定
后退
取消

图 8-54　“变换”对话框

变换
DXC
100
DYC
0.0000
DZC
0.0000
确定
后退
取消

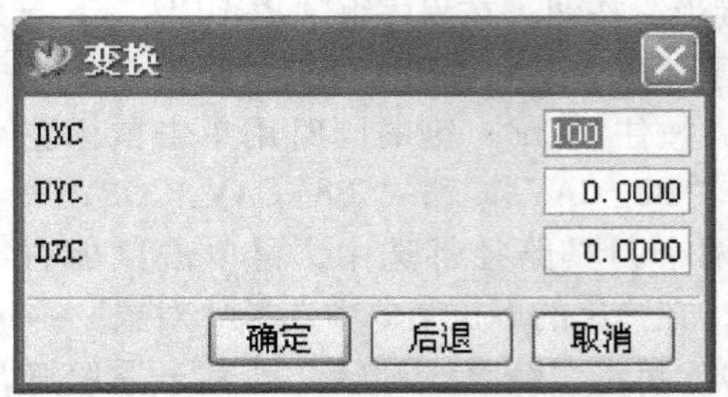

图 8-55　选择增量后弹出的变换设置对话框

“B8_CAV_COPY_2”、“B8_CAV_COPY_3”、“B8_CAV_COPY_COPY”、“B8_CAV_COPY_COPY_1”、“B8_CAV_COPY_COPY_2”六个刀具路径，加上原来的两个，一共是八个刀具路径，如图 8-63 所示。这样通过刀具路径的变换，所有的梅花粗加工刀具路径就都有了。

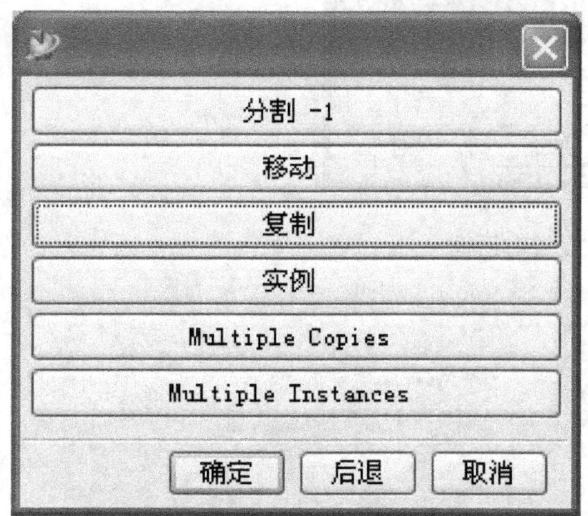

图 8-56　变换类型选择对话框

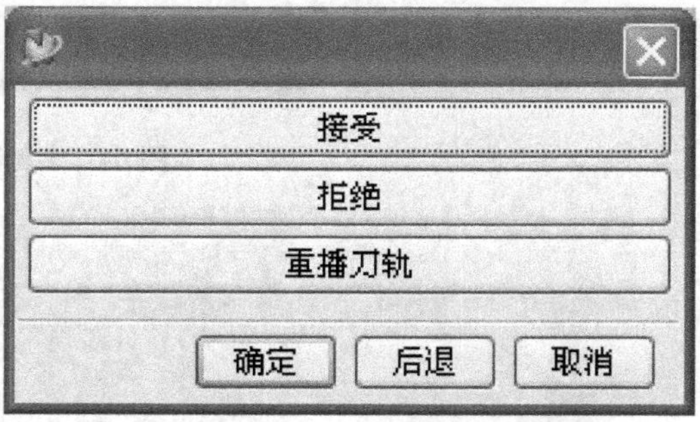

图 8-57　变换操作结果确认对话框

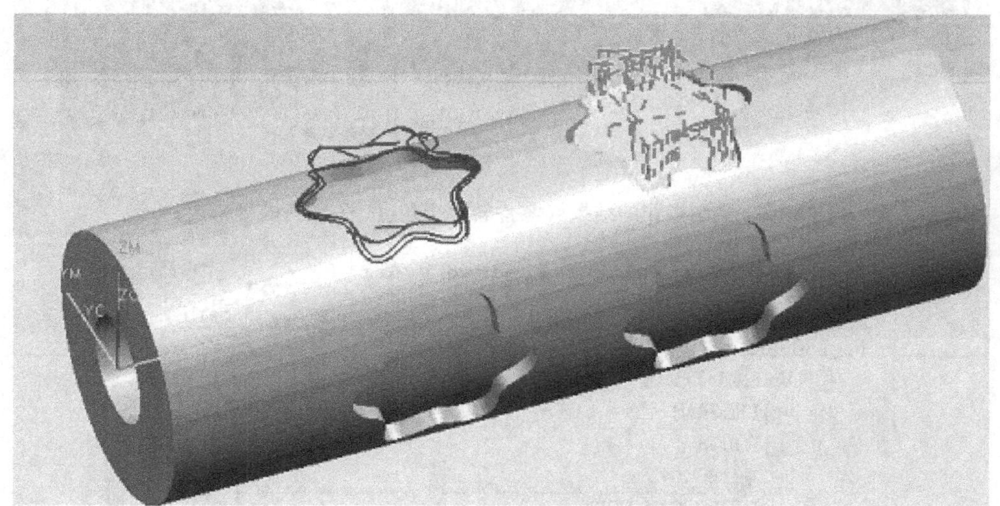

图 8-58　左边的刀具路径平移到右边的结果

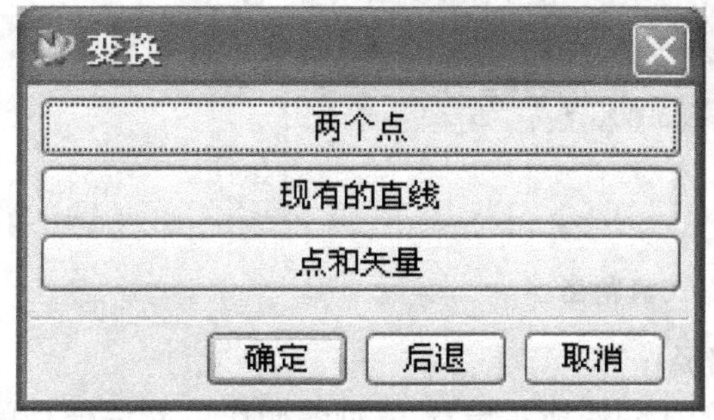

图 8-59　直线选择方式对话框

图 8-60　角度设置对话框

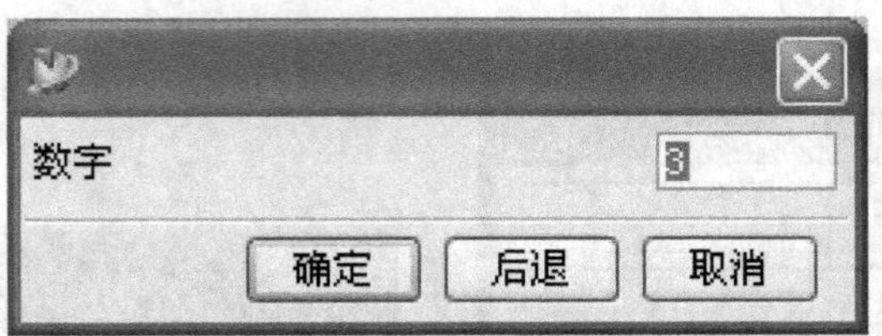

图 8-61 复制数设置对话框

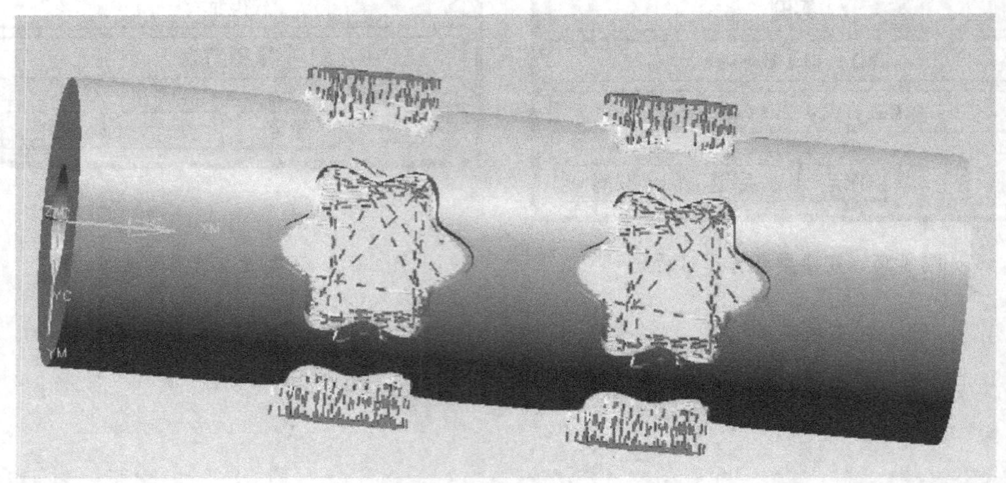

图 8-62 复制操作的结果（零件转了个角度，Z 轴指向屏幕内）

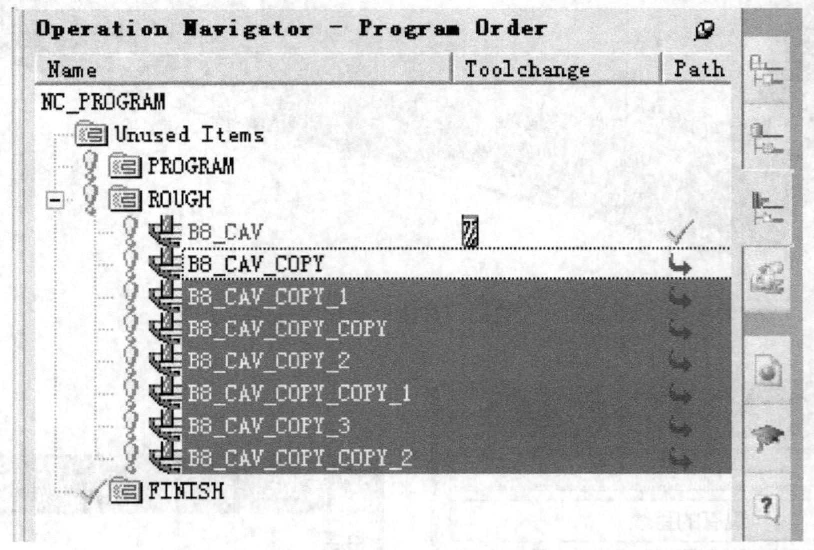

图 8-63 复制的刀具路径

11. 创建可变轴轮廓铣（边界驱动）刀具路径

单击加工创建工具栏的创建操作按钮，按图 8-64 所示设置“ 创建操作” 对话框；单击“确定” 按钮，系统弹出“VARIABLE_CONTOUR”（可变轴轮廓铣）对话框（图 8-11），驱动方式选择边界，系统弹出“边界驱动方式”对话框，单击“选择”按钮，系统弹出边界对话框，用鼠标选取前面创建的永久边界 B1，单击“确定”按钮，系统回到“边界驱动方式”对话框，其参数按图 8-65 所示设置。其中，投影矢量是指向直线，该直线是 X 轴上的任意一条直线。单击“确定”按钮，完成边界驱动设置，系统回到可变轴轮廓铣对话框。刀具轴线设置为离开直线，直线方式选择点和矢量，点为坐标原点，矢量为 XC 矢量，主轴转速设置为 3000，切削速度设置为 100，其他参数都不要修改，单击刀具路径生成按钮，系统开始计算并生成刀具路径，结果如图 8-66 所示。

图 8-64　“创建操作”对话框

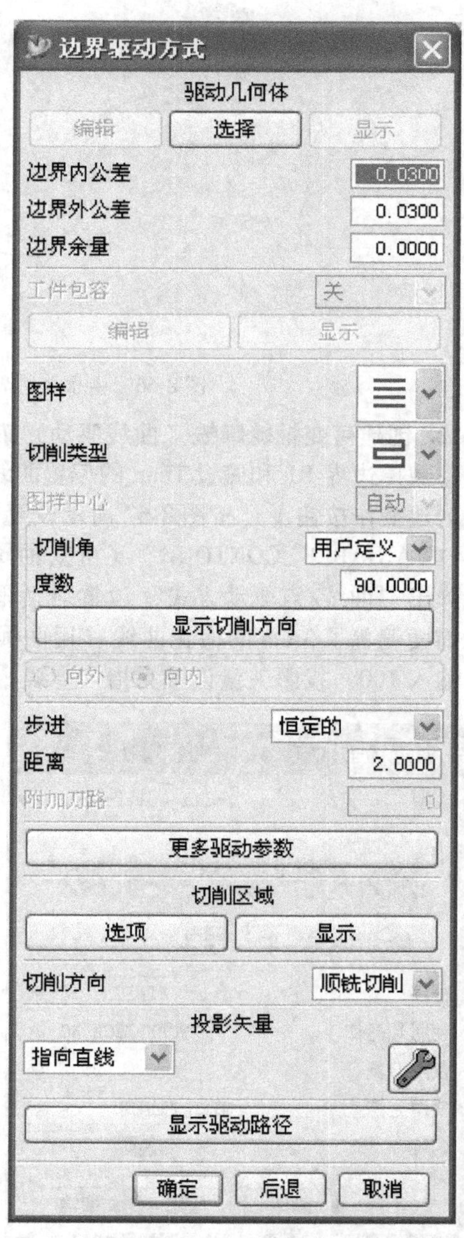

图 8-65　“边界驱动方式”对话框

图 8-66 由永久边界 B1 为驱动生成的刀具路径

12. 创建可变轴轮廓铣（曲线驱动）刀具路径

隐藏掉边界 B1 和偏置 1mm 的偏置曲线以及新建的零件参考圆柱体，单击加工创建工具栏的创建操作按钮，按图 8-67 所示设置“创建操作”对话框，单击“确定”按钮，系统弹出“VARIABLE_CONTOUR”（可变轴轮廓铣）对话框（图 8-11），驱动方式选择曲线，系统弹出“曲线/点驱动方式”设置对话框，如图 8-68 所示，单击“选择”按钮，用鼠标选取前面偏置了 3mm 的梅花曲线（用曲线链方式选取），切削步长选择数字，在数字文本框中输入 100，投影矢量设置为指向直线，而直线选择点和矢量方式，点为坐标原点，矢量

图 8-67 “创建操作”对话框

图 8-68 “曲线/点驱动方式”设置对话框

为 XC 矢量，单击“确定”按钮，系统回到可变轴轮廓铣对话框，刀具轴线设置为离开直线，直线方式选择点和矢量，点为坐标原点，矢量为 XC 矢量，主轴转速设置为 3000r/min，切削速度设置为 100mm/min，其他参数都不要修改；单击刀具路径生成按钮，系统开始计算并生成刀具路径，结果如图 8-69 所示。

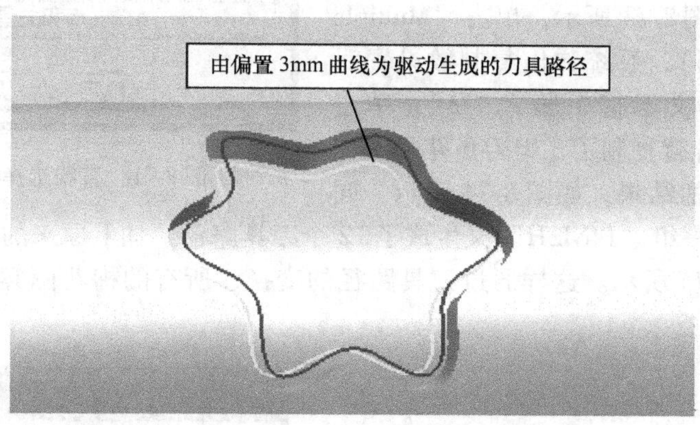

图 8-69　由偏置 3mm 曲线为驱动生成的刀具路径

13. 整个梅花滚筒精加工刀具路径的生成

操作导航区设置为程序视图，选中“FINISH”下的“D6_B”和“D6_C”刀具路径，单击鼠标右键，在弹出的下拉菜单中选择“对象”→“变换”，系统弹出“CAM 变换”对话框；单击“平移”，系统弹出“变换”对话框，单击“增量”按钮，系统弹出增量设置对话框，在“DXC”文本框中输入“100”，单击“确定”按钮，系统弹出变换操作对话框，单击“复制”，系统弹出变换结果确认对话框，同时在图形区显示了复制的刀具路径，如图 8-70 所示，单击“接受”按钮，在程序组“FINISH”下产生了“D6_B_COPY”和“D6_C_COPY”复制的刀具路径，把这两个刀具路径改名，分别改为“D6_BR”和“D6_CR”，选中“FINISH 下的所有刀具路径”，再单击鼠标右键，在弹出的下拉菜单中选择“对象”→“变换”，系统弹出“CAM 变换”对话框，单击“绕直线旋转”按钮，系统弹出直线选择方式对话框，如图 8-71 所示，单击“点和矢量”按钮，系统弹出点构造器，选择坐标原

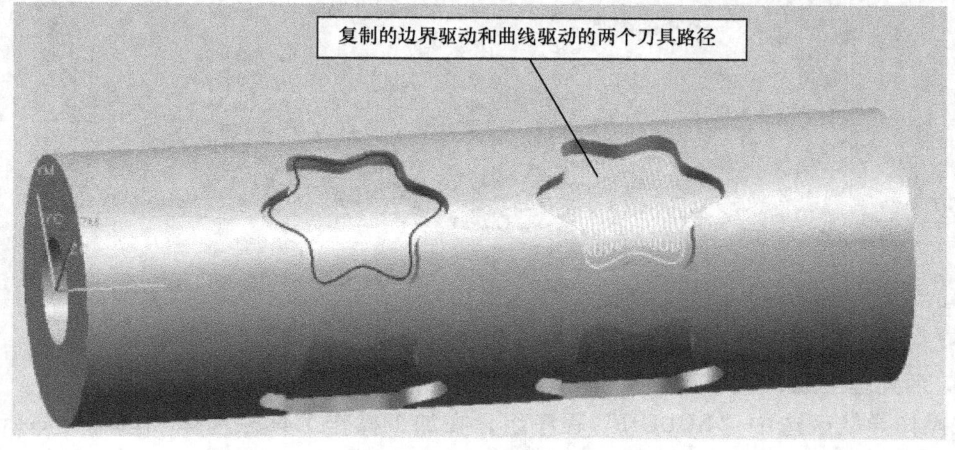

图 8-70　平移复制的边界驱动和曲线驱动的刀具路径

点（0，0，0），单击“确定”按钮，系统弹出矢量构造器，选择 XC 矢量，系统弹出旋转角度对话框，如图 8-72 所示，在“角度”文本框输入 90，单击“确定”按钮，系统弹出变换类型选择对话框，如图 8-73 所示，单击“Multiple copies”（多重复制），系统弹出复制数设置对话框，在“数字”文本框中输入“3”，单击“确定”按钮，系统就复制了 3 组刀具路径，在图形区显示了复制的结果，如图 8-74 所示，同时在操作导航区程序组“FINISH”又生成了 12 个刀具路径，加上原来的 4 个，一共是 16 个刀具路径，如图 8-75 所示。这样通过刀具路径的变换，所有的梅花图案精加工刀具路径都有了。

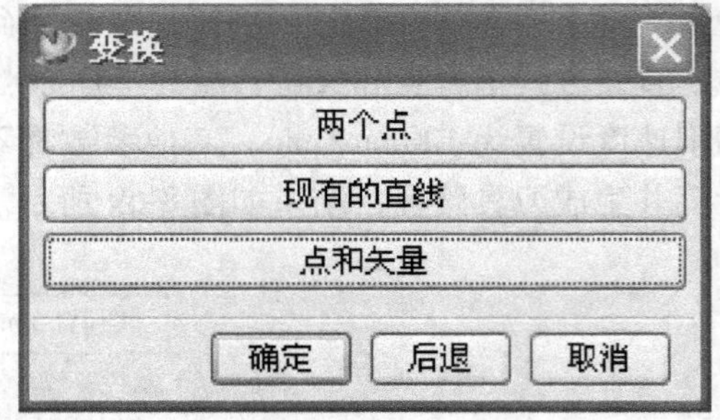

图 8-71　直线选择方式对话框

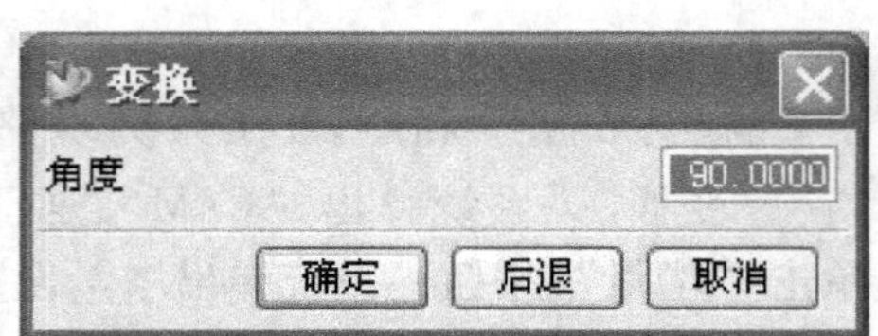

图 8-72　角度设置对话框

图 8-73　变换类型选择对话框

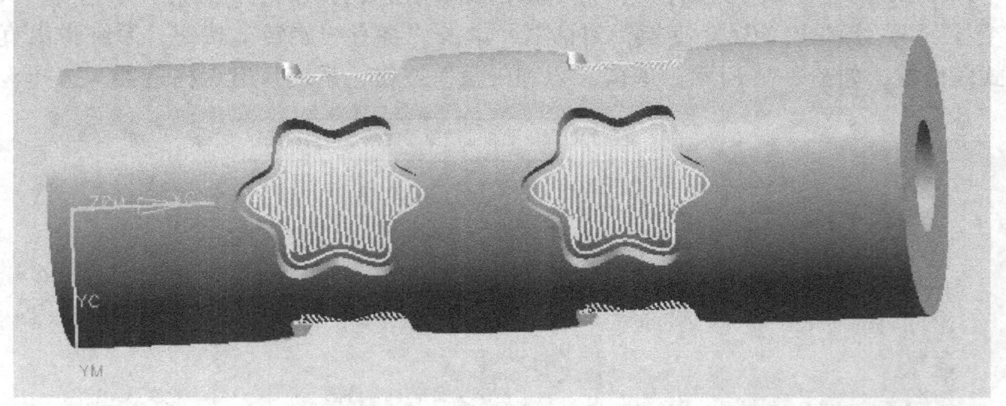

图 8-74　复制操作的结果（零件转了个角度，Z 轴指向屏幕内）

14. 后处理生成 NC 加工程序

在操作导航区选中“ROUGH”程序组，在加工操作工具栏选择“Post Process”（后处理）按钮，系统弹出“后处理”对话框，在“可用机床”的列表中选择“Sky_

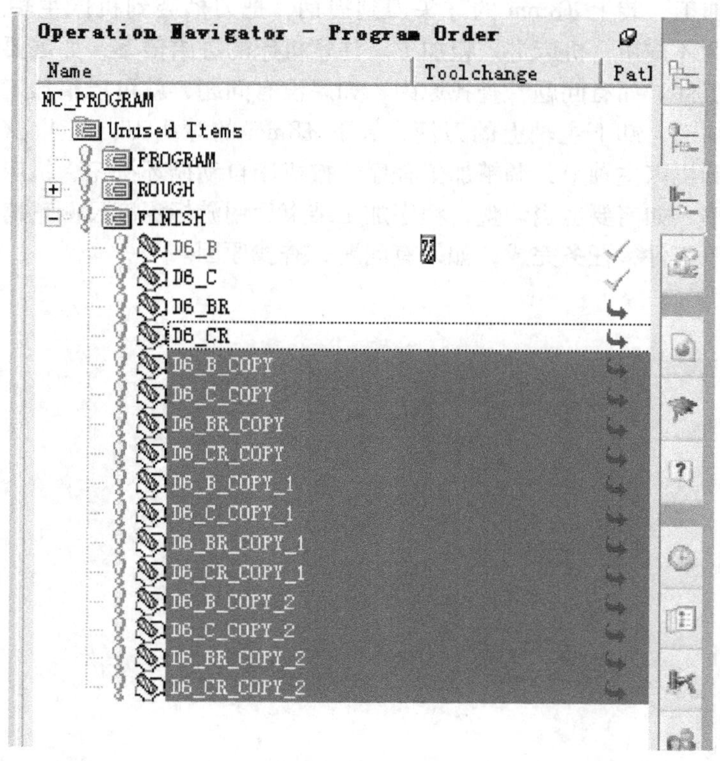

图 8-75　复制的刀具路径

4axial_table”（带旋转工作台四轴机床后处理），输出文件修改为“Plum_Rough. NC”，单击“OK”按钮，系统生成文件名为“Plum_Rough. NC”的粗加工数控程序，再在操作导航区选中“FINISH”程序组，用同样的方法生成文件名为“Plum_Finish. NC”的精加工数控程序。

在文件菜单中选择另存文件，用文件名“Plum_Finish. prt”保存梅花滚筒文件。

三、柱面图案实际加工过程

1. 毛坯准备

毛坯为 ϕ100mm×300mm 圆柱体，圆柱面和两端面都已经加工到尺寸，不需要再加工。

2. 刀具准备

ϕ8mm 的球头刀和 ϕ6mm 的立铣刀。

3. 装夹工件到机床

装夹时，圆柱体的一端在第四轴的三爪自定心卡盘上，另一端用顶尖顶住，保证圆柱轴线方向跟 X 轴方向一致，并且圆柱的轴线跟第四轴的回转轴线重合。

4. 加工

第一步　起动机床，起动机床电气系统，再起动数控系统，调入由“二、利用 UG 软件生成加工程序”做好的粗、精加工程序到系统。

第二步　建立工件坐标系，通过对刀，把工件坐标系建在圆柱体的左端面中心上，即左端面与第四轴回转轴线的交点。

第三步　粗加工，装上 ϕ8mm 的球头刀到刀柄，把刀柄装到机床主轴上，调粗加工程序，按机床自动循环按钮，机床进入粗加工。注意机床的进给倍率，如需要适当调整，程序加工结束后观察工件。如有问题，查找原因；如果没有问题，就可以精加工了。

第四步　精加工，卸下主轴上的刀柄，卸下 ϕ8mm 的球头刀，装上 ϕ6mm 的立铣刀到刀柄，把刀柄装到机床主轴上，调精加工程序，按机床自动循环按钮，机床进入精加工。注意机床的进给倍率，如需要适当调整，程序加工结束后用游标深度尺测量梅花深度。如果在精度范围内，卸下工件，任务完成；如果有问题，查找原因。

第九章　五轴联动加工实例

五轴联动加工是多轴加工中应用最广泛的情况，五轴联动数控加工程序的编制是关键，这其中涉及五轴刀具路径的选择、刀具轴线矢量的设置、加工方法的选择及后置处理等。本章 3 个实例由浅入深地介绍了五轴联动加工程序的编制过程。实例一“多面体加工”是在一个固定方向的小平面加工，不同的小平面刀具轴线矢量方向是不同的；实例二“球面刻字加工”是典型的五轴联动加工的应用；实例三“叶轮加工”是五轴联动加工中比较复杂的零件加工，一般都是采用专用模块来编制数控加工程序。

第一节　多面体加工实例

一、多面体零件加工工艺分析

多面体零件如图 9-1 所示。

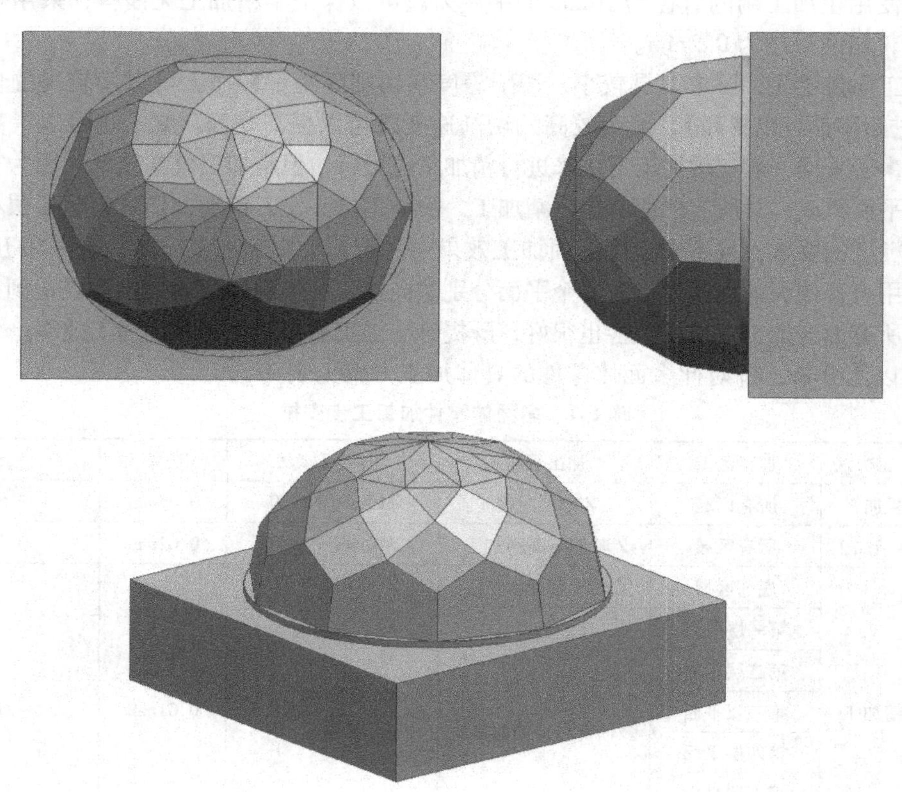

图 9-1　多面体零件图

一般情况下，零件的加工步骤按加工顺序可分为粗加工、半精加工和精加工，这个多面体零件也可以按照这三个步骤来加工。首先，要分别分析粗加工、半精加工和精加工这三个加工步骤不同的工艺要求；然后，再根据各个步骤不同的要求来确定各自的加工方法和工艺参数。

先分析粗加工。粗加工的目的是为了快速地去除多余材料，因此粗加工主要应考虑加工效率，而对加工质量（即加工的精度及表面粗糙度）没有太多要求。接着分析半精加工。半精加工的目的有两方面：一是将粗加工未能去除干净的多余材料进一步去除，二是为精加工做准备，要求多余材料相对零件的余量尽量均匀，使精加工可以得到更高的加工质量。因此，半精加工仍然是主要考虑加工效率，同时也要求尽可能提高加工质量。最后分析精加工。精加工的目的是为了获得最终的零件，零件的精度、表面粗糙度都是有要求的，因此精加工应在主要考虑加工质量的前提下兼顾效率。

根据粗加工、半精加工和精加工的不同要求，就可以制订出各自的加工方案：

粗加工效率优先，可以用较大直径的刀具快速去除多余材料，切削深度也可以尽量大。根据零件的尺寸，我们选用直径为 10mm 的平底刀，采用 Z 轴层切方法对零件上所有区域粗加工，考虑刀具与零件材料因素，切削深度定为 0.5mm。

半精加工效率和加工质量兼顾，使用的刀具直径要能使零件各个部位都能被加工到，不产生残料，切削深度不能过大，这样才能使半精加工后零件的余量均匀。对于这个多面体零件，继续使用粗加工用的直径为 10mm 的平底刀就可以保证半精加工无残料，采用等高精加工的方法，切削深度为 0.2mm。

精加工质量优先，要求刀具较小，切削深度和切削间距都较小，可以用较高的切削速度（转速和进给率都可以提高），因为较高的切削速度既可以提高表面质量，也可以提高加工效率。这里，若采用一般三轴加工方法来进行精加工也可行，但是加工效率较低，因为零件是由多层小的平面组成，对所有的面都进行精加工，需要用球头铣刀精铣，切削间距要很小才能达到表面粗糙度的要求，且不同角度的面加工效果不一致，会影响加工质量。若采用五轴加工，则可以使用直径较大的面铣刀，对每个平面分别法向加工，切削间距较大也可以达到很好的表面质量，所有面的加工效果一致性也很好，既提升了加工质量，也提高了加工效率。

根据以上分析，针对此多面体零件的具体加工方案见表 9-1。

表 9-1　多面体零件加工工步安排

<table>
<tr><th>序号</th><th>加工方法</th><th>加工区域</th><th>加工策略</th><th>加工刀具</th><th>公差</th><th>余量</th></tr>
<tr><td>1</td><td>粗加工</td><td>所有区域</td><td>Z 轴层粗铣</td><td>ϕ10mm 平底刀</td><td>0.05mm</td><td>0.5mm</td></tr>
<tr><td>2</td><td>半精加工</td><td>所有区域</td><td>Z 轴层等高精加工</td><td>ϕ10mm 平底刀</td><td>0.02mm</td><td>0.2mm</td></tr>
<tr><td>3</td><td rowspan="7">精加工</td><td>底部区域</td><td>Z 轴层等高精加工</td><td rowspan="7">ϕ10mm 平底刀</td><td rowspan="7">0.01mm</td><td rowspan="7">0</td></tr>
<tr><td>4</td><td>第一层平面</td><td rowspan="6">多轴铣之定轴曲面铣</td></tr>
<tr><td>5</td><td>第二层平面</td></tr>
<tr><td>6</td><td>第三层平面</td></tr>
<tr><td>7</td><td>第四层平面</td></tr>
<tr><td>8</td><td>第五层平面</td></tr>
<tr><td>9</td><td>第六层平面</td></tr>
</table>

二、利用 UG 软件生成加工程序

数控机床加工的过程受加工程序的控制，因此数控加工的最重要一步就是加工程序的生成。经过加工工艺分析，我们已经确定了具体加工方案，接下来要将加工方案再具体化，使之成为加工程序。这里，我们用UG软件的CAM模块实现加工程序的生成。单击计算机“开始”→“所有程序”→“UGS 4.0”→“NX4.0”，启动UG程序，单击工具栏上的打开文件按钮，在系统弹出的“打开部件文件”对话框中定位到光盘“chapter10 \ duomianti. prt”文件，接着单击对话框中的“OK”按钮，多面体零件被调入UG，然后单击工具栏“起始”按钮，在弹出的下拉菜单中选择“加工（N）”进入UG的加工环境，如图9-2所示。

图9-2　进入加工模块

1. 设定加工几何体

在UG界面的右侧打开操作导航器，并单击操作导航器右上角的小别针形按钮，使操作导航器一直显示而不会被隐藏（图9-3）。

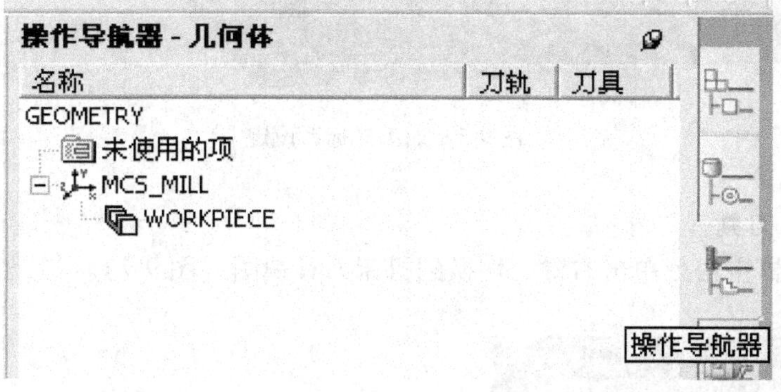

图9-3　操作导航器

在操作导航器中空白处单击右键，切换到几何视图（图9-4）。

首先，设定加工坐标系：双击加工坐标系“MCS_MILL”，确认加工坐标系原点是否在毛坯工件的顶面中心，如果不是，将坐标系原点移至顶面中心点（图9-5）。

接着，设定工件几何体：双击工件几何体“WORKPIECE”，单击部件按钮，选择零件体，单击隐藏按钮选择毛坯体（中文版UG一般错将“毛坯”翻译为“隐藏”）。单击“检查”按钮可以设置“干涉体”，在此例中没有，因

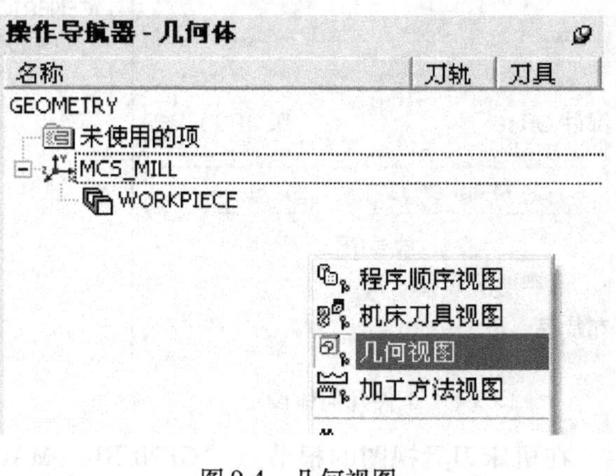

图9-4　几何视图

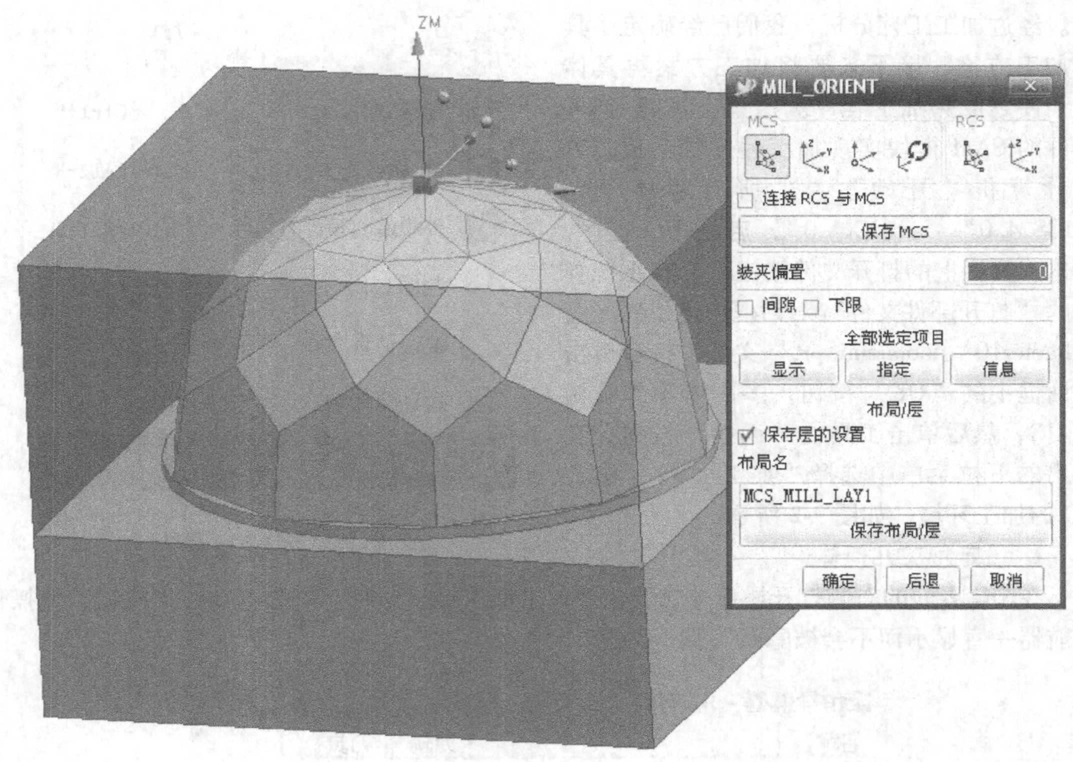

图 9-5　加工坐标系设定

此不选（图 9-6）。

2. 设定加工刀具

在操作导航器空白处单击右键，切换到机床刀具视图（图 9-7）。

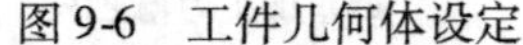

图 9-6　工件几何体设定

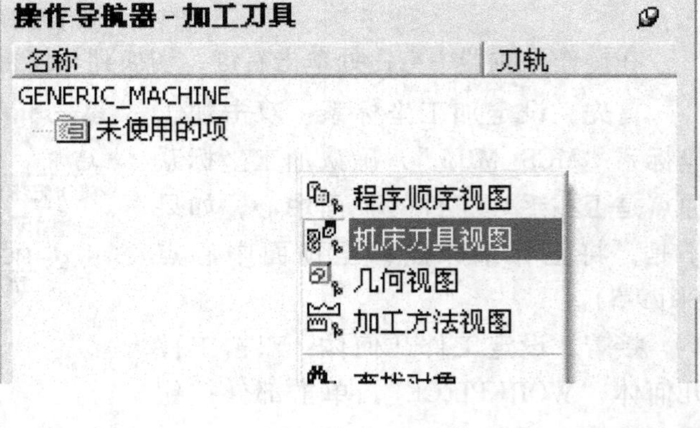

图 9-7　机床刀具视图

在机床刀具视图的根节点“GENERIC_MACHINE”上右键单击，插入一个刀具（图 9-8）。

在弹出的“创建刀具组”对话框中，子类型选择 ，将名称设为“D10R0”。这样命名是为了根据刀具名称就可以知道刀具型号，“D10R0”意为直径10mm圆角半径0mm的刀具（图9-9）。

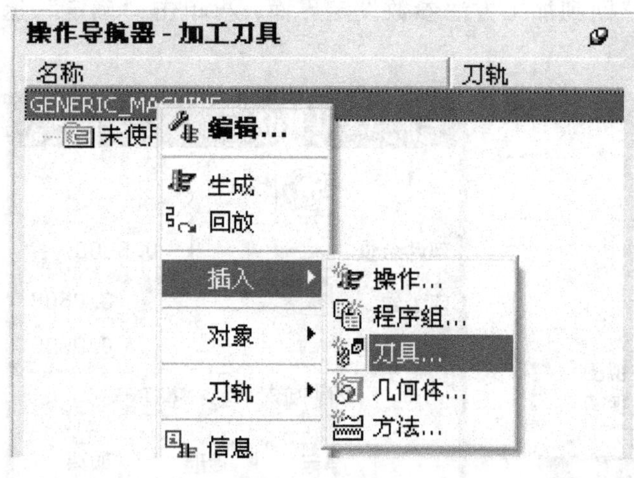

图9-8　插入刀具

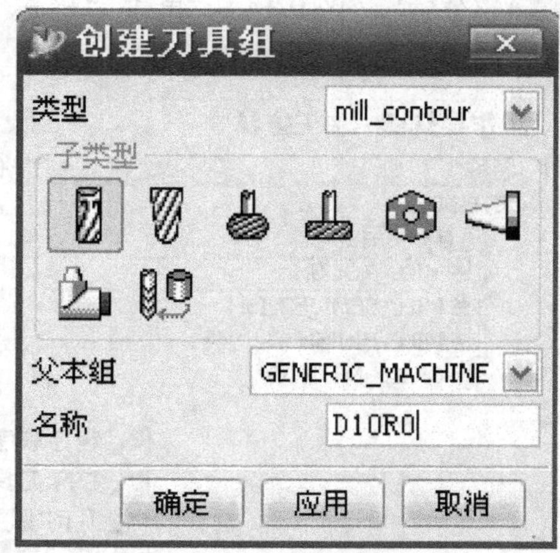

图9-9　创建刀具组

单击“确定”，则弹出刀具参数设定对话框（图9-10），将“（D）直径”设为10，其他参数保持默认值，不需要改动。然后，单击“确定”，即成功地在机床刀具中插入了一把直径为10mm的两刃的平底键槽铣刀（图9-11）。

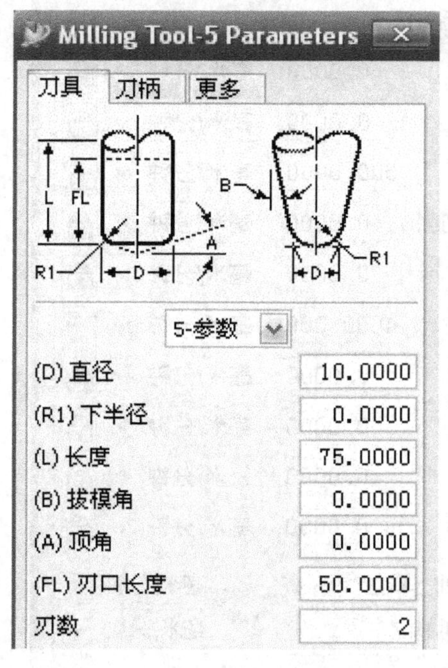

图9-10　刀具参数设定

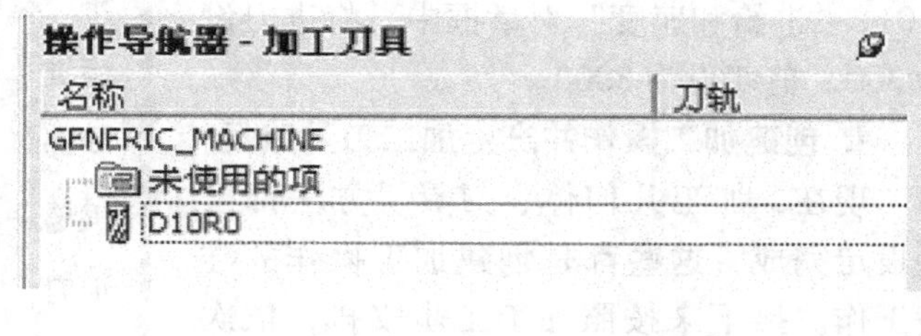

图9-11　插入刀具后的机床刀具视图

3. 设定加工方法

在操作导航器空白处单击右键，切换到加工方法视图（图9-12）。

双击粗加工“MILL_ROUGH”，在弹出的对话框中设定参数。按照工艺分析后确定的参数，将部件余量设为0.5，内公差和切出公差设为0.05（图9-13）；再单击进给图标，弹出“进给和速度”对话框，将进刀设为500，剪切设为4000，其余速度为0，所有单位均为“毫米/分钟”（图9-14）；单击“确定”回到加工方法参数设定界面，再单击“确定”退出，粗加工方法的参数设定就完成了。

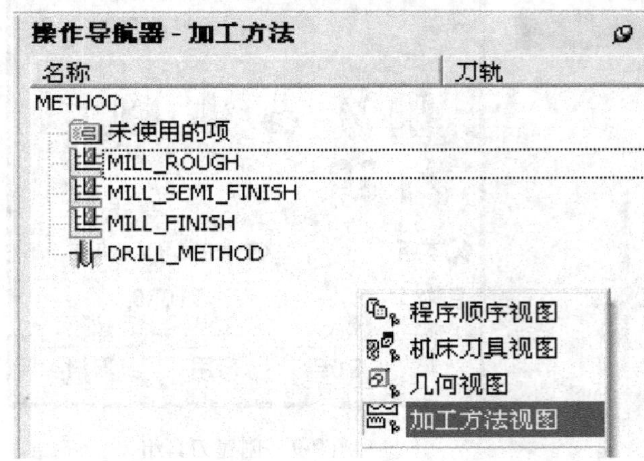

图9-12 加工方法视图

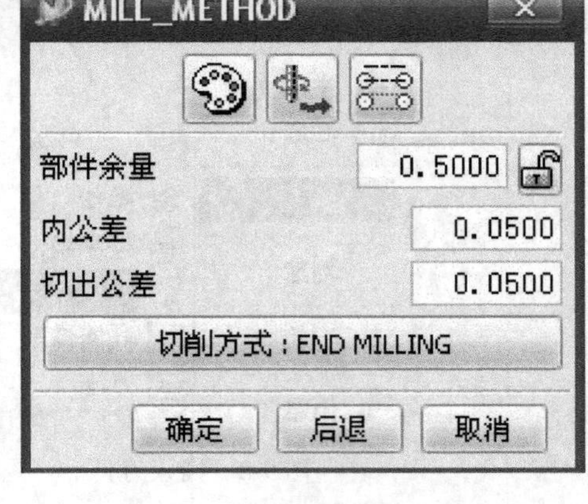

图9-13 加工方法参数设定

双击半精加工“MILL_SEMI_FINISH”，与粗加工参数设定一样的方法，将部件余量设为0.2，内公差和切出公差设为0.02，“进给和速度”对话框中，将进刀设为500，剪切设为4000。

双击精加工“MILL_ FINISH”，将部件余量设为0，内公差和切出公差设为0.01，“进给和速度”对话框中，将进刀设为300，剪切设为3000。

4. 创建加工操作并产生加工刀具路径

现在，加工几何体、刀具、方法都已经设定完成，这些都是创建加工操作的准备工作。接下来按照加工工步安排，依次创建加工操作，产生加工刀具路径。

在操作导航器空白处单击右键，切换到程序顺序视图（图9-15）。

（1）粗加工 按照工步安排，粗加工只有一步：对所有区域进行Z轴层粗铣。

1）插入操作。在程序顺序视图中程序组“PROGRAM”节点上单击右键，选择“插入”→“操作”（图9-16）。

图9-14 “进给和速度”对话框

在弹出的“创建操作”对话框中，类型选择型腔铣“mill_contour”，子类型选择Z轴层粗铣“CAVITY_MILL”，图标为，程序选择“PROGRAM”，使用几何体选择“WORKPIECE”，使用刀具选择“D10R0”，使用方法选择“MILL_ROUGH”，名称自动生成，不需要修改（图9-17）。都选择好之后单击“确定”，弹出Z轴层粗铣的参数设定主界面。

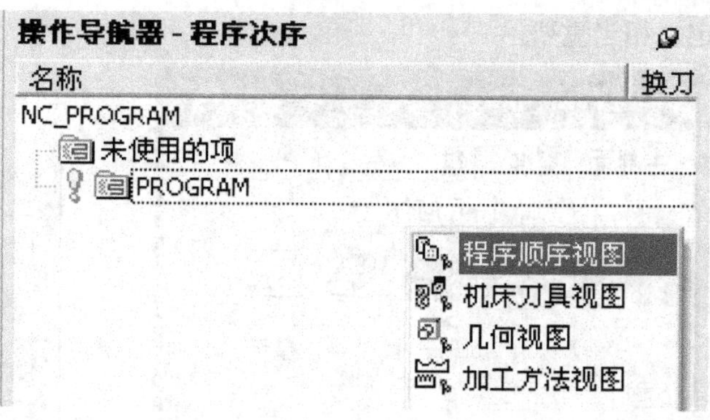

图9-15　程序顺序视图

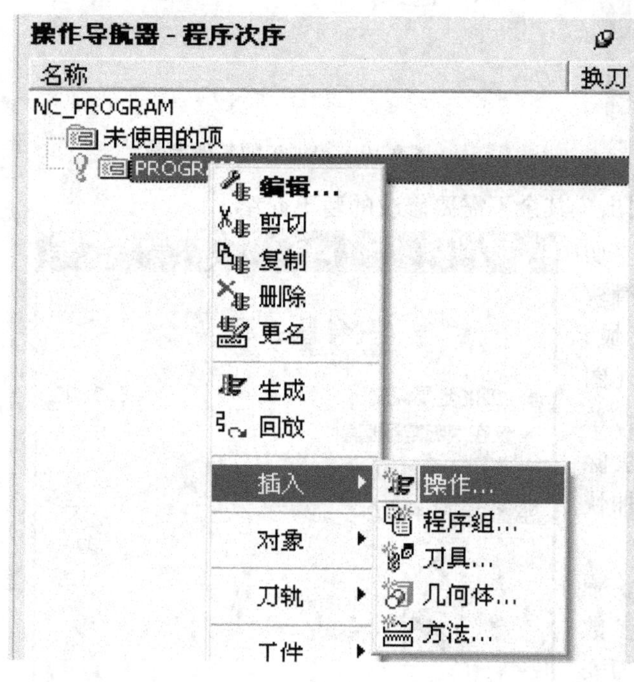

图9-16　插入操作

图9-17　“创建操作”对话框

2）设定参数。先设定加工的主要参数，它们决定了这个操作中切削进给部分的刀具路径形式。

在Z轴层粗铣的参数设定主界面上，列出了这种类型加工的主要参数：切削方式、步进和每一刀的全局深度。将切削方式选择跟随工件，步进选择刀具直径，百分比为65%，每一刀的全局深度设为0.5（图9-18）。

再设定其他参数。其他参数为没有在参数设定主界面上列出的、需要单击按钮弹出对话框设定的参数（图9-19）。这些参数决定了刀具路径是否优化，合理地设定这些参数可以提高加工效率和质量，而不合理的设定将使加工刀具路径不能应用于实际加工，因此其他参数设定也相当重要。

图 9-18　粗加工的主要参数

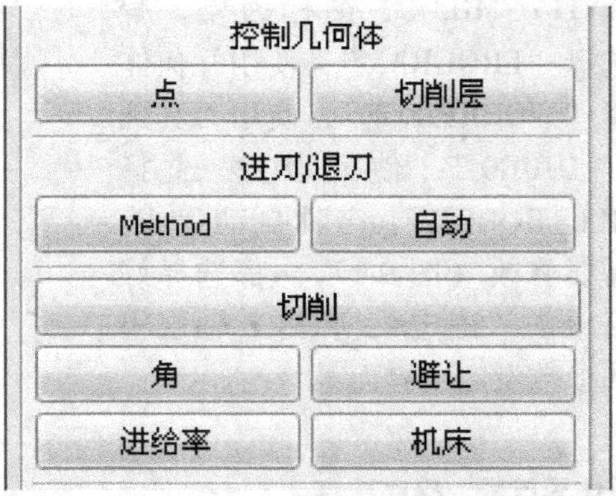

图 9-19　粗加工的其他参数

这里只把此例中要修改的其他参数列出，其余不需要修改的暂不介绍。

切削层的设定：单击“切削”，在“切削层”对话框中单击图标，使右边的滑块移动到最下端（图 9-20）；在作图区域，用鼠标捕捉零件体底部平面上的边角点（图 9-21），更改后的切削层如图 9-22 所示，单击“确定”退出。这样设定的作用是：去除了零件底平面以下部分的切削层，可以加快刀具路径计算速度。

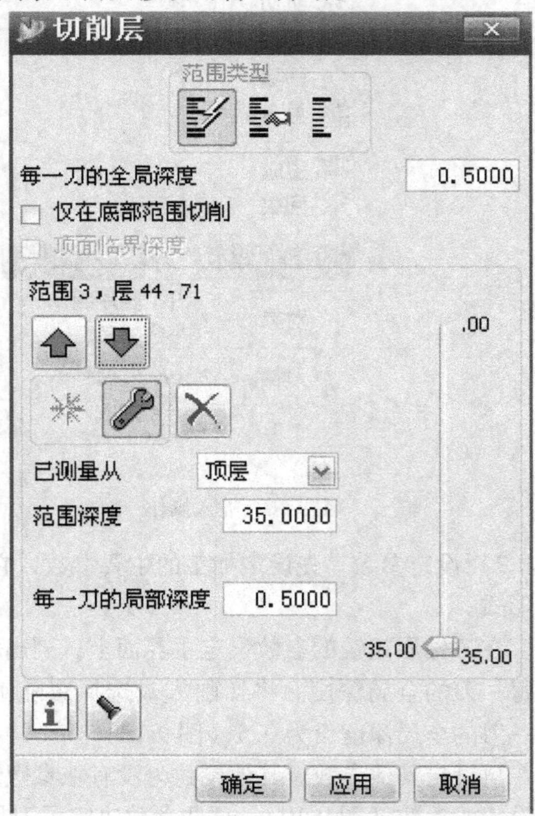

图 9-20　“切削层”对话框

进刀/退刀的设定：单击“Method”，弹出“进刀/退刀”对话框，最上面 3 个参数分别为水平的、竖直的和最小的进刀/退刀安全间隙，安全间隙只要比切削深度稍大即可，这里切削深度为 0.5mm，因此将这 3 个参数都设为 1；预钻孔没有，设为无；初始进刀、内部进刀、最后退刀和内部退刀都设为自动；传送方式设为先前的平面（图 9-23），单击“确定”退出。

自动进刀/退刀的设定：单击“自动”，弹出“自动进刀/退刀”对话框。对话框的上半部分为自动进刀参数，下半部分为自动退刀参数。进刀的倾斜类型选螺旋的，斜角

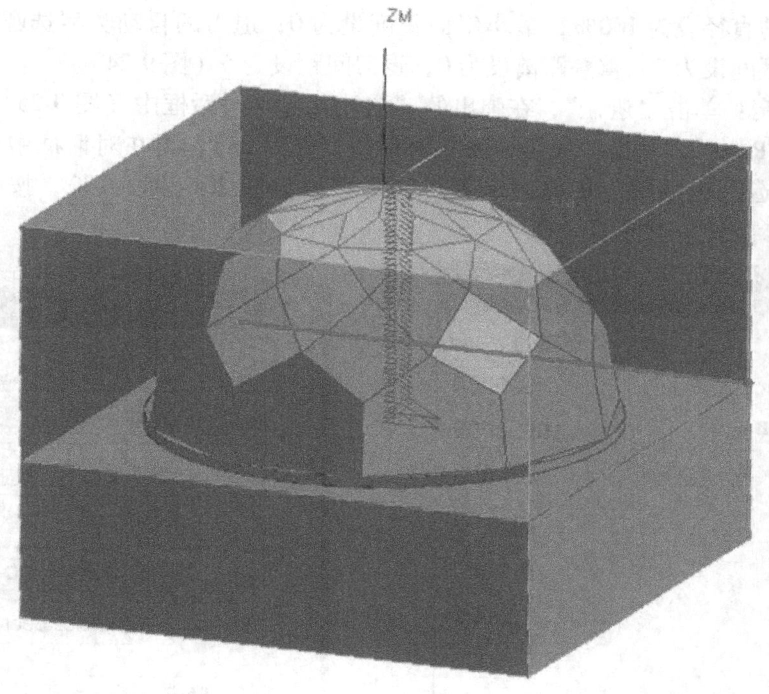

图 9-21　捕捉底平面边角点

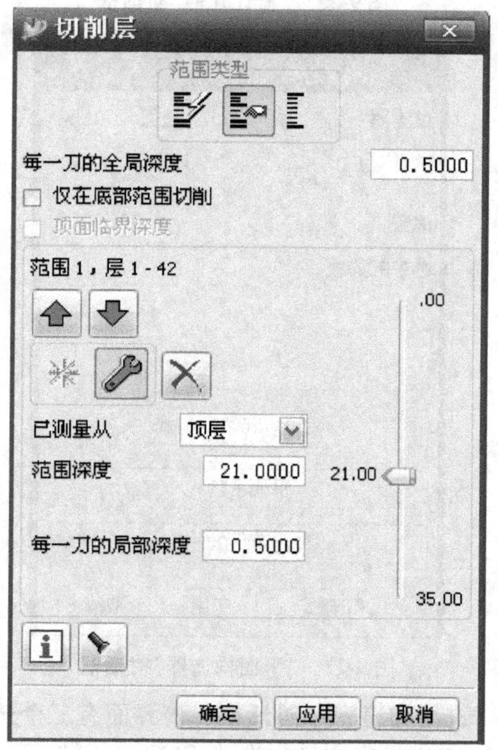

图 9-22　更改后的切削层

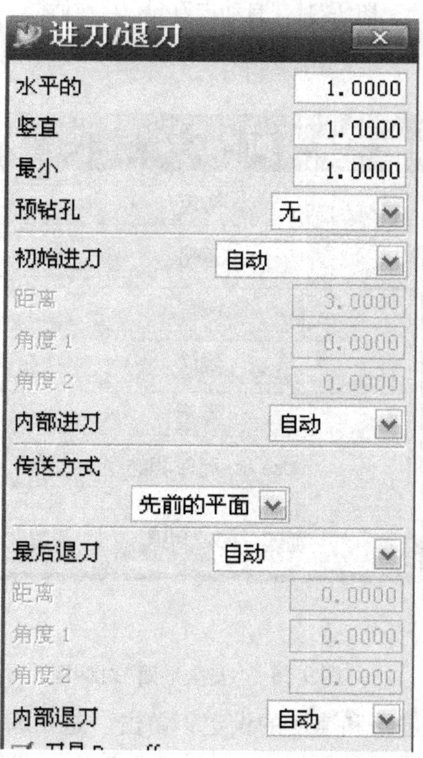

图 9-23　“进刀/退刀”对话框

设为 5，螺旋的直径设为 100%，最小斜面长度设为 0；退刀的自动类型选圆的，圆弧半径设为 5，激活区间设为 3，重叠距离设为 0，退刀间距设为 5（图 9-24）。

避让的设定：单击“避让”，在弹出的“避让几何”对话框中（图 9-25），单击安全平面“Clearance Plane”，弹出“安全平面”对话框（图 9-26），再在对话框中单击“指定”，弹出“平面构造”对话框，在此设定 XC－YC 平面偏置 20（图 9-27），按提示单击三次“确定”回到参数设定主界面。

自动进刀/退刀
倾斜类型　螺旋的
斜角　5.0000
螺旋的直径 %　100.0000
最小斜面长度 - 直径 %　0.0000
自动类型　圆的
圆弧半径　5.0000
激活区间　3.0000
重叠距离　0.0000
退刀间距　5.0000

图 9-24　“自动进刀/退刀”对话框

图 9-25　“避让几何”对话框

安全平面
指定
忽略
恢复
确认
显示
Use at -起始和结束
确定　后退　取消

图 9-26　“安全平面”对话框

平面构造
过滤器　任何
矢量方式
偏置　20.0000
选中的约束
XC-YC　YC-ZC　XC-ZC
平面子功能
列出可用的约束
确定　应用　取消

图 9-27　“平面构造器”对话框

进给和速度的设定：单击“进给率”，弹出“进给和速度”对话框。该界面有三个选项卡，即“速度”、“进给”、“更多”。“更多”选项卡中设定主轴方向为 CLW（正转）；“进给”选项卡中的进给率在设定加工方法时已经预设好，不需再作设定；“速度”选项卡中，将“主轴速度”前的复选框打“√”，速度值设为8000（图9-28），单击“确定”返回参数设定主界面。

切削参数的设定：单击“切削”，打开“切削参数”对话框，该对话框共有五个选项卡，即“Strategy”（策略）、“余量”、“连接”、“包容”、“更多”。“策略”选项卡中，切削顺序选择层优先，切削方向选择顺铣切削（图9-29）；“余量”选项卡中参数在设定加工方法时已经预设好，不需改动（图9-30）；“连接”选项卡中，将“打开刀路”[⊖]选项设为变换切削方向⇄（图9-31）；“包容”和“更多”选项卡中，所有选项和参数保持默认值即可（图9-32和图9-33）。所有选项卡参数设定完毕，单击“确定”返回。

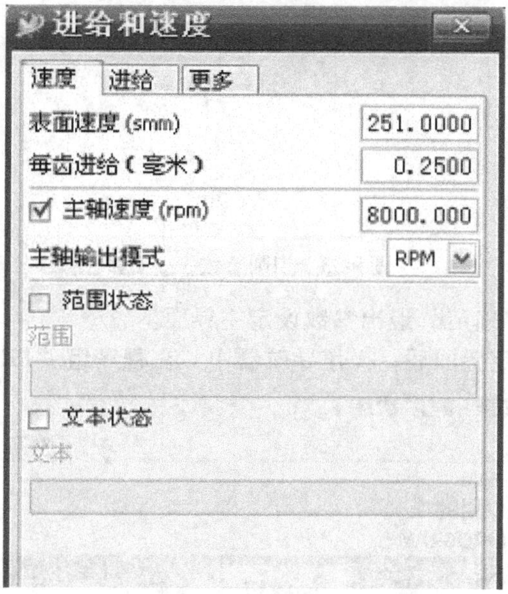

图9-28　“进给和速度”对话框

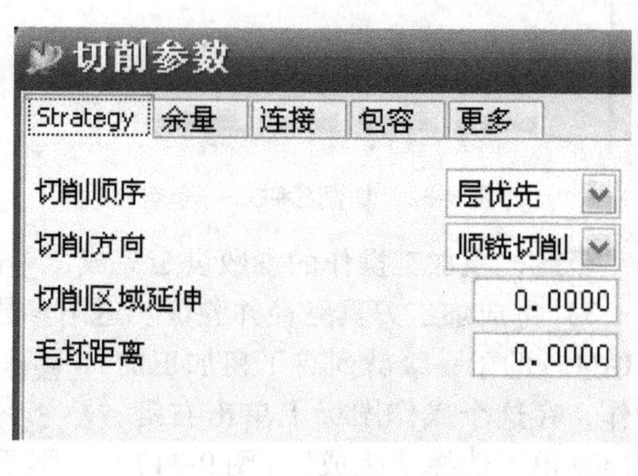

图9-29　切削参数——策略

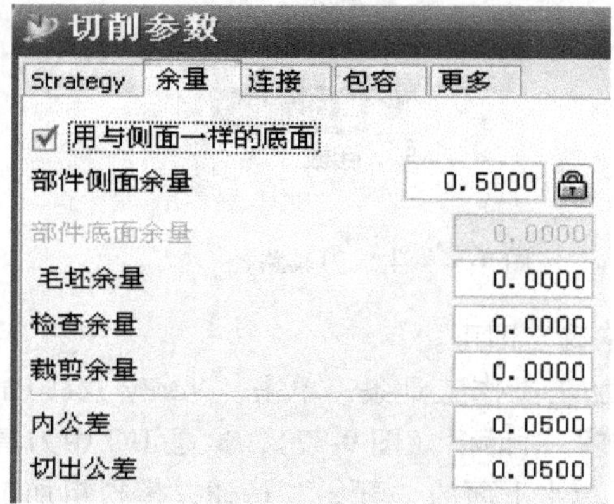

图9-30　切削参数——余量

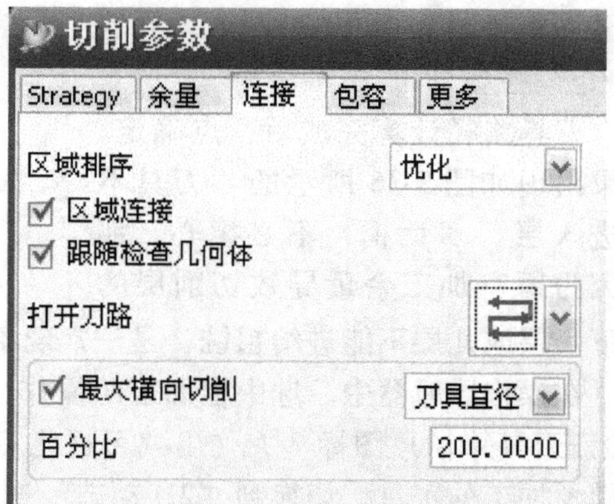

图9-31　切削参数——连接

⊖ 软件显示原因，此处保留“刀路”，指“刀具路径”，后同。—编者注

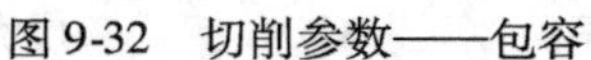

图 9-32　切削参数——包容

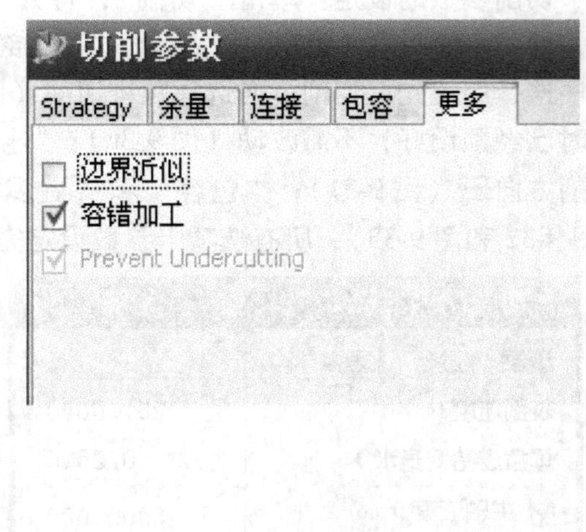

图 9-33　切削参数——更多

至此，粗加工操作的参数设定完成，单击“确定”退出参数设定主界面。

3）生成加工刀具路径并验证。退出参数设定界面后，操作导航器中，在程序组“PROGRAM”的子一级就列有了粗加工的操作，在这个操作图标上单击右键，弹出菜单，选择“生成”（图 9-34），开始计算刀具路径。

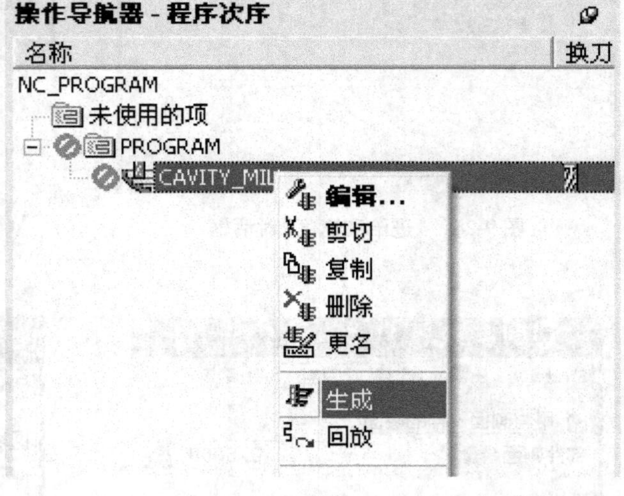

图 9-34　生成刀具路径

刀具路径计算需要花一些时间，在计算过程中，会有一个“任务进行中”的小窗口显示（图 9-35）。如果发现设定的参数有需要修改的，想要终止计算，单击这个窗口上的“停止”按钮即可。

刀具路径计算完成后，点确定。如果出现如图 9-36 所示的“刀具不能进入层”对话框，不必担心，那是因为留有加工余量导致切削层的最下一层或几层不能进给粗铣，是正常现象，点击确定即可。

在操作导航器中，选中粗加工的操作，找到加工操作工具条，单击“Verify Tool Path”（验证刀具路径）图标，弹出“可视化刀具轨迹”对话框（图 9-37），这是 UG 中刀具路径模拟加工的工具。切换到“2D 动态”选项卡，单击下面的“开始”按钮，模拟粗加工刀具路径。

粗加工刀具路径模拟结束，未发现错误，模拟结果如图 9-38。至此，粗加工创建完成。

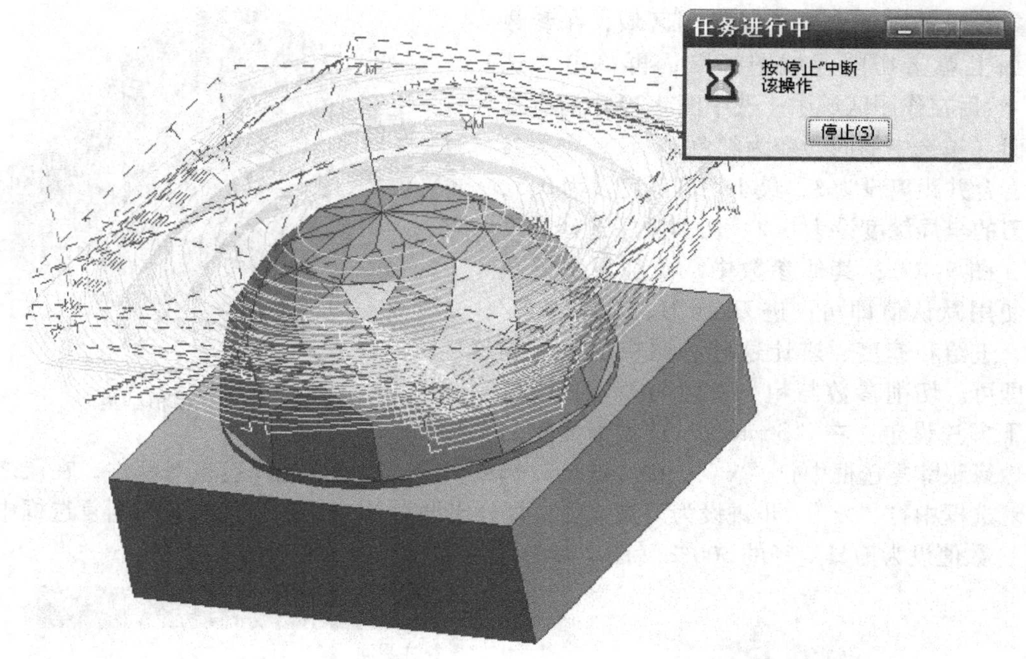

图 9-35　刀具路径计算进行中

图 9-36　刀具不能进入层

(2) 半精加工　按照加工工步安排，半精加工也只有一步，即对所有区域进行 Z 轴层等高精加工。

创建半精加工操作的方法与创建粗加工操作方法类似，同样是先插入操作，再设定具体参数，最后生成刀具路径并验证，只是选择的选项和设定的参数有所不同。

在插入操作时，类型选择型腔铣“mill_contour”，子类型选择 Z 轴层等高精加工“ZLEVEL_PROFILE”，图标为，程序选择“PROGRAM”，使用几何体选择“WORKPIECE”，使用刀具选择“D10R0”，“使用方法”选择“MILL_SEMI_FINISH”。

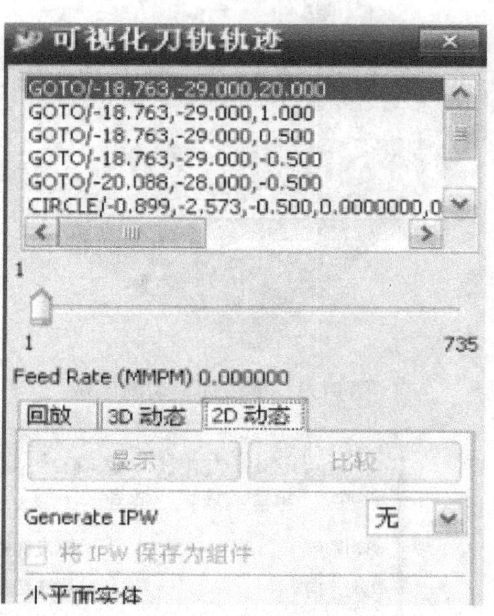

图 9-37　“可视化刀具轨迹”对话框

参数设定：首先要选择切削区域，在参数主界面上单击切削区域图标，再单击“选择”，然后在作图区域中，选中图9-39中所有红色的面（被选中的面会变为红色显示）；主要参数中，合并距离设为3，最小切削深度设为0.5，每一刀的全局深度设为0.2，切削顺序选择深度优先（图9-40）；其他参数中，切削层不要改动，使用默认值即可；进刀/退刀、自动进刀/退刀、进给和速度、避让这些参照粗加工时的设定即可。切削参数与粗加工时有所不同，按照以下方法设定：在“Strategy”选项卡面里的移除边缘跟踪复选框中打“√”；在“连接”选项卡中，层到层选择直接对部件，在层之间剖切复选框中打“√”，步进设为刀具直径，百分比设为50%，在最大横向切削复选框中打“√”，数值设为刀具直径的300%（图9-41）。

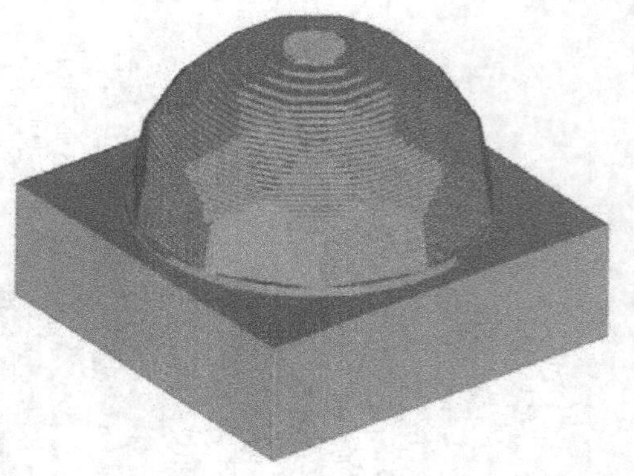

图9-38　粗加工模拟结果

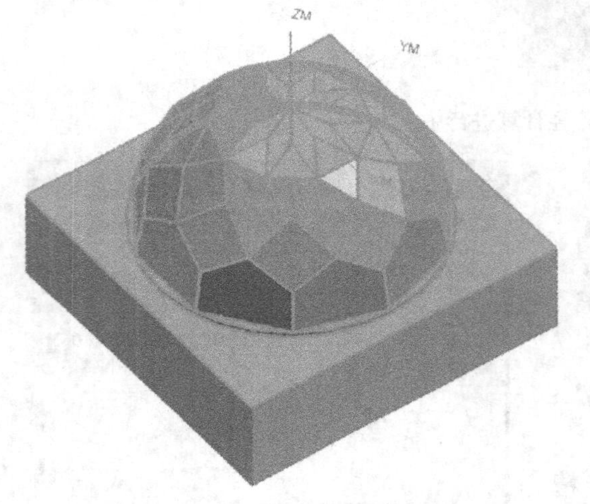

图9-39　半精加工切削区域

图9-40　半精加工主要参数

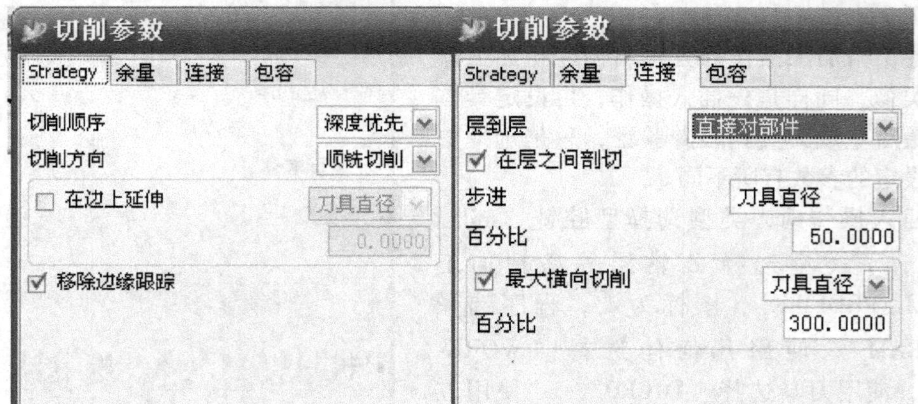

图9-41　半精加工切削参数

半精加工生成刀具路径和刀具路径验证的方法与粗加工一样，如图 9-42 所示为半精加工模拟结果。

至此，半精加工创建完成。

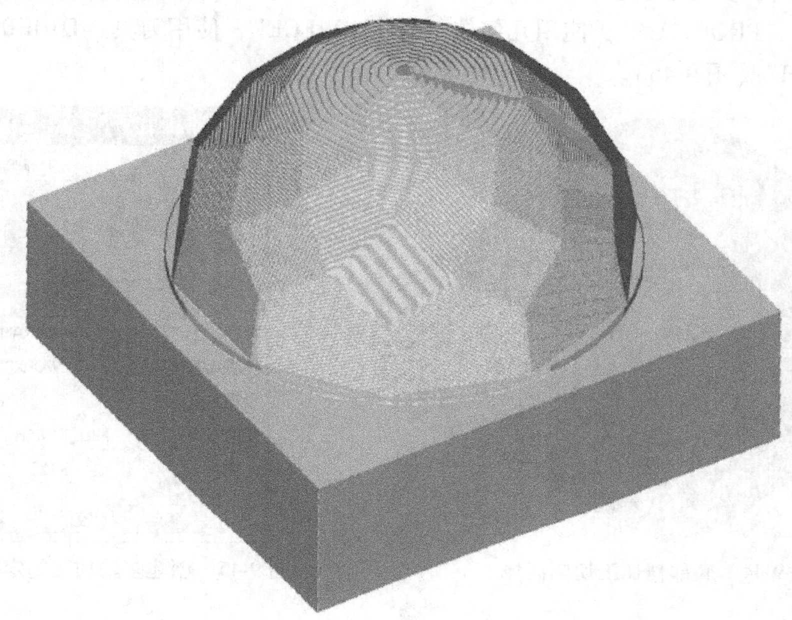

图 9-42　半精加工模拟结果

（3）精加工　由于精加工的步骤较多，这里按加工次序分步说明。

1）底部区域的等高精加工。这一步同半精加工使用的是相同的加工策略，因此可以将半精加工操作复制一个副本，再修改参数后，重新计算刀具路径。

在操作导航器中半精加工操作“ZLEVEL_PROFILE”上单击右键，选择复制，再次单击右键，选择粘贴，产生了一个新的操作“ZLEVEL_PROFILE_COPY”。操作导航器切换到加工方法视图，将这个新操作从“MILL_SEMI_FINISH”方法下拖动至“MILL_FINISH”方法下（图 9-43）。

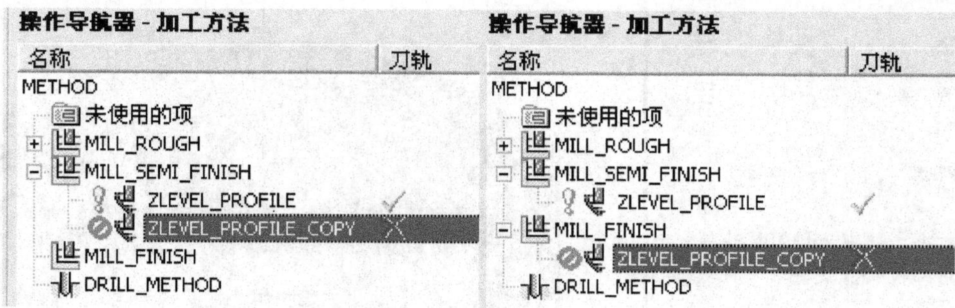

图 9-43　拖放法改变操作的加工方法

回到程序顺序视图，双击操作，修改参数：切削区域重新选择为零件的底面和底部区域的圆柱面（图 9-44）；进给和速度中，将主轴转速修改为 12000。

单击“确定”，保存参数并退出参数设定界面，生成刀具路径。

2）多面体第一层平面精加工。第一层平面由10个中心对称的平面组成，因此，先生成其中一个面的精加工刀具路径，其余的只要将这一个刀具路径绕对称中心旋转复制即可。

创建操作时，类型选择多轴加工“mill_multi-axis”，子类型选择“FIXED_CONTOUR”，程序选择“PROGRAM”，使用几何体“WORKPIECE”，使用刀具“D10R0”，使用方法“MILL_FINISH”（图9-45）。

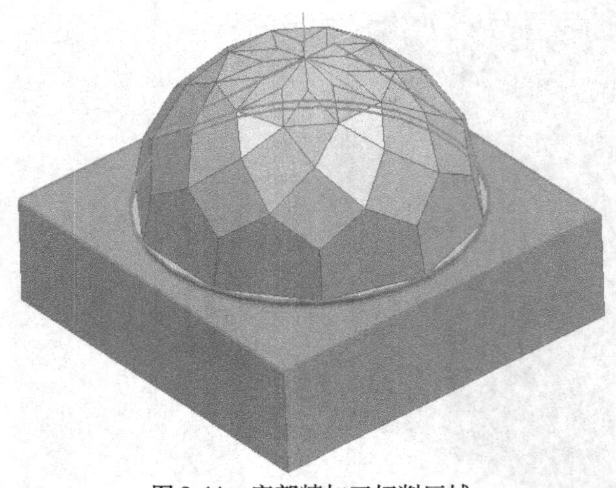

图9-44　底部精加工切削区域

图9-45　创建多轴加工的定轴曲面铣

参数设定：

将驱动方式改为区域铣削，弹出“区域铣削驱动方式”对话框，将陡峭包含设为无，图样选择平行线，切削类型选择“Zig_Zag”（之字形，即双向切削），切削角选择自动，步进设为刀具直径，百分比设为50%，应用在平面上（图9-46）。单击“确定”保存参数并返回主界面。改变驱动方式后，在主界面上部多了切削区域的图标，选择切削区域为第一层平面中的一个面（图9-47）。

图9-46　区域铣削驱动方式参数

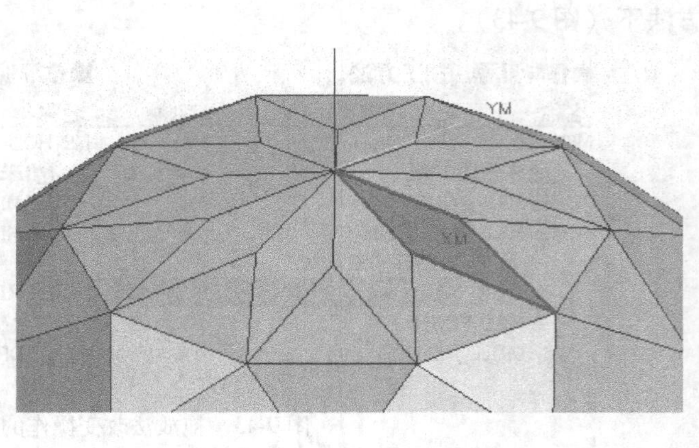

图9-47　选择第一层平面中的一个面

将刀具轴线改为指定矢量，在矢量构成器（图9-48）中选择自动判断的矢量，再选中切削区域选的那个平面（图9-49），则刀具轴线矢量自动捕捉成为要加工的面的法向矢量。

单击“确定”回到主界面（图9-50），再设定切削参数、非切削参数、进给和速度。

切削参数在策略页面中，勾选移除边缘跟踪复选框和在边上延伸复选框，延伸量设为刀具直径的55%（图9-51）。

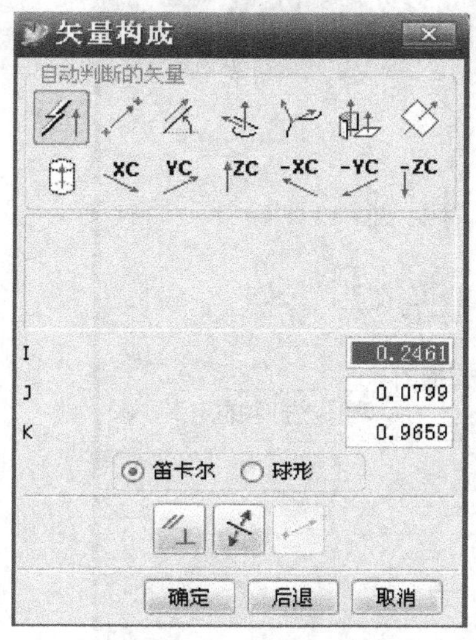

图9-48　矢量构成器

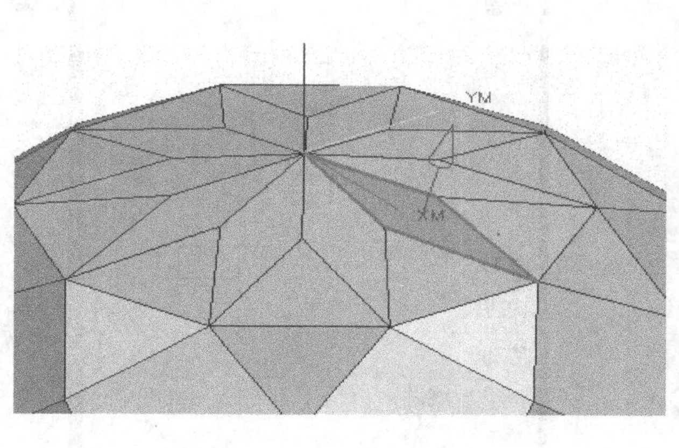

图9-49　捕捉要加工面的法向矢量

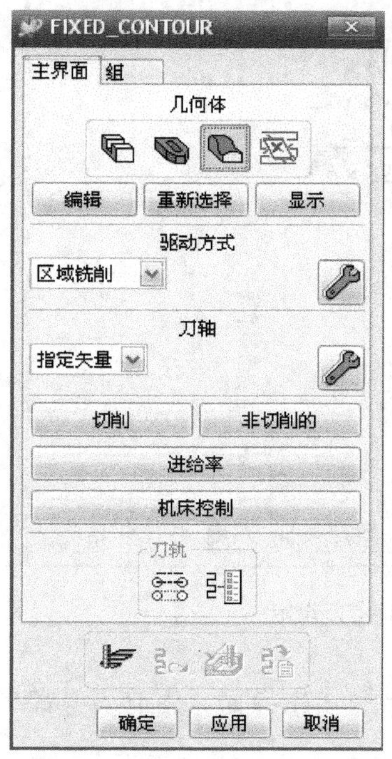

图9-50　定轴曲面铣参数主界面

图9-51　切削参数设定

非切削移动参数中，进刀的状态设为手工，移动为线性，方向为刀轴，距离为1，退刀选择利用“进刀”的定义（图9-52）；将逼近状态设为间隙，方向为刀轴（图9-53），单击间隙图标，进入“安全几何体”设定对话框，在创建新的里选择球（图9-54），将球半径设为30（图9-55），指定球心为零件底部圆形的圆心（图9-56），单击“确定”，然后单击“接受”，再单击“返回当前的”；将分离状态也设成间隙。

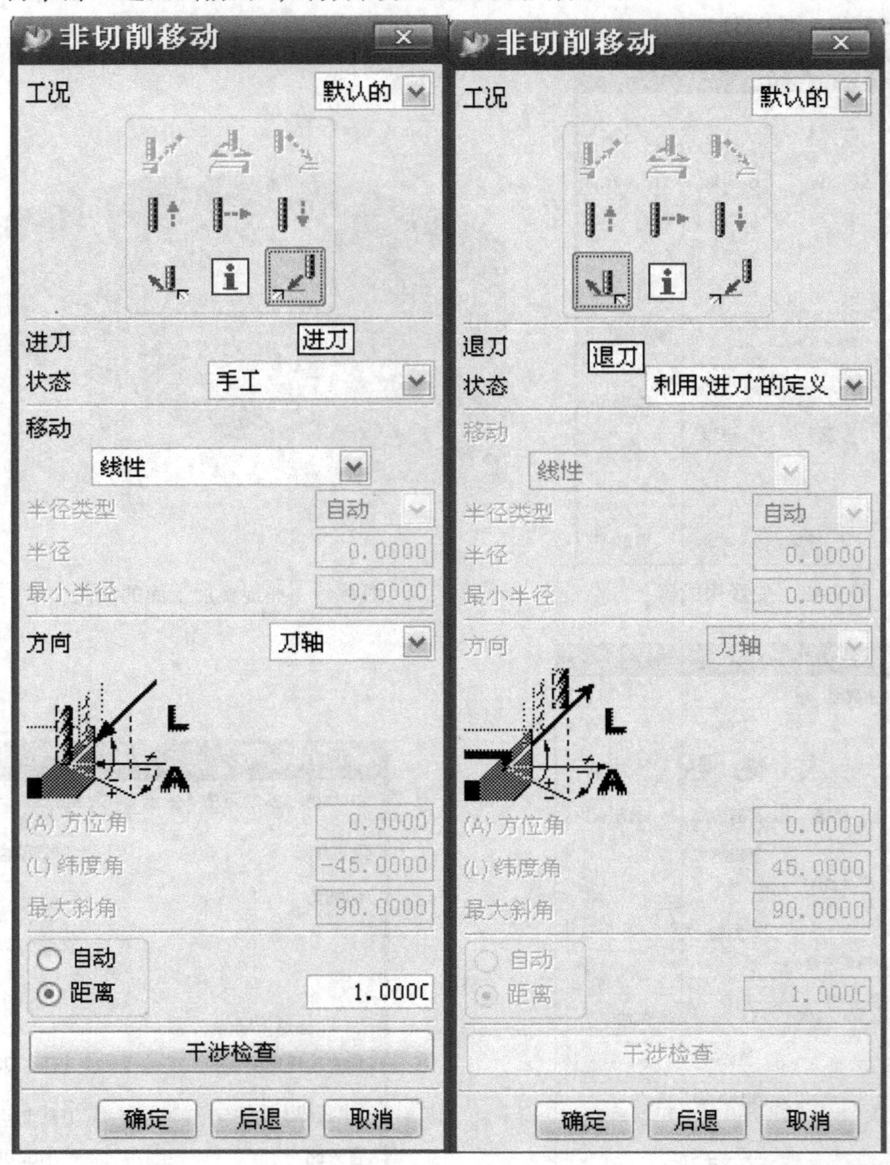

图9-52　非切削参数——进刀/退刀设定

进给和速度中，将主轴转速设为12000。

参数设定完成后，单击“确定”保存参数并退出操作主界面，生成刀具路径（图9-57）。

在操作导航器里的精加工操作中用右键单击“FIXED_CONTOUR”，在弹出菜单中选择

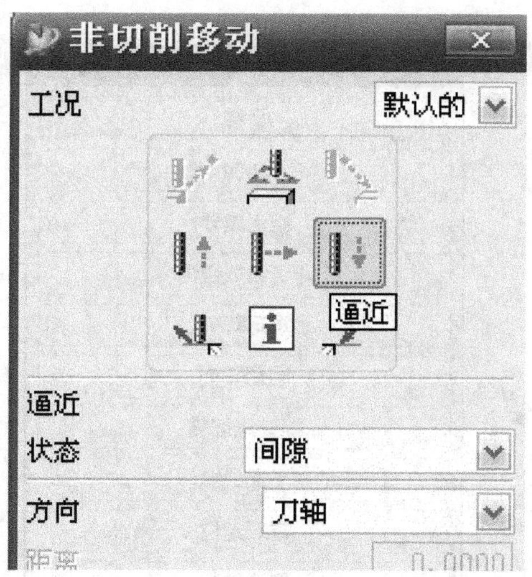

图 9-53　非切削参数——逼近

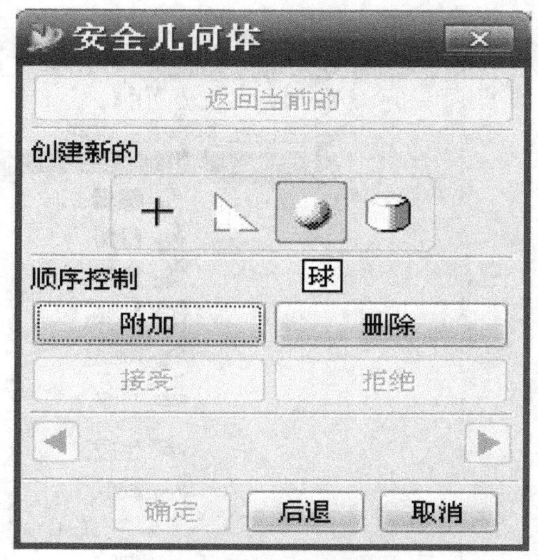

图 9-54　安全几何体

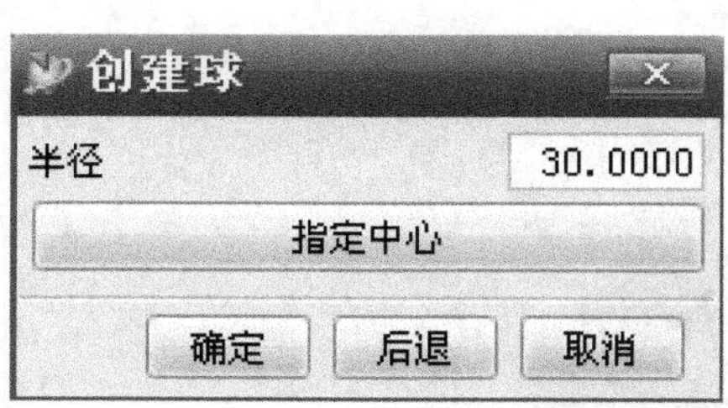

图 9-55　创建球形安全几何体

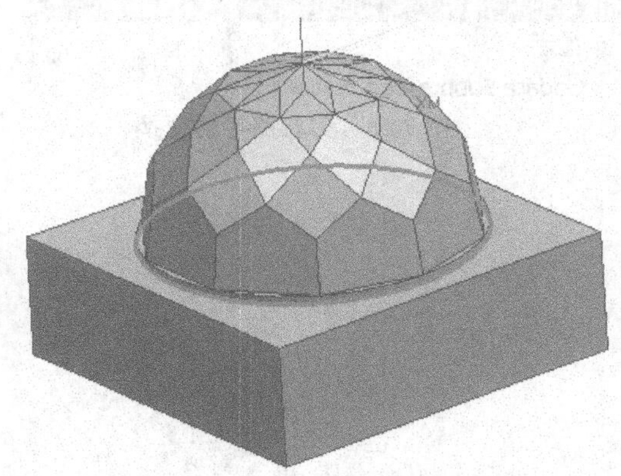

图 9-56　选择零件底面上的圆心点

"对象"→"变换"→"绕点旋转"（图 9-58、图 9-59），旋转中心点选原点，旋转角度为 36°，移动方法选择多重复制"Multiple Copies"，复制的副本数设为 9，刀具路径生成完毕后单击"接受"。通过变换复制产生的刀具路径如图 9-60 所示。

3）多面体其他层平面精加工。对于这个多面体零件，各层平面的精加工策略是一样的，大多数加工的参数也是一样的，只是加工区域和刀具轴线不同，因此其他各层平面的精加工均可以复制第一层的

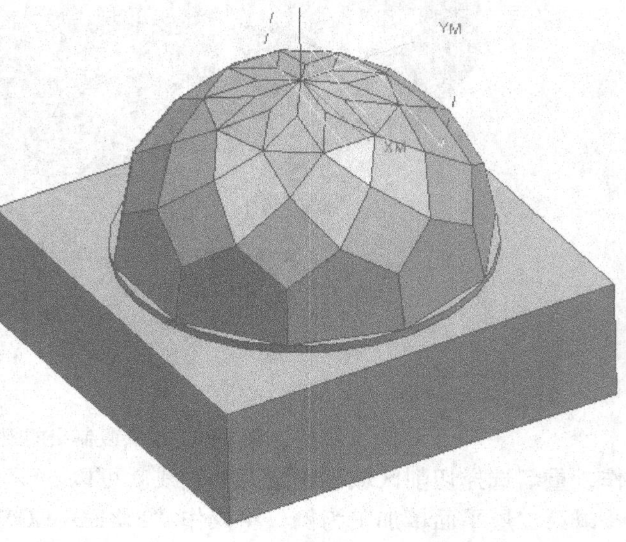

图 9-57　一个平面的精加工刀具路径

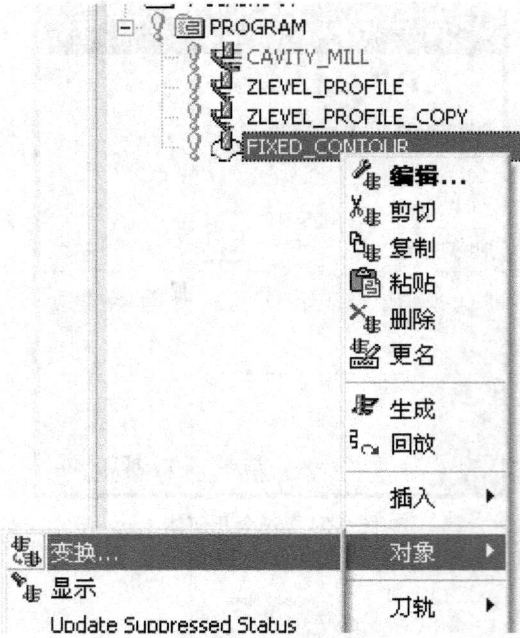

图 9-58　刀具路径的变换 　　　　图 9-59　CAM 变换类型选择

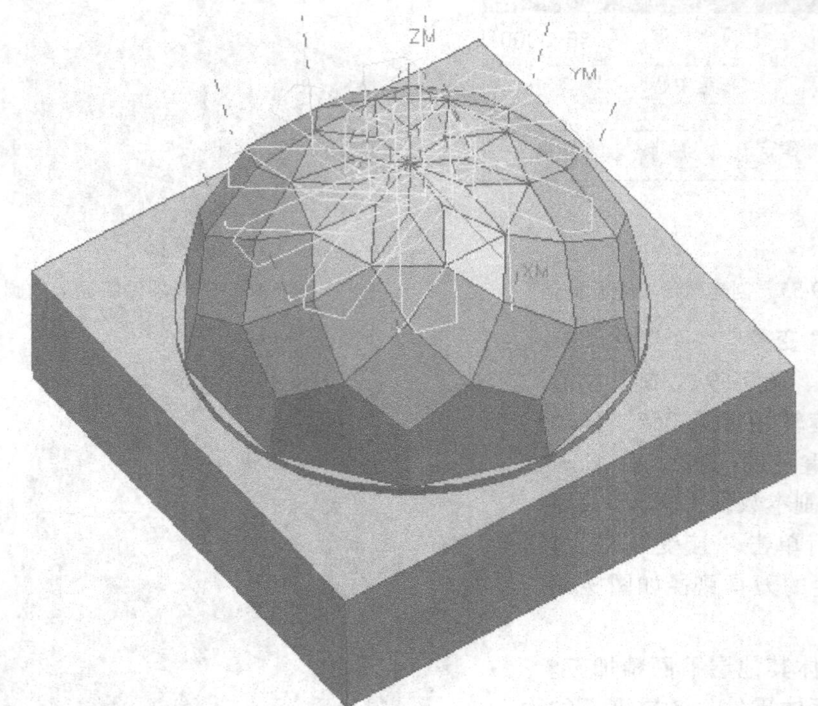

图 9-60　旋转复制出的刀具路径

操作，重新选择切削区域和设定刀具轴线就可以。

以第二层平面精加工为例，将操作“FIXED_CONTOUR”复制并粘贴一个在程序顺序视图的最下面，双击复制出的这个操作，重新选择切削区域为第二层平面中的一个面，再将刀具轴线指定为这个面的法向，保存参数，生成刀具路径。这样，就得到了第二层平面中一个面的精加工刀具路径。再仿照第一层面精加工时的方法，将这个刀具路径旋转复制得到这一层面中其他面的精加工刀具路径。

剩下的层的平面的精加工刀具路径按照此方法生成即可。

5. 后处理生成加工程序

将粗加工、半精加工、精加工刀具路径分别生成一个 NC 程序。

首先，可以将所有的加工刀具路径更改名称，便于管理。例如粗加工操作改名为“ROUGH”；半精加工操作改名为“SEMIFINISH”；精加工有多个操作，其中底部精加工的操作改名为“DB”，第一层平面精加工改为“L1-1”，“L1-2”，…，“L1-10”，第二层平面精加工改为“L2-1”，“L2-2”，…，“L2-10”，依此类推。

其次，可以建立程序组并重新编排操作的次序。在操作导航器程序顺序视图中，从上到下的顺序是操作执行的顺序，也就是加工顺序。粗加工应该放在最上方，接着是半精加工，最后精加工。建立一个程序组，命名为“FINISH”，将所有精加工的操作都放入这个程序组中。这里，精加工有多个操作，要编排好这些操作的次序，使加工程序优化：精加工的第一步是底部精加工，接下来按次序分别为第一层、第二层、第三层、第四层、第五层、第六层平面的精加工。每一层平面的精加工有 10 个操作，如果按顺序加工，机床有一个旋转轴为单向运动，这时可能产生累积误差。为了消除这种误差产生的可能，可以采用跳跃的顺序加工。例如，第一层的加工操作可以按照这样的顺序排列：L1-1、L1-3、L1-5、L1-7、L1-9、L1-10、L1-8、L1-6、L1-4、L1-2。以上操作都完成后，操作导航器程序视图如图 9-61 所示。

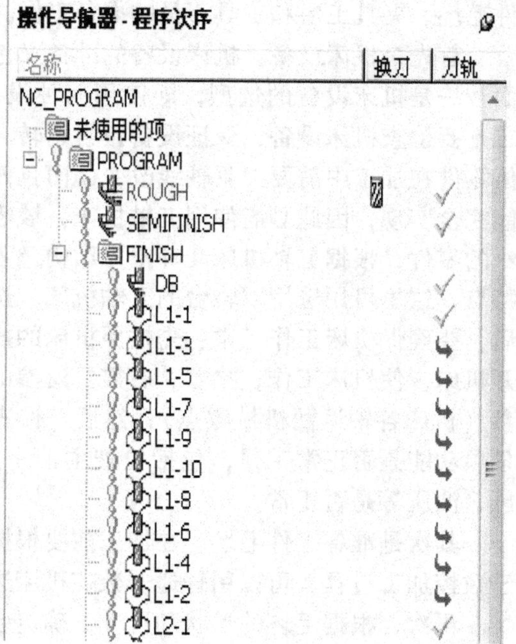

图 9-61　重新编排后的程序顺序视图

最后，对粗加工、半精加工、精加工的操作分别进行后处理。选中粗加工操作“ROUGH”，单击加工操作工具栏里的后处理图标，在弹出的“后处理”对话框中，可用机床选择一个五轴后处理，文件名处，可单击“浏览”选择保存程序的目录位置，文件命名为“DMT-CU-D10R0. nc”，单位处选择定义了后处理，将列出输出的复选框去掉“√”，单击“确定”，粗加工的操作就被后处理成为加工程序，并保存到指定位置（图 9-62）。文件命名为“DMT-CU-D10R0. nc”，是为了便于加工程序的管理：“DMT”代表多面体，“CU”代表粗加工，“D10R0”表明了使用刀具的参数。这样只要看到这个程序的文件名，就可以知道这个程序是加工的什么、是哪一步加工、使用的什么刀具。

接着后处理半精加工和精加工的操作。后处理半精加工时选择半精加工的操作“SEMI-FINISH”，后处理精加工时选择包含所有精加工操作的程序组“FINISH”。半精加工和精加工的程序也可以参照粗加工文件命名的规则来命名：半精加工文件名用“DMT-BJ-

D10R0. nc”、精加工文件名用“DMT-J-D10R0. nc”。

至此，加工程序的产生完成了，得到三个加工程序文件“DMT-CU-D10R0. nc”、“DMT-BJ-D10R0. nc”、“DMT-J-D10R0. nc”，分别用于粗加工、半精加工、精加工。上机加工时，将这三个文件复制到加工机床上。

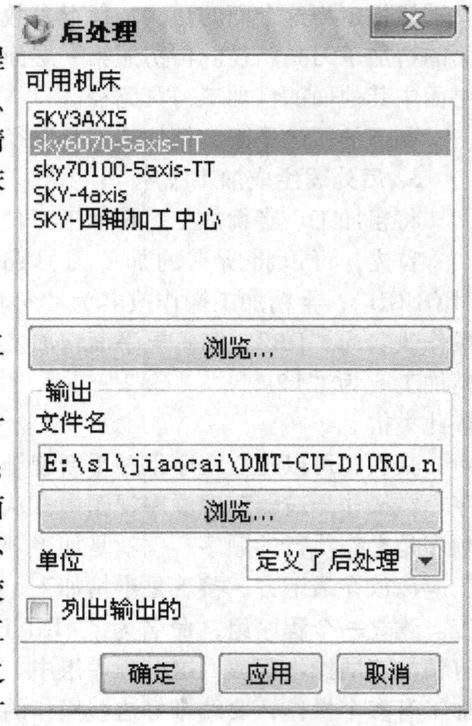

图 9-62　后处理

三、多面体零件实际加工过程

1. 加工前的准备工作

加工前的准备工作包括几个方面：机床设备、工件毛坯、夹具工装和工具刀具的准备工作。

首先是机床设备。机床设备的准备又包括两个方面，一是机床设备的选型，即使用何种设备来加工；二是要检查机床设备，保证设备正常运转。这个多面体零件在加工中需要刀具轴线改变，而且四轴机床不能完全实现，因此必需使用五轴机床；该零件属于较小的零件，根据五轴机床几种常见结构及各自的加工特点，这里可用选用双转台的五轴机床。选定机床之后，要确保机床工作正常：先按照机床的操作规程打开机床，使机床工作；接着，有需要返参的机床要返参（机床各轴返回机械零点）；然后，检查机床设备各项功能是否正常工作，包括检查主轴、主轴冷却系统、机床润滑系统、切削液、以及气压、油压等是否正常。

其次是准备工件毛坯。在加工前要根据图样将工件毛坯加工至规定尺寸，这步加工不属于数控加工过程，可以用普通非数控机床进行，也可以用数控机床手动操作加工。

再次，根据毛坯的形状和尺寸，确定装夹工件的方法，依此准备工装或者夹具。此例中毛坯为形状规则的长方体，装夹方法较为简单，用机用平口虎钳夹住就可以。因此，我们准备一个规格合适的机用平口虎钳，再准备若干压板和螺钉即可。

最后是准备刀具和工具。先准备刀具，根据加工工艺，这个零件只要用一种刀具：直径为 10mm 的平底刀。但是，在粗加工和半精加工后，刀具会发生磨损，精加工再继续使用同一把刀具，会影响到精加工的精度，并且如果刀具的磨损量过大，就会造成加工的零件不合格。因此，我们准备两把 ϕ10mm 的平底刀，分别安装在两个刀柄上，一把用来粗加工和半精加工，另一把用来精加工。然后，将加工过程中需要使用的所有工具都准备好，包括对刀器、百分表、磁力表座、各种尺寸的扳手等。

2. 装夹工件和对刀

首先，装夹工件。装夹工件的同时还需要将工件位置找正。

先将机用平口虎钳固定在机床转台上，再将工件夹住。注意固定机用平口虎钳和工件时都先不要完全装紧，以便于调整。接着调整工件的位置，可以将对刀器装在机床主轴上，利用机床运动来测量工件位置，再进行调整，最终使工件中心与转台中心重合，再固定好机用平口虎钳和夹紧工件。然后，用百分表或千分表找正工件毛坯，旋转转台（一般是 C 轴）

使毛坯的一个侧面同机床 X 轴平行，将这个角度设为转台（C 轴）加工原点。装夹完成后的效果如图 9-63 所示。

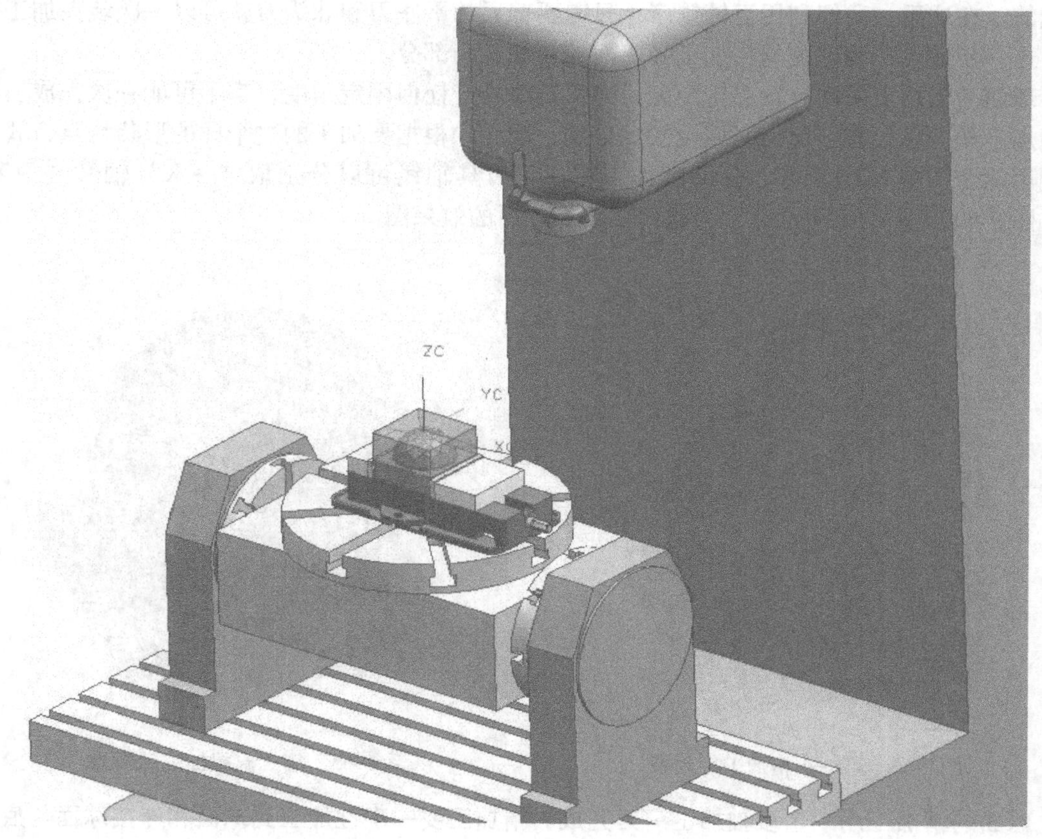

图 9-63　装夹好工件的机床示意图

装夹好工件后，进行对刀。这里对刀操作与三轴机床不同，应按照双转台机床对刀方法来操作。对刀时可以使用对刀器，对好各个轴向的加工原点后，把要使用的两把刀具分别装在主轴上，校正每把刀的刀长，并记录刀长补正值。

3. 加工

将粗加工使用的刀具安装在主轴上，调用程序“DMT-CU-D10R0. nc”进行粗加工；粗加工完成后，调用程序“DMT-BJ-D10R0. nc”进行半精加工；完成后，装上精加工使用的刀具，调用程序“DMT-J-D10R0. nc”进行精加工。

在加工过程中，程序设定好的加工速度（包括主轴转速和进给速度）是编程时估计较为理想的速度，但在实际加工时不一定最适合，因此要根据实际加工效果来修正速度，速度的修正可通过调整主轴转速和进给速度的倍率来实现。

第二节　球面刻字加工实例

一、球面刻字加工工艺分析

首先分析完成这个加工任务需要哪几个步骤。这个加工任务有两个步骤：第一步，要加工出一个球形；第二步，在这个球面上刻几个凹字。

第一步中要加工的球形是一个超过半球的球面，用普通铣刀三轴铣是无法一次装夹工件完成的。在这里，我们利用五轴铣床，只需要普通的平底刀和球头刀就可以一次装夹加工完成。这一步还要分为球面的粗加工和球面的精加工两部分。

球面的粗加工采用定轴层铣，无论刀具轴线处于任何固定角度，都不可能一次完成所有的粗加工量，总会有一定的区域无法加工到，因此，根据要加工的这个球的形状特点，我们分别用两个刀具轴线角度，分两次加工完成，刀具轴线可以分别取“+X”轴和“-X”轴。图9-64、图9-65所示分别为这两次粗加工后的效果图。

图9-64　第一次粗加工后效果

图9-65　第二次粗加工后效果

球面的精加工用一个多轴加工一刀完成。精加工要一次性加工到球面和连接球面与底座的圆柱形颈部。在加工球面的上半部分时，刀具轴线垂直于球面；在加工球面下部和圆柱形颈部时，要使刀具能避开球面中部突出部分，如刀具轴线可以和圆柱形的轴线垂直。既要控制好精加工的刀具轴线变化，又要控制好加工的范围，这就需要一个驱动曲面。因此，球面精加工要用曲面驱动的可变轴曲面轮廓铣。图9-66所示为球面精加工后的效果图。

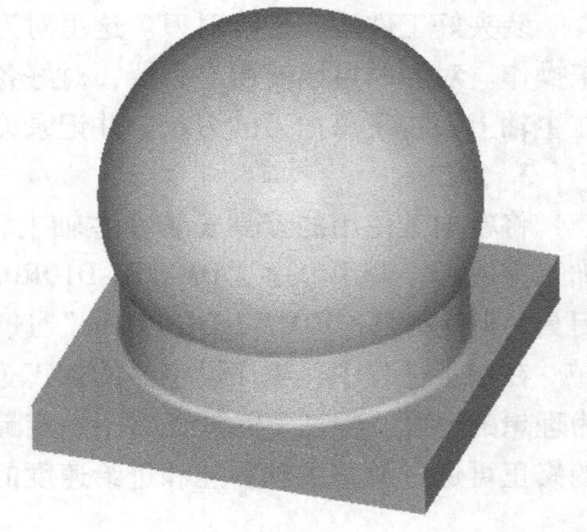

图9-66　球面精加工后效果

第二步的刻字不同于一般的三轴刻字：三轴刻字的刀具轴线固定为“+Z”轴；这里的刻字，刀具轴线要一直和球面保持垂直。雕刻时，刀具加工到球面上的哪个位置，刀具轴线就要沿着球面这一点的法向，也就是刀具轴线矢量为离开球心点的矢量。球面其他部分在前一步中已经加工好，只要把有字区域的曲面加深，就可在球面上刻出凹字。因此，这一步的加工范围是球面上有字的地方，可以采用可变轴曲面轮廓铣中的边界驱动。图9-67所示为球面刻字后的效果图。

接着，分析加工的工艺参数。确定工艺参数就需要先确定加工方法、工件的材料和使用的刀具。加工方法在前面加工步骤分析时已经确定了；工件的材料为代木（一种高分子树脂合成板材）；关于刀具，暂定粗加工使用 ϕ12mm 的平底刀，球面精加工使用 ϕ6mm 球头刀，刻字使用端部直径为 0.2mm，拔模角为 15° 的雕刻刀。因为加工所用的材料是代木，所以加工时可以使用比较大的切削深度、较高的切削速度和进给速度。具体的参数列在下面的工步安排表格中（表 9-2）。

图 9-67　球面刻字后效果

二、利用 UG 软件生成加工程序

表 9-2　球面刻字加工工步安排

步骤	次序	加工方法	加工内容	加工策略	刀具轴线控制	加工刀具	切削深度	进给率	公差	余量
1	1	粗加工	球面粗加工一	固定轴层铣	指定矢量为“+X”轴	ϕ12mm 平底刀 D12R0	5mm	5000mm	0.1mm	1mm
	2		球面粗加工二		指定矢量为“-X”轴					
	3	精加工	球面精加工	曲面区域驱动的可变轴曲面铣	垂直于驱动曲面	ϕ6mm 球头刀 D6R3	1mm	4000mm	0.01mm	0
2	4	精加工	球面刻字	边界驱动的可变轴曲面铣	离开球心点	雕刻刀 D0.2R0 B15	1mm	4000mm	0.01mm	0

1. 准备加工需要的驱动

单击计算机“开始”→“所有程序”→“UGS 4.0”→“NX4.0”，启动 UG 程序。单击工具栏上的打开文件按钮，在系统弹出的“打开部件文件”对话框中定位到光盘“chapter9 \ qiukz. prt”文件，单击对话框中的“OK”按钮，带字球面零件被调入 UG 中，单击标准工具栏起始按钮，在弹出的下拉菜单中选择“建模（M）”，进入 UG 的设计环境。

这个加工任务中用到较多的五轴加工，有曲面区域驱动的可变轴曲面铣和边界驱动的可变轴曲面铣，这些加工方法需要驱动几何。驱动几何不同于加工几何体：加工几何体一般只包括要加工的对象和加工坐标系；驱动几何是用来产生刀具路径的依据，可以是加工对象本身，也可以不同于加工对象。因此，我们需要构造驱动几何体。

（1）构造球面精加工的驱动曲面　将第二层图层设定为工作层，把要加工的球面造型复制一个副本至图层第二层，这个实体被 YZ 平面和 ZX 平面分割成四瓣，其又被通过球心并与 Z 轴垂直的平面分为共八个实体（图 9-68）；将 XY 平面第一、第二、第四象限的实体删除，只留下第三象限部分，再提取如图 9-69 所示的两条边缘曲线；如图 9-70 所示，将底座部分的上表面向上偏置 3.1mm；过提取出的四分之一圆弧形边缘曲线的下端点做一条平行于 Z 轴的直线（图 9-71）。将圆弧和直线合并为一条样条曲线（图 9-72）；再以这条样条曲线为母线，以另一条直线为轴线，做一个旋转曲面（图 9-73）；将刚刚偏置过的那个面定义为基准平面，它将旋转曲面分割（图 9-74）；最后，只留下分割后的旋转曲面的上半部分，将其他图形都删除（图 9-75）。这个曲面就是球面精加工的驱动曲面。

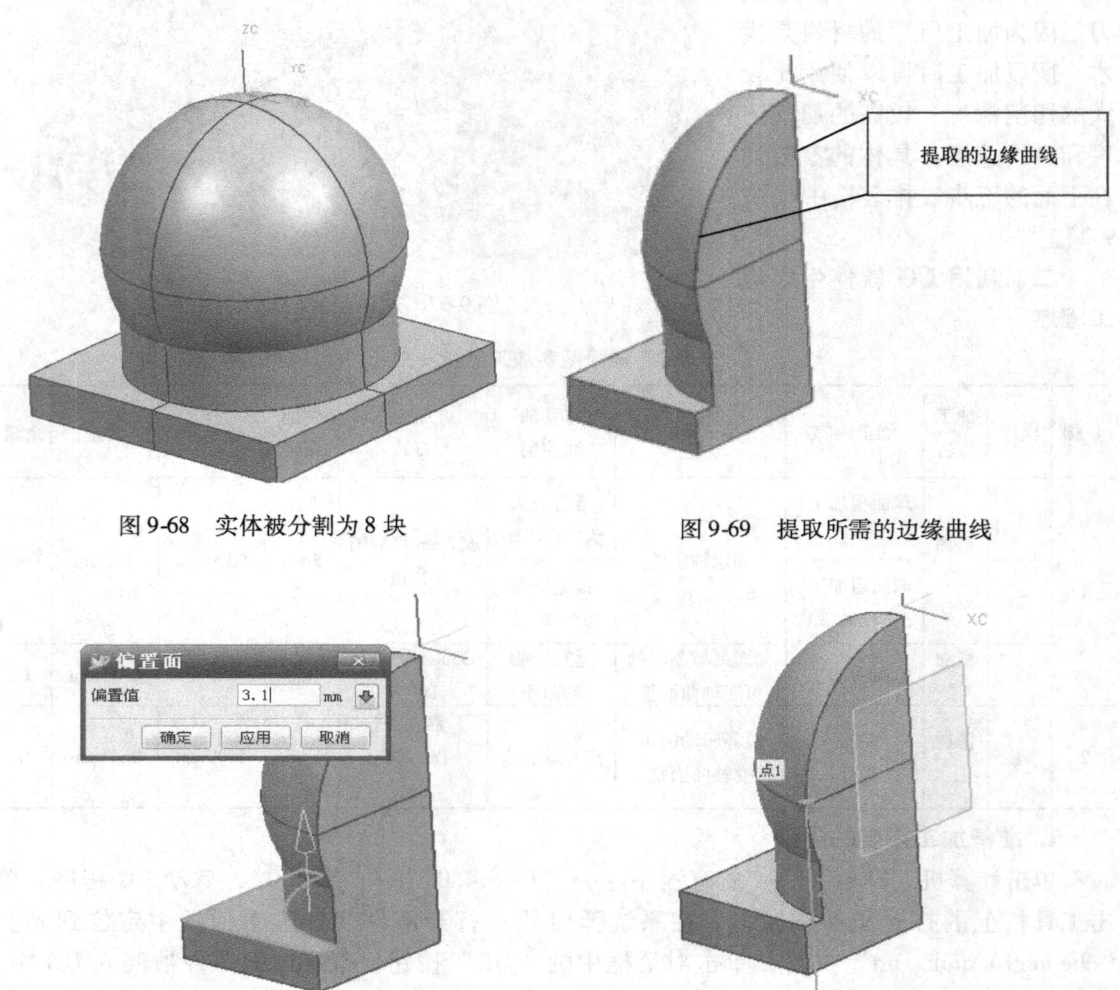

图 9-68　实体被分割为 8 块

图 9-69　提取所需的边缘曲线

图 9-70　偏置面

图 9-71　作直线

（2）刻字的驱动　将要刻的字放在球面上。首先，在球面上合适的位置提取一条等参数曲线，作为放置文字的基线（图 9-76）；单击曲线工具条中的文字图标**A**插入文字，选择类型为"On Face"，字体为黑体，输入文字"SKYCNC"（图 9-77）；选择球面作为放置面，再选择基线；如图 9-78 所示，调整好文字的方向、分布位置、字高和字宽；最后，将基线隐藏（图 9-79）。这样，刻字的驱动就做好了。这些字分布在球面上，但每个字所包含的曲线都分别在不同的平面内，每个字所在平面的法向与这个字的中心所在球面位置的法向相同。在边界驱动加工时，所选择的边界最终都是投影到一个平面内的，所以不需要将这些字投影到球面上。刻字加工时可以分别选择这些字作为驱动加工的边界，并且这些边界所在平面只要选择"自动"，就可以由软件自动捕捉到这些字各自所在的平面。

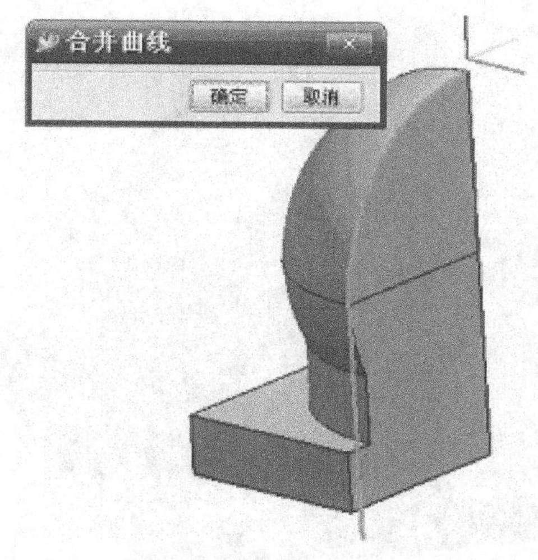

图 9-72　合并曲线为样条曲线

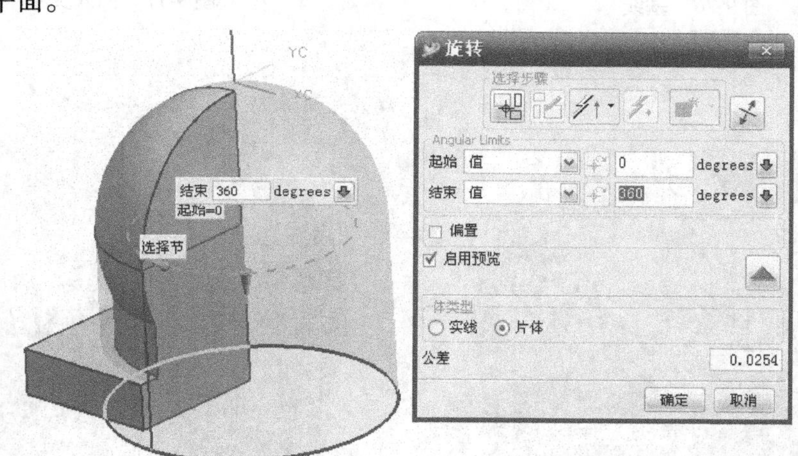

图 9-73　构造旋转曲面

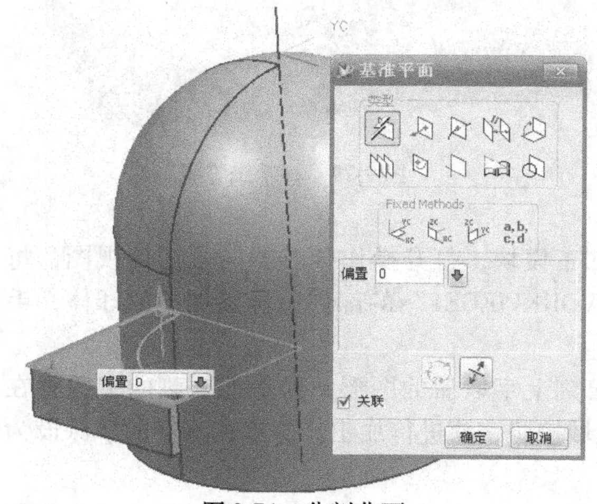

图 9-74　分割曲面

图 9-75　留下驱动曲面

图 9-76　基线

图 9-77　插入文字

图 9-78　调整好文字

图 9-79　将基线隐藏

2. 设定加工几何体

（1）球面粗、精加工的几何体　切换到加工模块，打开操作导航器的几何体视图，将“WORKPIECE”更名为“WORKPIECE1”，“WORKPIECE1”的部件选择要加工的球体，毛坯选择自动块，“ZM +”处设为 5（图 9-80）。

（2）刻字加工的几何体　我们并没有做出刻上字以后的图形，只是把要刻的字放置在球面上。刻字加工实际上是将球面上有字的区域按照字深进行加工。这里，刻字的字深设为 1mm。

切换到建模模块，将图层第三层设为工作层，把球体造型复制到第三层，再将这个复制体的球面向内偏置 1mm。将偏置后得到的实体和原来的球体造型更改为不同颜色，再将原来的球体造型改为透明显示，就可以看出偏置后的效果（图 9-81）。

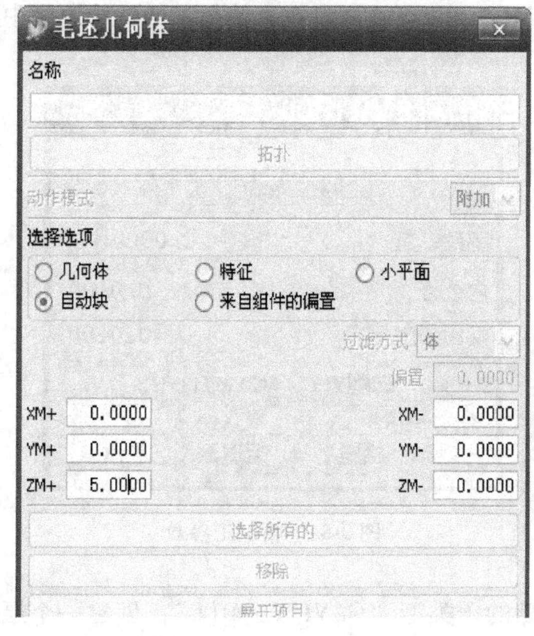

图 9-80　自动块毛坯

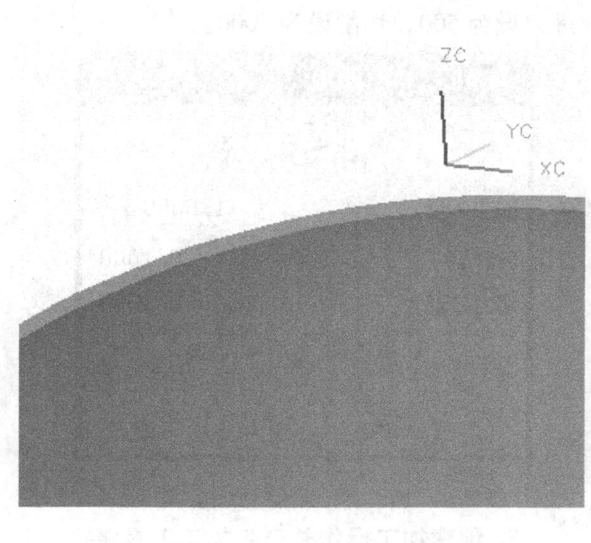

图 9-81　球面偏置后的效果

将这个偏置后得到的几何体作为刻字的加工对象，只把有字区域加工至这个曲面，其他区域不加工，就实现了在球面上刻字。

切换回到加工模块，在加工坐标系“MCS_MILL”的子级创建一个几何体“WORKPIECE2”。“WORKPIECE2”的部件选择偏置后得到的球体，毛坯选择原来的球体。

3. 设定加工刀具

在操作导航器的机床刀具视图建立三把刀具：D12R0、D6R3、D0.2R0B15。刀具参数如图 9-82 所示。

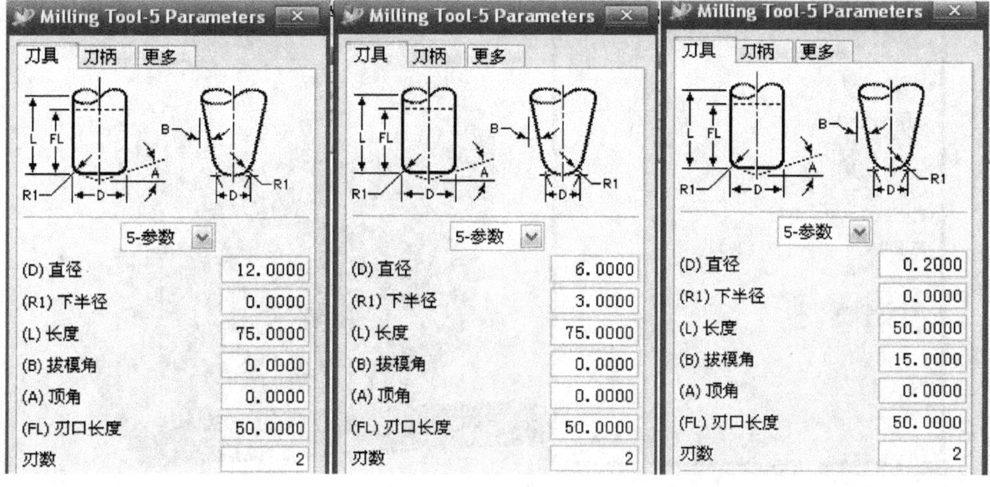

图 9-82　刀具参数

4. 设定加工方法

按照如图 9-83 所示设定粗加工“MILL_ROUGH”参数，粗加工的进给速度中进刀设为500，切削设为5000；按照图 9-84 设定精加工“MILL_FINSIH”参数，精加工的进给速度中进刀设为500，切削设为4000。

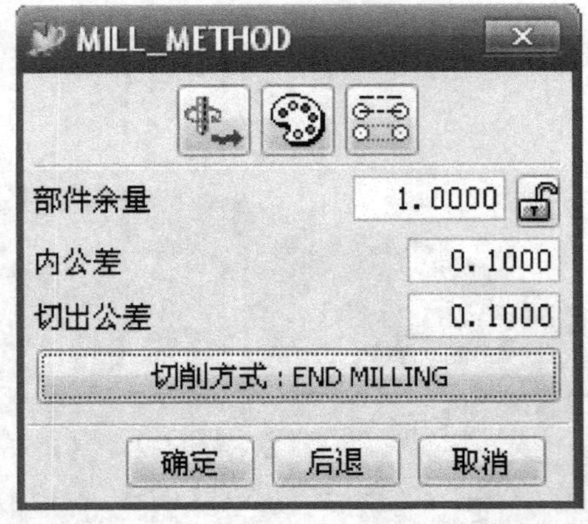

图 9-83　粗加工参数

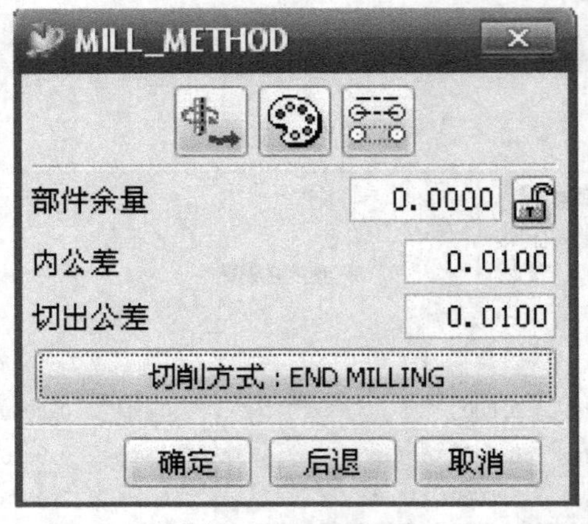

图 9-84　精加工参数

5. 创建加工操作并产生加工刀具路径

（1）球面粗加工　选择“mill_contour”类型的子类型“CAVITY_MILL”，创建一个层铣操作，命名为“CAVITY_MILL1”。“CAVITY_MILL1”使用的方法选择“MILL_ROUGH”，刀具选择“D12R0”，几何体选择“WORKPIECE1”，程序组选择“PROGRAM”。在“机床”里将刀具轴线设为指定矢量“+XM”轴；每一刀的局部深度设为5；切削层中先选择自动，得到总深度为150，再将切削深度调整为150的一半略多一点，如可设为75.2（图 9-85）；在切削参数的连接中，将打开刀路设为变换切削方向；避让几何中设定安全平

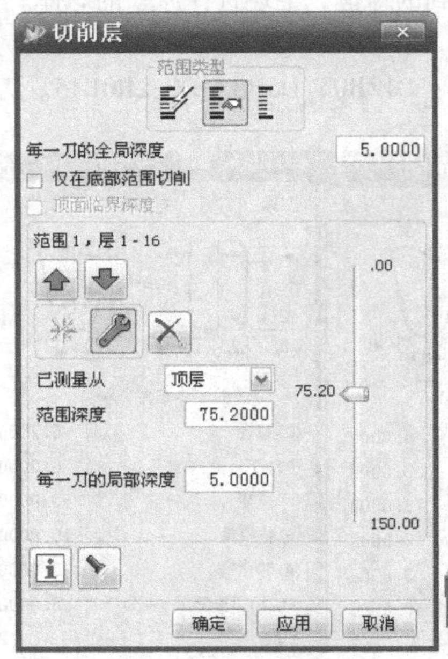

图 9-85　粗加工切削层设定

面为如图 9-86 所示选择的面偏置 10；进给率中将主轴转速设为 5000。设定完成后，生成刀具路径（图 9-87）。这个刀具路径粗加工了球体的一半。

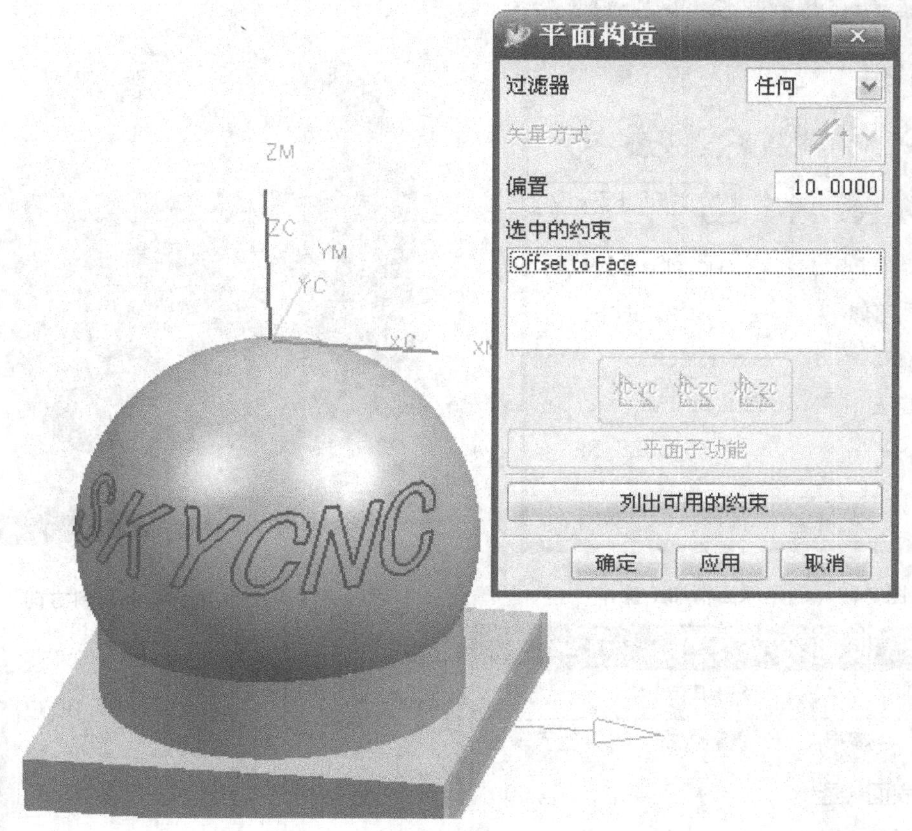

图 9-86　粗加工安全平面设定

因为这个球体是关于 YZ 平面完全对称的，所以球体两个部分的粗加工刀具路径也可以是对称的。将操作“CAVITY_MILL1”进行变换，对 YZ 平面镜像，生成的操作更名为“CAVITY_MILL2”，生成球体另一半粗加工的刀具路径。镜像刀具路径可以使其对应的刀具轴线也发生镜像，因此另一半粗加工时的刀具轴线就是“－XM”轴。

（2）球面精加工　如图 9-88 所示，选择类型“mill_multi－axis”，子类型“VC_SURF_REG_ZZ_LEAD_LAG”，使用几何体“WORKPIECE1”，使用刀具“D6R3”，使用方法“MILL_FINISH”，单击“确定”创建操作。驱动曲面选择前面做好的驱动曲面，切削方向和材料方向选择如图 9-89 所示，驱

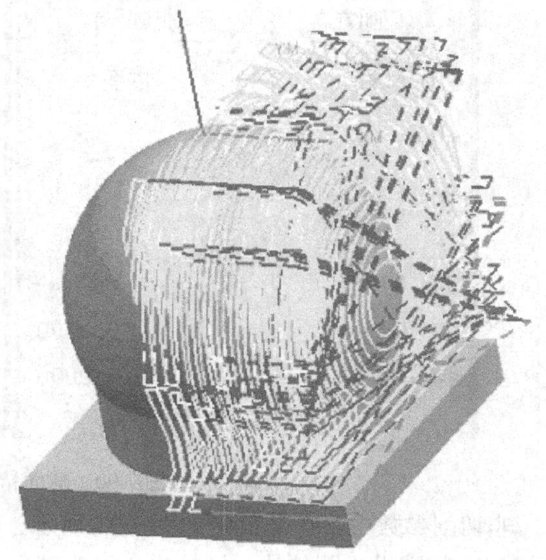

图 9-87　球面粗加工刀具路径

动参数设定如图 9-90 所示。

图 9-88 创建球面精加工操作

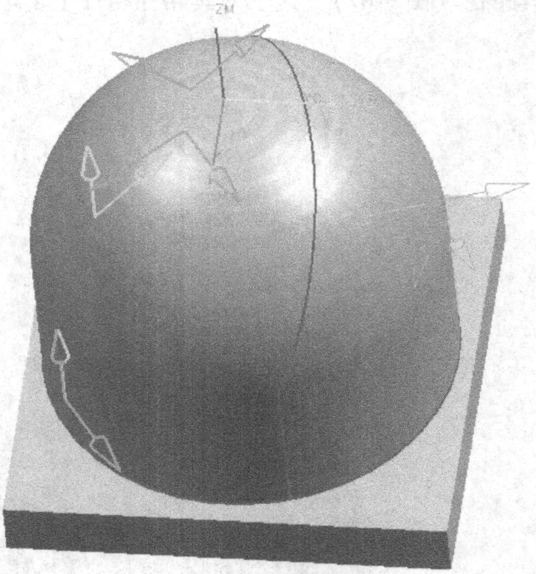

图 9-89 切削方向和材料方向

图 9-90 球面精加工驱动参数

非切削参数中，进刀设定如图 9-91 所示，退刀利用“进刀”的定义，逼进和分离使用“间隙”，间隙设为圆柱体，圆柱中心设为球心，方向设为 Z 轴，半径设为 100。进给率中主轴转速设为 8000。

设定完成后，生成刀具路径，球面精加工刀具路径如图 9-92 所示。

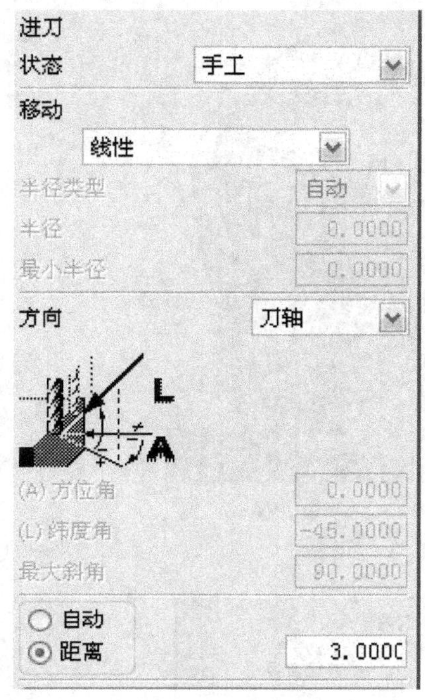

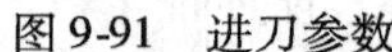

图 9-91　进刀参数

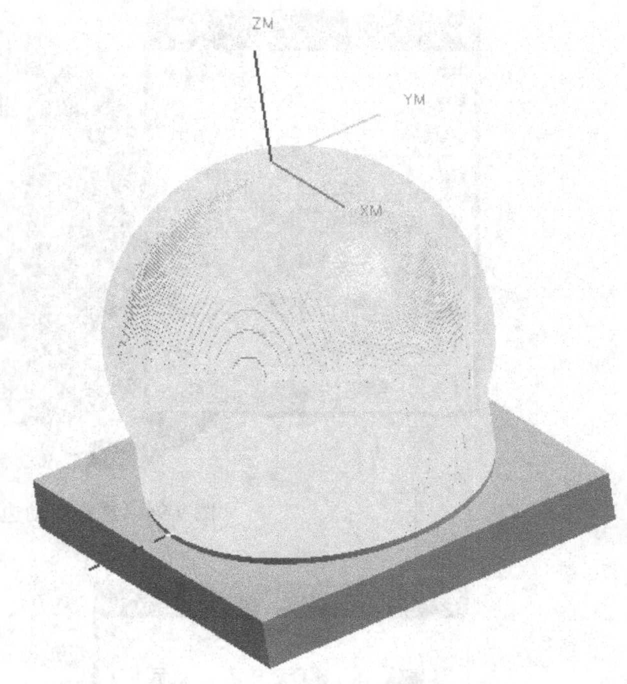

图 9-92　球面精加工刀具路径

（3）球面刻字　创建一个程序组“PROGRAM_1”，如图 9-93 所示，选择类型“mill_multi－axis”，子类型“VARIABLE_CONTOUR”，使用几何体“WORKPIECE2”，使用刀具“D0. 2R0B15”，使用方法“MILL_FINISH”，程序“PROGRAM_1”，名称为“KZ1”，单击“确定”创建操作。驱动边界选择模式为“曲线/边…”，然后选择“SKYCNC”中的第一个字“S”（图 9-94），驱动参数设定如图 9-95 所示。

图 9-93　创建刻字操作

刀具轴线设为离开点，点选择球心；非切削参数设定与球面精加工一样；进给率中主轴转速设为 15000。

设定完成后，生成刀具路径，雕刻第一个字“S”的刀具路径如图 9-96 所示。

雕刻其余几个字的刀具路径，除了驱动边界选择不同的字外，其余参数全部相同。因此，可以将操作“KZ1”复制五个副本，更名为“KZ2”　“KZ3”　“KZ4”　“KZ5”　“KZ6”，再分别重新选择驱动边界为另五个字，然后重新生成刀具路径即可。这些刻字的操作都在程序组“PROGRAM_1”中，要

图 9-94 选择驱动边界

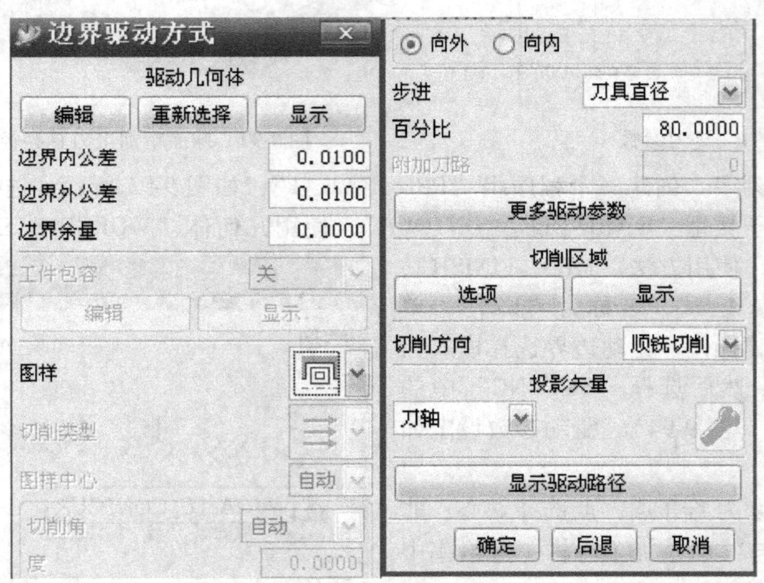

图 9-95 边界驱动参数

对刻字刀具路径进行模拟、后处理等操作时，选择这个程序组就可以。

雕刻所有字的刀具路径如图 9-97 所示。

6. 后处理

在操作导航器的程序顺序视图中，按照图 9-98 所示排列所有的加工操作。

用加工将使用的机床的 UG 后处理，将程序组“PROGRAM”进行后处理，生成球面粗加工程序“qiukz-1-d12r0. nc”；将程序组“VC_SURF_REG_ZZ_LEAD_LAG”进行后处理，生成球面精加工程序“qiukz-2-d6r3. nc”；将程序组“PROGRAM_1”进行后处理，生成刻字工程序“qiukz-3-d0. 2r0b15. nc”。

图 9-96　第一个字的雕刻刀具路径　　图 9-97　所有字的雕刻刀具路径

三、球面刻字实际加工过程

这个任务的加工过程中的具体操作，和第一节中多面体加工的实际加工步骤是一致的，大同小异，因此，这里不再赘述，只作简要说明。

1. 加工前的准备工作

首先，确定加工使用机床的类型：这里将使用由一个转台和一个摆头组成的五轴机床。在加工之前，要检查机器设备，确保其正常工作。

其次要备料，即准备加工用的毛坯件。根据造型的尺寸，切割好一块代木，并将这块代木的六个面都加工平整。

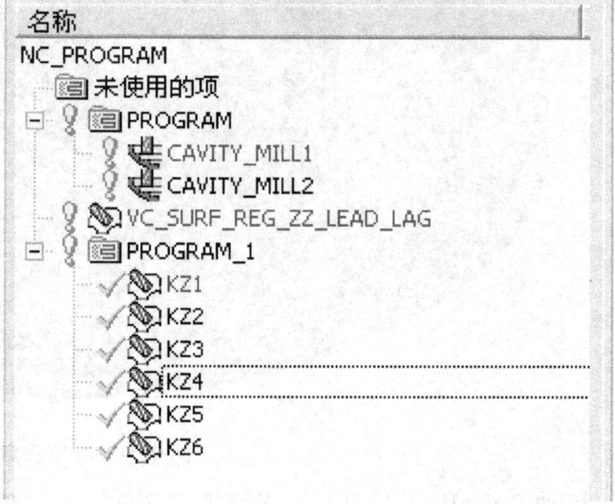

图 9-98　操作顺序

最后，准备夹具、刀具和工具。这里夹具也比较简单，只需要一个大小合适的机用平口虎钳；按照前面工艺分析所确定需要的三把刀具，各准备一把即可；再备好其他的需要使用的工具。

2. 装夹工件和对刀

同多面体加工一样，也要将工件找正至转台中心后，再将工件固定好；对刀时要按照一转台一摆头的五轴机床的操作方法进行。

3. 加工

最后的加工没有什么特别之处，和其他加工一样，依次更换刀具，并调用相应程序加工即可。

第三节　叶轮加工实例

本节将介绍使用 PowerMILL 软件生成叶轮（图 9-99）加工程序的方法。PowerMILL 软件中有专门加工叶轮的模块，这就使原本复杂的叶轮加工编程变得很简单，只要按照专用模块的要求就可以轻松生成叶轮数控加工程序。专用模块要求把叶轮的各部分放在不同的层，即六个层，分别是轮毂层、左叶片层、右叶片层、分流叶片层、套层及其他层。有了这些层，模块就能获得所需要的参数，即各个曲面所围成的区域就可以确定，这个区域就是由左叶片曲面、右叶片曲面、套曲面和轮毂曲面所围成的区域。叶轮的加工流程是：首先粗加工叶轮流道，然后精加工左叶片、右叶片和分流叶片，最后精加工轮毂。

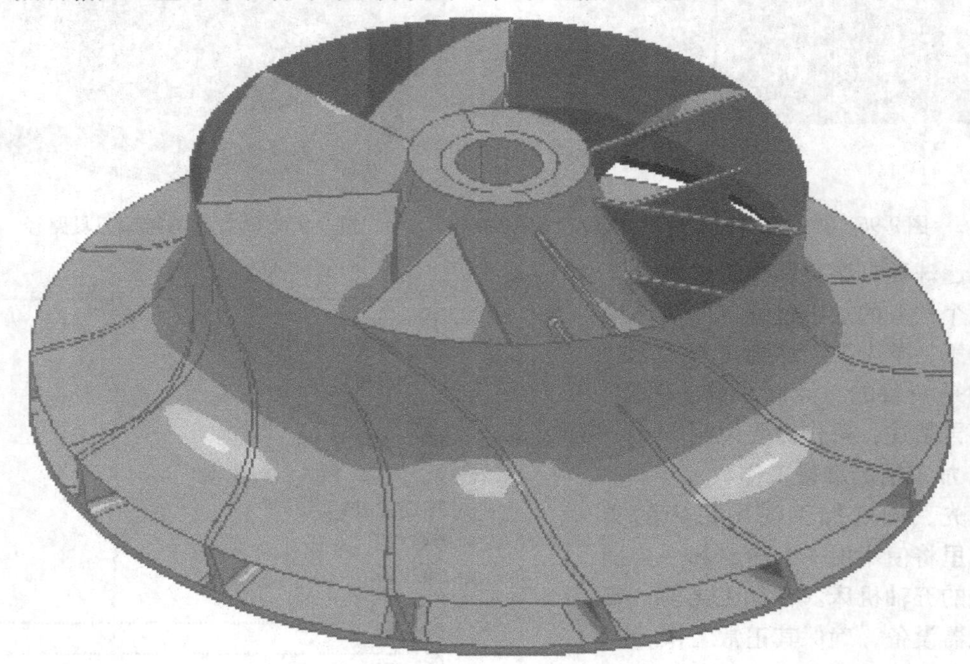

图 9-99　叶轮示意图

启动 PowerMILL 软件，点击菜单“文件”→“输入模型”，系统弹出“输入模型”对话框，定位到光盘文件“chapter9 \ yelun. dsk”，单击“打开”按钮，系统调入叶轮零件到软件中。

一、叶轮各部分曲面分层放置

在左边树状结构打开“层和组合”，如图 9-100 所示。

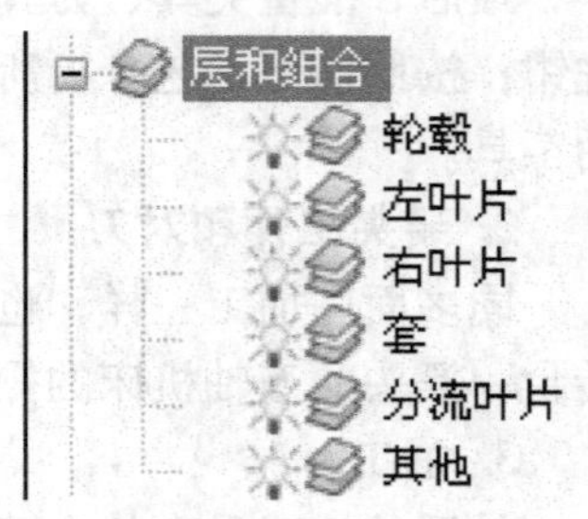

图 9-100　层和组合示意图

需要把叶轮的一些部分进行层的划分，一个“叶片组”是叶轮中按顺序排列的任意相邻的三个叶片（如果没有分流叶片就是两个叶片）。

1）在“套”层 设置如图 9-101 所示的曲面。

2）在“左叶片”层设置如图 9-102 所示叶片，即一个叶片组的左边的一个叶片。

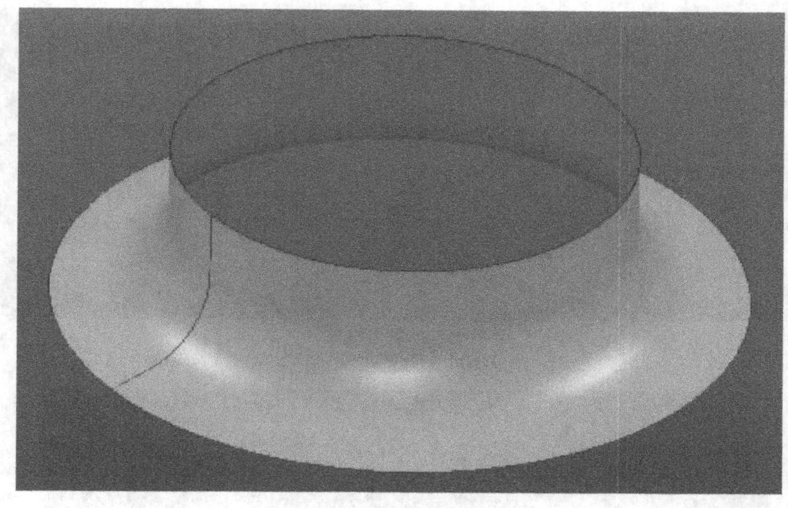

图 9-101　套曲面

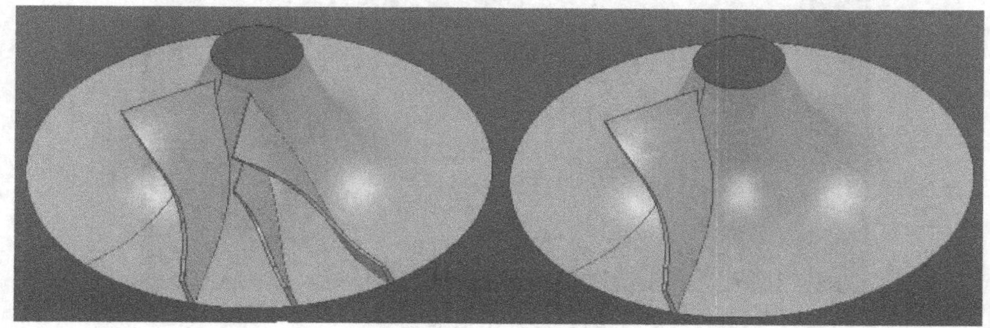

图 9-102　左叶片曲面

3）在“右叶片”层设置如图 9-103 所示的叶片，即一个叶片组的右边的一个叶片。

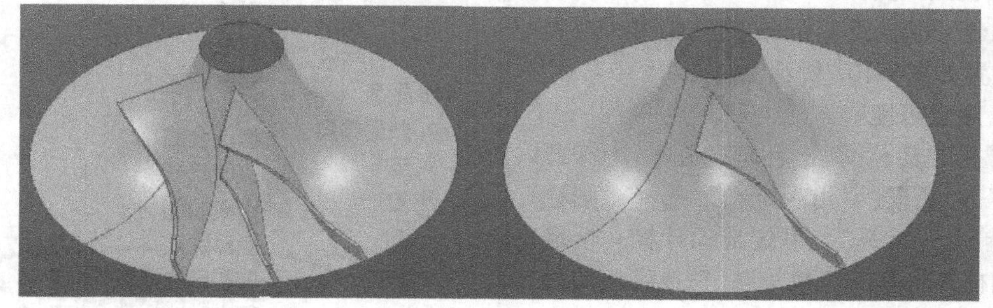

图 9-103　右叶片曲面

4）在“分流叶片”层设置如图 9-104 所示的叶片，即一个叶片组的中间的一个叶片。

5）在“轮毂”层设置如图 9-105 所示的曲面。

6）其余的曲面放在“其他”层中。在层中放置曲面的方法：把所要放置的曲面选中，再用鼠标右键单击要放置曲面的层，在系统弹出的菜单中选择“获取已选模型几何形体”菜单，这样所选中的曲面就放在该层了，如图 9-106 所示。

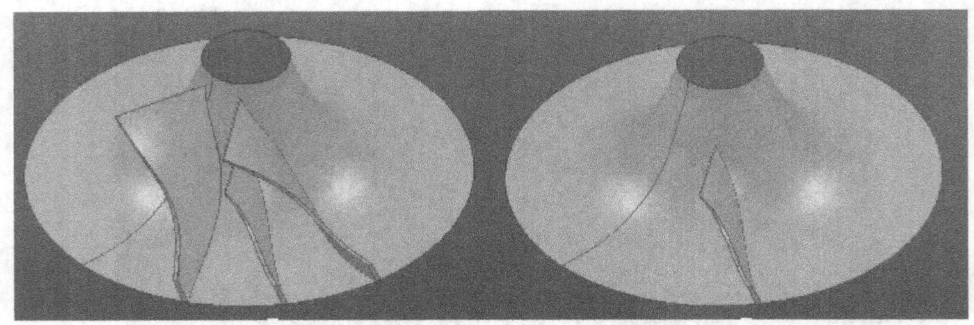

图 9-104　分流叶片曲面

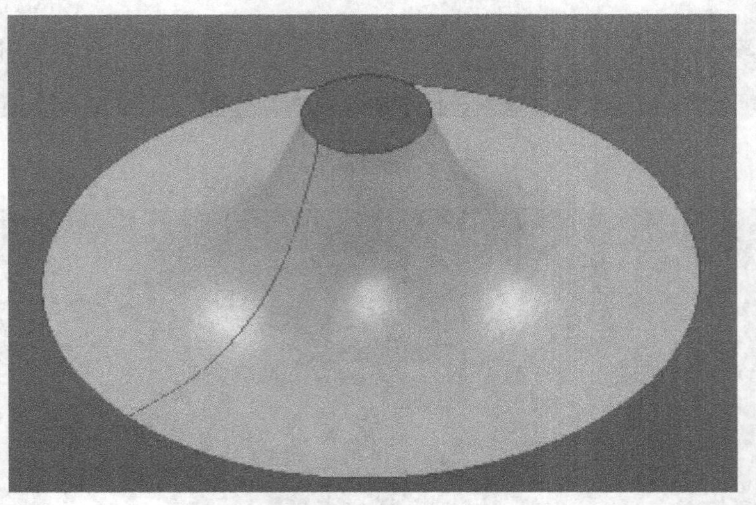

图 9-105　轮毂曲面

二、叶轮粗加工

1. 创建刀具

创建一把直径为 6mm 的球头刀，刀具参数设置如图 9-107 所示。

2. 建立毛坯

在主工具栏单击毛坯按钮，打开“毛坯”对话框，“由…定义”选择“圆柱体”，单击“计算”，系统自动计算一个最小的圆柱体，单击“接受”，完成毛坯的设置，如图 9-108 所示。

3. 切入、切出和连接参数设置

单击主工具栏按钮，系统弹出“切入切出和连接”对话框，对需要修改的参数进行设置。

在“Z 高度”选项卡中的参数设置如图 9-109 所示。

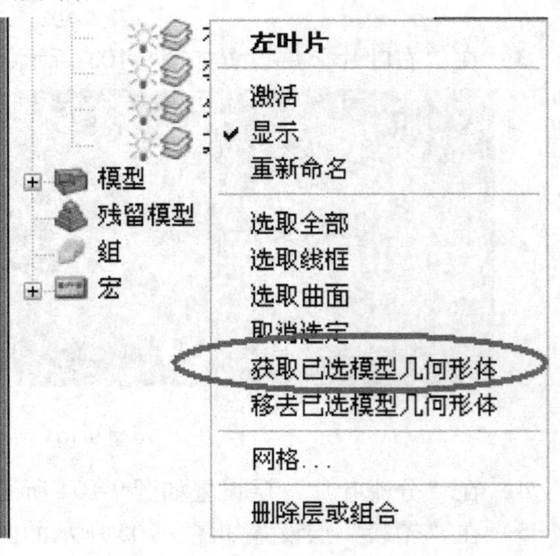

图 9-106　右键单击弹出层菜单

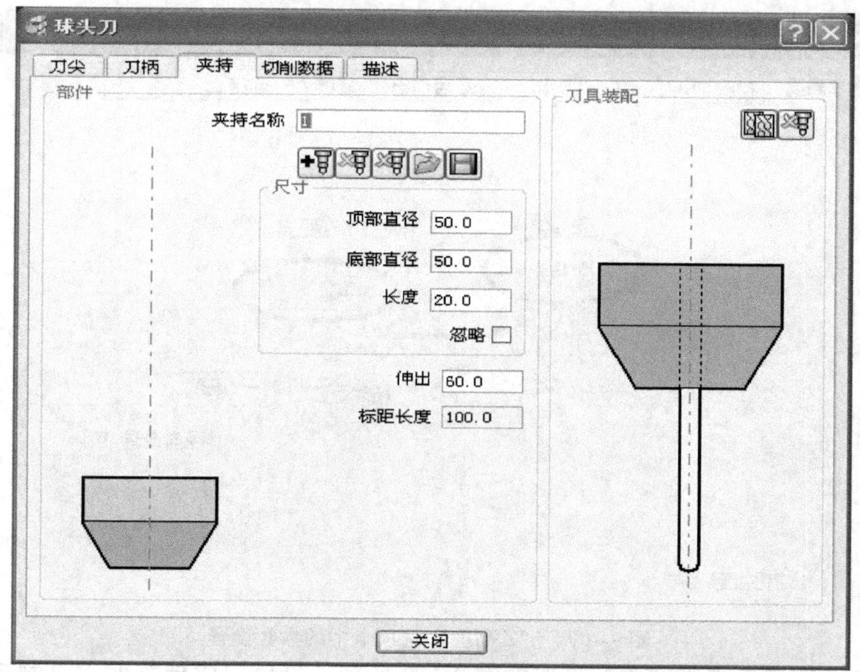

图 9-107　球头刀参数设置对话框

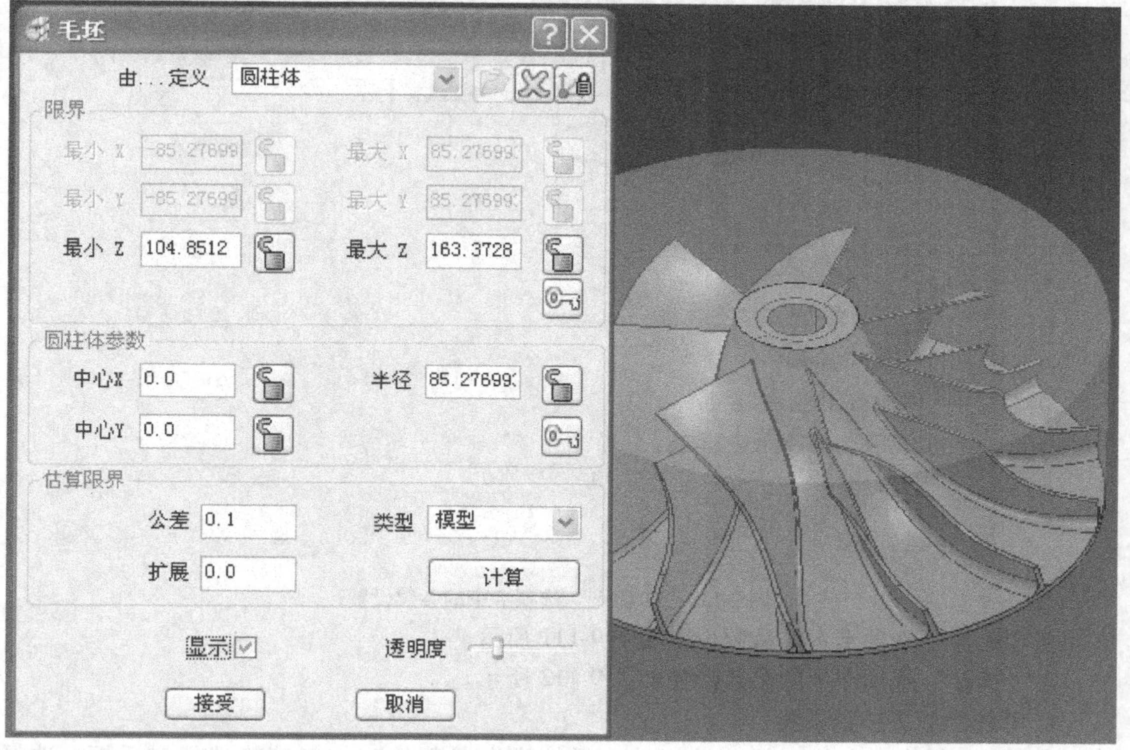

图 9-108　毛坯参数设置

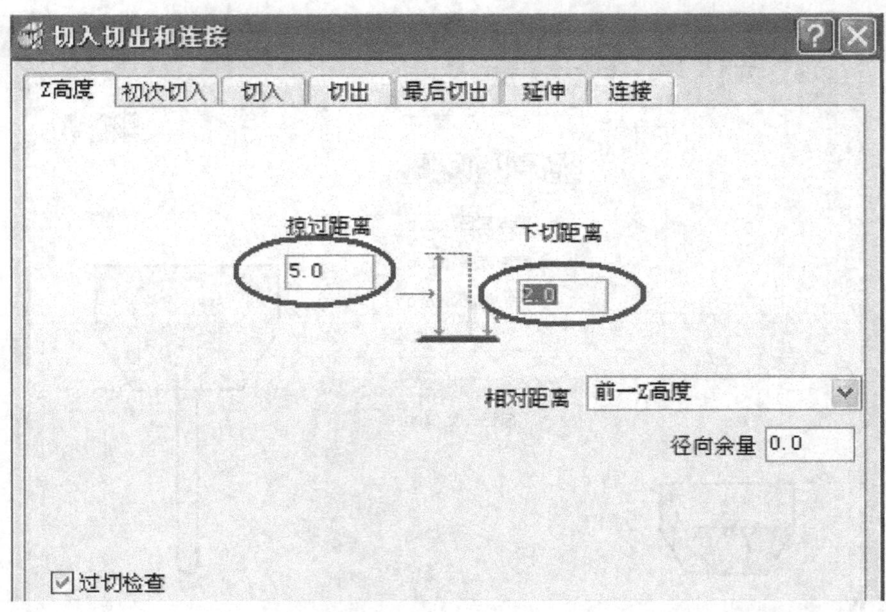

图 9-109　“Z 高度”选项卡中的参数设置

在“切入”选项卡中的参数设置如图 9-110 所示，设置完成后单击“复制到切出”按钮。

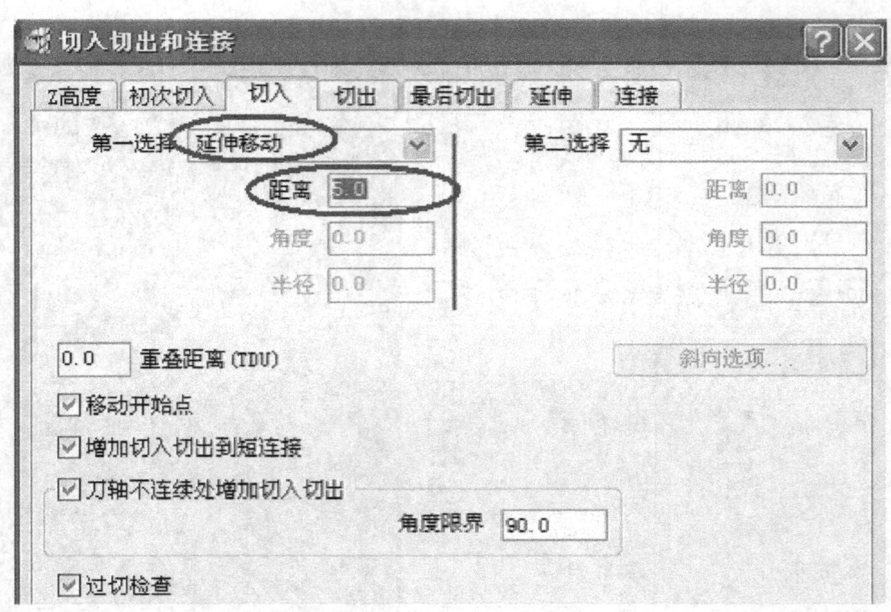

图 9-110　“切入”选项卡中的参数设置

在“延伸”选项卡中的参数设置如图 9-111 所示。

在“连接”选项卡中的参数设置如图 9-112 所示。

4. 叶轮粗加工参数设置

在主工具栏中点击加工策略按钮，系统弹出“新的”加工策略选择对话框，选择“叶盘”→“叶盘区域清除模型”（图 9-113）。系统弹出“叶盘区域清除”对话框，按如图

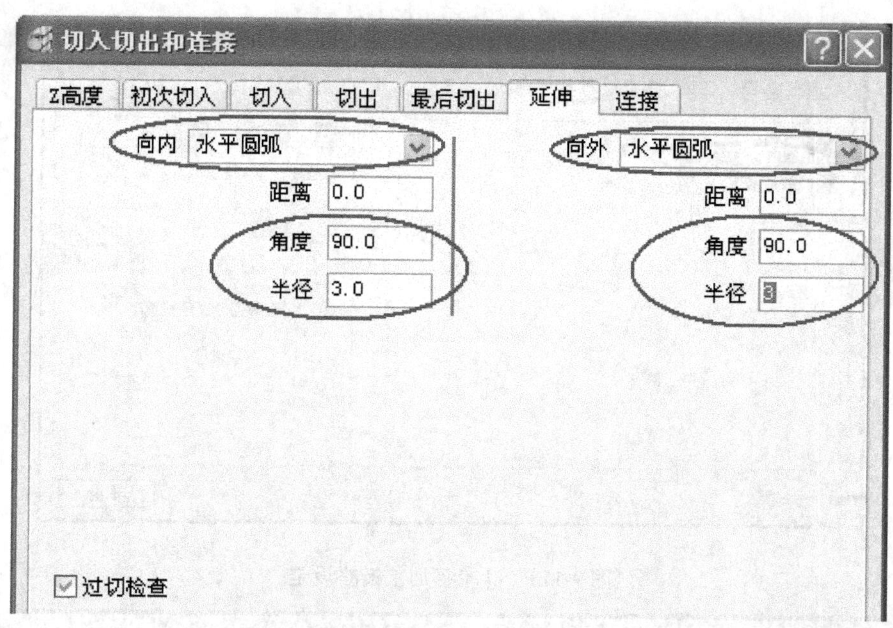

图 9-111　“延伸”选项卡中的参数设置

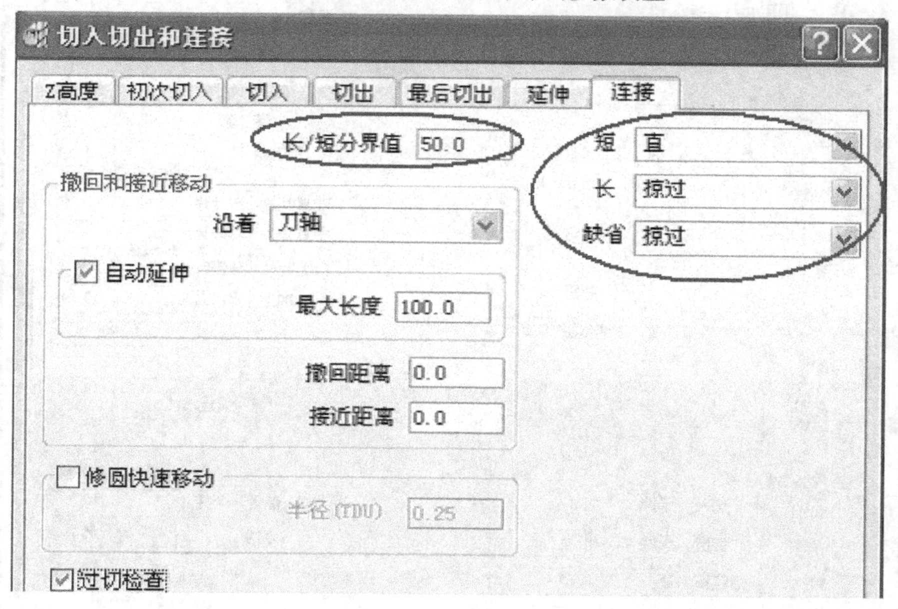

图 9-112　“连接”选项卡中的参数设置

9-114 所示设置叶轮粗加工参数。

设置完参数后单击“应用”，系统开始计算刀具路径，计算完成后生成的刀具路径如图 9-115 所示。

目前生成的刀具路径是一个叶片组中的刀具路径，整个叶轮的粗加工刀具路径可以通过“叶盘区域清除”选项卡中“加工”后下拉列表框的参数“全部叶片”来完成（当前该参数选择的是“单叶片”）。鼠标右键单击叶轮粗加工刀具路径“1”，在弹出的下拉菜单选择

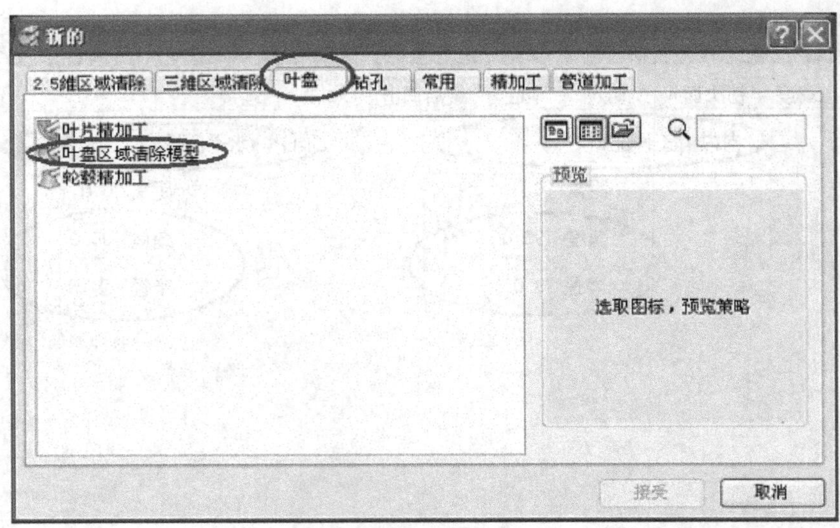

图 9-113　叶轮粗加工策略设定

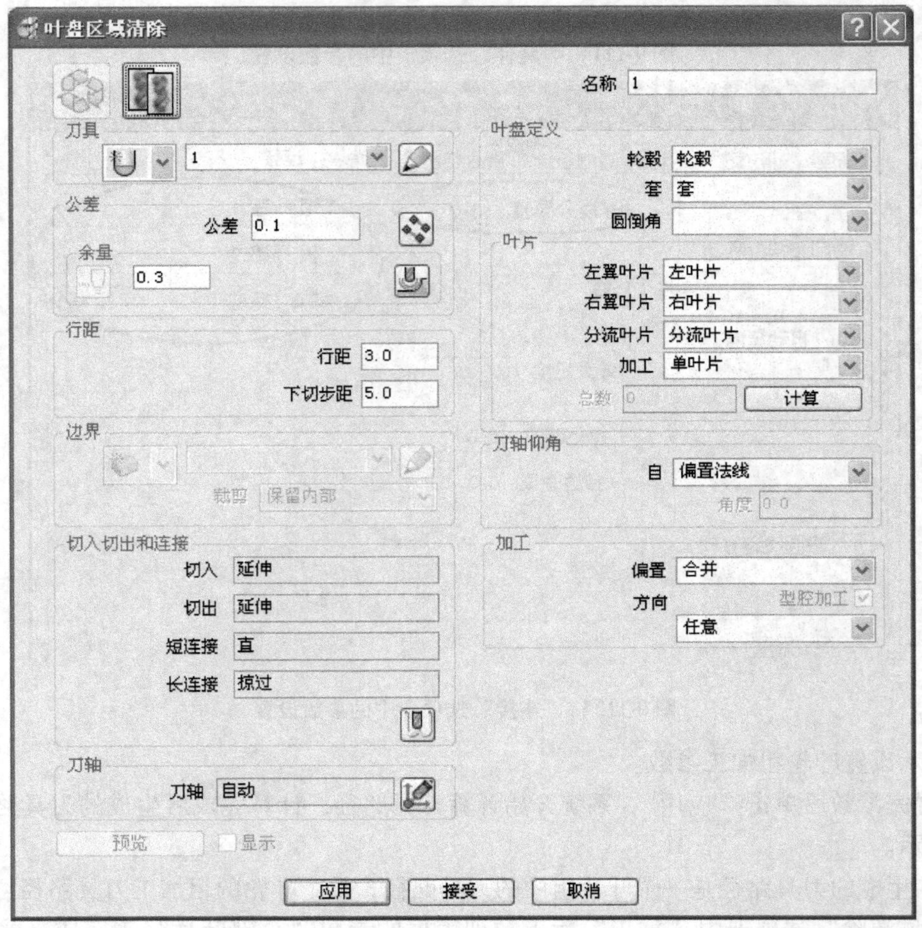

图 9-114　叶轮粗加工参数设置

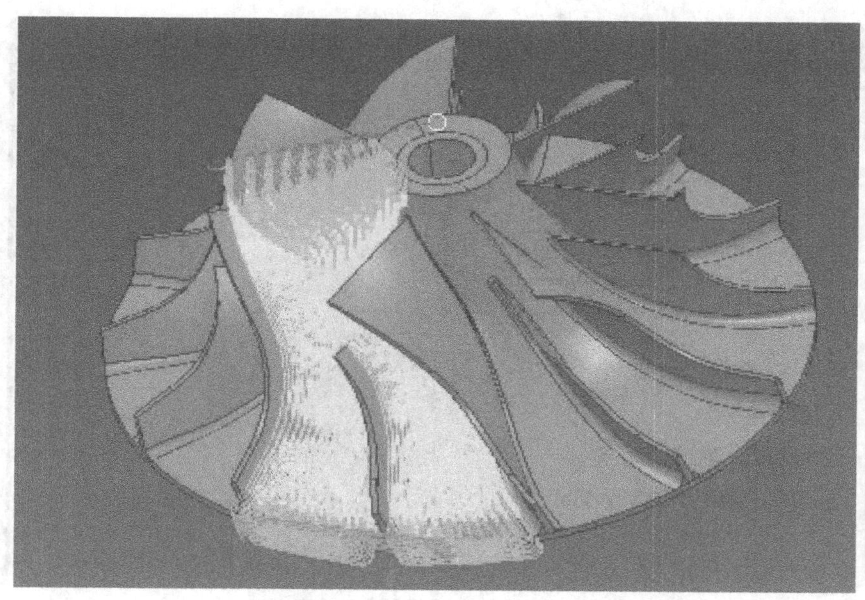

图 9-115 单个叶片组粗加工刀具路径

"设置…"，系统重新弹出"叶盘区域清除"对话框，单击"打开表格，编辑刀具路径"按钮，整个对话框的所有参数都被激活，可以重新设置，把"加工"后的下拉列表参数设置为"全部叶片"，并单击"计算"按钮，系统自动计算出 7 个叶片，单击"应用"按钮，系统自动计算所有叶片的粗加工刀具路径，结果如图 9-116 所示。

图 9-116 整个叶轮粗加工刀具路径

三、叶轮精加工

1. 【切入切出和连接】参数设置

"切入"与"切出"选项卡中的参数设置为"无"，如图 9-117 所示为"切入"选项卡参数设置。

切入切出和连接
Z高度
初次切入
切入
切出
最后切出
延伸
连接
第一选择
无
第二选择
无
距离
5.0
角度
0.0
半径
0.0
距离
0.0
角度
0.0
半径
0.0
0.0
重叠距离（TDU）
斜向选项...
移动开始点
增加切入切出到短连接
刀轴不连续处增加切入切出
角度限界
90.0

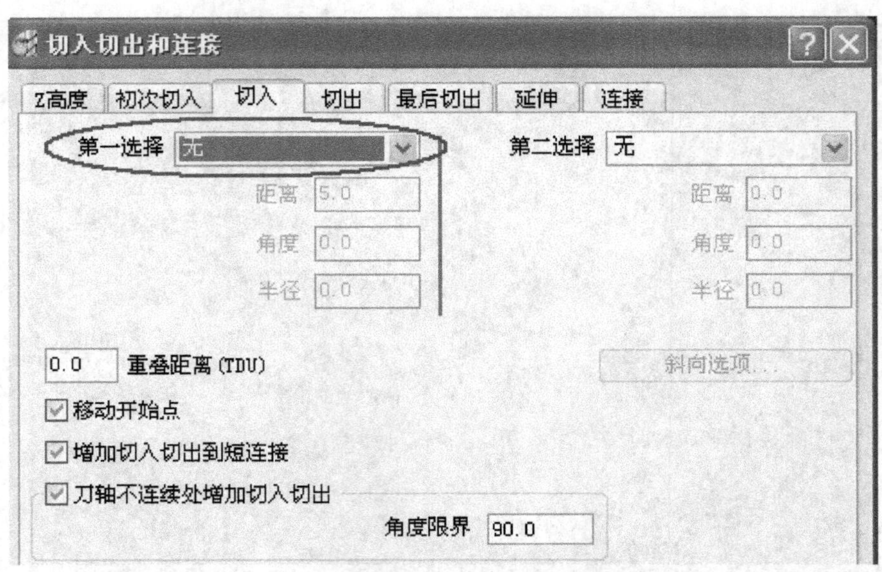

图 9-117　“切入”选项卡中的参数设置

“延伸”选项卡中的参数设置为“无”，如图 9-118 所示。

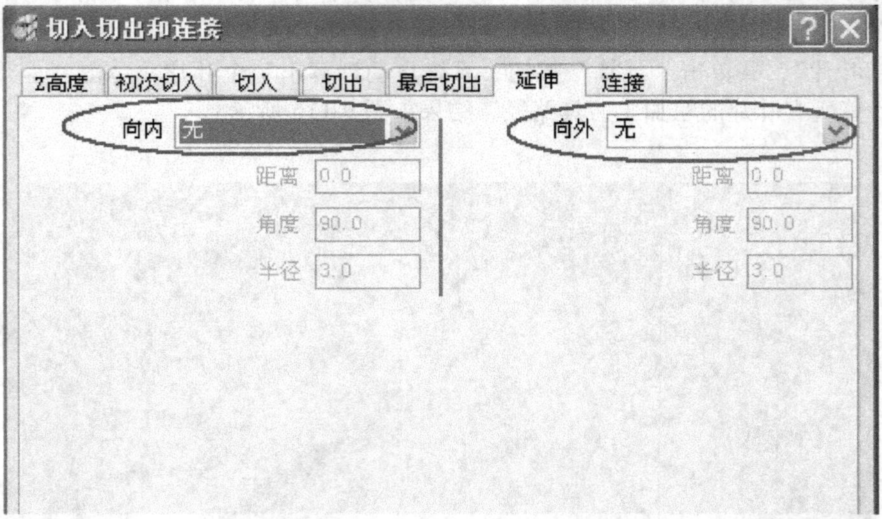

切入切出和连接
Z高度
初次切入
切入
切出
最后切出
延伸
连接
向内
无
向外
无
距离
0.0
角度
90.0
半径
3.0
距离
0.0
角度
90.0
半径
3.0

图 9-118　“延伸”选项卡中的参数设置

“连接”选项卡中的参数设置如图 9-119 所示，其他选项卡参数不用设置，就用以前的值。

2. 叶片精加工

在主工具栏中点击加工策略按钮，系统弹出“新的”加工策略选择对话框，如图 9-120 所示选择“叶盘”→“叶片精加工”，系统弹出“叶片精加工”对话框，按如图 9-121 所示设置叶片精加工参数。

单击“应用”按钮，系统开始计算得刀具路径，计算结束后得到如图 9-122 所示刀具路径。

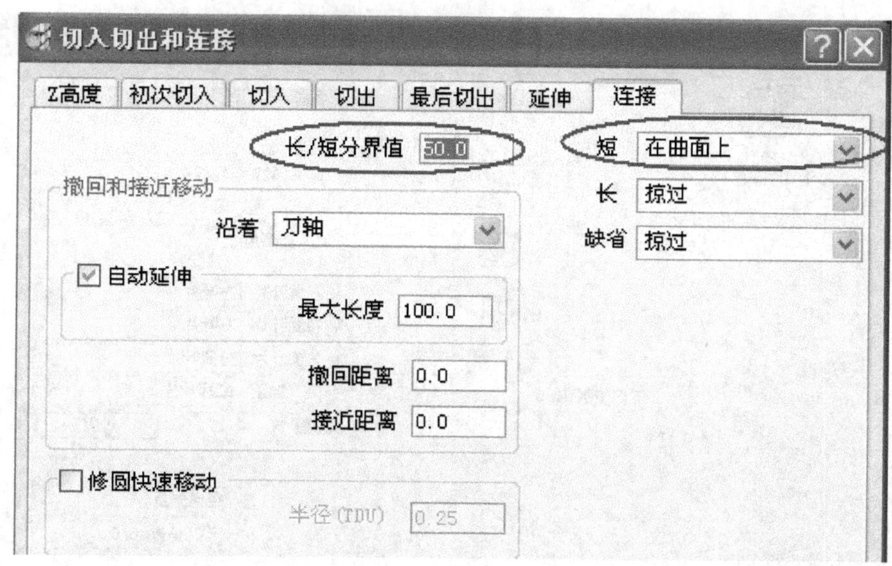

图 9-119　“连接”选项卡中的参数设置

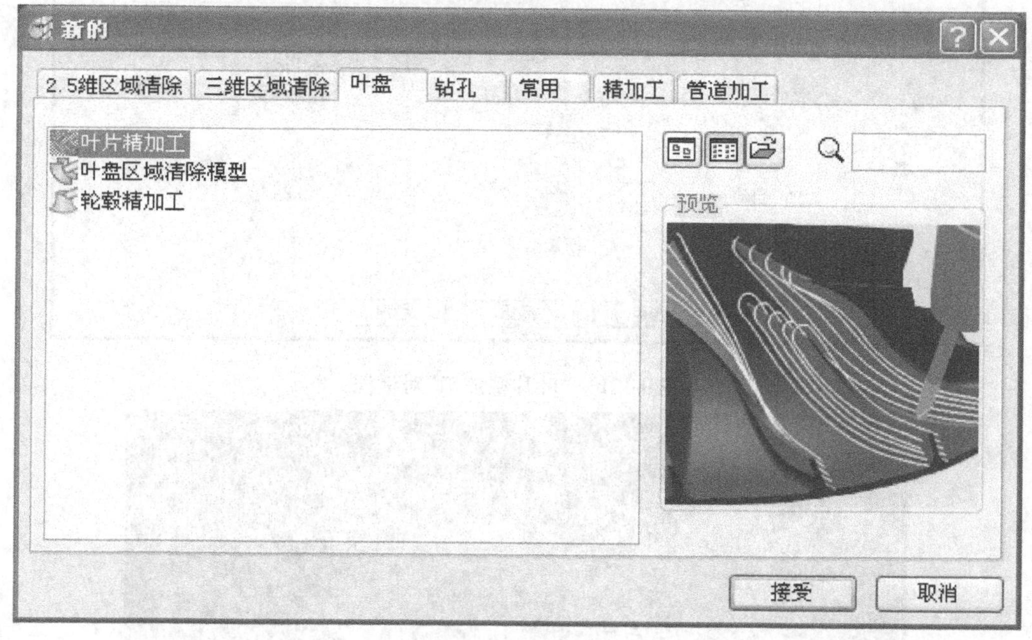

图 9-120　叶片精加工策略

3. 轮毂精加工

在主工具栏中点击加工策略按钮，系统弹出“新的”加工策略选择对话框，选择“叶盘”→“轮毂精加工”，系统弹出“轮毂精加工”对话框，按图 9-123 所示，进行设置。

单击“应用”，系统开始计算刀具路径，结算结束后得到如下刀具路径，如图 9-124 所示。

四、叶轮的实际加工过程

（其过程跟前面的实例类似，为了节省篇幅省略）

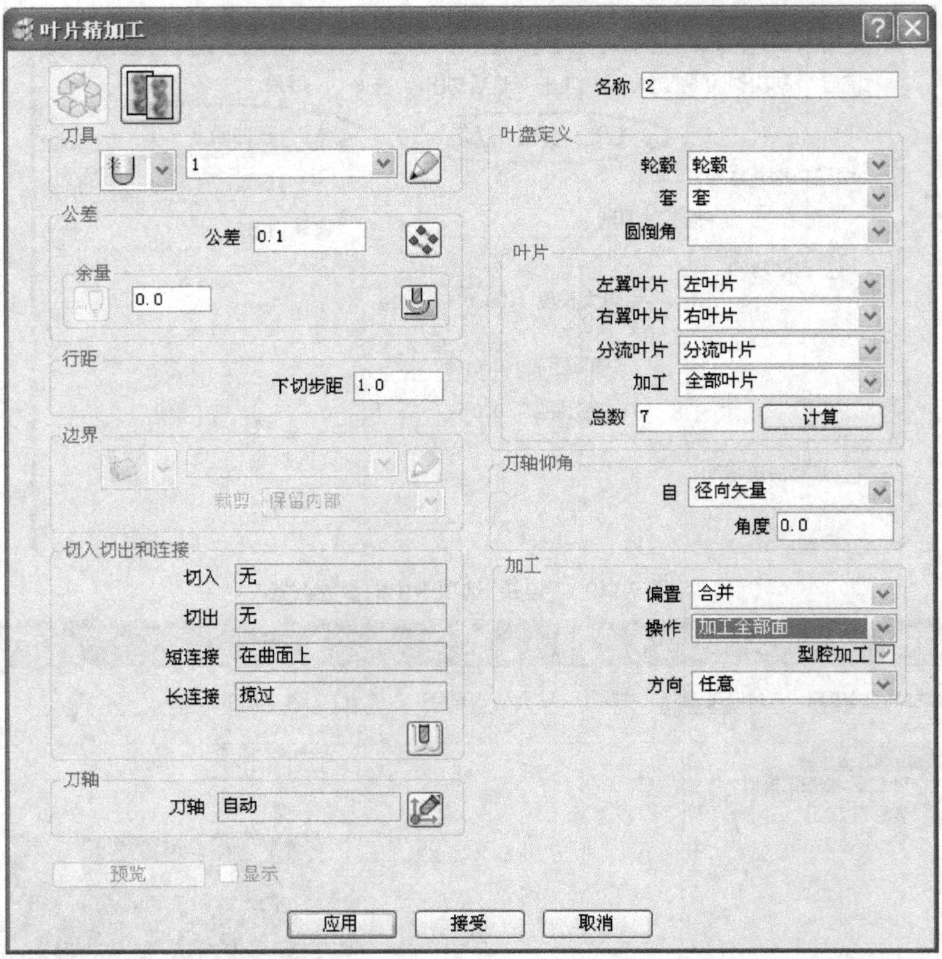

叶片精加工

名称 2

刀具
1

公差
公差 0.1

余量
0.0

行距
下切步距 1.0

边界
裁剪 保留内部

切入切出和连接
切入 无
切出 无
短连接 在曲面上
长连接 掠过

刀轴
刀轴 自动

预览　显示

叶盘定义
轮毂 轮毂
套 套
圆倒角

叶片
左翼叶片 左叶片
右翼叶片 右叶片
分流叶片 分流叶片
加工 全部叶片
总数 7　计算

刀轴仰角
自 径向矢量
角度 0.0

加工
偏置 合并
操作 加工全部面
型腔加工
方向 任意

应用　接受　取消

图 9-121　“叶片精加工”对话框

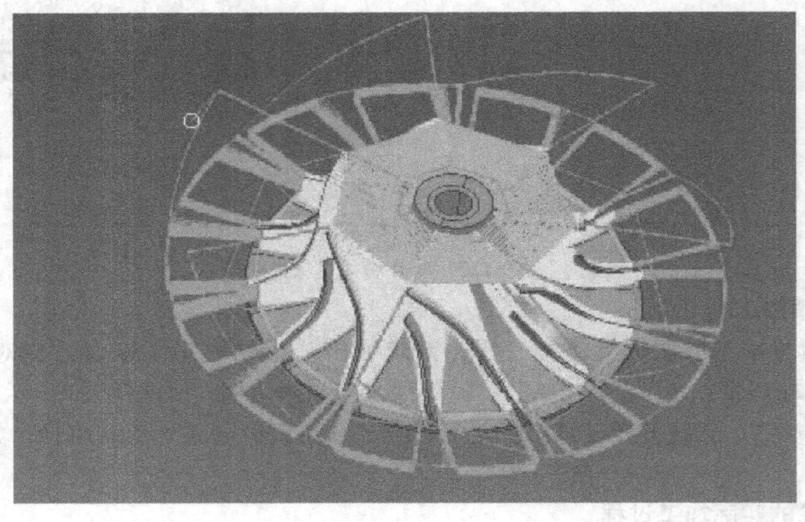

图 9-122　叶片精加工刀具路径

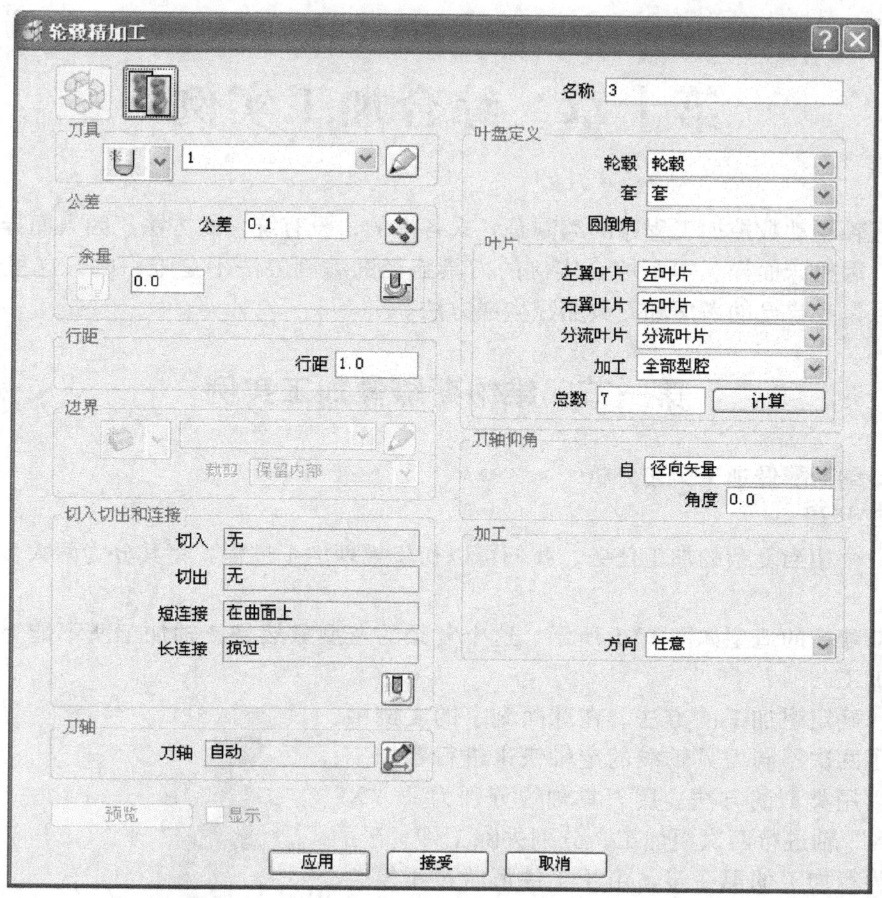

图 9-123 “轮毂精加工”对话框

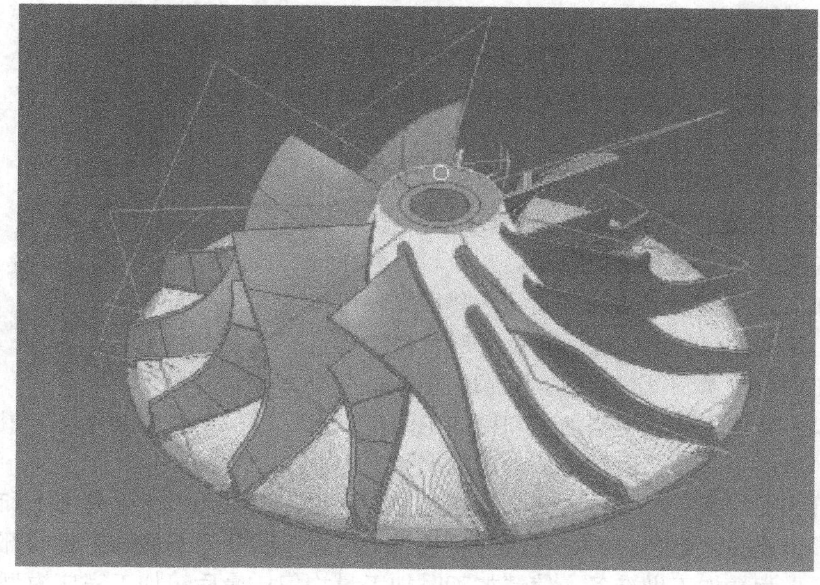

图 9-124 轮毂精加工刀具路径

第十章　综合加工实例

复杂五轴联动数控加工程序的编制是各式各样的，没有统一的方法，因人而异，因编程软件而异，因机床而异。本章综合实例的刀具路径的编制方法不是唯一的，这里是抛砖引玉，读者可以有自己的考虑和刀具路径生成方法。

第一节　维纳斯雕像加工实例

一、维纳斯雕像加工工艺分析

1. 加工步骤

这是一个相当复杂的加工任务，我们可以初步规划加工过程，将其分为两大步：粗加工和精加工。

维纳斯雕像的造型如图 10-1 所示。这个复杂的造型显然是三轴加工所不能完成的，必须用多轴加工。

首先，确定粗加工的方法。在球面刻字的实例中，我们采用了两次不同刀具轴线的定轴铣来进行粗加工，这里也可以用类似的方法。用刀具轴线分别为“+X”轴和“-X”轴进行两次粗加工，分别去除工件一半的材料，作为粗加工的第一步。由于工件形状过于复杂，经过第一步的两次粗加工后，仍然不能充分去除多余材料，需要再从别的角度进一步粗加工，分别用刀具轴线为“+Y”轴和“-Y”轴，在第一步粗加工的基础上，再进行两次粗加工。这样，需要去除的多余材料基本上都能粗加工到位了。

然后，确定精加工的加工方法。最理想的方法是用刀具轴线均匀连续变化的多轴加工，加工整个模型区域。这需要构造一个合适的驱动曲面。

由于粗加工是由多个定轴铣完成的，并且定轴粗加工时是层铣，在工件粗加工完成后会留下层状台阶，直接进行精加工时加工量不均匀，达不到理想的加工质量，因此可以将精加工分成半精加工和精加工两步。半精加工方法同精加工一样，但是先留一定的余量。

图 10-1　维纳斯雕像模型图

经过分析，最终确定加工分为四个步骤：一次开粗、二次开粗、半精加工和精加工。一次开粗是为了快速去除多余材料；二次开粗是为了清除一次开粗不能加工到的部分的多余材料；半精加工是为精加工做准备，使精加工时加工量均匀；最后精加工完成模型的加工，并获得较好的加工质量。

2. 加工参数

确定了加工步骤之后，再确定每个步骤的加工工艺参数。我们用代木材料来加工这个模型，因此，粗加工可以用较大的切削深度、切削间距和切削速度。但考虑到这个模型比较瘦长，代木材料强度较低，为了防止加工时材料断裂，切削速度不能过快，切削深度也不能过大。

我们将具体的加工工艺参数绘制一个表格，列在其中。这个表格包括了所有加工步骤的安排和各种具体的加工参数，表格中有一部分内容是 UG 中生成 NC 程序时用到的中间结果。

二、利用 CAM 软件生成加工程序

这个加工任务比较复杂，其复杂性最主要就体现在加工程序的编制上，因此应当首先明确在利用 CAM 软件生成加工程序这项工作中我们需要做什么，然后再一步步地实施。

首先确定用什么 CAM 软件来编程：我们用 UG 软件来编程。UG 编程的步骤在前面的实例中多次出现：先预设加工几何、加工刀具、加工方法，再创建加工操作，设定好加工参数，最后生成加工刀具路径。此外，一些多轴加工操作还需要构造驱动几何体。结合 UG 编程的步骤和前面工艺分析得出的加工步骤和加工参数，编制出加工工艺路线，见表 10-1。

按照表 10-1 中的工艺参数，我们逐项进行设定：

1. 设定刀具、加工方法和几何体

在操作导航器机床刀具视图，插入三个刀具：直径 50mm 的圆鼻刀 D50R6、直径 10mm 的球头刀 D10R5、直径 6mm 的球头刀 D6R3。

在方法视图，将方法“MILL_ROUGH”、“MILL_SEMI_FINISH”、“MILL_FINISH”中的参数按照表 10-1 中所列参数设定好。

几何视图中，在加工坐标系“MCS_MILL”下创建三个几何体“WORKPIECE1”、“WORKPIECE2”、“WORKPIECE3”。三个几何体的部件都选择维纳斯雕像和底座的造型；“WORKPIECE1”的毛坯选择圆柱形毛坯(图 10-2)，“WORKPIECE2”和“WORKPIECE3”的毛坯先不选，它们都要等上一步加工刀具路径生成并模拟完成后才产生。

图 10-2　圆柱形工件毛坯图

表 10-1　维纳斯雕像加工工艺安排

6	5	4	3	2	1	次序
精加工	半精加工	二次开粗第二步	二次开粗第一步	一次开粗第二步	一次开粗第一步	内容
D6R3	D10R5	D50R6				刀具
驱动决定		-Y 轴	+Y 轴	-X 轴	+X 轴	刀具轴线
曲面区域驱动可变轴曲面铣		固定轴层粗铣				策略
MILL_FINISH	MILL_SEMI_FINISH	MILL_ROUGH				方法

（续）

<table>
<tr><td>6</td><td>5</td><td>4</td><td>3</td><td>2</td><td>1</td><td colspan="2">次序</td></tr>
<tr><td>12000</td><td>5000</td><td colspan="4">1200</td><td>转速</td><td rowspan="3">进给和速度</td></tr>
<tr><td>400</td><td>400</td><td colspan="4">500</td><td>进刀</td></tr>
<tr><td>4000</td><td>5000</td><td colspan="4">5000</td><td>切削速度</td></tr>
<tr><td colspan="2">WORKPIECE3</td><td colspan="2">WORKPIECE2</td><td colspan="2">WORKPIECE1</td><td>几何体</td><td rowspan="4">几何</td></tr>
<tr><td colspan="6">维纳斯雕像和底座的造型</td><td>工件</td></tr>
<tr><td colspan="2">二次开粗模拟结果产生的 IPW</td><td colspan="2">一次开粗模拟结果产生的 IPW</td><td colspan="2">圆柱体形毛坯</td><td>毛坯</td></tr>
<tr><td colspan="2">构造驱动曲面</td><td colspan="4">无</td><td>驱动</td></tr>
<tr><td>1</td><td>2</td><td colspan="4">3</td><td colspan="2">切削深度</td></tr>
<tr><td>步进数 4401</td><td>步进数 2201</td><td colspan="4">刀具直径的 65%</td><td colspan="2">间距</td></tr>
<tr><td>0</td><td>1</td><td colspan="4">3</td><td colspan="2">余量</td></tr>
<tr><td>0.01</td><td>0.05</td><td colspan="4">0.1</td><td colspan="2">公差</td></tr>
</table>

2. 构造精加工的驱动曲面

构造精加工的驱动曲面是这个加工任务中最大的难点，也是编程中最重要的步骤。下面将详细地讲解。

首先，要分析构造这个驱动曲面的目的：做驱动面具为了生成刀具路径。好的多轴刀具路径要满足以下条件：

（1）加工范围的要求　驱动曲面覆盖的工件范围要恰好覆盖所有要加工区域，不多也不少。此处加工范围应为整个雕像造型和底座的上表面。

（2）驱动刀具轴线的要求　首先必须使刀具轴线控制在机床能够实现的范围内；其次要使刀具轴线变化能适应加工需要，即能使工件上所有位置均能加工到且不会发生干涉；前面这两点是控制刀具轴线的基本要求，最后，也是更高的要求，即刀具轴线要连续均匀变化，不能有突变。

（3）加工刀轨的要求　好的驱动产生的刀轨光顺平滑，间距均匀，这样才能保证切削强度的稳定，从而确保加工质量。

其次，在明确了构造驱动面的目的和要求后，我们据此来构造驱动面。

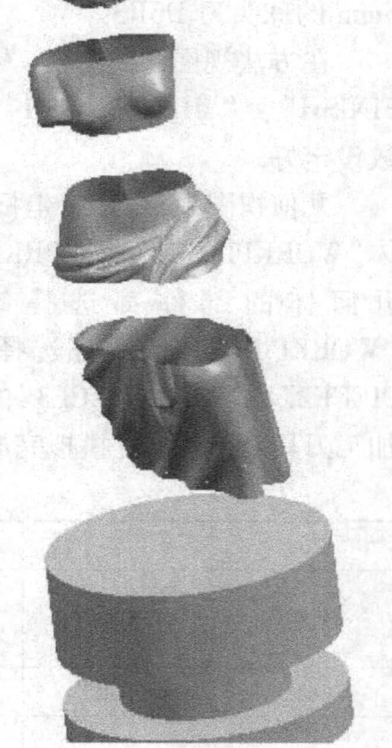

图 10-3　分割造型

为了方便操作，将维纳斯雕像和底座部分的造型复制一个副本到第五图层，然后设定第五层为工作层，在这一层里作图。将雕像造型的副本分割成多层，并删除一半的层（图 10-3）；在每个断面上捕捉这个断面边缘线上的点作为端点，分别作两根相交的直线，尽量使交点处在此断面的中心上，在圆柱形底座的上表面也作这样的一组相交线（图 10-4）；以这些交点为圆心作一组圆，这些圆均在和 Z

图 10-4　作交叉线

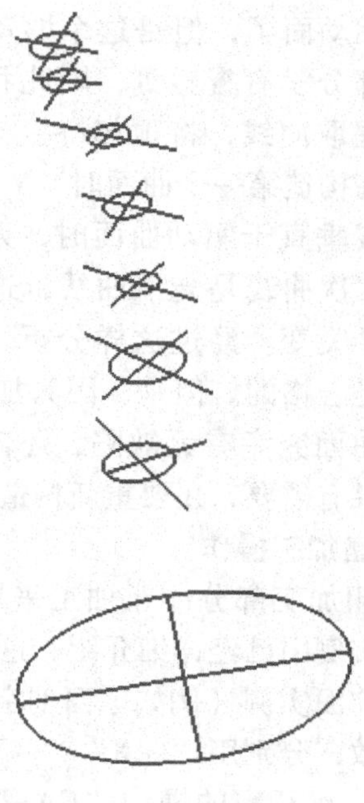

图 10-5　作圆

轴垂直的平面内（图 10-5）；过这些圆作一个通过曲线的曲面，曲面的 V 向阶次设为 3；将所有曲线隐藏，在这个曲面上提取五根等 U 的等参数曲线，再删除重合的两根曲线中的一根，桥接其中相对的两根曲线，再将桥接曲线等分为两段，过另两根曲线的端点和桥接曲线打断的断点作一根样条，和这两根样条相切（图 10-6），并在交点处将这根样条打断成两段；将底部的圆弧以四根等参数曲线分割成四段，将顶部的两根样条曲线打断成的四根样条分别与其连接的等参数线合并成一根样条，得到四根样条曲线和底部的四段圆弧；再以四根样条曲线的交点为第一主曲线，以四段圆弧为第二主曲线，以四根样条为通过曲线（其中一根要选择两次，共选五根通过曲线），生成一个通过曲线网格曲面（图 10-7），我们就以这个曲面作为精加工的驱动面。

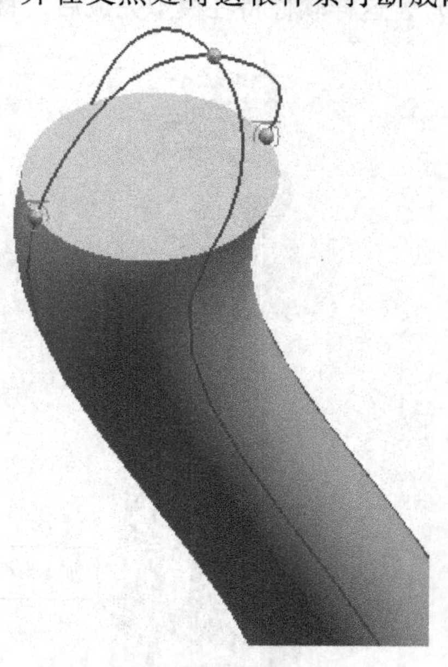

图 10-6　桥接和打断曲线

最后分析为什么要这样构造驱动曲面，以及这个驱动曲面是否符合要求。

将造型分割的目的是捕捉要加工的造型上的一些截面，以这些截面为依据作为驱动面，可以使刀具轴线的变化更符合加工需要，不会产生加工死角，同时驱动面能覆盖加工范围；以底座边缘的圆弧为驱动面的一根构造线是为了使加工范围正好覆盖到底座边缘；作圆的时候，要使所有的圆均在造型的截面内，这是为了保证驱动面上的每一点都能投影到加工件上，而不会出现刀具路径投影不到工件上或者刀具路径重叠的情况；第一次作出的通过曲线的曲面就可以作为驱动面了，但是这个驱动面有个缺陷，就是雕像的头顶部分没有覆盖到，因此我们又以这个曲面为基础，再次提取曲线，将顶部桥接上，重新构造了一个驱动曲面；在构造第一个曲面时，V 向阶次设定的是 3，这样刀具轴线垂直于驱动曲面时，刀具轴线的变化率就是二次的，二次曲线是光滑曲线，这保证了刀具轴线均匀变化而不会突变。经过这样分析，可以估计这个驱动曲面的构造是合格的。但是，因为加工造型的复杂性过高，这个驱动曲面究竟有无缺陷，还需要观察计算出的刀具路径，如果有需要，还要重新构造驱动面。

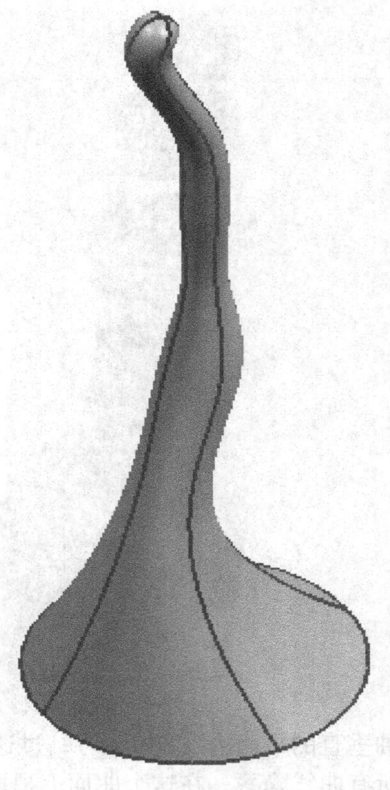

图 10-7　构造出的驱动曲面

3. 创建加工操作

（1）粗加工部分　粗加工采用定轴层铣，这种方法在前面的实例中已经详细介绍，这里不再详述。

参照前面实例（例如球面刻字实例），按照表 10-1 中给出的参数，分别用“+X”“-X”轴做刀具轴线加工，创建两个一次开粗的操作“CAVITY_MILL1”和“CAVITH_MILL2”，然后生成刀具路径。这两个刀具路径如图 10-8 和图 10-9 所示。

用 2D 动态模拟方法模拟这两个一次开粗刀具路径。在模拟时，将“Generate IPW”的选项设为好（图 10-10），这样软件将在模拟完成后，将模拟结果保存为一个品质较好的 IPW（小平面体或称三

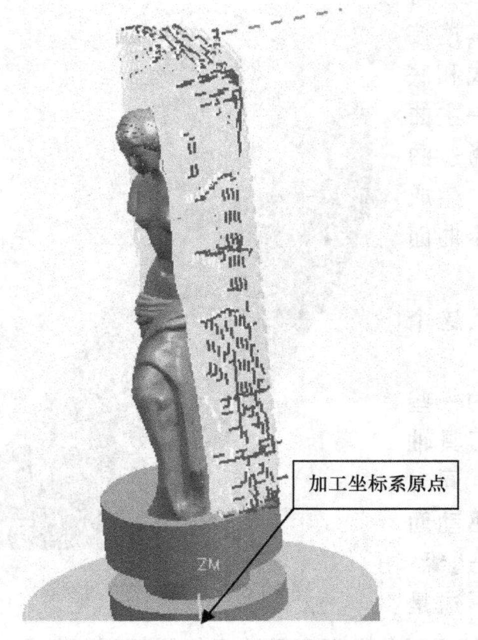

图 10-8　一次开粗刀具路径一

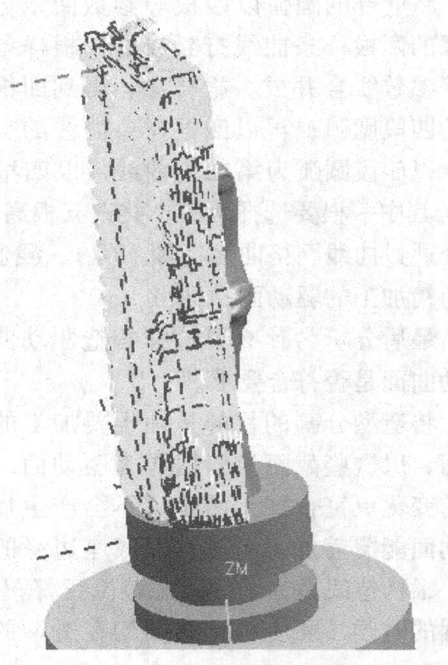

图 10-9　一次开粗刀具路径二

角网格体）。模拟结果如图 10-11 所示，生成的 IPW 如图 10-12 所示。将生成的这个 IPW 设为几何体“WORKPIECE2”的毛坯。

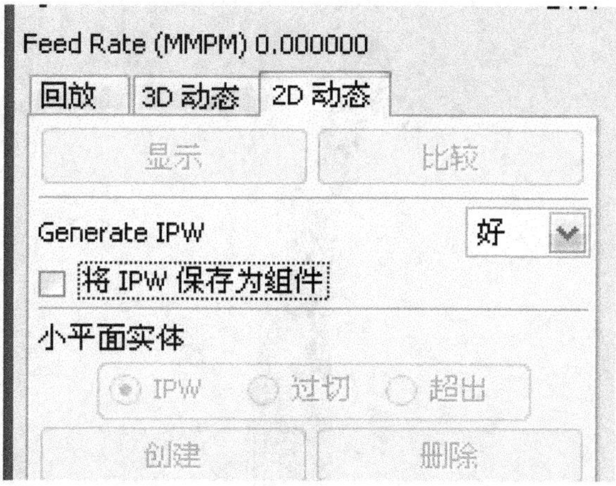

Feed Rate (MMPM) 0.000000
回放　3D 动态　2D 动态
显示　比较
Generate IPW　好
将 IPW 保存为组件
小平面实体
IPW　过切　超出
创建　删除

图 10-10　加工模拟时保存 IPW

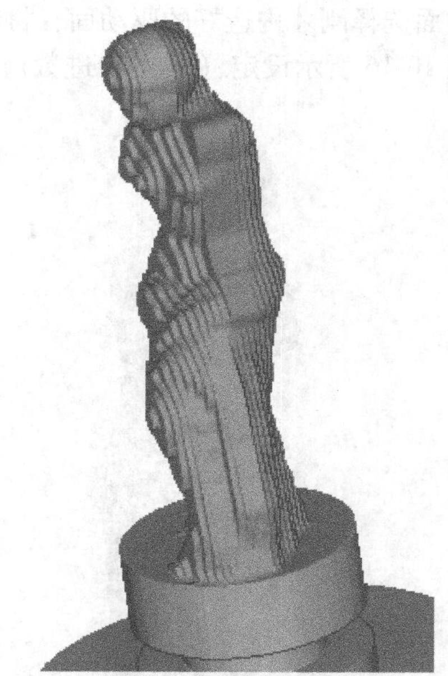

图 10-11　一次开粗模拟结果

同样方法使用“+Y”和“-Y”轴为刀具轴线分别生成二次开粗“CAVITY_MILL3”和“CAVITH_MILL4”的刀具路径（图 10-13）；将二次开粗的刀具路径模拟并生成 IPW，如图 10-14 所示。把生成的这个 IPW 设为几何体“WORKPIECE3”的毛坯。

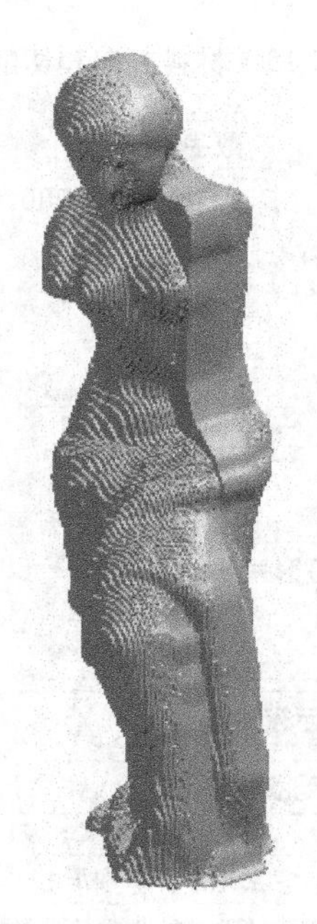

图 10-12　一次开粗产生的 IPW

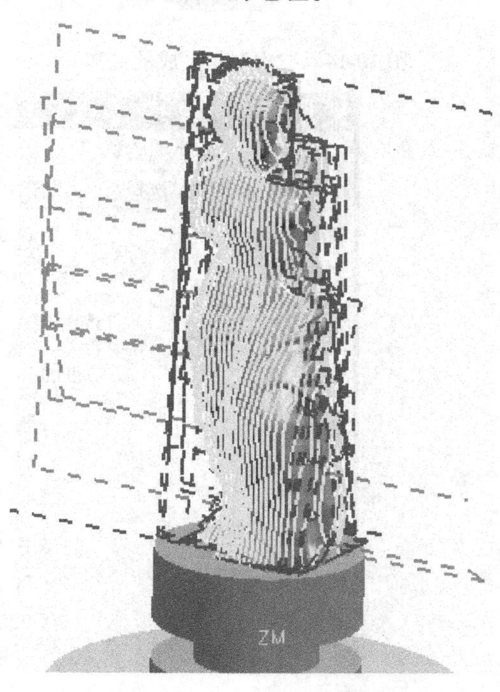

图 10-13　二次开粗刀具路径

（2）半精加工和精加工部分　半精加工和精加工的方法是一样的，只是加工参数、刀具、余量不同。具体的参数、刀具和余量按照表 10-1 中给出的数据设定。创建操作时，驱动曲面选择刚才构造好的驱动面，材料方向和切削方向按照图 10-15 所示选择，驱动参数按照图 10-16 所示设定（其中步进数应按照表 10-1 中给出的数据设定，这里先减少步进数，

图 10-14　二次开粗生成的 IPW

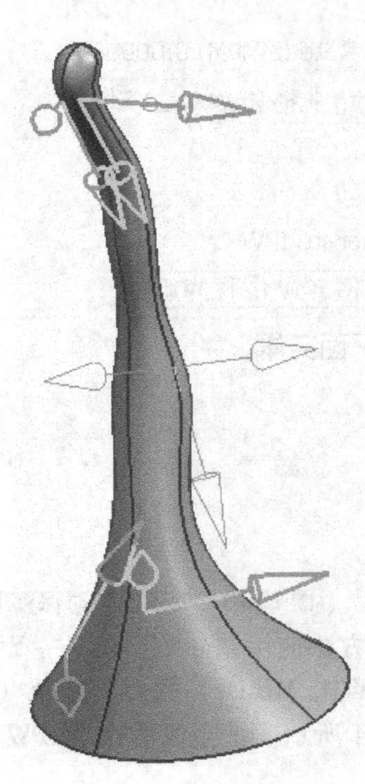

图 10-15　材料方向和切削方向

图 10-16　驱动参数

这样显示出的刀具路径不会因为太密而看不清楚，生成的刀具路径如图 10-17 所示)，分别生成半精加工和精加工的刀具路径，命名为“J1”和“J2”。

刀具路径生成完成后，可以对精加工的刀具路径也进行模拟验证，模拟时可以检查在加工过程中，刀杆会不会和工件发生干涉。图 10-18 所示为精加工刀具路径模拟中的状态。检查完毕，发现刀杆没有干涉。

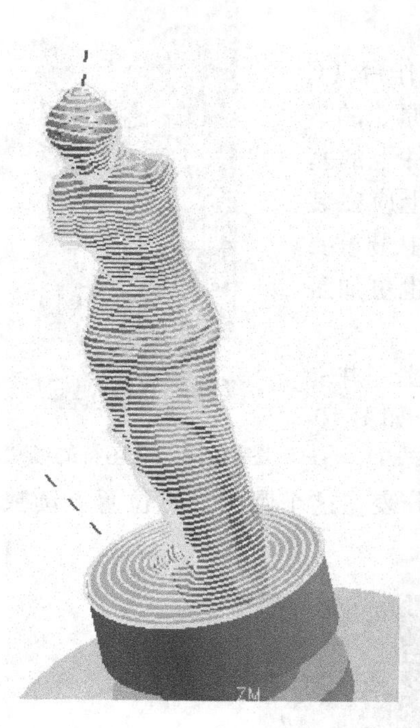

图 10-17　精加工刀具路径

图 10-18　精加工刀具路径的模拟

4. 后处理

将一次开粗的、二次开粗的四步操作和半精加工、精加工分别进行后处理。这个加工任务，应使用一转台和一摆头的五轴机床，这里要选择这种机床的后处理程式。处理得到一次开粗程序“VS-1-D50R6. nc”、“VS-2-D50R6. nc”，二次开粗程序“VS-3-D50R6. nc”、“VS-4-D50R6. nc”，半精加工程序“VS-5-D10R5. nc”和精加工程序“VS-6-D6R3. nc”。

三、实际加工过程

1. 准备工作

备料：将代木块按尺寸切割好，再用车床车成圆棒，并且在底部车一圈凹槽。如图 10-19 所示，这是将圆柱形毛坯与底座部分结合在一起了。

预备刀具：要准备外直径 50mm 的圆鼻刀，直径分别为 10mm、6mm 的球头刀和加长刀杆。在精加工时，ϕ6mm 球头刀的刀具长度过短，要使用加长刀杆。

其他工具：准备百分表和表座。

2. 找正和固定工件

一般，带转台的五轴机床加工时，都要将工件中心与转台旋转中心找正至一点上，或者要找出工件中心与旋转中心的坐标差值。这里，我们按前者来做。按照图 10-20 所示，将工件先大致放置在转台的中心上，将百分表的表座固定在机床转台以外的位置，表针指向圆柱体表面上，旋转转台（一般是 C 轴），根据百分表读数的变化调整工件位置，最终使转台旋转时百分表读数不变。此时工件中心就与转台旋转中心重合，再用压板压紧，固定好工件。

3. 对刀

单转台单摆头五轴机床，一般将加工原点取在旋转工作台（C 轴）的旋转轴线上，对刀时必须找到转台的中心，加工原点的 X 轴、Y 轴坐标由转台中心位置确定，但 Z 轴坐标根据工件上的基准而定，与转台中心无关。因此，这里对刀的工作实际上应在装夹和找正工件之前就先进行。对刀操作是实际加工过程中最重要的操作步骤，五轴机床的对刀包括的内容比三轴要多，也更加复杂，以下分别说明。

图 10-19　毛坯料的形状

（1）　校正摆头（B 轴）原点　将千分表吸到刀柄上，并能保证表随着刀柄在 360°范围内自由转动时不受任何阻碍。如图 10-21 所示：调整表的高度使表头接触到工作台面，然后旋转刀柄让表头在工作台面上划一个整圆，调整 B 轴的角度，使千分表在这个圆的任意位置上读数基本相等，把这个位置设为 B 轴的加工原点。

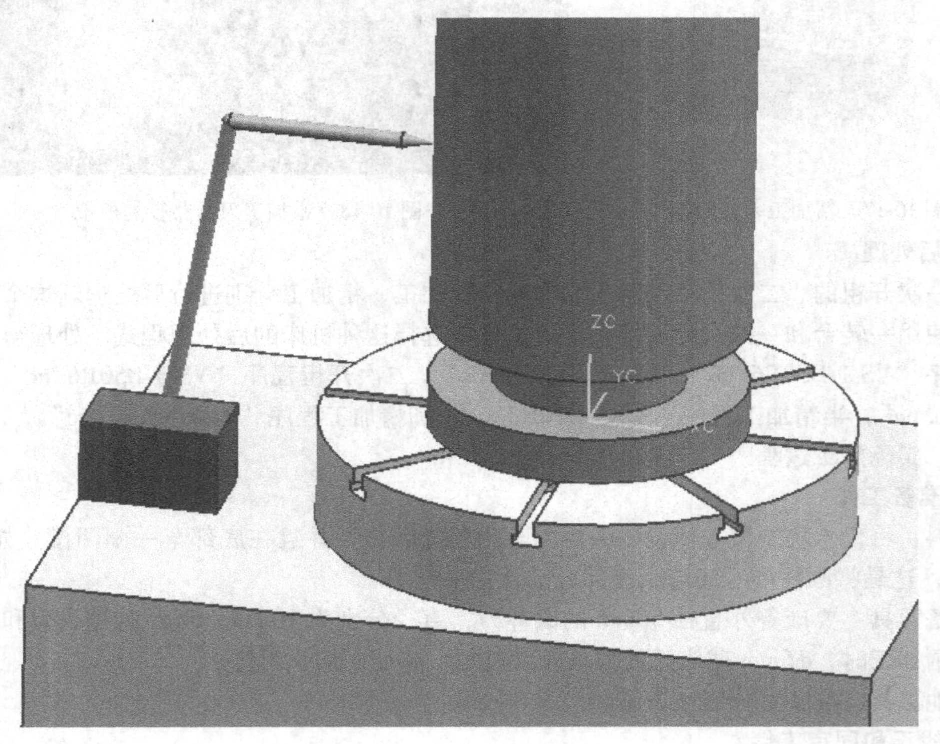

图 10-20　找正工件示意图

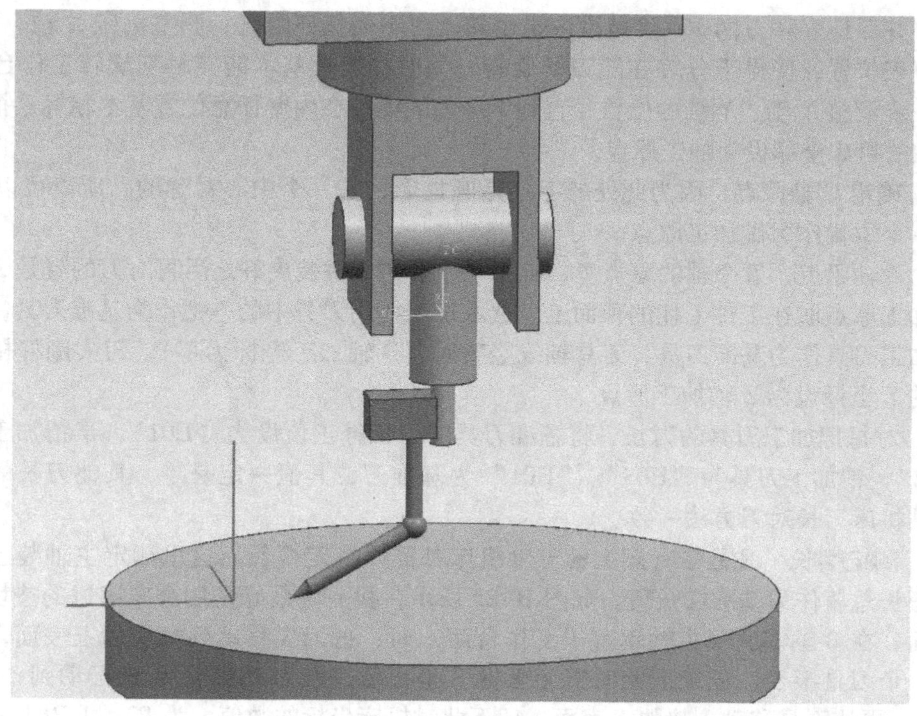

图 10-21 校正摆头示意图

（2）找旋转工作台的旋转中心（对刀 X 轴、Y 轴原点） 如图 10-22 所示，把表吸到

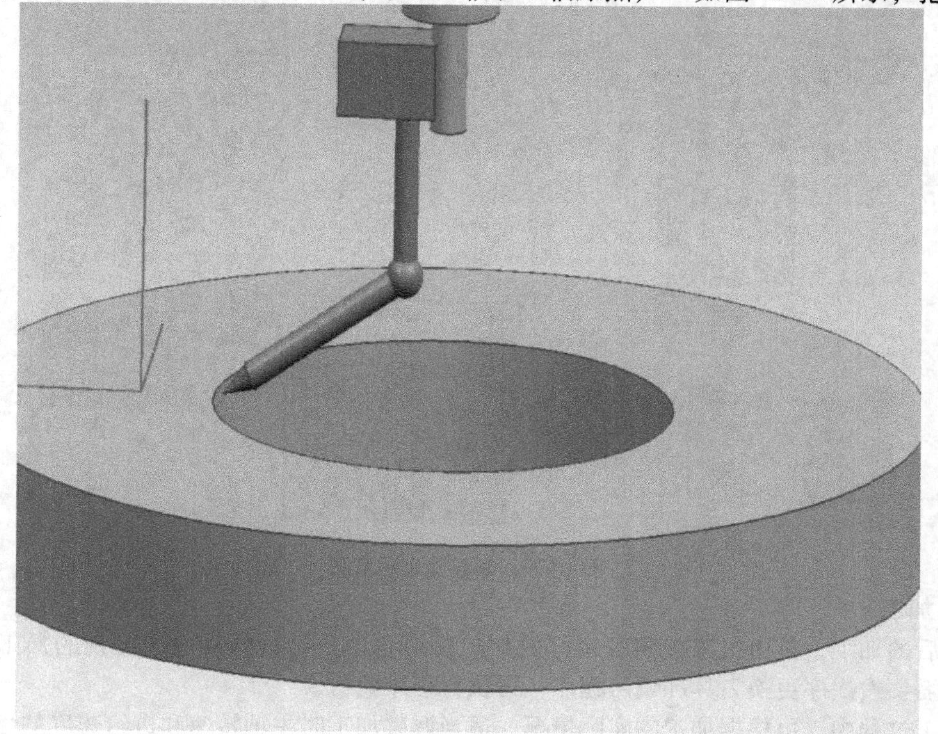

图 10-22 X 轴、Y 轴对刀方法示意图

刀柄上，并保证表和刀柄360度范围内自由转动时不受任何阻碍；调整机床X轴、Y轴、Z轴和千分表位置，使得千分表在随刀柄旋转一周时，表针基本能接触到旋转工作台的内孔壁；进一步调整X轴、Y轴的位置，直到千分表的读数在内壁任意位置基本相等；把此时X轴、Y轴的机床坐标设为加工原点。

（3）确定C轴原点　因为此处的毛坯是圆柱形，是一个中心对称的，所以可以取C轴的任意一个位置作为做加工原点。

（4）Z轴原点　五个轴的原点里，唯一一个要在工件装夹好之后再对刀的就是Z轴，这里Z轴加工原点取在工件毛坯的顶面上。选取加工所用刀具中的一把作为基准刀具，例如可以用粗加工刀具作为基准刀具，刀具轴线竖直时（B轴加工坐标为零），刀尖刚好接触工件顶面时的Z坐标设为Z轴加工原点。

（5）对每把加工刀具的刀长　将基准刀具的刀长补正值设为“H01”，半精加工的刀具为“H02”，精加工刀具为“H03”。“H01”为基准刀，其值一定是零，其他刀长的对刀方法与三轴机床刀长对刀方法一致。

（6）测定摆长　凡是带有摆头的五轴机床都需要测定摆长。这里测定主轴装上基准刀具后的摆长总值作为基准摆长值。如图10-23所示，找一块最好是用磨床磨过的垫块，置于工作台面，在B轴零度（主轴垂直于工作台面）时，把刀尖移动到垫块的上表面，再把刀具抬高一个刀具半径，记录下此时机床坐标Z坐标值，设为P1，让B轴摆动到“90°”或“-90°”，再让刀具移动到垫块上表面，记下此时机床坐标的数值，为P2，|P1|-|P2|=P（摆长）。

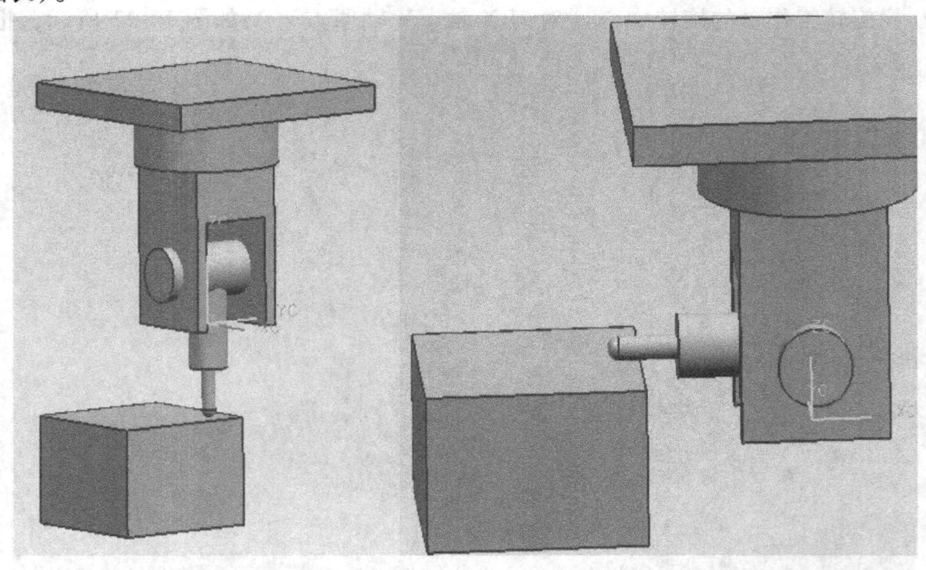

图10-23　摆长测定示意图

4. 加工

最后的加工，是由机床按照编制好的加工程序自动执行，同普通数控铣的加工没有区别，只需要按次序更换刀具和调用程序，再执行程序就行。

加工过程中，可根据加工的实际情况，适当调整加工时主轴转速和进给速度的倍率。

第二节 老爷车模型加工实例

一、老爷车模型加工工艺分析

1. 加工步骤规划

如图 10-24 所示为本例中要加工的老爷车模型。我们要求整体加工，就是用一整块材料直接加工成形。

图 10-24 老爷车模型

这是一个汽车整车的模型，且各个部位都要加工成形，因此整体加工难度较大。五轴铣可以实现五面体甚至多面体的加工，因此可以加工这个模型，但是五面体或者多面体加工，也必须有一个面作为装夹面，这个装夹面是无法加工到的，而这个汽车模型的每一个面都要加工。因此，可以确定这个汽车模型的加工是不能一次装夹就能加工完成的。经过上面分析，决定分两次装夹工件来完成全部加工。为了保证两次装夹工件加工坐标的一致性，在本例的加工中，将加工原点的位置定在机床转台表面的中心点（图 10-25）。

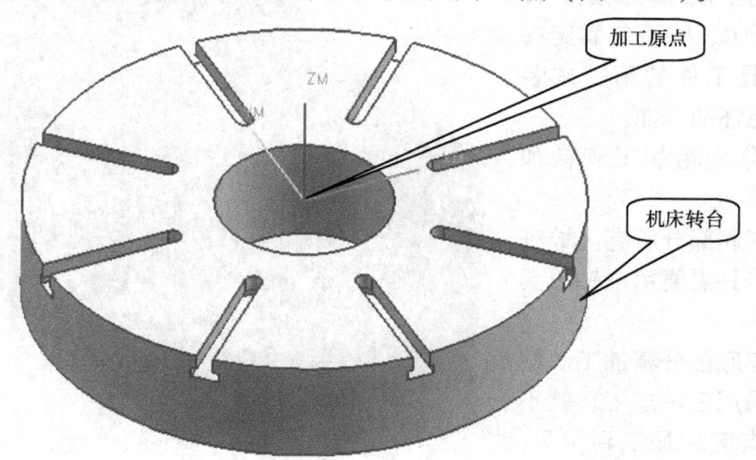

图 10-25 转台和加工原点

首先将要加工的区域分为两大部分，其次再确定两部分加工先后次序，最后再将两大部分内容细分为若干步骤。

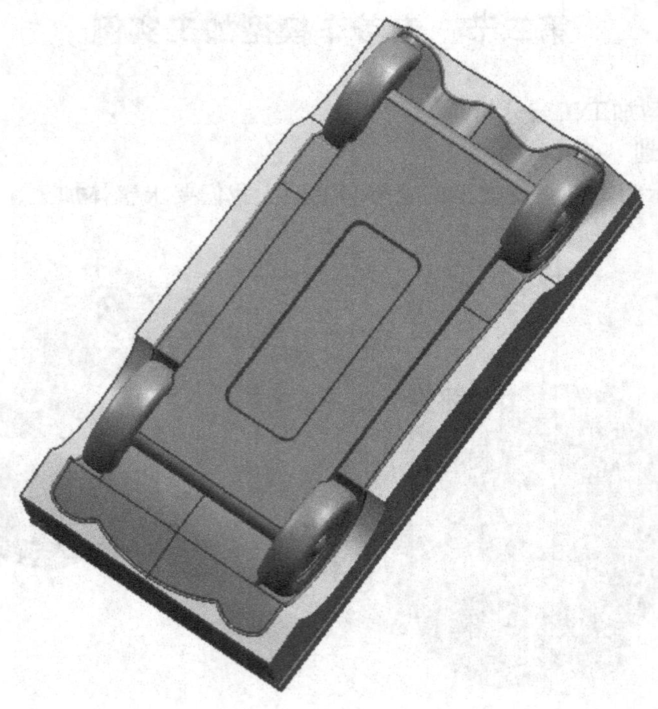

图 10-26 分型面

如图 10-26 所示，作一个类似分型面的曲面（图中绿色曲面），将汽车造型分割成两部分：一部分是车底部分，另一部分是车顶部分。先使车底向上装夹工件，完成车底部分的加工；再反过来装夹，加工车顶部分。

加工车底部分时，如图 10-27 所示，将毛坯的下部两侧开出两条方形槽，便于用压板螺钉固定；再按照图 10-28 所示，将毛坯固定在工作台上。这是工件的第一次装夹，装夹面是毛坯的底面。

图 10-27 毛坯底部两侧开槽

车底加工分为粗加工和精加工。

首先，对车底部分所有区域进行开粗，这一步只需要用三轴刀具路径就可以。

然后，对车底部分精加工。精加工如果还是采用三轴加工，就不能将车底的所有区域加工到位了，必须变化刀具轴线加工才行。这里，我们不需要采用五轴联动加工

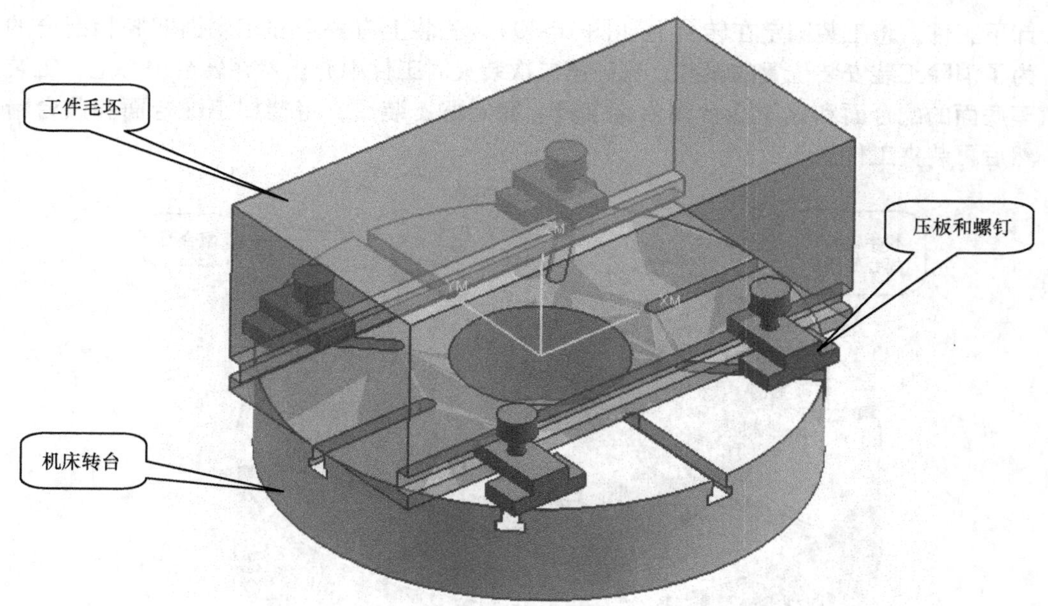

图 10-28　毛坯固定方法

的模式，可以将车底区域再细分为四部分区域（图 10-29），针对每个区域采用不同的刀具轴线定轴铣精加工。

车底的粗、精加工完成后就要准备将工件卸下，反过来车顶向上，进行第二次装夹加工。在卸下工件之前，必须考虑怎样保证反过来第二次装夹位置的准确性。这需要制作一个第二次装夹工件的临时工装。第二次装夹的装夹面是车底面，因此我们在车底面加工一个凹腔，并加工四个 M8 的螺纹孔，用于和工装配合（图 10-29）。

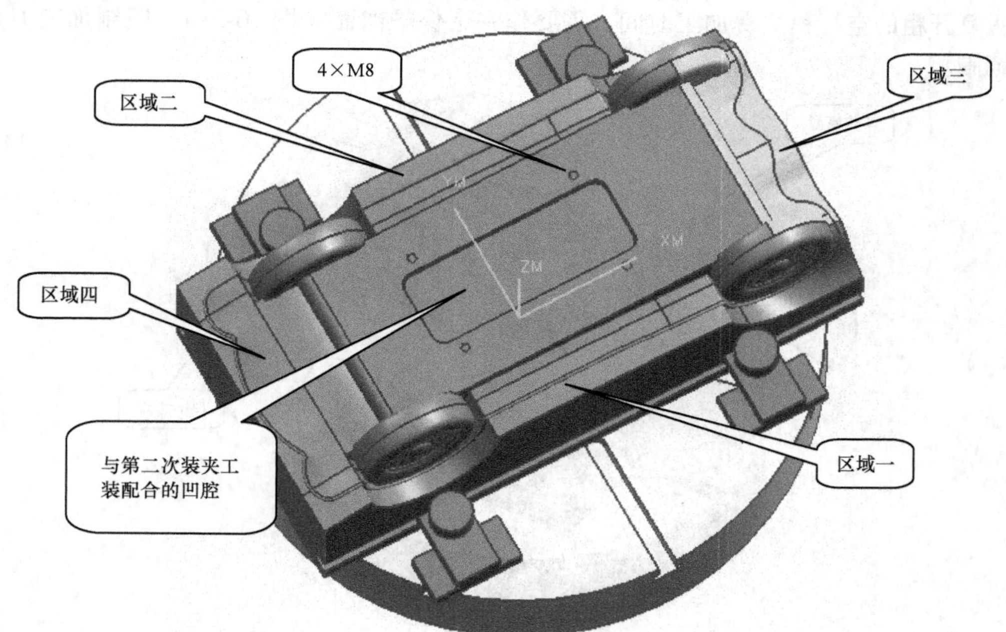

图 10-29　车底加工的分区

卸下工件，将工装固定在转台上（图 10-30），工装上有一个和车底面凹腔相配合的凸台。为了消除工装安装位置的误差，保证第二次装夹时工件中心仍然在转台中心上，工装上和汽车底面的配合面和这个凸台都留有余量。固定好工装后，将精加工配合面和凸台精加工，然后再装夹工件。

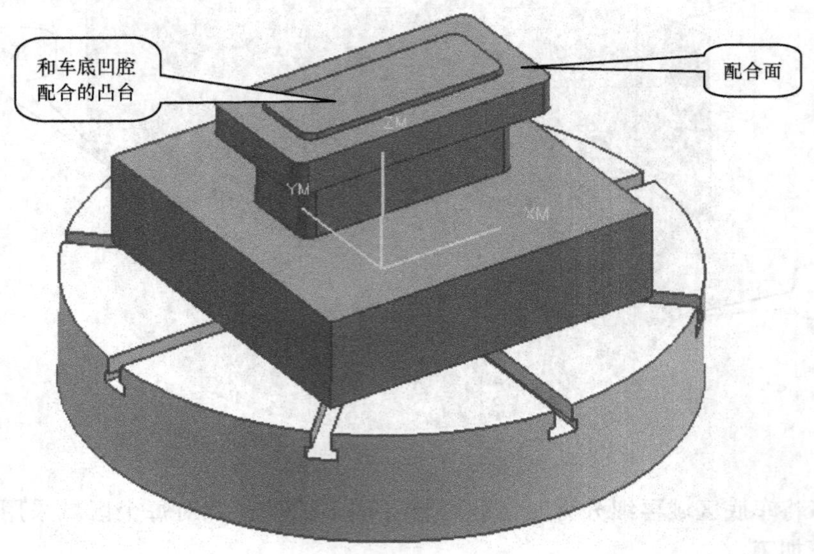

图 10-30　第二次装夹的临时工装

接着，就可以把工件进行第二次装夹固定，然后进行车顶部分的加工。同样，先粗加工，再精加工。

车顶部分也是先整体用三轴加工开粗。此时，为了保护车底部分已经加工好的面，并且避免重复开粗的空行程浪费加工时间，需要作一个保护曲面（图 10-31），限制加工刀具路径的范围。

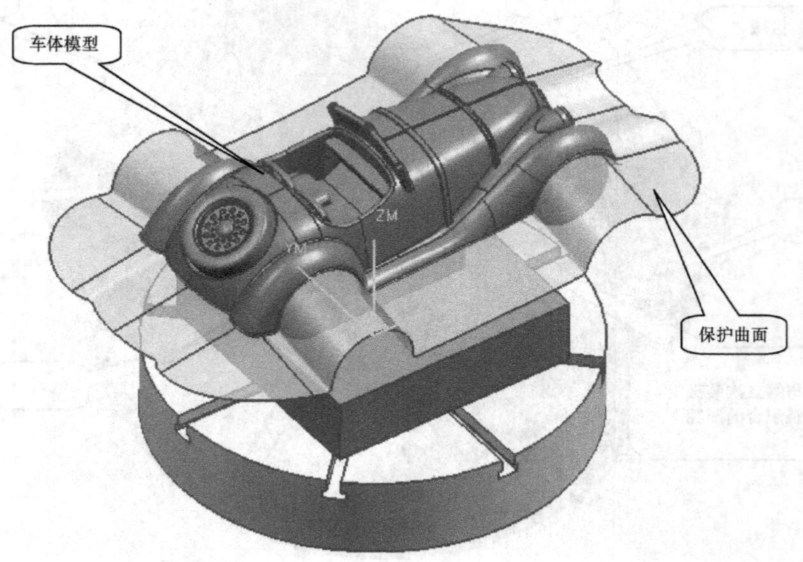

图 10-31　车顶部分加工的保护曲面

车顶部分的精加工同样需要分为多个加工区域，且比车底加工更加复杂。如图 10-32 所示，将车顶分为九个区域，图中不同颜色代表不同区域。针对不同的区域，用轴线不同的刀具来加工；此外，对车厢区域和挡风玻璃部分，还要单独进行精加工。

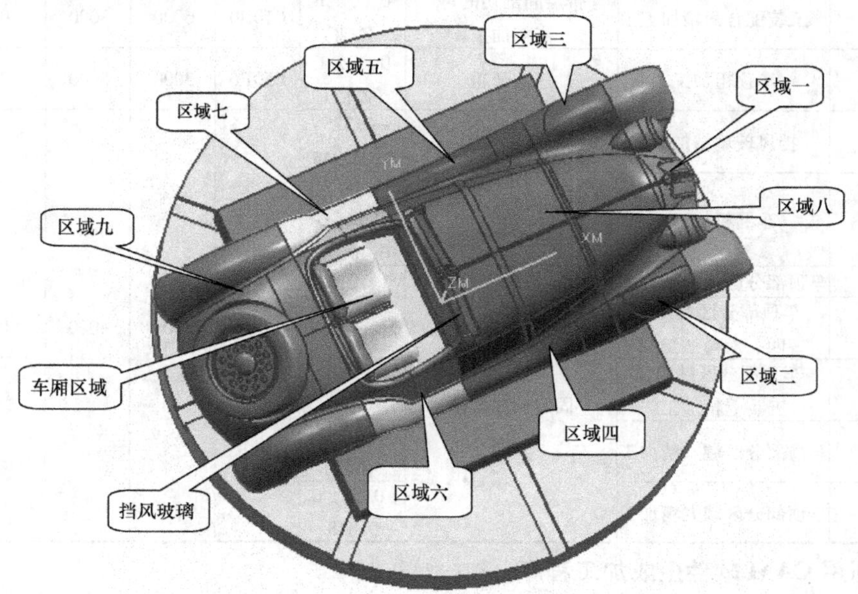

图 10-32　车顶加工分区

经过以上分析，可以确定出加工的具体步骤；具体见表 10-2 和表 10-3。

2. 确定加工参数

选择三种刀具来完成全部的加工：直径为 ϕ50mm 的圆鼻刀用于粗加工，直径为 ϕ8mm 的球头刀用于精加工，直径 10mm 的平底刀用于装夹配合面的精加工。

本例用代木材料加工。

依据前面确定的加工步骤、选用的加工刀具和采用的加工材料，确定加工参数，见表 10-2 和表 10-3。

表 10-2　车底部分加工步骤和参数

<table>
<tr><th>次序</th><th>加工内容</th><th>加工策略</th><th>刀具轴线
(I,J,K)</th><th>刀具</th><th>转速</th><th>进给</th><th>余量</th><th>公差</th></tr>
<tr><td>1</td><td>车底粗加工</td><td>三轴开粗</td><td>0,0,1
(Z 轴)</td><td>D50R6</td><td>3000</td><td>5000</td><td>3</td><td>0.1</td></tr>
<tr><td>2</td><td>车底区域一精加工</td><td rowspan="5">固定轴曲面铣</td><td>0,-1,1</td><td rowspan="5">D8R4</td><td rowspan="5">8000</td><td rowspan="5">4000</td><td rowspan="5">0</td><td rowspan="5">0.02</td></tr>
<tr><td>3</td><td>车底区域二精加工</td><td>0,1,1</td></tr>
<tr><td>4</td><td>车轮内侧精加工</td><td>0,-1,1;
0,1,1</td></tr>
<tr><td>5</td><td>车底区域三精加工</td><td>1,0,1</td></tr>
<tr><td>6</td><td>车底区域四精加工</td><td>0,0,1
(Z 轴)</td></tr>
<tr><td>7</td><td>车底凹腔精加工</td><td>带层间剖切的
等高精加工</td><td>0,0,1
(Z 轴)</td><td>D10R0</td><td>6000</td><td>3000</td><td>0</td><td>0.01</td></tr>
</table>

表 10-3　车顶部分加工步骤和参数

<table>
<tr><th>次序</th><th>加工内容</th><th>加工策略</th><th>刀具轴线
（I，J，K）</th><th>刀具</th><th>转速</th><th>进给</th><th>余量</th><th>公差</th></tr>
<tr><td>1</td><td>工装配合面精加工</td><td>带层间剖切的等高精加工</td><td>0，0，1
（Z 轴）</td><td>D10R0</td><td>6000</td><td>3000</td><td>0</td><td>0.01</td></tr>
<tr><td>2</td><td>车顶粗加工</td><td>三轴开粗</td><td>0，0，1
（Z 轴）</td><td>D50R6</td><td>3000</td><td>5000</td><td>3</td><td>0.1</td></tr>
<tr><td>3</td><td>挡风玻璃精加工</td><td>等高精加工</td><td>−0.325，
0，0.945</td><td rowspan="7">D8R4</td><td rowspan="7">8000</td><td rowspan="7">4000</td><td rowspan="7">0</td><td rowspan="7">0.02</td></tr>
<tr><td>4</td><td>车厢精加工</td><td>等高精加工和固定轴曲面铣</td><td>−0.5，0，
0.866；
0，0，1</td></tr>
<tr><td>5</td><td>车顶部分区域一精加工</td><td rowspan="5">固定轴曲面铣</td><td>1，0，1</td></tr>
<tr><td>6</td><td>车顶部分区域二、四、六精加工</td><td>0，−1，1</td></tr>
<tr><td>7</td><td>车顶部分区域三、五、七精加工</td><td>0，1，1</td></tr>
<tr><td>8</td><td>车顶部分区域八精加工</td><td>0，0，1
（Z 轴）</td></tr>
<tr><td>9</td><td>车顶部分区域九精加工</td><td>−0.53，0，
0.848</td></tr>
</table>

二、利用 CAM 软件生成加工程序

使用 UG 软件生成加工刀具路径的具体步骤，在前面的实例中已经作较详细的介绍了，因此，本例将一些软件的具体操作步骤简化，只讲关键点和需要注意的地方。

1. 车底部分的加工

（1）粗加工　参照图 10-33 所示，选择粗加工的部件、毛坯和检查体。为了确保加工刀具路径不与夹具干涉，此处将压板螺钉和机床转台都选作检查体。

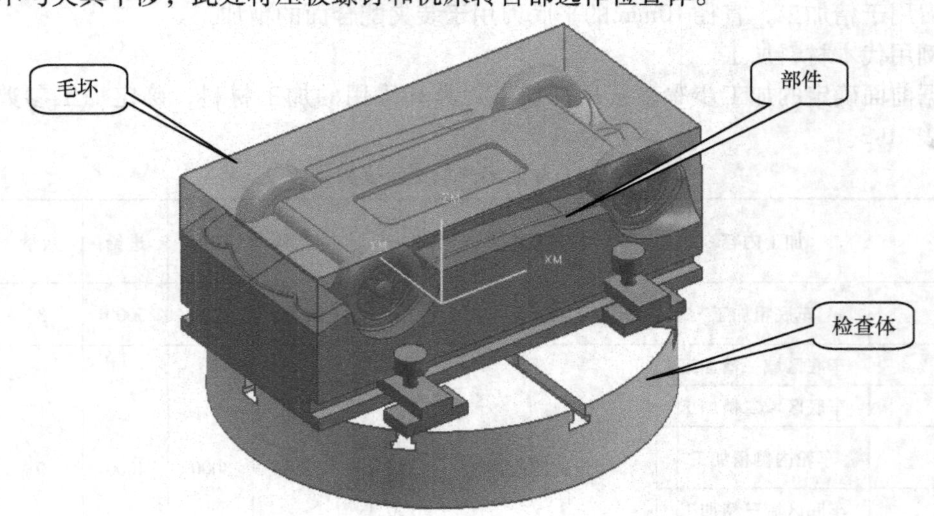

图 10-33　车底粗加工的部件、毛坯和检查体

创建粗加工的操作，切削深度定为 3mm，其他参数按照前面确定的加工参数设定。车底粗加工生成的刀具路径如图 10-34 所示。

（2）精加工　创建车底区域一精加工的操作。车底区域二的形状和区域一完全对称，

图 10-34 车底粗加工刀具路径

区域二精加工的刀具轴线也和区域一对称，因此将区域一精加工的刀具路径镜像，就可以得到区域二精加工的刀具路径。车底区域一、二精加工的刀具路径如图 10-35 所示。

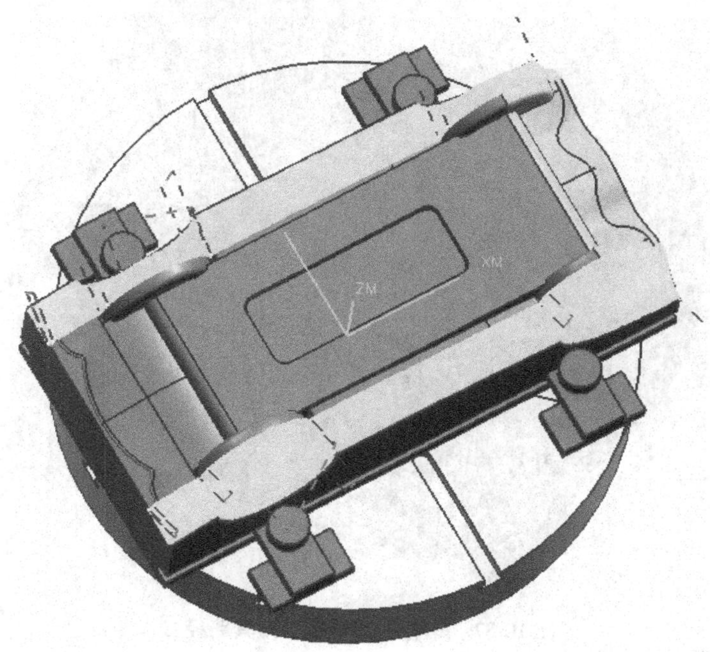

图 10-35 车底区域一、二精加工刀具路径

再创建一侧的车轮内侧的精加工刀具路径，并镜像刀具路径得到另一侧车轮内侧精加工刀具路径（图 10-36、图 10-37）。

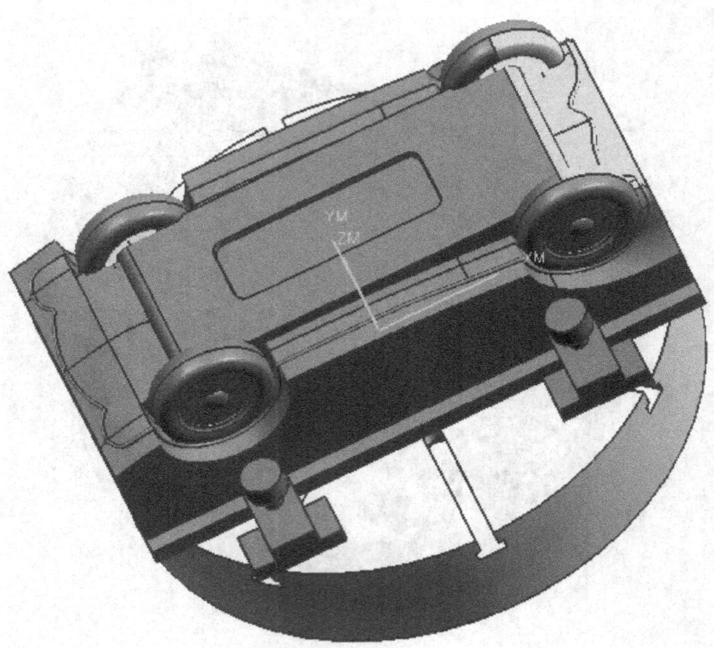

图 10-36 车轮内侧精加工刀具路径一

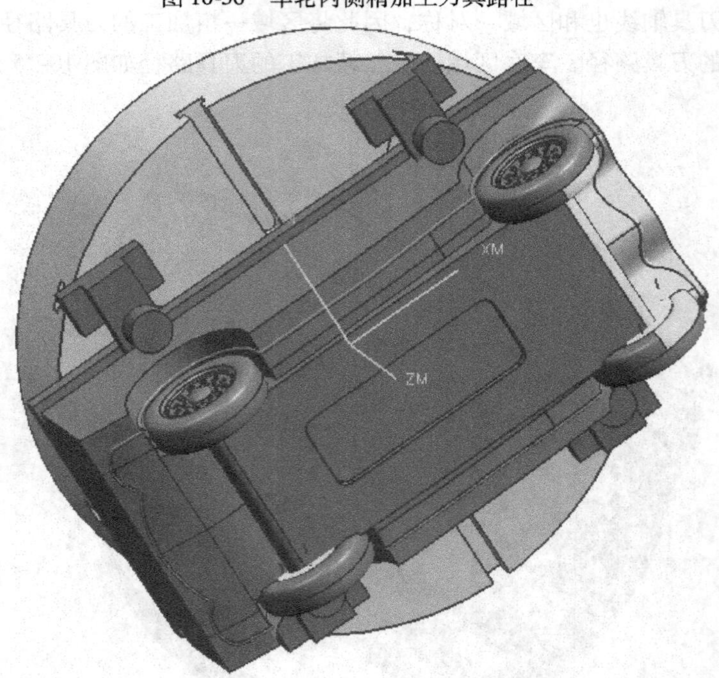

图 10-37 车轮内侧精加工刀具路径二

接着，创建车底区域三精加工操作，刀具路径如图 10-38 所示。

创建车底区域四精加工操作时，不要选择车底的平面部分，平面部分下一步加工凹腔时再一起用平底刀来精加工。刀具路径如图 10-39 所示。

创建车底平面部分和凹槽部分精加工操作，刀具路径如图 10-40 所示。

图 10-38　车底区域三精加工刀具路径

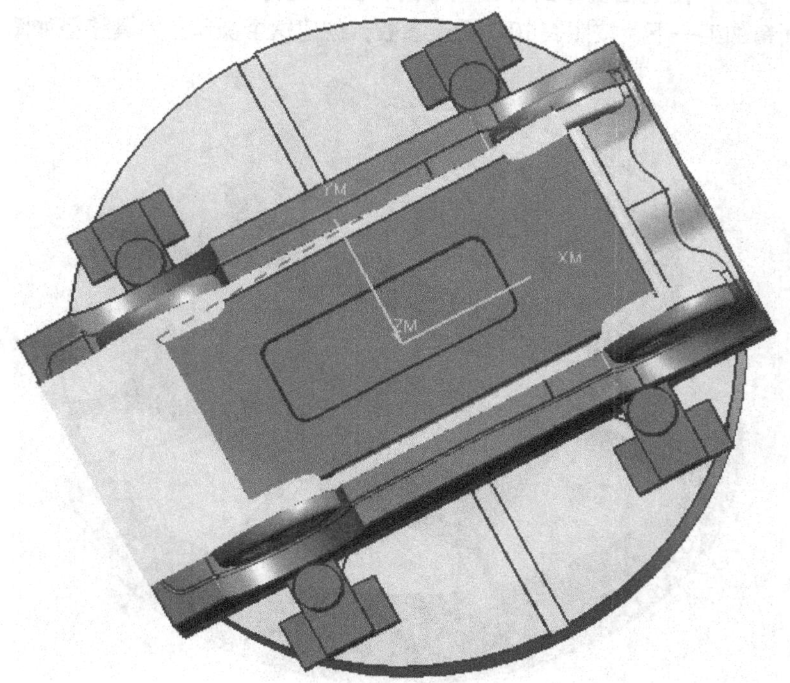

图 10-39　车底区域四精加工刀具路径

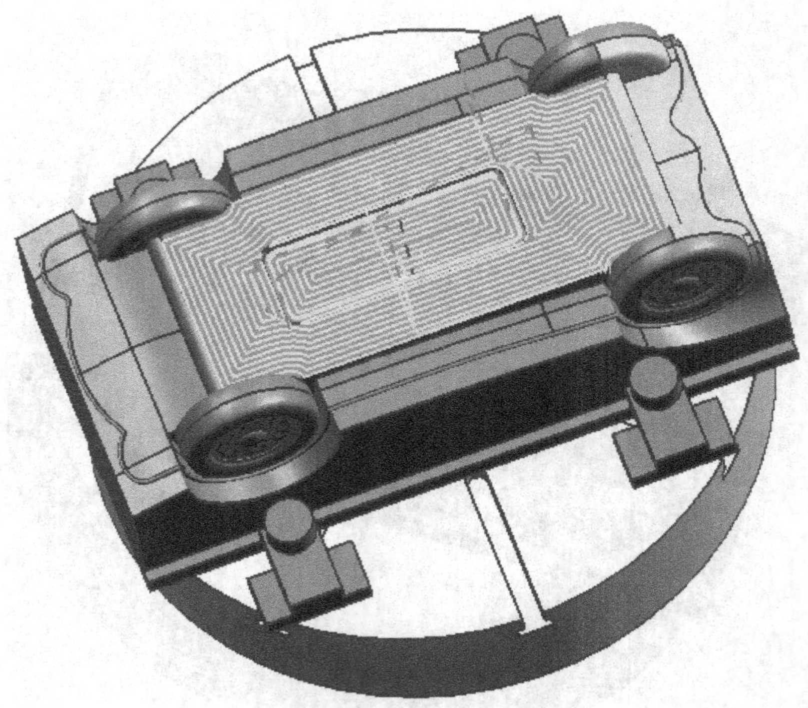

图 10-40　车底平面和凹腔精加工刀具路径

2. 临时工装加工

在将这个工装安装在五轴机床的转台上之前，要预先将工装加工成如图 10-30 所示的形状，这里只把配合面精加工一下，按照表 10-3 设定参数，创建这个操作，刀具路径如图 10-41 所示。

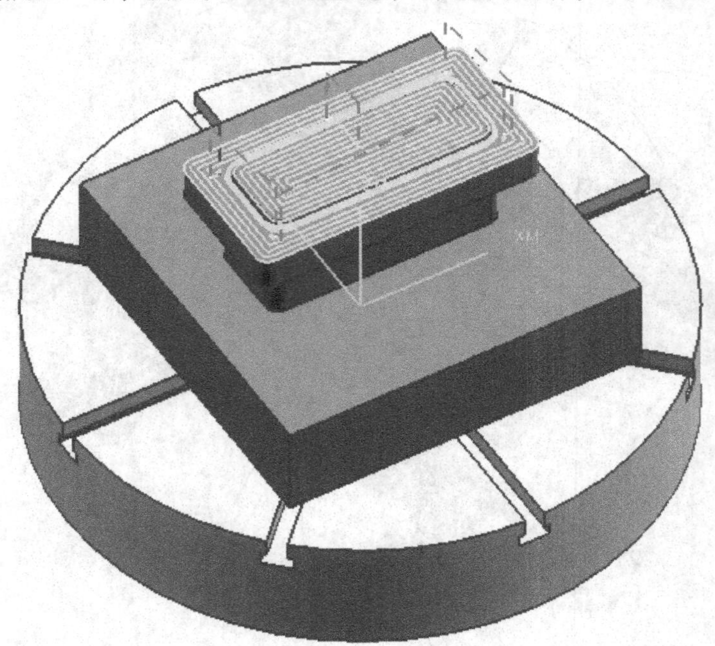

图 10-41　临时工装配合面精加工刀具路径

3. 车顶部分的加工

（1）粗加工　按照图 10-42 所示，将车体模型选作加工的部件，毛坯选择毛坯造型，将保护面、工装和转台都选作检查体。粗加工刀具路径如图 10-43 所示。

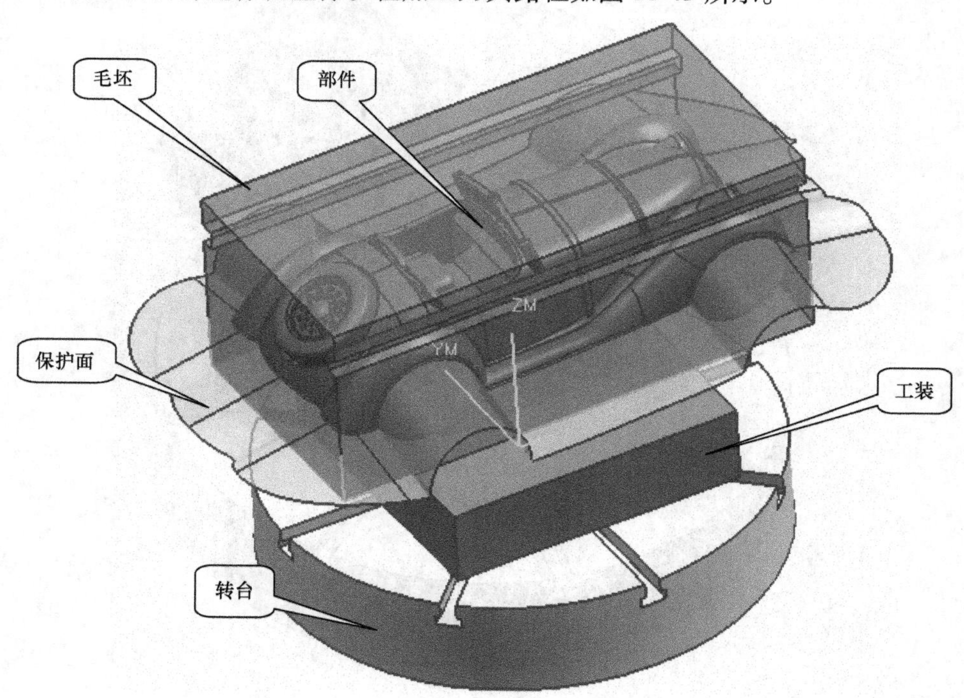

图 10-42　车顶加工的部件、毛坯和检查体

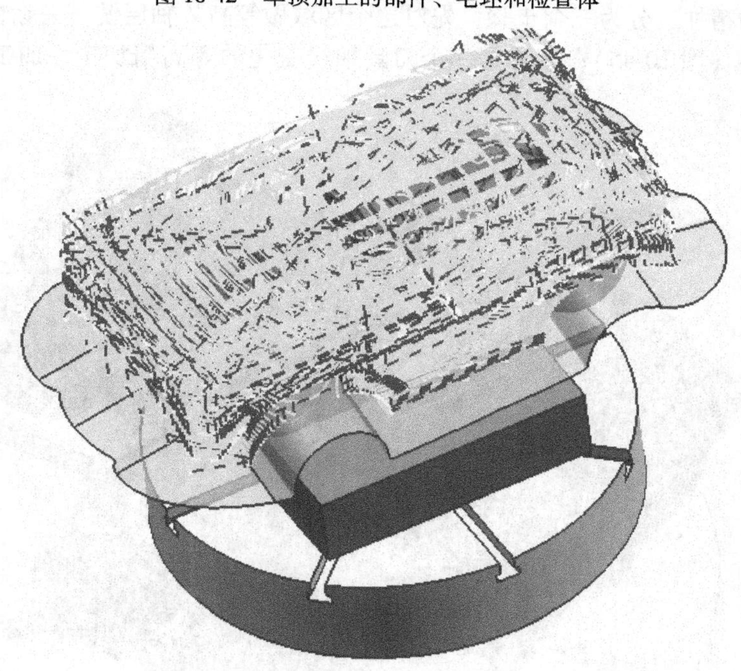

图 10-43　车顶粗加工刀具路径

（2）精加工　挡风玻璃的精加工采用一个刀具轴线变化的等高精加工操作，刀具路径如图 10-44 所示。

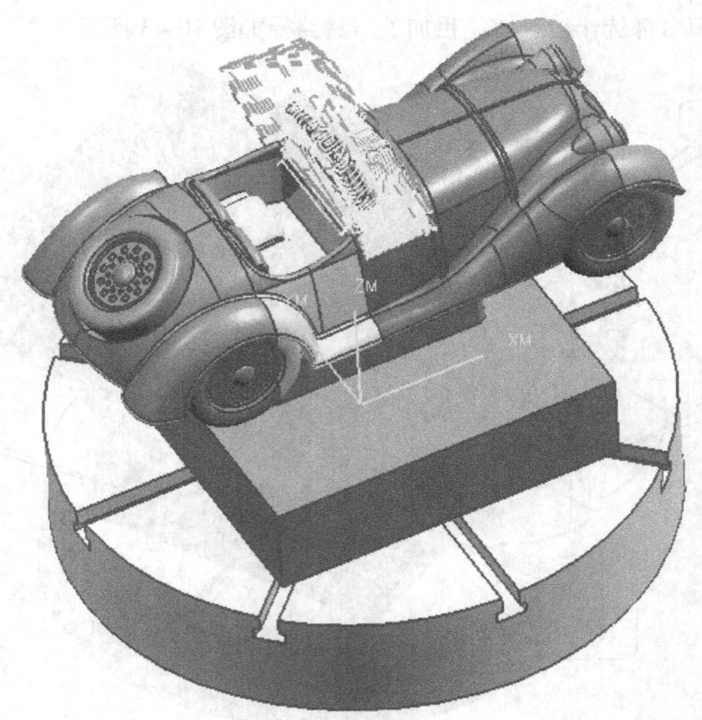

图 10-44　挡风玻璃精加工刀具路径

车厢区域的精加工分为三个步骤：先对这个区域做等高 Z 轴层铣，去除粗加工时车厢里未能去除的材料（图 10-45）；接着是一个刀具轴线变化的等高精加工，加工车厢里前部的

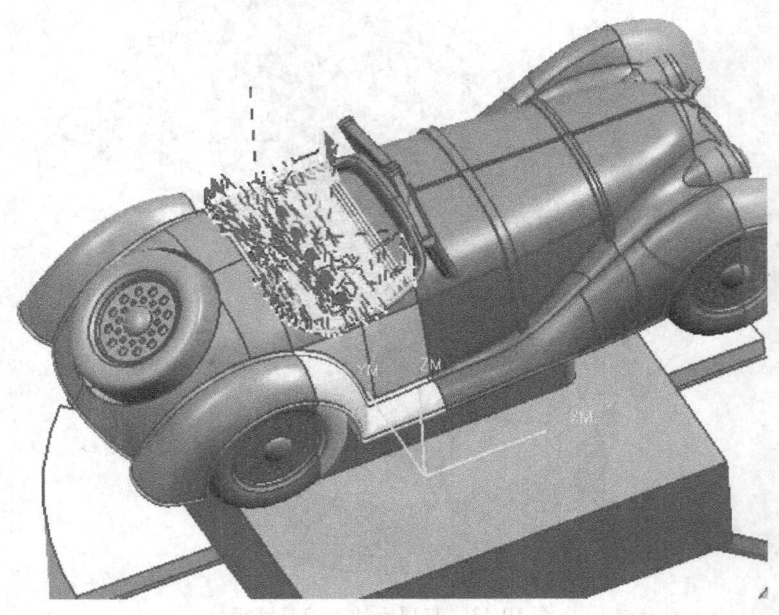

图 10-45　车厢精加工一

斜面内陷部分（图 10-46）；最后是车厢的边缘和车座椅的曲面精加工（图 10-47）。

图 10-46　车厢精加工二

图 10-47　车厢精加工三

创建车顶部分区域一精加工的操作，刀具路径如图 10-48 所示。

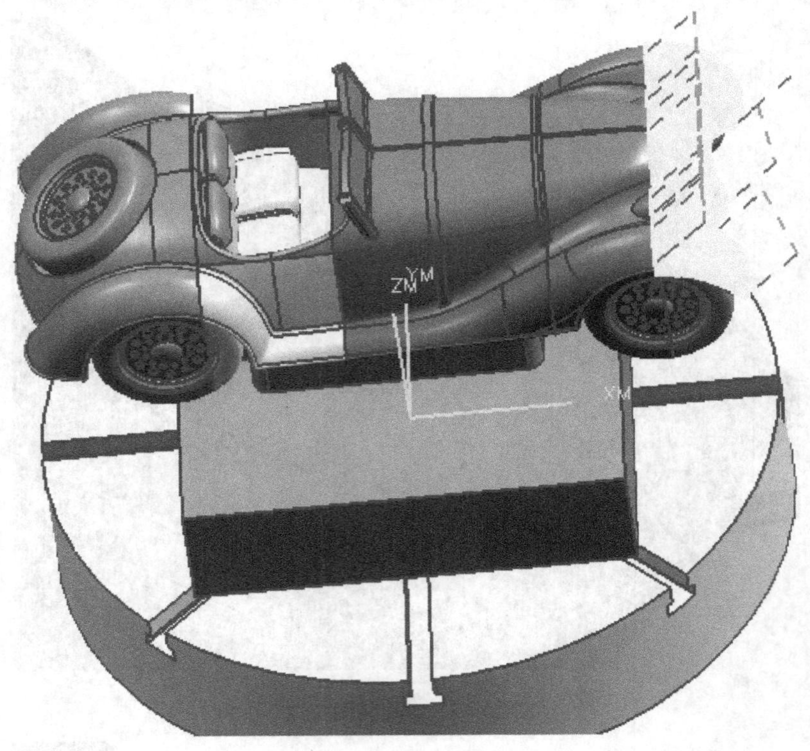

图 10-48　车顶区域一精加工刀具路径

因为区域二、四、六在汽车的同一侧且是连续的，所以将这三个区域合在一起精加工。另一

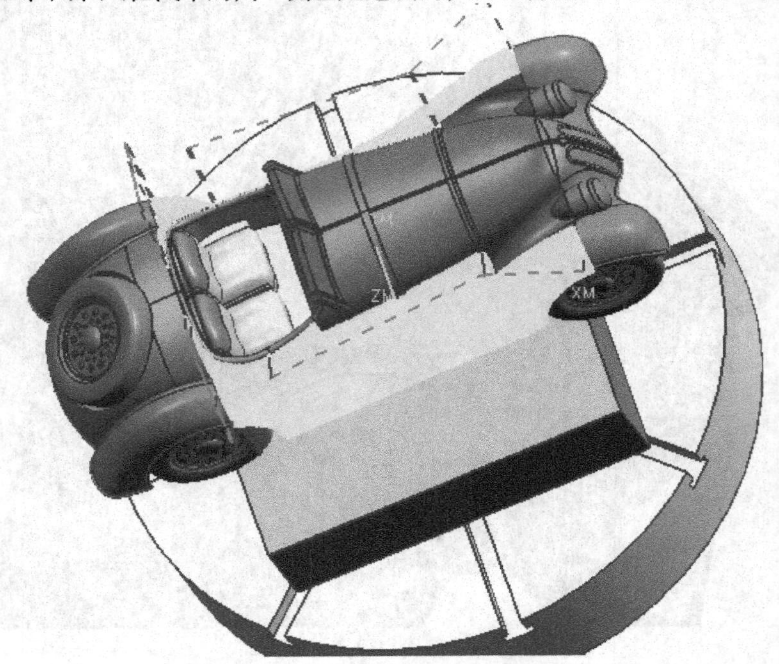

图 10-49　车顶两侧区域的精加工刀具路径

侧的区域三、五、七组合在一起，同区域二、四、六组合在一起是完全对称的。先创建区域二、四、六的精加工刀具路径，再镜像刀具路径得到区域三、五、七的精加工刀具路径（图10-49）。

分别创建车顶区域八和区域九精加工的操作，刀具路径如图10-50和图10-51所示。

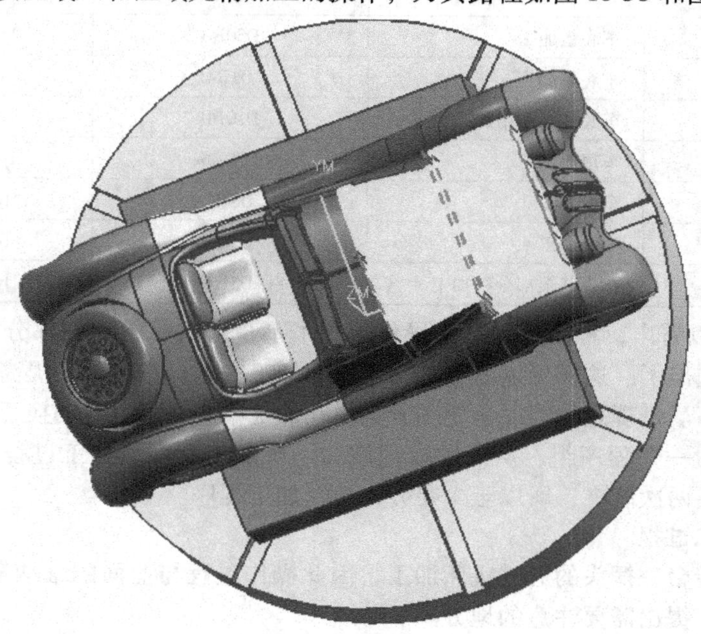

图10-50　车顶区域八精加工刀具路径

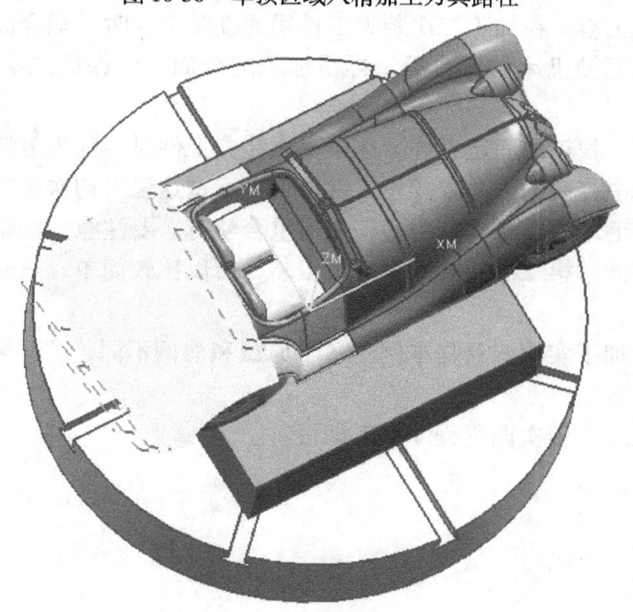

图10-51　车顶区域九精加工刀具路径

4. 检查刀具路径并后处理

模拟检查所有的加工刀具路径，检查是否有过切或者刀杆干涉。检查确认刀具路径无误后，将加工操作分别分组进行后处理，得到若干加工程序文件。下面列出加工程序表单，见

表 10-4。

表 10-4　加工程序表单

次序	加工内容	刀具	文件名
1	车底粗加工	D50R6	lyc-1-D50R6. nc
2	车底精加工	D8R4	lyc-2-D8R4. nc
3	车底装夹面精加工	D10R0	lyc-3-D10R0. nc
4	车顶粗加工	D50R6	lyc-4-D50R6. nc
5	车窗加工	D8R4	lyc-5-D8R4. nc
6	车厢加工	D8R4	lyc-6-D8R4. nc
7	车顶其余部分精加工	D8R4	lyc-7-D8R4. nc

从表 10-4 可以看出，程序数比加工操作数少了不少，这是因为把部分加工操作合成一个程序组后处理输出了。这样可以适当地简化实际加工中的操作步骤，提高机床加工的自动化程度，提高效率。最理想的情况是使用五轴联动加工中心，可以自动换刀，那么，所有的加工操作可以合为一个程序组，从而后处理成为一个加工程序，加工过程全自动化。本例中，因为工件需要两次装夹，所以至少要分为两个加工程序。

三、实际加工过程

本例使用一转台一摆头的五轴机床加工，因此操作过程与前面的维纳斯雕像加工类似。这里只简要说明，提出需要注意的地方。

同维纳斯加工实例一样，加工前先要做一些准备工作。本例的准备工作多了一个内容，就是要准备一个临时工装。在加工二次装夹工件用的临时工装时，配合面一定要留有足够的余量。等把工装装上五轴机床的转台后，再精加工配合面，以保证二次装夹后工件位置准确。

做好准备工作后，找正和固定工件。在第一次装夹工件时，因为毛坯是一个长方体，不能用维纳斯加工实例中打表的方法来找正工件位置。不过这里对初次装夹工件的位置精度要求不高，只要大致将毛坯中心与转台中心安装得重合就行。要注意，固定工件用的螺钉不能过长，以免加工时碰撞。第二次装夹因为有了工装，所以比较简单，只需要把工件固定在工装上就可以。

对刀参看维纳斯加工实例。只是本例中 Z 轴原点和前例不同，这里取转台平面位置为 Z 轴原点。

一切准备就绪之后，依次调用程序加工即可。

参考文献

[1] 张伯霖，杨庆东，陈长年．高速切削技术及应用［M］．北京：机械工业出版社，2002.

[2] 王贵成，王树林，董广强．高速加工工具系统［M］．北京：国防工业出版社，2005.

[3] 刘战强，黄传真，郭培全．先进切削加工技术及应用［M］．北京：机械工业出版社，2005.

[4] 蒋志强，施进发，王金凤，等．先进制造系统导论［M］．北京：科学出版社，2006.

[5] 王隆太．先进制造技术［M］．北京：机械工业出版社，2003.

[6] 吴玉厚．数控机床电主轴单元技术［M］．北京：机械工业出版社，2006.